Maker 具備的 9 種技能

創意實作

國立高雄第一科技大學
創業型大學
Entrepreneurship @ First Tech

李國維・宋毅仁・王龍盛・楊彩玲・陳建志
吳宗亮・姚武松・朱彥銘・王怡茹

司長序

　　技職教育係以實務教學與實作能力之培養為核心價值，相較於普通教育，「務實致用」是技職教育的最大特色。技職人才之培育，不僅是各領域實作技術之傳承與精進，更肩負起帶動產業朝向創新發展的重責大任，因此，奠定專業實作能力與創新能力，是彰顯技職教育價值的關鍵。

　　為因應世界潮流趨勢，並發展學校特色，國立高雄第一科技大學於2010年提出非常具有前瞻性的校務發展目標：轉型為「創業型大學」，可謂是國內推動創新創業教育的技職先鋒，也獲教育部指定為「創新自造教育南部大學基地」，成果卓越，備受肯定。在傳統重視升學的教育體制下，學生的創意及實作能力漸被忽略，導致創新能力普遍不足，感謝國立高雄第一科技大學當火車頭，引領創新創業風潮，重視學生創意思維、獨立思考及跨域學習，鼓勵學生動手做、試錯、實踐創意，充分發揮創客(Maker)精神，正好符應教育部「從做中學」及「務實致用」之技職教育定位，以及推動大專校院知識產業化的政策方向。

　　隨著創意、創新、創業及創客之四創教育風潮興起，相關教材使用需求大增，國立高雄第一科技大學是推動四創教育的技職標竿學校，除了提供學生完善的學習機制與環境，近年來更陸續出版多本實用的相關教材，並秉持分享交流精神，對各大專校院推動創新創業教育貢獻良多。今該校教師合力編著《創意實作》，將動手實作的精神融入課程及日常生活中，且透過一本書就能學會9種技能，並了解國內外創客趨勢與介紹，實是跨領域教學及學習的最佳入門書籍，值得各界大力推廣，希望以達成人人都是Maker為目標，帶動國內產業創新與經濟的蓬勃發展。

蔡英文總統曾表示「技職教育應該是主流教育，推崇職人是一項值得發揚的傳統，而技職教育的實力，就是台灣的競爭力」。期許未來技職教育所培育之學生，能同時具備實作力、創新力及就業力，成為產業發展的重要支柱，及國家未來經濟發展、技術傳承與產業創新之重要推力。

教育部技職司
司長 楊玉惠 謹識
2018 年 1 月

校長序

　　「創客」（Maker）一詞，近幾年在全球迅速崛起，創客教育更是目前最夯的教育議題，國際競爭力不再僅是技術間的相互競技，而是取決於能產出多少創新能量。想要培養創新能力，第一步就要從校園扎根做起，透過翻轉教學，培育學生主動思考、發掘問題的能力；更重要的是，鼓勵動手實作，並從失敗中汲取成功元素，充分發揮 Maker 精神。

　　本校自 2010 年轉型為全國第一所創業型大學，致力於培養學生的創新力、實作力、跨域力及就業力，不僅於 2015 年興建完成「創夢工場」、2016 年興建完成「創客基地」，獲教育部指定為「創新自造教育南部大學基地」，成為南台灣創業教育智庫，並於 2016 年得到國際 FabLab (Fabrication Laboratory) 全球 Maker 組織認證，全國僅本校與臺北科技大學兩所大學獲得該認證。同時，也與 180 餘所各級學校及教育局處和民間創客基地代表，於 2016 年簽署「創客教育策略聯盟」，希望能帶動南部自造運動的發展，培養新世代的自造者人才。

　　為提供完整的創意、創新、創業與創客四創教育，本校除開設「創意與創新學分學程」及「創新與創業學分學程」，並於 104 學年度率全國之先，首將「創意與創新」列為全校共同必修課程。「工欲善其事，必先利其器」，為因應四創教育之教學需求，本校自 2011 年起陸續出版相關教材，包括《創新與創業》、《創業管理》、《創新創業首部曲》、《服務創新》、《方法對了，人人都可以是設計師》等，希望透過這些教材輔助教學，產生事半功倍的效果，讓師生透過案例教學，激發創意與創新思維，並奠定創業的基礎知能。

　　「跨領域，才搶手」，業界對跨領域人才求才若渴，為了精進跨領域課程，本校邀集全校 9 位不同專業背景的老師，以「創夢工場」及「創客基地」的實作設備為主，共同合作編撰《創意實作》。目前市面上的書籍大多集中在單一專業，本書則著重在跨領域教學及學習，希望藉由淺顯易懂的方式，講解設備操作步驟，讓讀者能輕鬆學會該單元設備的基本操作及實際練習。本書從創意、創新，延伸到創意實作，是創客教育及跨領域教育必備的一本好書。

  Maker 是一種精神，一種文化，一種生活態度，更是一種實踐能力。期許本書能成為學習動手實作的最佳幫手，為台灣創客教育貢獻一份心力，也祝福所有勇於追夢、築夢的青年朋友們，能透過本書實踐自己的夢想，創造一個無限可能的未來！

校長 陳振遠 謹識

2018 年 1 月

課程引言

在現今的社會，網路的全球化趨勢，使得國際競爭力不再是技術之間的相互競技，而是在於你能創造出多少的創新能量。當我們思考該如何在這樣的創新世代趨勢中去培養創新能力時，最大的影響力，就是從校園開始向下扎根。透過學校的教育翻轉，讓學生學會思考、學會分享、學會自己發掘問題，更重要的是，學會自己動手實作的態度。

國立高雄第一科技大學率先在 2010 年宣示轉型為「創業型大學」，致力於培育學生「具備創新的特質，以及創業家的精神」，透過課程來落實培育學生具備「創意思維、跨域合作、數位製造、創業實踐」，並於 2016 年 8 月出版了《方法對了，人人都可以是設計師》一書，透過課程的設計來培養學生達到創意思維及跨領域的合作。有鑑於學生在數位製造及創業實踐方面，較缺少動手實作的經驗，本校陳振遠校長集結了 9 位來自不同專業背景的學者專家，透過跨科系、跨專業的方式，共同編撰出以創夢工場的場域設備為主，教你如何動手實作的《創意實作》，書中有 9 個操作單元，包括風靡全球的創客運動、材質色彩資料庫、木工機具操作輕鬆學、基礎金屬工藝、3D 列印繪圖與操作、CNC 控制金屬減法加工、LEGO 運用於多旋翼、遊戲 APP 開發入門，以及在地文化資源的調查方法與應用。9 個單元皆透過由淺入深的介紹，讓讀者可以更輕鬆入門。單元從風靡全球的創客運動開始作介紹，接著進入手工具的手工製作，其中包含了木工機具的操作及金屬工藝的認識，以便了解手作精神的重要性。在學習手作單元之後，才可以進入自動化設備的學習。

了解手工設備的製作後，再開始進行機械自動化的 3D 列印加法加工及

CNC 減法加工的軟體及設備操作。透過前面所包含的手工工藝製作及 3D 加工製作，之後就可以開始強調如何透過控制化程式來驅動動力進行加工。前 7 組單元從造型、結構、機構、邏輯、組裝等動手實作練習之後，第 8 單元也透過現今 APP 市場爆炸性的發展，從中學習如何開發出易上手的 APP 遊戲。

　　課程透過風靡全球的創客運動、手工具的操作、自動化機械設備加工、程式控制帶動馬達、APP 遊戲過程操作，以及在地文化資源的調查方法與應用等 9 個單元，來達到玩中學、學中做的教育翻轉，俾能符應我國技職轉型高教創新的精神，亦能切合本校創業型大學願景培育學生具備創新的特質及熱忱、投入與分享的創業家精神。

　　本書希望能培養更多想成為自造者的年輕學子，透過《創意實作》中所介紹的 9 個由淺入深的實作課程操作練習，讓你我都可以成為這個產業趨勢中的全能自造者，並且訓練自己能擁有更多的技能專長！

單元目錄

1. 風靡全球的創客運動 — 李國維
2. 材質色彩資料庫 — 宋毅仁
3. 木工機具操作輕鬆學 — 王龍盛
4. 基礎金屬工藝 — 楊彩玲
5. 3D 列印繪圖與操作 — 陳建志
6. CNC 控制金屬減法加工 — 吳宗亮
7. LEGO 運用於多旋翼 — 姚武松
8. 遊戲 APP 開發入門 — 朱彥銘
9. 在地文化資源的調查方法與應用 — 王怡茹・陳建志

第 1 單元

風靡全球的創客運動

李國維 老師

李國維，現任教於國立高雄第一科技大學創新創業教育中心，創新創業推廣組組長，相關業界經驗累積近11年，主要研究領域包括商學與企業管理、創新創業、創業型大學、自造者（Maker）教育、專案管理、科技管理、薄膜技術、產業分析與策略管理、服務科技應用等，在校服務期間，曾多次參與及執行相關創新創業之計畫案撰寫，而轉任任教期間，也多次輔導學生參加創新創業競賽，並屢獲佳績，所出版過的相關著作有《科技管理－基礎》、《策略與實務》（2013年3月初版）及《大學衍生企業》（2015年8月初版），主要領域較偏向創新創業實務及輔導。

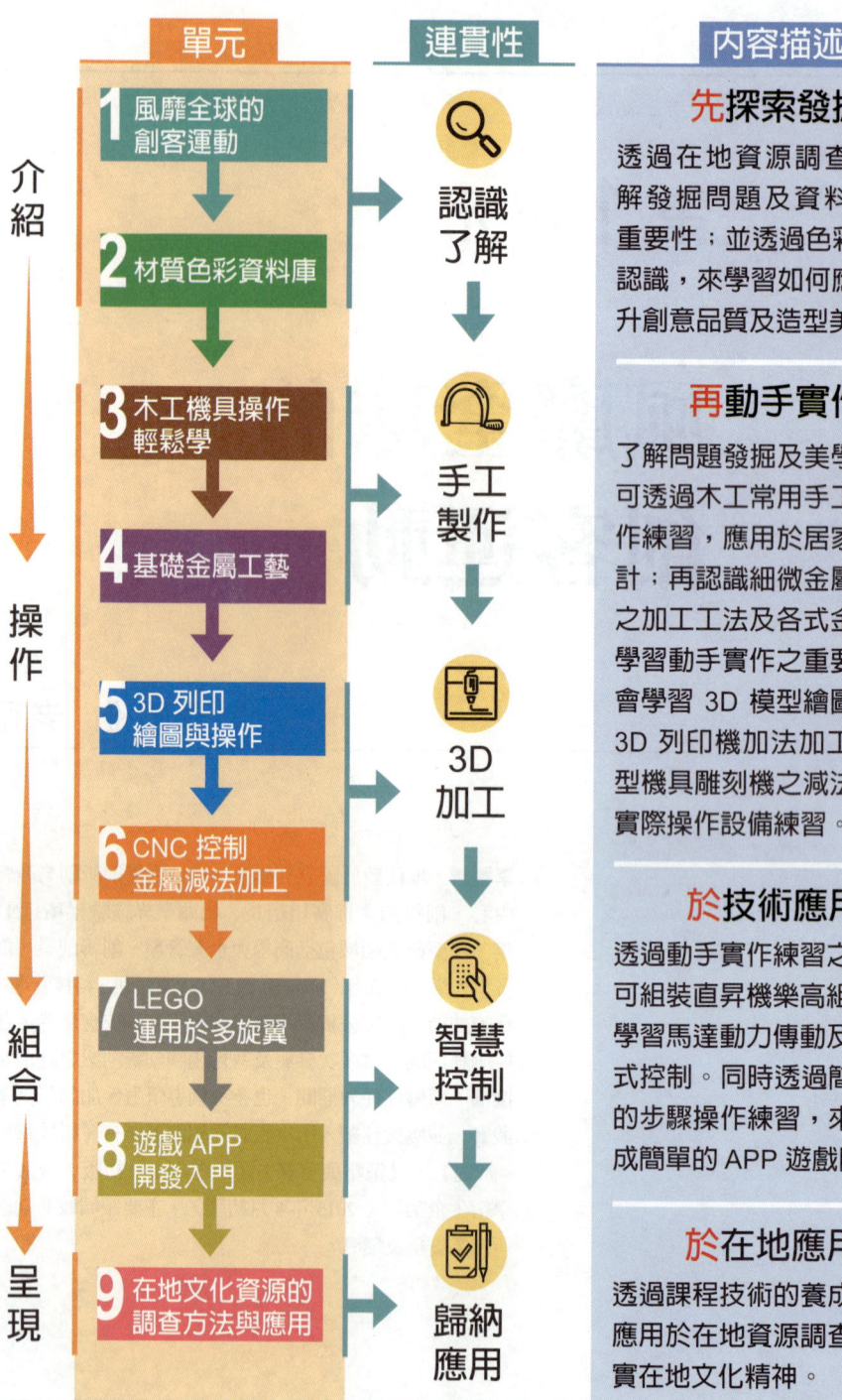

（圖，單元架構）

緒論

　　創客 (Maker) 運動，或稱為自造者運動，2013 年盛行於美國的科技產業。Maker 主要是強調藉由雙手或是自動機具的實際操作，來自己完成一件作品，而創客活動的盛行，也是因 3D 列印操作的大眾化。此外，透過群眾集資平台進行募資 (第三次工業革命) 所發揮創意的這些過程，也都可稱之為創客。在創客的過程中，所創造的物品並沒有限制，包括科技產業、文創商品、首飾配件等等。基本上，創客們的創造興趣完全是自主性的，而這樣的精神，就是風靡全球的創客運動。透過本單元對於創客運動、創客空間及創客設備的介紹，來讓讀者對於創客運動有相當性的了解之後，再進行後續的 8 組由淺入深、由手工製作到設備操作的實作單元練習，相信會更加地了解自己動手實作的重要性。現在，讓我們攜手共進，開始進行一連串的創客活動，來完成自己的作品與夢想，朝著成為快樂的創客前進吧！

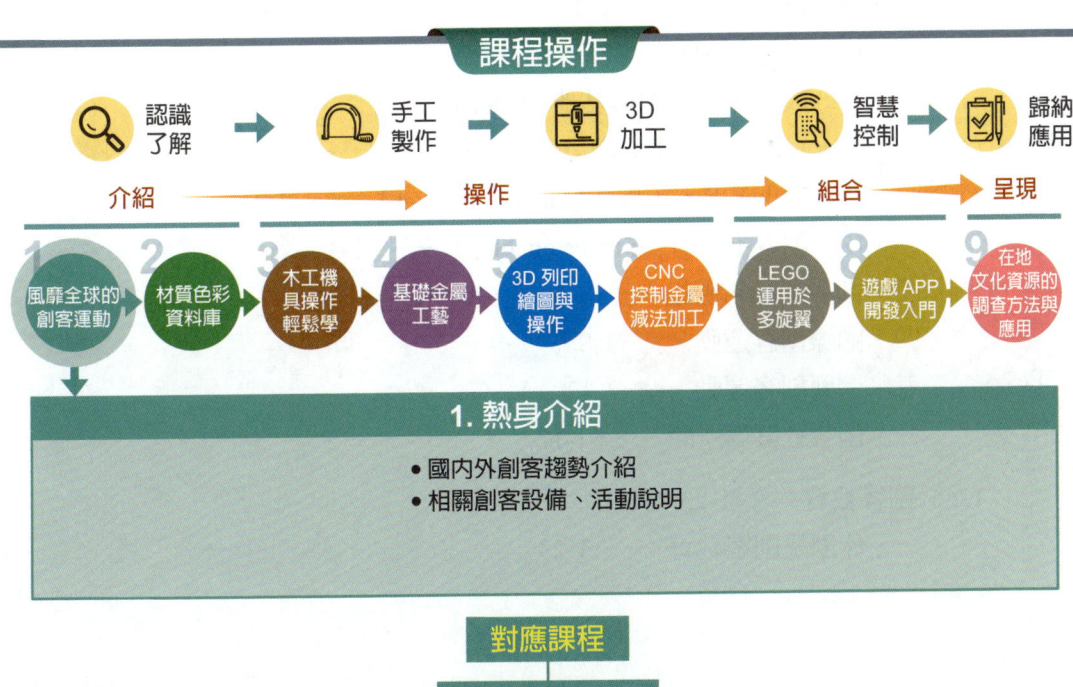

目錄

司長序

校長序

課程引言

單元架構

緒論

前言 —— 1-2

1.1 創客運動 —— 1-2

　　一、什麼是創客 —— 1-2

　　二、創客的四個階段 —— 1-3

　　　　(一) 從零到 Maker（Zero to maker）—— 1-3

　　　　(二) 成為 Maker 並與其他 Maker 連結
　　　　　（Maker to Maker）—— 1-3

　　　　(三) Maker 進入市場（Maker to market）—— 1-4

　　　　(四) 創客推動者（Maker-enabler）—— 1-4

　　三、創客運動的源起 —— 1-4

　　四、國際創客運動 —— 1-8

　　五、台灣創客運動 —— 1-13

　　六、創客社群與空間 —— 1-17

1.2 創客教育 —— 1-23

　　一、什麼是創客教育 —— 1-23

二、成為創客，怎麼學 —— 1-24
三、創客教育，怎麼教 —— 1-28
四、創客課程案例分享 —— 1-31

前言

　　基於數位製造（Digital Manufacturing）與開源（Open Source）概念軟硬體的帶動，「創客運動」（Maker Movement）近年來蓬勃發展，而創客教育有別於傳統的填鴨式教學，主要是藉由真實問題的「做中學」，來培育學生 STEAM〔科學（Science）、技術（Technology）、工程（Engineering）、藝術（Art）及數學（Mathematics）〕的跨領域能力，同時也提升了學生自主學習與解決問題能力。其實，成為 Maker 是件簡單的事，本書鼓勵所有讀者都能成為快樂的創客，在實作中獲得樂趣，不用怕失敗，動手做就對了。

1.1　創客運動

一、什麼是創客

　　《長尾理論》作者 Chris Anderson 在 2012 年《Makers: The New Industrial Revolution》一書中，指出創客將啟動創新的第三次工業革命。「創客」一詞儼然已成為全民運動，然而什麼是「創客」？

　　全球 Maker Faire 的發起組織《Make》雜誌創辦人 Dale Dougherty：「We are Makers」，自己做機器人的是 Maker；撿廢棄物創作鋼鐵烏龜的老人是 Maker；每天下廚做新菜色的媽媽是 Maker；幫小孩做玩具的爸爸也是 Maker；就連動手做燈籠的小孩也是 Maker，要成為 Maker 是件簡單的事，我們生活的周遭到處都是 Maker，要成為 Maker，唯一的關鍵就是：「動手做就對了」。

　　創客，英文叫 MAKER，也翻譯成「自造者」，簡單的說，創客是有熱情，願意動手做，實現創意，並樂於在社群共同學習、交流、解決問題與分享的人。

　　創客動手做和 DIY 有什麼不同？

　　DIY（Do It Yourself），即為自己動手做，是 1960 年代起源的概念，一開始 DIY 是為了要節省成本，自己買材料和工具來維修或製造，例如：自己整修房屋、維修電器、組裝電腦等，逐漸地，DIY 的概念擴大到所有可以自己動手做的事物，都能稱為 DIY。同樣都是自己動手做，創客實作和 DIY 有什麼不同呢？

創客實作和 DIY 最大的共通點是動手做，其最大的差異在於創客是使用數位機具，如：3D 列印機、雷射雕刻 / 切割機、CNC 綜合加工機⋯⋯等。創客採用共通的檔案格式或程式碼，就可以將檔案寄到製造商生產，也能自己在家製造，做出原型和全新產品，可說是「DIY 數位化」。此外，由於網際網路的發展，現今的創客常利用線上社群分享成果，或與其他創客交流合作（Do It Together），這也是創客運動發展與過往 DIY 較不同的地方。

二、創客的四個階段

隨著工具和技術日漸實惠及易於使用，自造生態系統也更為廣泛，創客開始學習銲接、Arduino 和易於寫程式的開發平台等基本技能。根據長期投入創客運動的 Make 雜誌創辦人 Dougherty 之觀察，創客可分成四個階段，分別是：

(一) 從零到 Maker（Zero to Maker）

每一個 Maker 的起點不同，但其共通點是「發明的靈感」，這觸發了個人從單純的消費產品轉變成動手實踐，讓想法成形。而從零到成為 Maker 最重要的兩個層面，是學習必要技能的能力，以及可資運用需要的製造工具。

(二) 成為 Maker 並與其他 Maker 連結（Maker to Maker）

這階段的差別，就在於創客們開始合作，並從其他創客獲得專業知識，而創客們也會對現有的平台或社群有所貢獻，不論是因為技術革命，還是自我表現與創造的內在渴望，強大的潛意識正發揮作用，這種想要改善和與他人分享的渴望，催化了創客走向 Maker to maker 階段。

(三) Maker 進入市場 (Maker to market)

從創客空間和線上社群開始，湧現一個發明和創新的新浪潮。比起最初的創客，知識的流動和聚集，讓一些發明和創作吸引更廣泛的觀眾，有些甚至具有市場魅力，即使只有少數的創客會透過群眾募資或商業模式進入市場或開始創業，但其影響可能是巨大的。

(四) 創客推動者 (Maker-enabler)

第四階段：創客推動者（maker-enabler），也可稱創客支持者（Maker advocate），是近期才發展出來的，對上述三個階段的創客而言，都有人在培養和支持他們。

在 Zero to maker 階段，兒童博物館和公共圖書館推動了更多的 DIY 活動和工具，讓顧客接觸創客文化；另社群會員和自造空間人員正支持 Maker to maker 階段的發展；此外，創客在 Maker to market 階段，進入市場或將創作商業化時，也都有一大群幫助他們成功的支持者。雖然不是創客本身，但這些創客推動者／支持者構成了創客文化的一大階段。

三、創客運動的源起

創客運動並非一夕而成，而是從 1960 年代的 DIY 概念逐漸發展至今，創客運動的發源地在美國舊金山灣區，1998 年麻省理工學院的 Neil Gershenfeld 教授開設了一門「How To Make（almost）Anything 如何製作（幾乎）任何東西」的課程，讓學生學習數位製造的各種工具和原理，並製造任何想要的創意產品,該課程大受學生歡迎與肯定,促進日後麻省理工學院 Fab Lab 自造實驗室的發展。

2001 年麻省理工學院 Media Lab 的位元和原子研究中心(Center for Bits and Atoms)(如圖 1-1)與 Grassroots Invention Group 合作,在獲得國家科學基金會(National Science Foundation)的資助下,創立了第一個自造實驗室(Fabrication Laboratory, Fab Lab),該實驗室由現成的工業級製造和電子工具組成,同時也有 MIT 編寫的開源軟體(open source software)和程式。

起初 Fab Lab 是為了激勵當地創業,才提供創新與發明原型製作的平台,現今它已成為一個學習和創新的平台:一個可以發揮、創造、學習、指導和發明的地方,使用者透過設計和創造個人想要的物品來學習,在自己的創作經驗下,他們互相學習與指導,進而深入了解創新與發明所需的機器、材料、設計過程以及工程。成為 Fab Lab 一員,就意味著可以連接到跨越 30 個國家和 24 個時區的知識共享網絡。

圖 1-1,Center for Bits and Atoms
(圖片來源:Amber Case, CC License)

Fab Lab 的理念迅速在全世界擴散，目前全球已有 1,206 個據點，且持續增加中，無論是成人或是中小學生，即使沒有技術背景，也能利用 Fab Lab 的軟硬體和社群，越來越多人將自己的創新想法變成獨特的個人作品，逐漸引發了創客運動的浪潮。

2005 年 2 月 Dale Dougherty 創辦了《Make》雜誌（如圖 1-2）（https://makezine.com/），其目的在於讓社會大眾了解創客做了什麼，也激發更多的人去創造，同時讓創客們產生了連結，2006 年 Dougherty 在美國舊金山灣區創辦了第一屆 Maker Faire，將全球的創客聚集起來，展示和討論自己如何做出作品，也帶動參觀者經由創造與實作而成為創客，至今灣區和紐約的兩個旗艦 Maker Faire 每年都有超過 20 萬人參加（如圖 1-3），紐約的 Maker Faire 同時被喻為「World Maker Faire」，美國白宮也在 2014 年 6 月舉行第一屆 Maker Faire，總統歐巴馬並將 6 月 18 日訂為全國自造日（National Day of Making）。

圖 1-2，《Make》雜誌
（圖片來源：《Make》雜誌網站，https://makezine.com/）

圖1-3,2017 年美國舊金山灣區 Maker Faire
(圖片來源:Fabrice Florin, CC License)

2016 年有超過 190 場獨立製作的 Mini Maker Faire,加上 30 多個大規模的 Maker Faire(如圖 1-4)在全球各地舉辦,Maker Faire 已是全球創客的交流盛會,也是帶動創客運動發展的重要動能,而 Dougherty 無疑是帶領創客運動浪潮的關鍵推手。

圖1-4,2016 年法國巴黎 Maker Faire
(圖片來源:Quentin Chevrier / Makery Media for labs, CC License)

四、國際創客運動

從 1960 年代的 DIY 開始，2001 年 MIT 設立 Fab Lab、2005 年《Make》雜誌的創刊發行，至 2006 年第一屆 Maker Faire 的舉辦，國際創客運動蓬勃發展，已是全球創新與創業不可或缺的動能，其發展歷程如圖 1-3 所示。

全球創客運動蔚為風潮，主要有三個發展的關鍵：

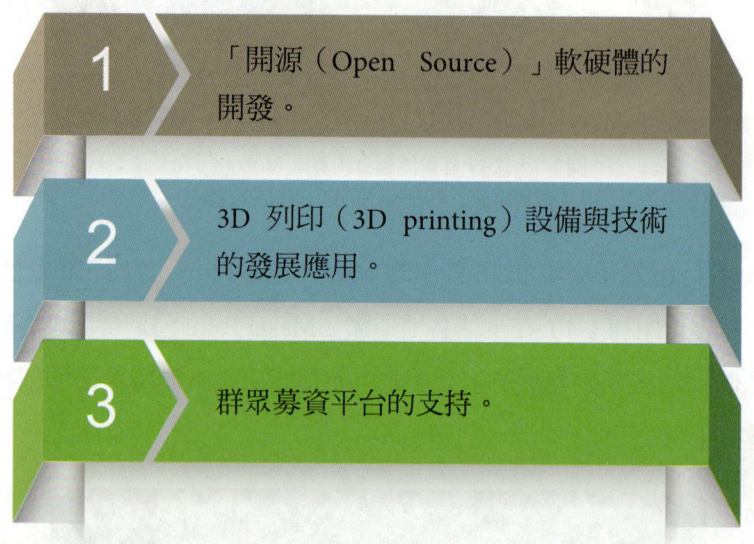

1. 「開源（Open Source）」軟硬體的開發。
2. 3D 列印（3D printing）設備與技術的發展應用。
3. 群眾募資平台的支持。

「開源」（Open Source）概念帶動創客運動開展。

從 1984 年 Richard Stallman 發表 GNU 宣言，表達自由軟體的核心精神，1991 年自由軟體 Linux 作業系統發佈，到 1998 年 Netscape 公司釋出 Navigator 瀏覽器原始碼，同年 2 月由當時自由軟體的代表人物及著名駭客召開「開源高峰會議」（Open Source Summit），提出「open source」一詞，自由軟體遂發展到「開源」的概念。

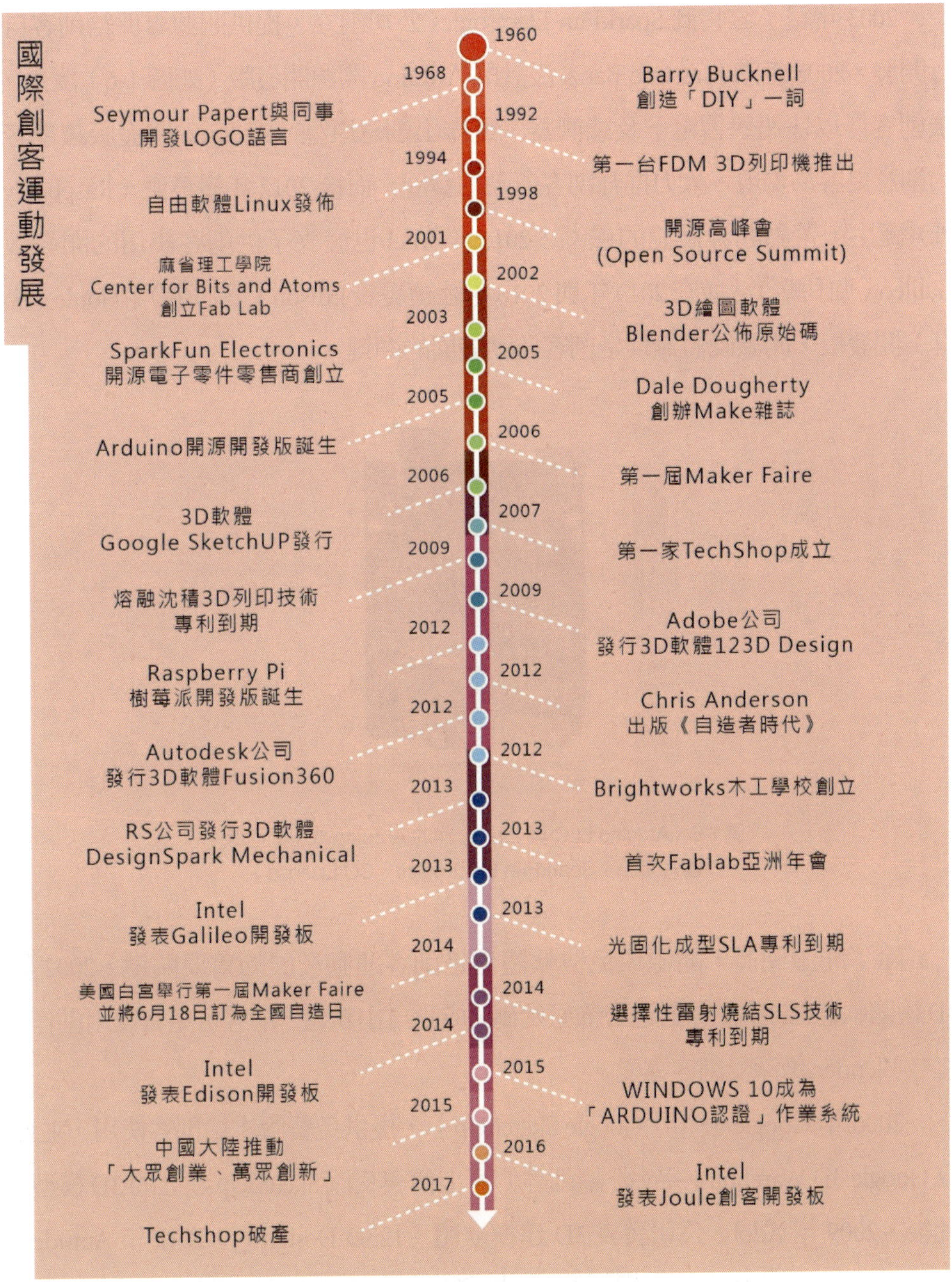

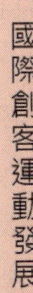

1960		Barry Bucknell 創造「DIY」一詞
1968	Seymour Papert與同事開發LOGO語言	
1992		第一台FDM 3D列印機推出
1994	自由軟體Linux發佈	
1998		開源高峰會 (Open Source Summit)
2001	麻省理工學院 Center for Bits and Atoms 創立Fab Lab	
2002		3D繪圖軟體Blender公佈原始碼
2003	SparkFun Electronics 開源電子零件零售商創立	
2005		Dale Dougherty 創辦Make雜誌
2005	Arduino開源開發版誕生	
2006		第一屆Maker Faire
2006	3D軟體 Google SketchUP發行	
2007		第一家TechShop成立
2009	熔融沈積3D列印技術專利到期	
2009		Adobe公司發行3D軟體123D Design
2012	Raspberry Pi 樹莓派開發版誕生	
2012		Chris Anderson 出版《自造者時代》
2012	Autodesk公司 發行3D軟體Fusion360	
2012		Brightworks木工學校創立
2013	RS公司發行3D軟體 DesignSpark Mechanical	
2013		首次Fablab亞洲年會
2013	Intel 發表Galileo開發板	
2013		光固化成型SLA專利到期
2014	美國白宮舉行第一屆Maker Faire 並將6月18日訂為全國自造日	
2014		選擇性雷射燒結SLS技術專利到期
2014	Intel 發表Edison開發板	
2015		WINDOWS 10成為「ARDUINO認證」作業系統
2015	中國大陸推動「大眾創業、萬眾創新」	
2016		Intel 發表Joule創客開發板
2017	Techshop破產	

圖1-5，國際創客運動發展重要歷程（圖片來源：自行繪製）

1-9

創意實作 ▶ 風靡全球的創客運動

　　2003 年電子零售商 SparkFun Electronics 公司創立，提供開源零件給創客自行開發，2005 年由 Massimo Banzi 設計的 Arduino 開源開發版（如圖 1-6）誕生，讓創客得以快速學習電子及感測器，實作出創意原型，Arduino 開發版讓創客的創意更容易實現，大力推升創客運動的發展。而後 2012 年樹莓派（Raspberry Pi）誕生，帶動開源硬體的風潮，2013 年 Intel 也發表了供創客使用的開發版 Galileo（伽利略），並在 2014 年與 2016 年陸續發表 Edison（愛迪生）和 Joule（焦耳）開發板，開源硬體無疑是創客運動發展的關鍵。

圖1-6，Arduino LLC 與 Intel 合作的 Arduino 101 開發版
（圖片來源：SparkFun Electronics，CC License）

　　除了開源硬體，開源或免費軟體也是創客運動發展的重要關鍵。2002 年 3D 繪圖軟體「Blender」對外公佈原始碼，成為自由軟體，創客可免費使用創作，迄今 Blender 仍深受創客喜愛。

　　2006 年 Google 發布「Google SketchUp」，提供免費版本給創客使用，並建立 Google 3D Warehouse 平台，讓創客們可上傳與交流 SketchUp 建立的 3D 模型。此後，2009 年 Adobe 公司發表 3D 建模軟體「123D Design」、2012 年 Autodesk 公司結合雲端運算發表「Fusion 360」軟體及 2013 年 RS 公司發行 3D CAD 建模

1-10

軟體「DesignSpark Mechanical」，皆可免費供創客下載使用，這些免費 3D 建模軟體功能強大且容易上手，創客們可以快速將創意繪製出 3D 檔案（STL 格式），並利用 3D 列印機速列印出成品，大幅縮短創意產品設計開發的原型製作時間，推動了創客運動的興起與發展。

3D 列印設備與技術的發展應用加速創客運動發展。

目前應用最廣的 3D 列印技術是熔融沈積成型 FDM（Fused Deposition Modeling），1992 年美國 Stratasys 公司推出世界上第一台 FDM 的 3D 列印機，2009 年熔融沉積成型專利到期，基於 Open Source 概念的 3D 列印機（如圖 1-7）陸續被開發出來，FDM 的 3D 列印機的價格從過去數千美元降至不到 1,000 美元，3D 列印設備與應用迅速普及化。爾後，光固化成型（Stereo lithography Appearance, SLA）與選擇性雷射燒結（Selective Laser Sintering, SLS）的 3D 列印關鍵技術專利也陸續分別在 2013 年及 2014 年到期，不僅帶動 3D 列印產業的快速成長，也讓創客更容易實現個人化設計生產的創作夢想，使得創客運動逐漸普及。

圖 1-7，基於 Open Source 概念的 3D 列印機
（圖片來源：OpenTech Summit，CC License）

創意實作 ▶ 風靡全球的創客運動

群眾募資平台支持創客邁向商業，為創客運動發展關鍵推手。

伴隨網路社群與群眾募資（Crowdfunding）平台的興起，創客可以透過平台直接從群眾取得資金，讓創意產品可以加速量產與進入市場，推動創客邁入市場。

2008 年成立的 Indiegogo 和 2009 年成立的 Kickstarter，都是國際最著名的群眾募資平台，許多創客藉由募資平台獲得資金。Kickstarter 成立 8 年，迄今所有的專案已成功募得超過 30 億美元，而其中廣為人知的成功案例當屬智能手錶「Pebble: E-Paper Watch for iPhone and Android」（如圖 1-8），其在 2012 年成功募資 1,026 萬美元，讓產品順利量產出貨，爾後，Pebble 智能手錶第二代 Pebble Time 更募得 2,033 萬美元，創下募資平台多項紀錄。

而在 Indiegogo 平台，目前募資最高的成功案例為流動蜂房「Flow Hive: Honey on Tap Directly From Your Beehive」（如圖 1-9），在 2015 年成功募得近 1,329 萬美元，募資平台再次實現了創客的創意，讓產品有了進入市場所需的資金支持。

圖 1-8，Pebble: E-Paper Watch for iPhone and Android（左）
Pebble Time - Awesome Smartwatch, No Compromises（右）
（圖片來源：Kickstarter 募資平台）

圖 1-9，Flow Hive: Honey on Tap Directly From Your Beehive
（圖片來源：Indiegogo 募資平台）

五、台灣創客運動

台灣創客運動發展如圖 1-10 所示。2015 年 4 月台灣行政院推出 vMaker 行動計畫，鼓勵更多青年學生成為 Maker，vMaker 行動計畫分為三個階段：

第一階段：「尋找 vMaker」－「Fab Truck 高中職校園巡迴計畫」。

全台設置六台行動貨櫃 Fab Truck，載著 3D 列印機、CNC 銑床、雷射切割機、電腦割字機等設備，總共至 497 校巡迴，讓師生體驗動手做樂趣，推廣創客運動。

第二階段：「Top Maker － Make for All」－「創客擂臺發明競賽」。

以競賽創造 Maker 舞台，提供首獎百萬獎金，鼓勵創新和分享，晉級決賽的團隊作品，並將於美國麻省理工學院舉辦的「Fab11」Fab Lab 世界年會發表，展現台灣創客的創意實作能量。

第三階段：舉行 FabLab 亞洲年會，提升台灣創客能見度。

2015 年 5 月 FabLab 亞洲年會首度在台灣舉辦，讓國內外創客可以展出作品並交流，提升台灣創客國際能見度。

創意實作 ▶ 風靡全球的創客運動

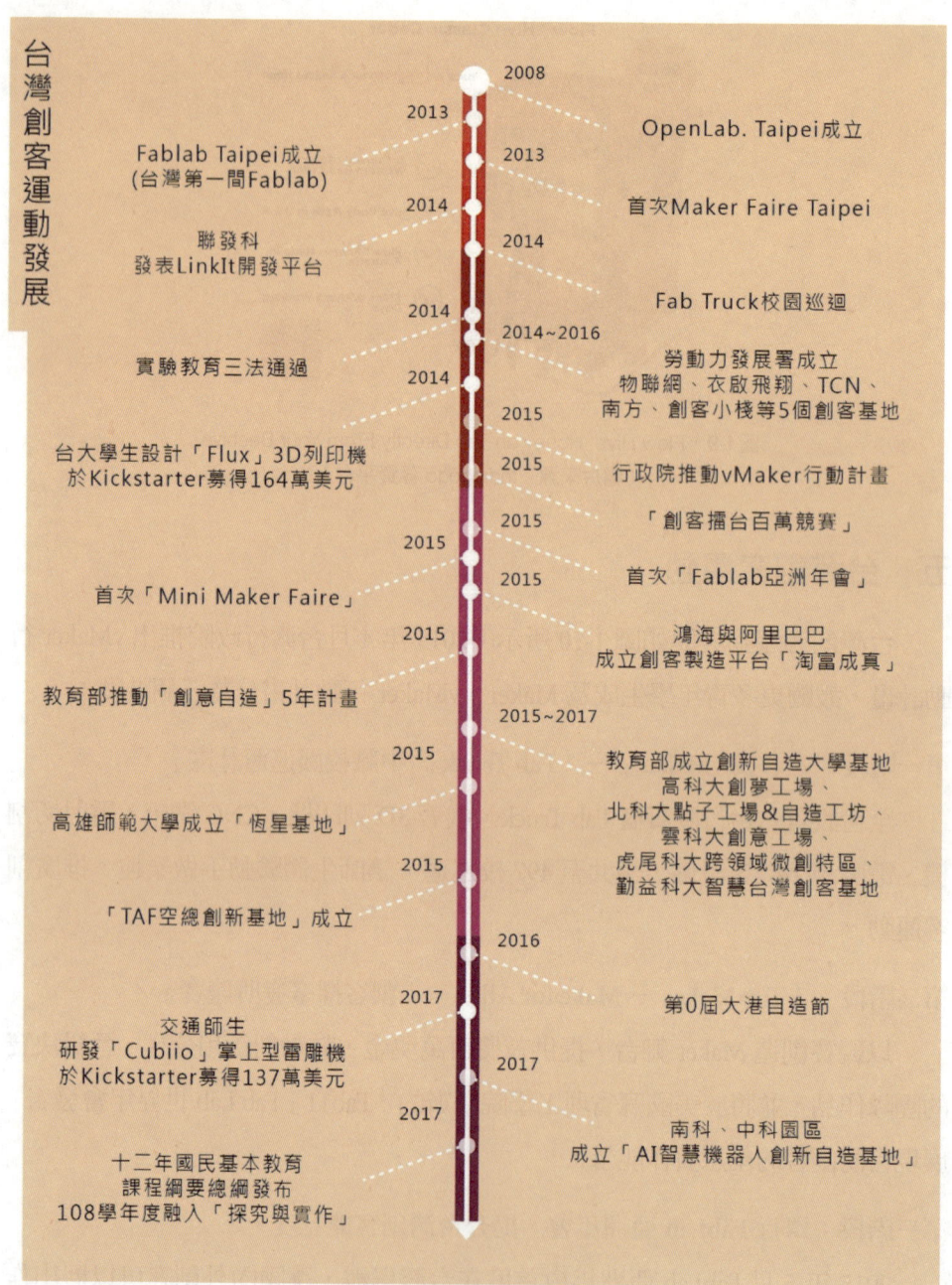

圖1-10，台灣創客運動發展重要歷程（圖片來源：自行繪製）

為推廣創客運動,政府單位投入不遺於力。教育部研擬「Just make it—翻轉創新・創客成型」行動方案(如圖 1-11),也推動「創意自造」5 年計畫,廣設創客實驗室;勞動部勞動力發展署打造全台灣第一台「Maker car 行動自造車」,並在所轄分署設立 5 處創客基地;科技部也於中科、南科園區打造智慧機器人創新自造基地。

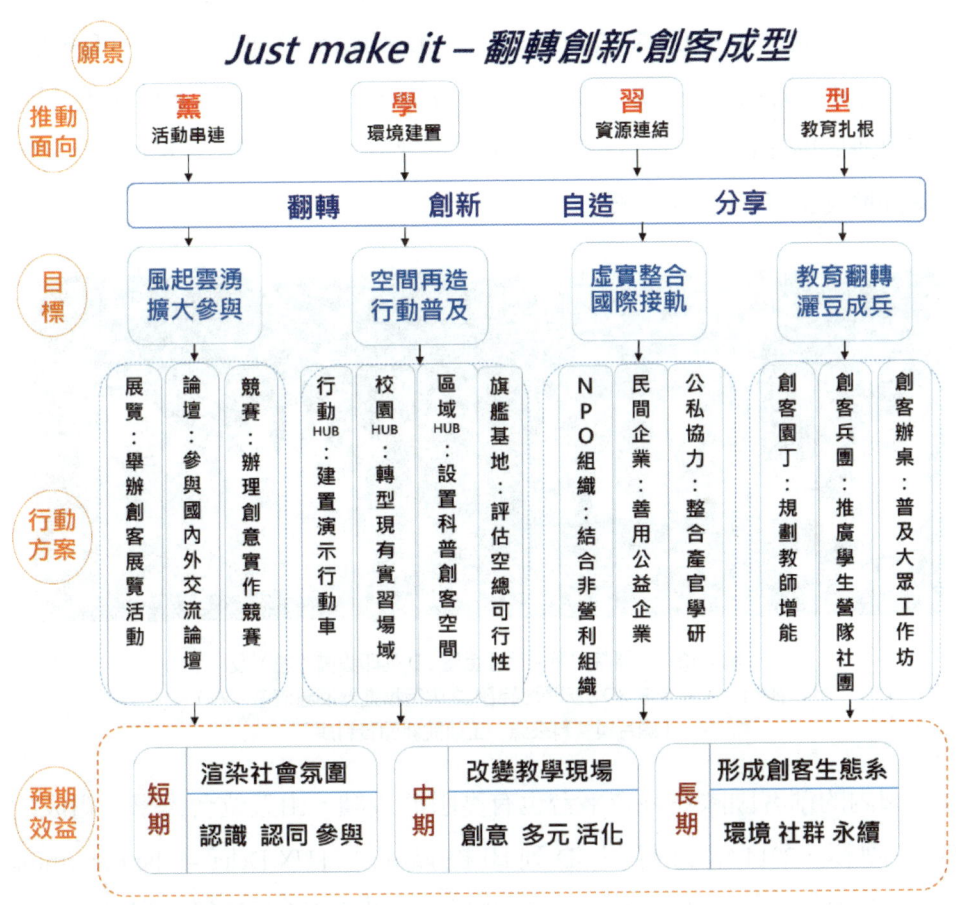

圖1-11,教育部「Just make it- 翻轉創新・創客成型」整體推動架構
(圖片資料來源:國立台灣科學教育館編撰之計畫書)

創意實作 ▶ 風靡全球的創客運動

　　台灣創客運動發展同樣與開源概念、3D 列印及募資平台有著強烈的連結。基於 Open Source 概念，位居全球十大 IC 設計公司的聯發科技股份有限公司，在 2014 年發表了 LinkIt 開發平台，並於 2015 年展示開源 LinkIt One 開發板套件，支援全球創客進行物聯網與穿戴式裝置的應用開發。

　　國內的 3D 列印設備與技術的發展應用，工研院居於領導地位。2015 年其發表第一台國人自製雷射金屬 3D 列印機，並在 2017 年成功開發國產第一台大尺寸、大面積的 50×50×50 立方公分金屬 3D 列印機（如圖 1-12），可扶植國內廠商搶進全球航太及汽車等高值零組件產業，此外，工研院 2017 年 12 月在南科高雄園區建置全國首座一站式「3D 列印醫材智慧製造示範場域」，將協助廠商搶攻 3D 列印醫材之國際市場。

圖1-12，工研院開發大尺寸金屬 3D 列印設備（左）及
應用大尺寸金屬 3D 列印設備製作之火箭推進器反應流道（右）
（圖片與資料來源：工研院新聞資料庫）

　　國內的創客團隊在募資平台也有亮眼的成績。由五位台大學生組成的 FLUX 團隊，2014 年 12 月以 3D 列印機產品「FLUX Delta – The Everything Printer for Designers」（如圖 1-13），在 Kickstarter 募資平台上募得 164 萬美元（當時約新台幣 5,172 萬元），迄今仍為台灣團隊在 Kicksarter 募資成功的最高紀錄。另 2017 年 9 月交大師生團隊開發掌上型雷射雕刻機「Cubiio: The Most Compact

1-16

Laser Engraver」，也在 Kickstarter 募資平台上募得 137 萬美元（約新台幣 4,163 萬元），展現出台灣創客團隊創新創業能量，也為台灣發展創客經濟帶來無限可能。

圖1-13，台灣創客團隊在 Kickstarter 募資成功案例：
3D 列印機「FLUX」（左）及掌上型雷雕機「Cubiio」（右）
（圖片來源：Kickstarter 募資平台）

六、創客社群與空間

目前創客社群以國際非營利組織「Fab Lab」（Fabrication laboratory，https://www.fablabs.io/）較為完善，乃是以開源（Open Source）為基礎，提供數位製造設備的開放實驗室，也是鼓勵實作、人人共享的社群資源。目前全球 Fab Lab 已有 1,206 個據點，在台灣也有 13 個據點，包括：Fablab Taipei（台灣第一個 Fab Lab）、First Tech Innovation Lab（如圖 1-14）、Fablab NTUT、Fablab Dynamic、Fab Lab FBI、FabLab MDHS、Fablab STMC、Fablab TAF、Fablab Taoyuan、MakerBar、Fablab Tainan、Maker Lab 及 FabCafe Taipei。

創意實作 ▶ 風靡全球的創客運動

圖1-14，國立高雄科技大學創夢工場
（First Tech Innovation Lab）通過成為 Fab Lab
（圖片來源：自行拍攝）

此外，民間尚有許多創客社群及創客空間（Maker Space），包括有：「Openlab Taipei」（2008年成立，堪稱台灣第一個創客空間）、「Taipei Hackerspace」、「享實做樂」、「Future Ward」、「創客萊吧」（MakerLab）、「大港自造特區」（Mzone）、「創客閣樓」（Maker's Attic）、「高雄造物者」（Perkūnas）、「TO.GATHER」、「MakerPRO」……等，以及行政院設立的「TAF 空總創新基地」與勞動部勞動力發展署打造的「物聯網創客基地」、「衣啟飛翔創客基地」、「TCN 創客基地」、「南方創客基地」、「創客小棧」……等，只要你有想法概念，都可以透過 Fab Lab 及其他創客社群、空間與設備資源，將創意實作出來。

各級學校創客實作空間。

在創客運動推展下，台灣各級學校也紛紛設立了創客空間，包括有：國防醫學院的「Fablab NDMC」、台東大學的「台東自造」（Fablab Taitung）、中和高中的「創客中和」（Maker Zhonghe）、高師大的「Fablab NKNU」、新北高工的「Fablab NTVS」、明道中學的「Fablab Mingdao」、花蓮高工的「東區自造實驗室」、鳳山商工的「FabLab 鳳山商工」及東石高中的「綠豆創客基地」……等，希望培養各級學校師生動手做與解決問題的能力。

教育部為推動創新自造教育發展，於全國北、中、南五所科大設立「創新自造教育基地」，分別是北部基地的「北科大點子工場／自造工坊」、中部基地的「雲林科大創意工場」、「虎尾科大跨領域微創特區」、「勤益科大智慧台灣創客基地」及南部基地的「高科大創夢工場」。

五個基地分別具有不同領域特色，雲科大以工業設計為發展特色、虎尾科大以機電領域為發展重點、北科大著重與民間 maker 及國際鏈結、高科大則以創業型大學為基礎發展，深耕 maker 實作與創業之結合，五大基地均提供開放的自造者學習環境，可以盡情使用適合的數位製作設備及工具，並與其他的創客進行跨領域交流與合作，經由實作，將創意做出原型，進而商品化，帶動創新創業的發展。

國立高雄科技大學「創夢工場」率先成立。

國立高雄科技大學「創夢工場」（如圖 1-15）率先於 2015 年 5 月 8 日開幕啟用，並於 2016 年 11 月 24 日啟用創夢工場創客空間（Maker Space），總共 770 坪的空間，是一個提供創客動手做、嘗試錯誤、實踐創意及開放分享的創客基地，從創意、創新到創業，提供創客從無到有，完整的培育社群、空間與資源，深耕 Maker 實作與創業之結合。

創意實作 ▶ 風靡全球的創客運動

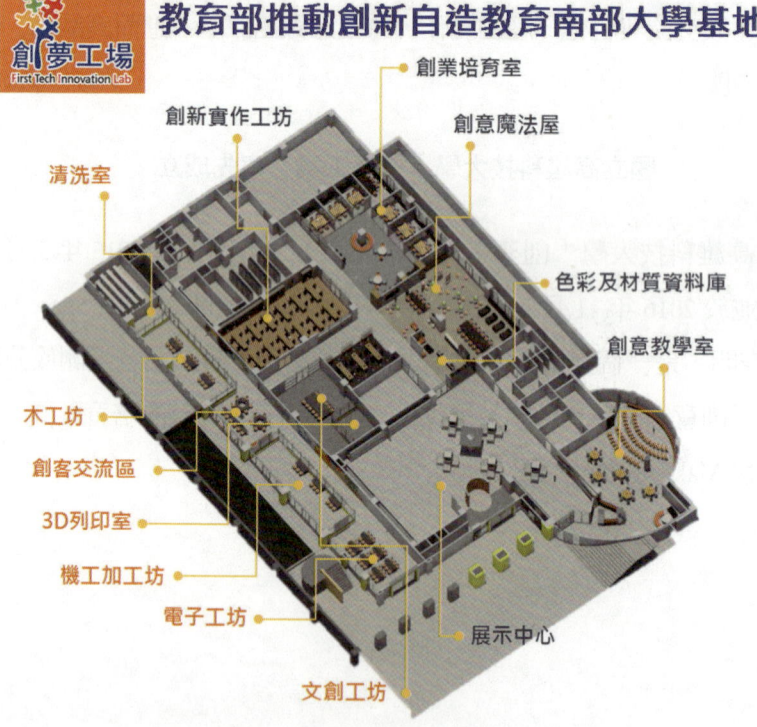

圖1-15，教育部推動創新自造教育南部大學基地 ── 國立高雄科技大學「創夢工場」（圖片來源：自行編輯）

創夢工場共分為五大區域，各區介紹如下：

1. 創意教學室

以課程為核心，辦理教學、競賽、講座、營隊……等活動，強化創意思考能力與創新思維，落實創客精神與行動。

2. 創意展示中心

展示與分享校園及創客創作成果，提供師生及民眾參觀與體驗創客精神，進而激發師生創意靈感。

3. 創意魔法屋

提供多元的討論設施及教材教具，開放式的創意空間設計，具可任意移動的桌椅，並設置南部第一家材質及色彩資料庫，設計時可針對色澤及顏色進行比對，選擇較適合產品的材質及風格，讓創意概念形成可行的實作專案。

4. 創客實作工坊

規劃有木工坊、機械加工坊、電子工坊、3D 列印室與文創工坊等實作區（如圖 1-16），其中具有百萬等級，可同時列印三種材料的 3D 列印機、全彩 3D 列印機、可切割不鏽鋼板的雷射切割／雕刻機、雷射打標機、電腦數值控制 CNC（Computer Numerical Control）車床與銑床、數位刺繡機、UV 彩噴機、完善的木工機具、電子電路雕刻機、電子儀器……等特色設備，可滿足創客實作的需求，順利做出創意原型。

5. 創業培育室

提供具創業潛質團隊進駐，擁有專屬空間，可發展創新商業模式，並與不同領域的創業團隊交流合作，逐步開展新創事業，實現創客實作與創業結合的目標。

創意實作 ▶ 風靡全球的創客運動

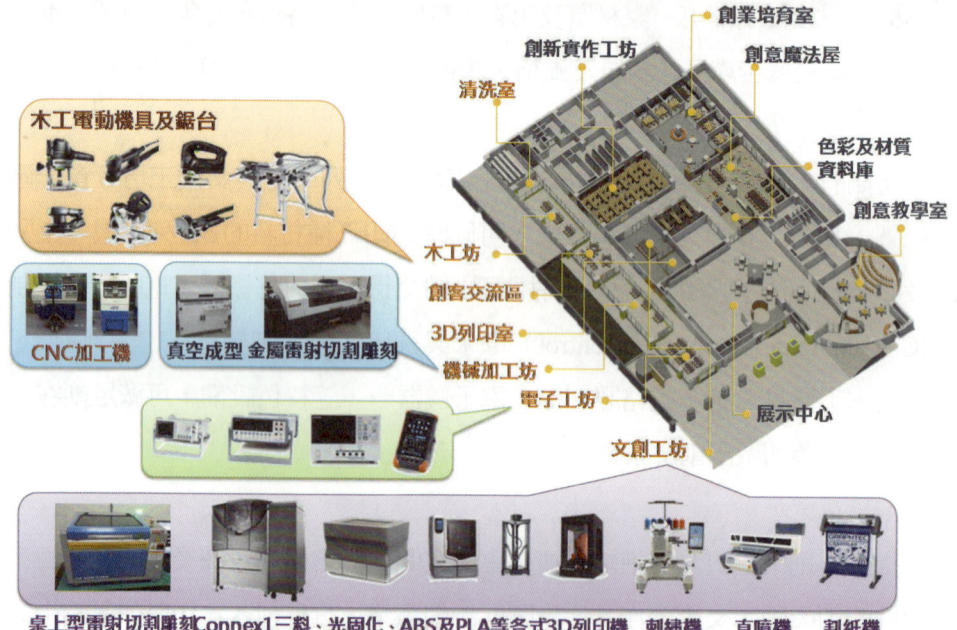

圖1-16,「創夢工場」創客基地空間及設備(圖片來源:自行編輯)

1.2　創客教育

創客教育將翻轉傳統填鴨式教學。

　　隨著國際化、科技創新與新興產業的快速變遷，產業人才需求也一直在轉變，學生如何透過學習來迎接未來的挑戰？有越來越多的教師認同「四十年一貫」的填鴨式教育需要改變，不想讓學生「從學習中逃走」，只為了考試分數而扼殺學習動機和興趣。而創客熱衷於「創新」與「動手做」的實踐精神，提供了未來教育與學習的一種方式。

　　2014 年 6 月美國白宮發表「BUILDING A NATION OF MAKERS: UNIVERSITIES AND COLLEGES PLEDGE TO EXPAND OPPORTUNITIES TO MAKE」，宣示推動創客運動與教育的決心與執行方案，《Make》雜誌創辦人 Dougherty 也發起創客教育行動（Maker Education Initiative），成立國際非營利組織 Maker Ed（http://makered.org/），致力推動創客教育。

　　台灣也於 2014 年制定實驗教育三法：「高級中等以下教育階段非學校型態實驗教育實施條例」、「學校型態實驗教育實施條例」及「公立國民小學及國民中學委託私人辦理條例」，鼓勵教育創新與實驗，並於 2017 年發佈「十二年國民基本教育課程綱要總綱」，將於 108 學年度施行，課程融入探究與實作，符應創客教育動手做的核心精神，創客運動正為教育革新注入一股改變的動力。

一、什麼是創客教育

　　創客教育是「以學生為本」，基於學生的興趣或所遭遇的真實問題，融合探索、體驗與開放創新，以問題導向學習（problem-based learning）或專題導向學習（project-based learning）為學習模式，透過真實問題或情境，引導學生思考與「動手作」。在「做中學」的過程中，培養學生創意創新思維、善用材料工具、跨領域學習、團隊合作與解決問題的能力，並鼓勵將過程及成果進行分享，以培養創新與跨領域創客人才的一種教育方式。

二、成為創客，怎麼學

數位機具、線上社群和開源概念的發展，讓成為 Maker 變成是件簡單的事，創新的成本大幅降低，失敗的代價也不高，所有人都能成為有創意的創客，結合政府、各級學校或是民間的創客空間、社群及資源，激發創意、動手做、組成跨領域團隊、解決真正的問題，並將成果分享出去，使創客運動得以落實開展，進而改善生活及促進產業創新。

成為 Maker 是件簡單的事，經由「動手做」，可以從中獲得樂趣，也可能可以新創事業，創造創客經濟。不用怕失敗，「動手做」就對了，然而要成為創客，應該要學什麼呢？

創客應該要學習有創意、動手做、解決真正的問題、跨領域團隊合作與分享創意與成果，以成為一個有創意的快樂創客，這過程需要創客之間的社群交流、實作空間與資源整合，才可能讓創客邁向市場，成功創造價值。創客應該要學什麼？學校或社會如何培育創客？

觀察、學習和行動。

生活中常遇到許多不便之處，多數人會想做些什麼來改變，但大多停留在「想」的階段，如何從「想」到「做」，讓自己的雙手習慣「動手做」來解決生活問題，是成為創客的必要條件。

要成為一個創客，「觀察」、「學習」和「行動」是重要的，觀察生活的不便或是未被滿足的需要，學習各種科技的知識與應用，找到解決問題或滿足需求的創意，並且透過行動，實踐創意，為了自己而學，學了自己有用，用了可以獲得回饋，動手做自然有樂趣。

學習成為有創意的 Maker。

人人都可以是創客，但有創意的 Maker 更顯珍貴。創客運動伴隨著開源（open source）軟體與程式碼的廣泛應用而蓬勃發展，國內外許多 Maker 的實作作品令人驚豔，主要關鍵仍在於「創意」，在尚未被解決的問題或尚未被滿足的需求上，創客想出意想不到的創意，並將創意實作出來，這就是最直接、最單純的創客思維。

創客的學習，普遍會聯想到 3D 印表機、雷射切割／雕刻機、機器人，或是單晶片微控制器 Arduino……等，然而這些設備與元件，都只是創客實作的工具而已，重點仍在於：你要用這些工具做什麼？你要如何滿足未被滿足的需求？或是要解決什麼樣的問題或誰的問題？面對多元的需求和問題，需要源源不絕的創意。作為一個創客，必須要學習找到解決問題的創意。

創意是可以練習的。

創意是可以練習，並獲得進步的，透過觀察人事物、習慣閱讀、吸收新訊息、嘗試新事物……等，來練習創意的發想。創意思考練習的方法很多，包括有：問題檢核法、重新定義法、心靈繪圖（mind map）法、比喻思考法、強迫組合法、曼陀羅聯想法、「What If」思考法、圖像思考法、逆向思考法、6頂思考帽……等。

此外，思考方式亦有聚斂性思考（convergent thinking）、擴散性思考（divergent thinking）、垂直思考（vertical thinking）、水平思考（lateral thinking）、演繹思考（deductive thinking）、歸納法（inductive thinking）……等，其中透過開放性的「擴散性思考」（如圖 1-17），不斷刺激大腦運轉，普通人也能培養出創意，只要學習到創意思考的原則和方法，並把創意思考當作習慣，每個創客都能擁有源源不絕的創意，成為一個有創意的創客。

圖1-17，擴散性思考（圖片來源：cea +, CC License）

學習跨領域的團隊合作。

現在的創新和發明很難只在一個專業領域發生，所以需要跨領域的學習與團隊合作。幸運的是，透過現在的 Maker 社群，就可以找到跨領域的人才與技術。作為一個有創意的創客，應該要學習跨領域的技術與整合能力，嘗試與不同專長的創客合作，才能快速有效地實現創意，共同解決真正的問題。

跨領域創客教育創新與發明基礎在「STEAM」，也就是科學（Science）、科技（Technology）、工程（Engineering）、美術（Art）及數學（Mathematics）等領域。STEM 教育是美國培養科技創新人才的關鍵，根據美國聯邦教育部統計，未來十年需求最多的工作機會都和 STEAM 相關，STEAM 無疑是創客學習的重要課題。

學習解決真正的問題。

除了學習動手做，作為一個創客，更應該先學習觀察、發現需求或問題、分析與確認問題，以解決真正的問題。舊金山紐葉樺私校（The Nueva School）校長 Diane Rosenberg 強調：「全世界的創客和發明家都強調，發明不會發生在理論的研讀中，而是發生在實際動手做的過程裡，利用各種科目的理論和內容，解決真實世界的問題，有意義的發明才會產生。」

學習成為一個快樂的創客。

人人都可以是創客，但「知道自己為什麼而做」的創客才會是快樂的。台灣的創客存在多元文化，有的是為了樂趣（for fun），有的是為了生活環境所需，有的是為了升學競賽，無論是怎樣的目的，只要是自願性的動手做，過程就會是快樂的。

在中國大陸的深圳市，有著濃厚的創客創業氛圍，創客儼然是創業者的代名詞，甚至深圳硬體加速器 Hax 合夥人 Benjamin Joffe 直言：「深圳沒有 Maker，只有創業者。」創客為了創業，動手做著專案，為的是可以翻轉人生，擔負壓力大，即便如此，只要確認創業是自己需要的，過程同樣會是快樂的。

學習分享，分享是快樂的。

創客精神在「動手做」，除了動手做，另一個重要的精神就是「分享」，創客熱衷於與人分享，分享創意，分享實作的過程，分享程式碼，分享 3D 列印檔，分享失敗的經驗……等。創客完成作品時，常常不是第一時間去申請專利或是謀求利益，反而是透過網絡或社群進行分享與交流，分享可以為其他創客帶來靈感，也可能因此找到同好和夥伴，更可讓其他創客少走彎路，降低失敗的機會，讓更多人都可以一起體驗動手做的樂趣，「創意因分享而擴大，創客因分享而快樂」。

對於分享創意，也有許多人不願意這樣做，總認為創意一旦分享出去，就會被別人抄襲，而沒有了價值。然而，創意要真正商品化或產業化，往往比想像的還要複雜，靈光乍現的絕佳創意，不一定代表全世界沒有其他人想過，或許是存在著實現創意的瓶頸，如：材料、技術、成本、生產……等難以突破，使得創意不具可行性，因此，身為一個創客，應該要學會分享，在分享創意的同時，也會得到不同領域的創客給你的回饋，透過和不同領域的創客合作交流、討論與共同實作，才能讓創意更貼近消費者與使用者的需求。創意只有被實現時，才有價值，創客才會感到快樂。

三、創客教育，怎麼教

2006 年創立的 Techshop，是美國大型的民間連鎖創客空間，雖然 Techshop 在長期收支不平衡，又找不到創新的永續發展商業模式下，於 2017 年 11 年宣布破產，但其長期引領美國創客運動與創客空間的發展，對創客發展還是大有助益的。

Techshop 的 CEO 和共同創辦人 Mark Hatch，在 2013 年出版 *The maker movement manifesto*（《創客運動宣言》）一書，宣示 Maker 運動的九大核心精神，為創客教育提供了基礎原則與設計參考。

Maker 運動的九大核心精神：

1. 製造（MAKE）

製造是人之所以為人的根本，我們必須透過製造、創作和表現自己去感受一切。以製造實物而言，有些是獨一無二的，它就像我們的一部分，也似乎是體現了我們靈魂的一部分。

2. 分享（SHARE）

在和其他人一起製造時，分享你所做的和你所知道的，你不能製造而不分享。

3. 給予（GIVE）

沒有比給予你所做的東西更無私和令人滿足的事情了。

4. 學習（LEARN）

你必須學習自造。你可能會成為一個熟練的工匠或大師，但你仍然要學習，想要去學習，並推動自己去學習新的技術、材料和加工方法，要建立一個終身學習的途徑，確保豐富和有價值的生活，而且重要的是，讓人分享。

5. 工具素養（TOOL UP）

你必須能運用正確的工具去執行手上的專案，購買和開發部分你所需的工具，讓你能夠做想做的事。

6. 玩（PLAY）

對你正在做的事情保持玩心，你會驚訝、興奮，並為你所發現的感到自豪。

7. 參與（PARTICIPATE）

加入創客運動，與周圍的人發現自造的樂趣，並在你的社群裡和其他的創客一起舉辦研討會、派對、活動、自造日、展覽、課程和晚餐。

8. 支持（SUPPORT）

這是一個運動，它需要情感、知識、財務、政策和體制上的支持。

9. 改變（CHANGE）

當你經歷你的創客旅程時，擁抱那些自然而然發生的改變。既然製造是作為人的根本，那麼當你製造時，你將會變成一個更完整的你。

此外，依據教育部研擬「Just make it——翻轉創新‧創客成型」行動方案，『Maker』的核心價值是在鼓勵學生具有『動手嘗試、不怕失敗、開放分享』的精神。該計畫預計養成的創客個人核心能力包括有：

1 能夠熟練的使用工具	5 具有人際溝通與人力整合能力
2 可以熟悉使用材質特性	6 願意跨領域協同創作
3 具有獨立創造的能力	7 善於利用網路開放資源
4 熟悉專案規劃與執行流程	8 樂於分享創作過程

創意實作 ▶ 風靡全球的創客運動

各項核心能力皆可與 Maker 九大精神相呼應，Maker 精神雖為抽象概念，但可透過 Maker 核心能力與 Maker 精神對照表（如表 1-1）進行評估，以落實於各教學場域與教域目標之訂定。

表1-1　Maker 核心能力與 Maker 精神對照表

Maker 精神 ＼ Maker 核心能力	能夠熟練地操作工具	可以熟悉使用材質特性	具有獨立創造的能力	熟悉專案規劃與執行流程	具有人際溝通與人力整合能力	願意跨領域協同創作	善於利用網路開放資源	樂於分享創作過程
製造（Make）	○		○					
分享（Share）					○	○	○	○
給予（Give）					○	○		○
學習（Learn）	○	○	○		○		○	
工具素養（Tool up）	○		○				○	
玩（Play）			○		○	○		○
參與（Participate）	○	○		○	○	○	○	
支持（Support）				○	○	○		
改變（Change）			○	○	○	○	○	○

在創客教育中，教師可以或應當扮演的角色：

1. 學習與分享的引導者
2. 創客空間與環境的管理者
3. 創客學習社群的推動者
4. 技術開發與應用的協作者
5. 引發學習可能性的啟發者
6. 實作資源的提供者
7. 創意、創作、製造、討論、改善、團隊合作的促進者
8. 問題或意見衝突的溝通決策者
9. 創客教育教材、教育及教案的開發者
10. 成為師生一起做的學習共同體
11. 以「學到什麼」作為學習成效指標的評量者
12. 創客邁向商業的支援者

四、創客課程案例分享

1998 年麻省理工學院的 Neil Gershenfeld 教授開設了一門「How To Make（almost）Anything 如何製作（幾乎）任何東西」的課程（如表 1-2），讓學生學習數位製造的各種工具和原理，並製造任何想要的創意產品，該課程堪稱是創客教育課程的典範案例。

表1-2 MIT 的 How To Make（almost）Anything 課程內容

TOPICS	TUTORIALS AND HELP
Design Tools	• Cobalt Tutorial • 3D Modelling Diatribe: Should I use Rhino or Cobalt? • Folding Tutorial: How to Model a Polyhedron by "Folding Up" Flat Polygons
Laser, Waterjet, NC Knife Cutting	• Converting Gerber to HPGL FILES • Laser Cutter Tutorial • Water Cutter Tutorial • Manuals for the Laser Cutter and Water Cutter • Rasterizing Images on the Laser Cutter
Microcontroller Programming	• Joe Paradiso's Electronics Primer Notes • Useful Electronic Parts and Circuits Information • Simple Pseudo-Random Sound Generator Example • Driving Stepmotors • Color Coding of Resistors
Machining	• Waterjet: Cutting Glass • Modela Instructions • 3D Printer Instructions • John's FabLab Tutorials
Circuit Design	• Problem and Turorial • Joe's Electronics Primer • Useful Circuit and Parts Info • Steppermotor with PIC
3D Printing NC Machining	• Waterjet: Cutting Glass • Modela Instructions • 3D Printer Instructions • John's FabLab Tutorials
PCB Design and Fab	• Making a New Schematic/PCB Part in Protel '99 • Carving a Protel Circuit Board on the Roland Mill • Making a PCB Fixture Bed
Forming and Joining	• Handy Page of Links to Forming and Joining Resources
Sensors, Actuators, and Displays	• Joe P Revisited
PCB Design Wired and Wireless Communications	• Networking Standards Definitions • Networking Hardware Schematics, Assembly Code and ORCAD Files • Presentation by Raffi Krikorian
Project Presentations	

此外，以 MIT「How To Make（almost） Anything 如何製作（幾乎）任何東西」為基礎，由 Neil Gershenfeld 教授所指導的 Fab Academy 課程，希望同樣可供創客教育推動者作為課程設計參考。該課程以 Fab Lab 的標準設備與機器設計，因此必須在獲授權可教授的 Fab Lab 進行，目前台灣僅有 FabLab Taipei 可教授。

Fab Academy 是一門線上的數位製造課程（Digital Fabrication program），為期約 5 個月，每週 3 小時都是一個獨立的製造技術單元，讓學員不僅學習數位製造的知識，更培養其具備快速原型製作的多元專業能力，以快速將創意實作出成品，2018 年 Fab Academy 課程內容如下表 1-3 所示。

表1-3　2018 年 Fab Academy 課程內容

課程內容	授課時間
1. 數位製造原理及練習（digital fabrication principles and practices）	1 週
2. 電腦輔助設計、製造和建模（computer-aided design, manufacturing, and modeling）	1 週
3. 電腦控制切割（computer-controlled cutting）	1 週
4. 電子設計與製造（electronics design and production）	2 週
5. 電腦控制加工（computer-controlled machining）	1 週
6. 嵌入式程式設計（embedded programming）	1 週
7. 3D 模具和翻模（3D molding and casting）	1 週
8. 協作技術開發和專案管理（collaborative technical development and project management）	1 週
9. 3D 掃描和列印（3D scanning and printing）	1 週
10. 感測器、致動器和顯示器（sensors, actuators, and displays）	2 週
11. 界面和應用程序程式設計（interface and application programming）	1 週
12. 嵌入式網絡和通訊（embedded networking and communications）	1 週
13. 機器設計（machine design）	2 週
14. 數位製造應用和意涵（digital fabrication applications and implications）	1 週
15. 發明，知識產權和商業模式（invention, intellectual property, and business models）	1 週
16. 數位製造專案開發（digital fabrication project development）	2 週

創意實作　▶ 風靡全球的創客運動

養成做筆記的習慣，把生活上觀察的小事情記錄下來！創意也跟著來囉～

第 2 單元

材質色彩資料庫

宋毅仁　老師

宋毅仁，目前任職於國立高雄第一科技大學創新設計工程系助理教授，主要專長為工業設計、設計企劃、輔具設計、產品造型研究、材料與製造。參與唐草設計公司之創辦，業界經驗豐富，設計類型以家電、文創商品、醫療輔具為主。自來到本校服務後，結合教學及研發，設計醫療輔具獲得國內發明競賽金銀牌，於輔導學生團隊參與創新創業競賽上，亦獲不錯的佳績。在職期間每年皆申請國科會及經濟部計畫，至目前為止共執行 1,400 萬元計畫經費，亦將所設計之產品申請專利，已獲發明 2 件及新型 11 件。

單元架構

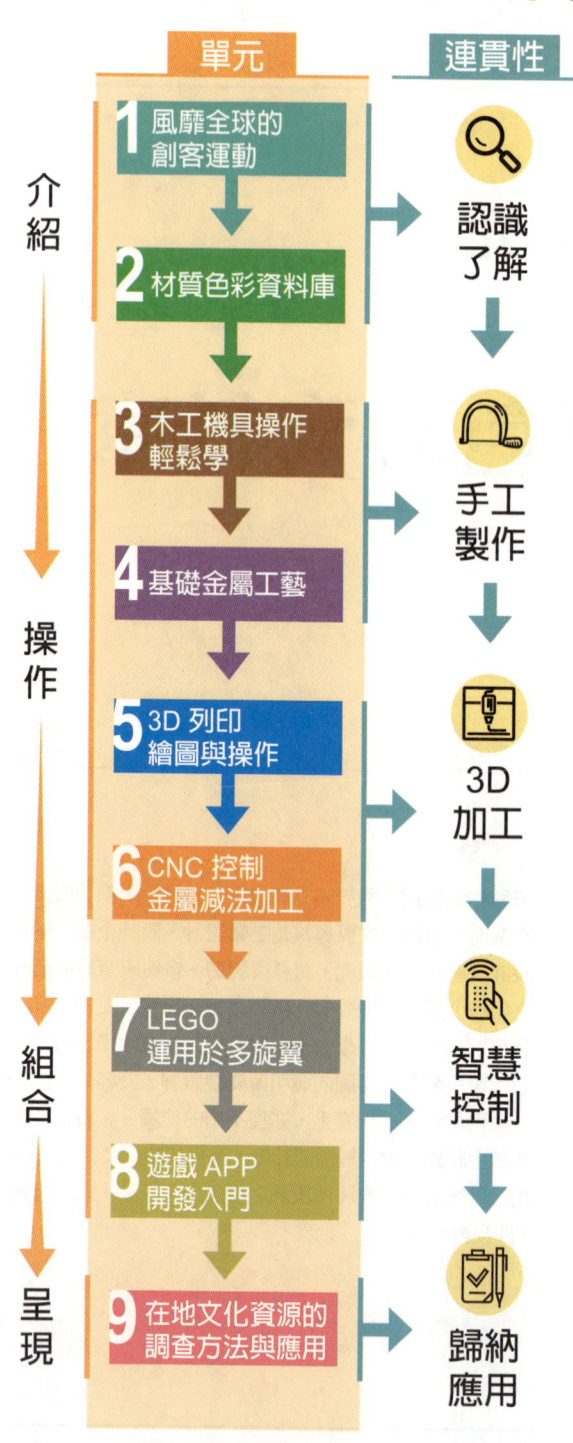

單元	連貫性	內容描述
1 風靡全球的創客運動	認識了解	**先探索發掘** 透過在地資源調查，來了解發掘問題及資料蒐集之重要性；並透過色彩材質的認識，來學習如何應用於提升創意品質及造型美學。
2 材質色彩資料庫		
3 木工機具操作輕鬆學	手工製作	**再動手實作** 了解問題發掘及美學之後，可透過木工常用手工具之操作練習，應用於居家傢俱設計；再認識細微金屬手工具之加工工法及各式金屬，來學習動手實作之重要性。亦會學習 3D 模型繪圖教學之 3D 列印機加法加工，及大型機具雕刻機之減法加工的實際操作設備練習。
4 基礎金屬工藝		
5 3D 列印繪圖與操作	3D加工	
6 CNC 控制金屬減法加工		
7 LEGO運用於多旋翼	智慧控制	**於技術應用** 透過動手實作練習之後，即可組裝直昇機樂高組件，來學習馬達動力傳動及主機程式控制。同時透過簡單語法的步驟操作練習，來自己完成簡單的 APP 遊戲開發。
8 遊戲 APP 開發入門		
9 在地文化資源的調查方法與應用	歸納應用	**於在地應用** 透過課程技術的養成，實際應用於在地資源調查，並落實在地文化精神。

介紹 → 操作 → 組合 → 呈現

（圖，單元架構）

緒論

透過第一單元所介紹有關國內外自己動手做的創客趨勢之後，對於學習探索問題及發掘創意根本，有了觀察力的養成。在第二單元將要進行的就是創意設計產出時所重視的「型態」、「色彩」、「材質」三大要素，尤其是如何將所認識的色彩及材質運用在創意設計上。透過第一單元所發掘出創意構想之後，在本單元即可練習將色彩及材質的搭配運用，來產生出不同視覺效果及質感的外觀型態，針對不同的色彩及材質的組合變化，即可決定造型美感的重要關鍵要素。之後再繼續進行手工製作及3D加工製作，即可獲得外觀型態的視覺效果，進而呈現出獨一無二的造型設計，本單元也以淺顯易懂的方式來讓各位能更加了解色彩的種類、材質的製成及加工方式。有了這些認識之後，就能更加掌握動手實作的視覺效果及美感。

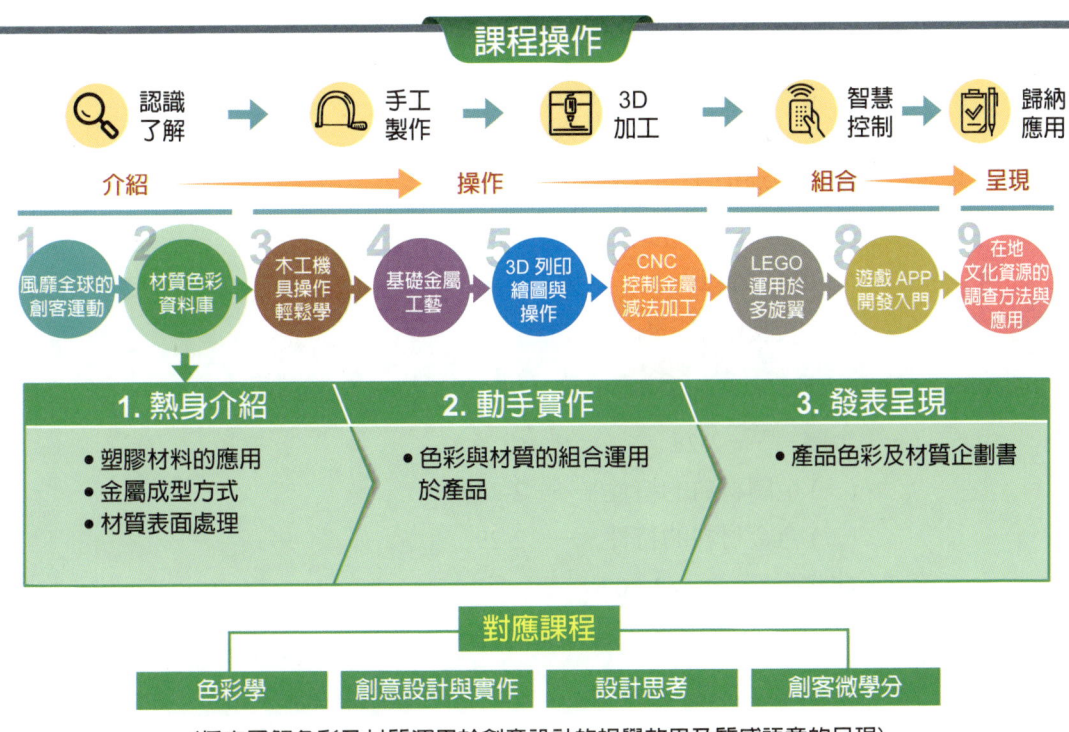

課程操作

認識了解 → 手工製作 → 3D加工 → 智慧控制 → 歸納應用

介紹　　　　　操作　　　　　　　　組合　　　　呈現

1. 風靡全球的創客運動
2. 材質色彩資料庫
3. 木工機具操作輕鬆學
4. 基礎金屬工藝
5. 3D列印繪圖與操作
6. CNC控制金屬減法加工
7. LEGO運用於多旋翼
8. 遊戲APP開發入門
9. 在地文化資源的調查方法與應用

1. 熱身介紹
- 塑膠材料的應用
- 金屬成型方式
- 材質表面處理

2. 動手實作
- 色彩與材質的組合運用於產品

3. 發表呈現
- 產品色彩及材質企劃書

對應課程
色彩學　　創意設計與實作　　設計思考　　創客微學分

（偏向了解色彩及材質運用於創意設計的視覺效果及質感語意的呈現）

目錄

司長序

校長序

課程引言

單元架構

緒論

前言 —— 2-2

2.1 塑膠材料 —— 2-2

一、塑膠材料分類 —— 2-3

二、回收標章 —— 2-4

三、熱固性塑膠材質之特性 —— 2-5

四、熱塑性塑膠材質之特性 —— 2-9

五、複合塑膠材質之特性 —— 2-23

六、塑膠成型方式 —— 2-26

(一) 塑膠成型方式 —— 2-26

(二) 射出成型 —— 2-26

(三) 吹製成型 —— 2-27

2.2 金屬材料 —— 2-28

一、金屬 —— 2-28

(一) 金屬材料的特性 —— 2-28

(二) 合金材料的特性 —— 2-29

二、非鐵金屬 —— 2-30

三、鐵金屬 —— 2-41
四、常用的金屬成型方法 —— 2-43
五、常用的表面處理 —— 2-44

2.3 色彩應用 —— 2-47
一、色相基準配色 —— 2-47
二、明度基準配色 —— 2-48
三、彩度基準配色 —— 2-49
四、PCCS 色彩體系 —— 5-50
　　(一) PCCS (Practical Color Co-ordinate System) 色彩體系 —— 2-50
　　(二) PCCS 色彩體系 —— 2-51
　　(三) 色調基準配色——PCCS 色調 —— 2-52
　　(四) 色調基準配色——類似色調關係 —— 2-52
　　(五) 色調基準配色——對比色調關係 —— 2-53
　　(六) 色調基準配色 —— 2-53
　　(七) 基調配色 —— 2-54
　　(八) 主調配色 —— 2-54
　　(九) 主調配色 —— 2-55
　　(十) 分離效果配色 —— 2-55
　　(十一) 強調效果配色 —— 2-56
　　(十二) 漸層效果配色 —— 2-56
　　(十三) 反覆效果配色 —— 2-57

創意實作 ▶ 材質色彩資料庫

前言

　　造型設計包含「型態」、「色彩」、「材質」三大要素，一般談論到造型設計，往往僅提及「型態」，但其中「色彩」與「材質」對於造型設計佔有舉足輕重的地位，亦是決定造型美感的關鍵要素。故本書彙整了色彩與材質相關基本論述，以淺顯易懂的方式提供創新創業者參考使用，期望本書能助各位創新創業夥伴一臂之力。

2.1　塑膠材料

　　塑膠材料最初通常以顆粒或粉末狀型態呈現，在成型加工前才予以加熱熔解成型，由於容易加工，外型可塑性大，因此被廣泛使用在日常及工業用品，並扮演著不可或缺的角色。

一般塑膠具有以下的特性：

- 質量輕，容易加工成型，適合大量生產。
- 抗蝕、耐酸、耐鹼、耐油、不生鏽。
- 絕緣性佳，且可製成透明、半透明之產品。

（圖2-1，shutterstock）

（圖2-2，shutterstock）

一、塑膠材料分類

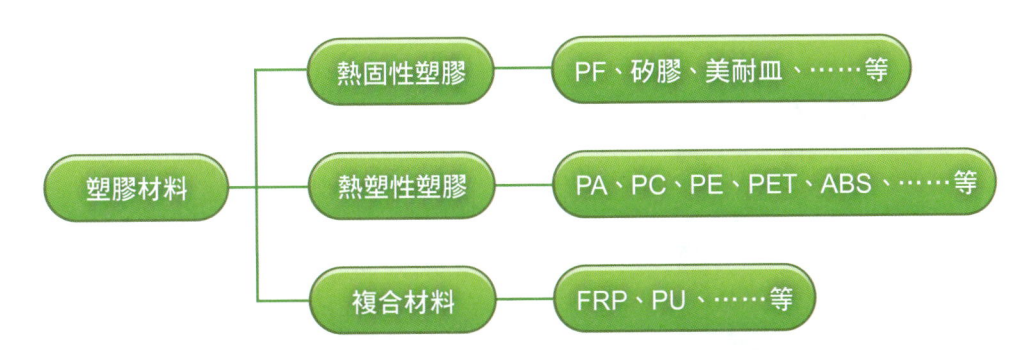

```
                    ┌─── 熱固性塑膠 ─── PF、矽膠、美耐皿、……等
塑膠材料 ───────────┼─── 熱塑性塑膠 ─── PA、PC、PE、PET、ABS、……等
                    └─── 複合材料   ─── FRP、PU、……等
```

	特徵	耐溫性	流動性	運用
熱固性塑膠	加熱成型硬化後就不能重新融化再使用	高	差	（圖2-3，shutterstock）
熱塑性塑膠	與蠟有相同特性，加熱融化，冷卻則凝固，可重複再使用。	低	優	（圖2-4，shutterstock）

二、回收標章

台灣回收標章

綠色環保標誌中有四個逆向箭頭,其中的每一個箭頭分別為環保回收四合一制度中之一。環保回收標誌所代表的意義,係基於資源循環再利用、標示出回收標誌的理念,表示其包裝須做回收之意。

國際回收標章

塑料製品回收標識,由美國塑料行業相關機構制定。一般就在塑料容器的底部。三角形裡邊有1～7數字,每個編號代表一種塑料容器,它們的製作材料不同,使用上的禁忌也存在不同。塑料製品回收標識可以幫助民眾了解塑料製品的生產材質以及它們的使用條件,引導民眾健康使用。當數字大於或等於5時表示該塑料容器可以循環使用。

三、熱固性塑膠材質之特性

電木 PF

（圖2-5，shutterstock）

（圖2-7，shutterstock）

（圖2-6，shutterstock）

特性	1. 酚醛樹脂。 2. 不吸水，耐熱性高，耐燃性好，絕緣性高。 3. 約可耐溫 125°C。
用途	常被使用於廚具把手、無熔絲開關……等須耐熱之產品。

創意實作 ▶ 材質色彩資料庫

矽膠 silicone

（圖2-8，shutterstock）

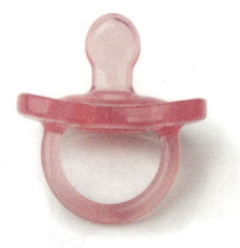

（圖2-9，shutterstock）

（圖2-10，shutterstock）

特性	1. 溫度穩定性佳，可在 –40℃～200℃ 溫度內穩定使用不變質。 2. 耐氣候性佳，可長時間置放於戶外，不會老化變硬。 3. 優良的吸震性，矽膠產品具有良好的吸震效果。
用途	1. 良好的電絕緣性，所以非常適合用於電子產品上。 2. 防沾黏、無毒，常用於醫療用具。

橡膠 Rubber

（圖2-11，shutterstock）

（圖2-12，shutterstock）

（圖2-13，shutterstock）

（圖2-14，shutterstock）

特性	橡膠具有以下特性： 1. 橡膠是一種有彈性的聚合物。 2. 橡膠可以分為合成橡膠和天然橡膠兩類。 3. 目前世界上的合成橡膠總產量已遠遠超過天然橡膠。
用途	橡膠可以從一些植物的樹汁中取得，也可以是人造的，兩者皆有相當多的應用及產品，例如輪胎、墊圈等，遂成為重要經濟作物。

創意實作 ▶ 材質色彩資料庫

美耐皿

（圖2-15，shutterstock）

（圖2-16，shutterstock）

（圖2-17，shutterstock）

特性	具優異之絕緣性、耐熱性、抗腐蝕性。
用途	常被用來壓模製作廚具、餐具等，是用途非常廣泛的塑膠材料之一。

四、熱塑性塑膠材質之特性

塑膠回收分類材質辨識碼

♲ 1	聚乙烯對苯二甲酸酯 （Polyethylene Terephthalate, PET） 俗稱「寶特瓶」
♲ 2	高密度聚乙烯 （High Density Polyethylene, HDPE）
♲ 3	聚氯乙烯 （Polyvinylchloride, PVC）
♲ 4	低密度聚乙烯 （Low Density Polyethylene, LDPE）
♲ 5	聚丙烯 （Polypropylene, PP）
♲ 6	聚苯乙烯 （Polystyrene, PS） 若是發泡聚苯乙烯即為俗稱之「保麗龍」
♲ 7	其他類，如美耐皿樹脂、ABS 樹脂、聚甲基丙烯酸甲酯（俗稱壓克力，PMMA）、聚碳酸酯（PC）、聚乳酸（PLA）、聚醚碸樹脂（PES）、及聚苯醚碸樹脂（Polyphenylene Sulfone）等。

創意實作 ▶ 材質色彩資料庫

PET

（圖2-18，shutterstock）

（圖2-19，shutterstock） 　　　（圖2-20，shutterstock）

特性	1. 透明、無臭、無味不溶出有毒物。 2. 光澤性佳、韌性佳、質量輕。 3. 可完全回收再利用。 4. 耐有機酸，耐溫 40°C 以下。
用途	近年成為汽水、果汁、碳酸飲料、食用油零售包裝等之常用容器。

HDPE

（圖2-21，shutterstock）

（圖2-22，shutterstock）

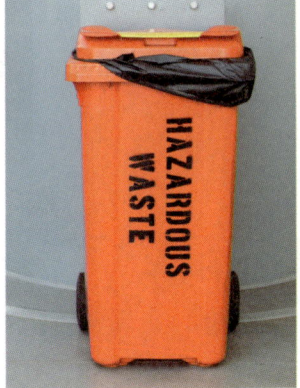

（圖2-23，shutterstock）

（圖2-24，shutterstock）

特性	1. 耐酸鹼。 2. 耐溫高於攝氏60℃。 3. 多半為不透明之產品。 4. 摸起來的手感似蠟，常以吹製方式成型。
用途	薄膜級：購物袋、垃圾袋、工場用袋、內套袋等包裝用袋。 吹瓶級：沙拉油瓶、牛奶瓶、藥水瓶、清潔劑瓶、工具箱。 押出級：繩索、檔案夾、漁網、編織袋、塑膠機布。 射出級：搬運箱、啤酒箱、水桶、水塔、運動器材及各式玩具。

2-11

創意實作 ▶ 材質色彩資料庫

PVC

（圖2-25，shutterstock）

（圖2-26，shutterstock）

（圖2-27，shutterstock）

（圖2-28，shutterstock）

♳ PVC

特性	1. 聚氯乙烯可藉由塑化劑的添加，而改變柔軟度，故其有兩種基本形式：硬質和柔質。 2. PVC 是通用型樹脂，具價格低廉、易加工、重量輕、強度高、耐化學藥品性良好等優點。
用途	PVC（聚氯乙烯）因為便宜、製造方便，可經由不同的配料與加工程序，製造成各種不同形貌且功能各異之產品，進而成為產量僅次於 PE 的第二大泛用塑膠，其相關製品廣泛存在於我們的生活周遭。例如：掛飾、人造皮革、動漫公仔、門簾、捲門、手套、保鮮膜、充氣產品等。

LDPE

（圖2-29，shutterstock）

（圖2-30，shutterstock）

（圖2-31，shutterstock）

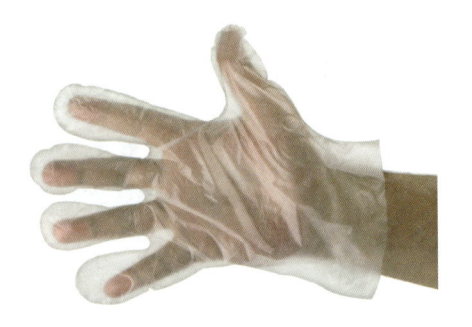

（圖2-32，shutterstock）

特性	PE 對於酸性和鹼性的抵抗力都很優良。HDPE 較 LDPE 熔點高、硬度大，且更耐腐蝕性液體之侵蝕。 1. 耐酸鹼。　　　　　　2. 耐溫溫度只到 60°C。 3. 多半為透明。　　　　4. 柔軟而且有些黏性。 5. 透明度比較高。　　　6. 耐油、水性低。
用途	1. 市售裝填乳品、清潔劑、食用油、農藥……等，多半以 HDPE 瓶來盛裝。 2. 大部分的塑膠袋、塑膠膜和保鮮膜是用 LDPE 製成的。

創意實作 ▶ 材質色彩資料庫

PP

（圖2-33，shutterstock） 　　（圖2-34，shutterstock）

（圖2-35，shutterstock） 　　（圖2-36，shutterstock）

⟳ 5 PP

特性	1. 極強之耐化學藥品及耐腐蝕性。 2. 流動性極佳，故成型品的厚度可小至 0.3mm。 3. 表面具油脂，後加工性(如印刷，塗裝)差。 4. 具特殊「鉸鏈效果」特性，意即具有耐往復折彎性。 5. 表面硬度高不易起刮痕，且光澤佳。 6. 縮水率大，成型品容易扭曲變形或有縮水痕跡明顯之弊病。
用途	1. 多用以盛裝化學物或是食品的容器。 2. 製瓶用，最常見於豆漿、米漿瓶、優酪乳、果汁飲料等瓶罐。 3. 籃子用，最常見於水桶、垃圾桶、洗衣槽、籮筐、籃子等。 4. 需鉸鏈效果之產品，如：工具箱、藥盒等。 5. 塑膠袋、夾鏈袋等。

2-14

PS

（圖2-37，shutterstock）

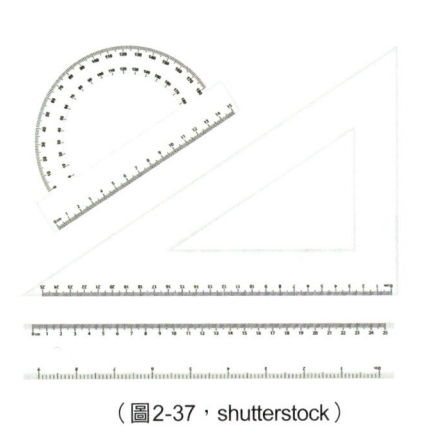

（圖2-38，shutterstock）

（圖2-39，shutterstock）

特性	1. 易被強酸、鹼腐蝕，且可以被多種有機溶劑溶解。 2. 質地硬而脆，無色透明。 3. 溶融溫度低，流動性不錯，是最易成型的熱塑性塑膠。 4. 常用設計的厚度為 1.5-3mm。
用途	1. 日照後易生裂痕，一般用於非戶外使用的快速消耗用品。 2. 常被用來製作泡沫塑料製品與玩具、文具雜貨，例如：免洗塑料餐具、免洗飲料杯、泡麵或食品外包裝、透明 CD 盒等。

2-15

創意實作 ▶ 材質色彩資料庫

塑膠杯蓋比較

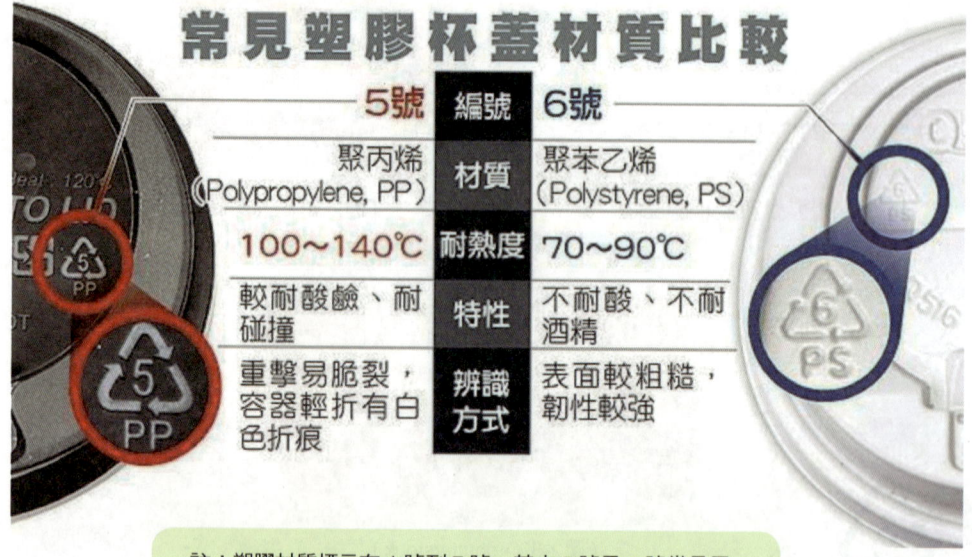

♲ 5 PP　　♲ 6 PS

常見塑膠杯蓋材質比較

5號	編號	6號
聚丙烯 (Polypropylene, PP)	材質	聚苯乙烯 (Polystyrene, PS)
100～140℃	耐熱度	70～90℃
較耐酸鹼、耐碰撞	特性	不耐酸、不耐酒精
重擊易脆裂，容器輕折有白色折痕	辨識方式	表面較粗糙，韌性較強

註：塑膠材質標示有 1 號到 7 號，其中 5 號及 6 號常見用於杯蓋，目前均合法。
但內容物為高熱液體，建議仍以 5 號為佳。

2-16

ABS

（圖2-40，shutterstock）

（圖2-41，shutterstock） 　　　　（圖2-42，shutterstock）

特性	1. 為乳白色之固體。 2. 表面非常適合各式「後加工」：電鍍、烤漆、印刷、燙金。 3. 韌性強，易加工成型。 4. 耐酸、鹼、鹽的腐蝕。 5. 廣泛用於 3D 印表機製品的材料。
用途	加工成的產品表面光潔，易於染色和電鍍。因此它可以被用於家電外殼、玩具等日常用品。常見的樂高積木就是 ABS 製品。

創意實作 ▶ 材質色彩資料庫

PLA

（圖2-43，shutterstock）

（圖2-44，shutterstock） 　　　　（圖2-45，shutterstock）

特性	1. 一般使用玉米、木薯的纖維素所製成。 2. PLA 產品可被快速分解。 3. 綠色環保材料。 4. PLA 與 ABS 皆為 3D 印表機常用之材料。
用途	1. PLA 已經廣泛應用在生物醫學工程上，用作手術縫合線、骨釘和骨板等，且使用 PLA 做成的手術線無須拆線。 2. 透過擠出、注塑和拉伸等加工處理，PLA 可以製成纖維和薄膜。

PA

（圖2-46，shutterstock）

（圖2-47，shutterstock）

（圖2-48，shutterstock）

（圖2-49，shutterstock）

特性	1. 俗稱「尼龍」。 2. 具有極為優異的延展性，可以抽成極細的絲狀尼龍纖維。 3. 具有高吸濕特性、良好的電氣特性、耐熱性佳、潤滑性佳、耐磨性佳。 4. 良好防火特性，添加玻璃纖維後為塑膠慣用之防火材質。
用途	1. 尼龍纖維是重要的紡織用紗，可製成毛刷的毛及繩索等，十分耐用。 2. 包裝用的伸縮薄膜、塑膠管、筒子等。 3. 因 PA 耐磨性和本身潤滑性俱佳，故多廣用於嬰兒車、運動器材、室外傢俱。 4. 在工程塑膠上的用途，可製成齒輪、軸承、凸輪、濾網、嬰兒車等的機構體和構造零件。

創意實作 ▶ 材質色彩資料庫

PC

（圖2-50，shutterstock）

（圖2-51，shutterstock）

（圖2-52，shutterstock）

（圖2-53，shutterstock）

特性	1. 無色透明。 2. 物理性極為優秀的強韌塑膠，抗熱、高韌度、耐磨耗、耐衝擊性、無毒性、耐腐蝕。 3. 抗紫外線。 4. 耐酸、耐油，但不耐強鹼。
用途	1. 適用於要求精密尺寸的產品。 2. 在工程塑膠上的用途，可製成需要高彈性的小零件。 3. 常見的應用有 CD/VCD 光碟、桶裝水瓶、嬰兒奶瓶、樹脂鏡片、銀行防子彈之玻璃、車頭燈罩、安全帽、登月太空人的頭盔面罩、智慧型手機的機身外殼、室外遮陽板等等。

POM

（圖2-54，shutterstock）

（圖2-55，shutterstock）

（圖2-56，shutterstock）

特性	1. 俗稱「塑鋼」，有極強的耐磨耗性，機械強度大，黏性強，耐磨耗性佳，不易變形。 2. 不透明的乳白色。 3. POM 和 PA、PC 並列為代表性之工程塑膠。 4. 彈性疲乏之耐力，在熱塑性塑膠中居第一位，對反覆撞擊和抗力的抵抗值都十分優異。
用途	1. 機械零件方面的各種齒輪和軸承。 2. 電器零件方面的開關和馬達零件。 3. 日用品方面的拉鍊、水栓、汽車門把、電話按鍵、門窗滑軌、咖啡機、梳子、打火機外殼、玩具等產品。

創意實作 ▶ 材質色彩資料庫

PMMA

（圖2-57，shutterstock）

（圖2-59，shutterstock）

（圖2-58，shutterstock）

（圖2-60，shutterstock）

特性	1. 又稱為「壓克力」。 2. 易於機械加工。 3. 具有高透明度，常用於替代玻璃的材料，且重量比玻璃輕；加入透明性染料，具有染色玻璃的效果。 4. 耐氣候性、抗紫外線能力佳，可長期在屋外使用。 5. 耐衝擊性不佳，一般不適合於結構強度之應用。
用途	1. 能用吹塑、射出、擠出等塑料成型的方法加工而成，大到飛機座艙蓋，小到假牙和牙托等形形色色的製品。 2. 具有光纖之特性，壓克力樹脂成為頗受矚目的光纖通信基材。 3. 也常用於仿寶石飾品。

五、複合塑膠材質之特性

FRP

（圖2-61，shutterstock）

（圖2-62，shutterstock）

（圖2-63，shutterstock）

特性	1. 又稱為玻璃纖維強化塑膠。 2. 以玻璃纖維及樹脂所結合之複合材料。 3. 玻璃纖維扮演補強材，而基礎材料為樹脂，如同鋼筋加混凝土。
用途	用於製造各種運動用具、管道、造船、汽車與電子產品之外殼與印刷電路板。

創意實作 ▶ 材質色彩資料庫

碳纖維

（圖2-64，shutterstock）

（圖2-65，shutterstock）

（圖2-66，shutterstock）

特性	1. Carbon fiber，又稱石墨纖維。 2. 是一種具有很高強度和模量的耐高溫纖維，為化學纖維的高端品種。
用途	碳纖維製造的增強塑料質地強而輕，耐高溫、防輻射、耐水、耐腐蝕是製造飛行器、兵器及耐腐蝕設備等的優良材料。

2-24

PU

（圖2-67，shutterstock）

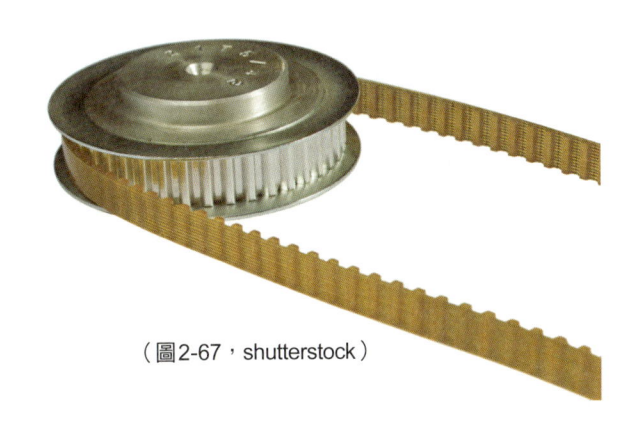

（圖2-68，shutterstock）

（圖2-69，shutterstock）

特性	1. PU 的導熱係數較低。 2. 為新型的牆體保溫材料。 3. 具有耐磨、耐溫、密封、隔音等優異性能。
用途	PU 夾塊、不規則形狀 PU 製品、PU 大小鞋墊、昇球輪、走軌輪、活塞傳動輪、各種防震膠圈等素材。

六、塑膠成型方式

(一) 塑膠成型方式

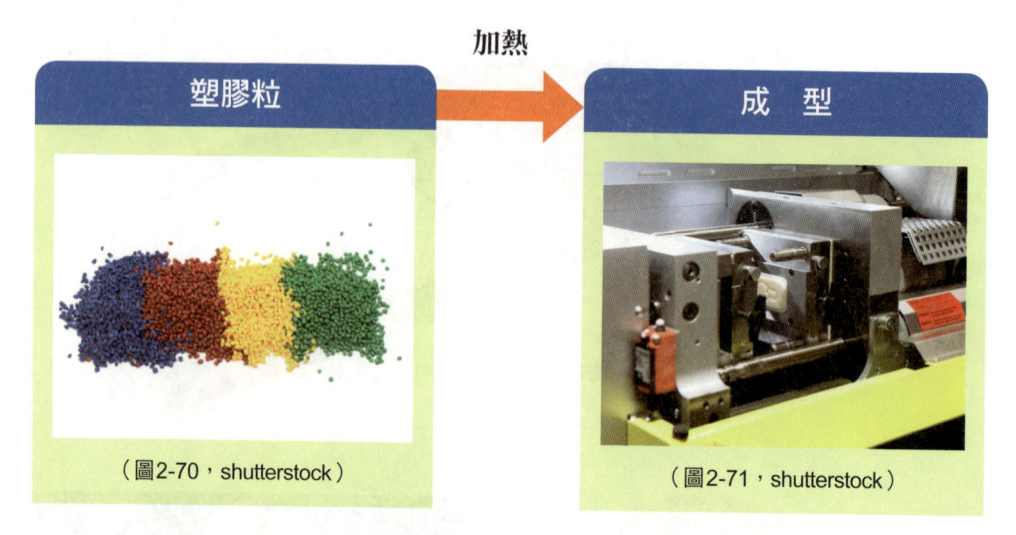

塑膠粒 →加熱→ 成型

（圖2-70，shutterstock）

（圖2-71，shutterstock）

(二) 射出成型

最常被使用的塑膠成型方式。

成品
頂針
模具
原料
料桶
加熱片
料管

（圖2-72，自行整理繪製）

（圖2-73，shutterstock）

（圖2-74，shutterstock）

（圖2-75，shutterstock）

(三) 吹製成型

圓筒型之塑膠胚料，置入分列式模內，壓縮空氣吹入使內管脹大，而與模壁相貼。

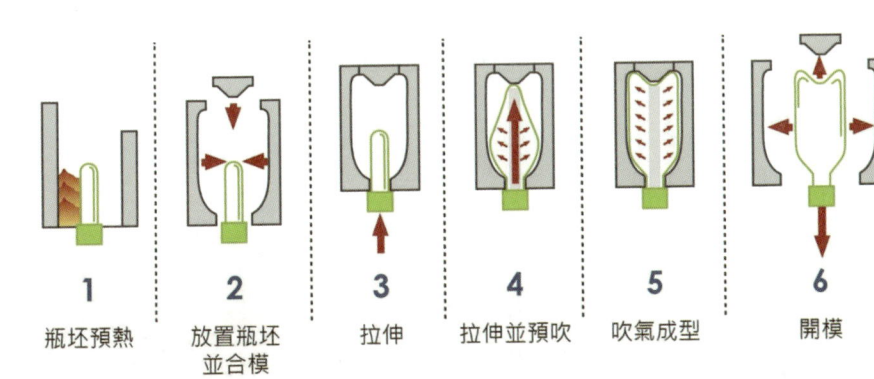

1	2	3	4	5	6	7
瓶坯預熱	放置瓶坯並合模	拉伸	拉伸並預吹	吹氣成型	開模	成品

（圖2-76，自行整理繪製）

（圖2-77，shutterstock）

（圖2-78，shutterstock）

2.2 金屬材料

一、金屬

　　金屬是一種具有光澤、富有延展性、容易導電、傳熱等特性的物質，其中金屬可分為鐵金屬與非鐵金屬。

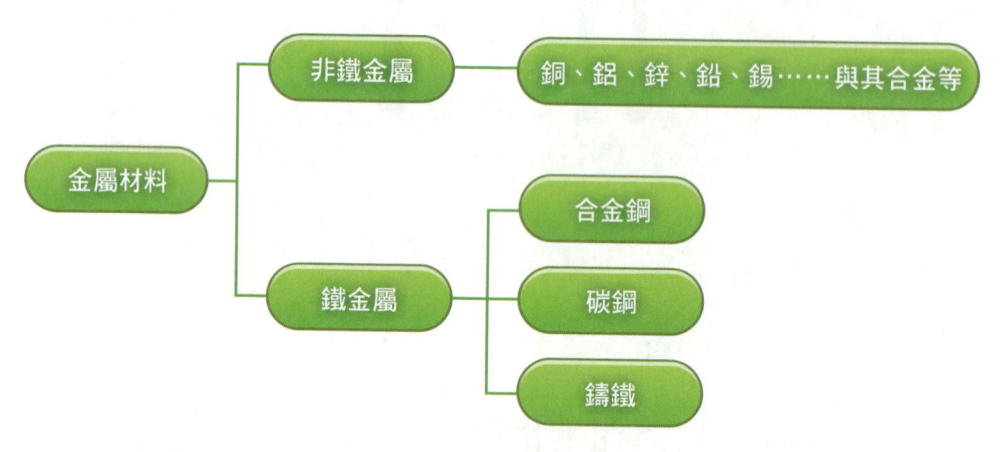

```
金屬材料 ─┬─ 非鐵金屬 ── 銅、鋁、鋅、鉛、錫……與其合金等
          └─ 鐵金屬 ─┬─ 合金鋼
                     ├─ 碳鋼
                     └─ 鑄鐵
```

（一）金屬材料的特性

一般金屬具有以下的特性：

- 比重恆大於一：比重 1～4 稱為輕金屬，比重大於 4 稱為重金屬。

- 容易導電與導熱：以銀之導電率最高，第二名是銅，再來是鋁。

- 常溫狀態下只有汞不是固體（液態），其他金屬都是固體。

（圖2-79，銅線，shutterstock）

（圖2-80，汞，shutterstock）

(二) 合金材料的特性

一般合金材料具有以下的特性：

- 一般常見的金屬，常以合金的形式存在生活用品中。

- 合金與其成分純金屬比起來，熔點較低、延展性較小、硬度較高、導電與導熱率常較低。

- 光澤可常保持，較純金屬不易氧化，且較抗腐蝕。

（圖2-81，不鏽鋼，shutterstock）

（圖2-82，鋁鎂合金，shutterstock）

2-29

創意實作 ▶ 材質色彩資料庫

二、非鐵金屬

鋁（Al）

（圖2-83，shutterstock）

（圖2-84，shutterstock）

（圖2-85，shutterstock）

（圖2-86，shutterstock）

特性	1. 鋁是銀白色的輕金屬，當今工業常用金屬之一，重量輕(為銅的三分之一)，質地堅硬，且具有良好延展性、導電性、導熱性、耐熱性。 2. 導熱性比鋼鐵佳，導電率僅次於銅，可抽拉成電線。 3. 鋁在空氣中會迅速形成一層緻密的氧化鋁薄膜，常見的鋁製品都已被氧化，而其氧化薄膜又使鋁不易被腐蝕。
用途	1. 鋁的延展性高、耐熱，也可製成鋁箔與鋁餐具。 2. 鋁合金用於交通工具的輕量。

鋅（Zn）

（圖2-87，shutterstock）

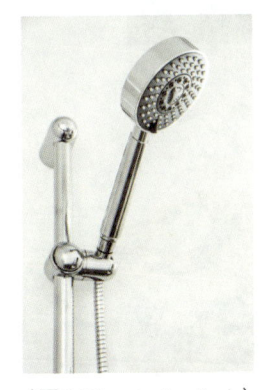

（圖2-88，shutterstock） 　　（圖2-89，shutterstock） 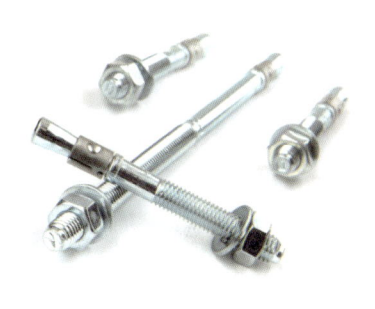　　（圖2-90，shutterstock）

特性	鋅成本低廉，鑄造性高、鑄件有一定的重量且拋光後表面光滑，熔點低在 385℃ 熔化，容易壓鑄成型，由於其流動性高，熔點低，所以被大量用於壓力鑄造。
用途	1. 常用於水龍頭及蓮蓬頭。 2. 常鍍在鐵系金屬上，可提高其抗腐蝕能力，如鍍鋅管、鍍鋅板、鍍鋅鐵絲。

創意實作 ▶ 材質色彩資料庫

金（Au）

（圖2-91，shutterstock）

（圖2-92，shutterstock） 　　　　（圖2-93，shutterstock）

特性	純金是有明亮光澤、黃中帶紅、柔軟、密度高、有延展性的金屬，通常純金太軟，會與其他金屬製成合金增加硬度。
用途	1. 金因為價格昂貴，通常用在硬幣、首飾等貴重物。 2. 金的導電性及抗氧化、腐蝕性、耐久性很好，也常用於電子產品電路板。

銀（Ag）

（圖2-94，shutterstock）

（圖2-95，shutterstock） 　　（圖2-96，shutterstock）

特性	銀是一種柔軟有白色光澤的金屬，在所有金屬中導電率、導熱率和反射率最高，雖然銀的導電率最高但價格較高，與銅相比不常用於電線。
用途	常用在珠寶和裝飾品、高價餐具和器皿。

創意實作 ▶ 材質色彩資料庫

銅（Cu）

（圖2-97，shutterstock）

（圖2-98，shutterstock）

（圖2-99，shutterstock）

（圖2-100，shutterstock）

特性	1. 銅合金機械性能佳，其中最重要的是青銅和黃銅。此外，銅非常耐用，可以多次熔化回收而無損其機械性能。 2. 黃銅：是銅與鋅的合金，顏色呈黃色，比例的不同，顏色也會跟著不同，易於鑄造及加工。 3. 青銅：為銅與錫之合金，具有高強度與硬度、熔點低、流動性佳，並且具有良好的耐蝕性及耐磨性。
用途	純銅是柔軟的金屬，表面剛切開時為紅橙色帶金屬光澤、延展性好、導熱性和導電性高，因此在電纜、電線、電子元件是最常用的材料。

鈦（Ti）

（圖2-101，shutterstock）

（圖2-102，shutterstock）

（圖2-103，shutterstock）

（圖2-104，shutterstock）

特性	1. 鈦的耐蝕性極佳，能抵抗強酸、鹼，能抵抗硝酸、強酸及海水之腐蝕。 2. 鈦合金其質量輕、高強度、低密度、耐高低溫，被譽為「太空金屬」。
用途	1. 鈦常用於體育用品上，例如：網球拍、高爾夫球桿及美式足球的頭盔上的護架等。 2. 鈦由於它的高抗拉強度──密度比、優良的抗腐蝕性、抗疲乏性、抗裂痕性，所以也常用於腳踏車骨架、飛機機身以及眼鏡架上。 3. 燒鈦：將鈦製品表面用火加熱會有特殊的色澤，常用於機車改裝零件如排氣管、螺絲。 4. 鈦也常用於義肢等醫療用的人造骨骼。

創意實作 ▶ 材質色彩資料庫

錫（Sn）

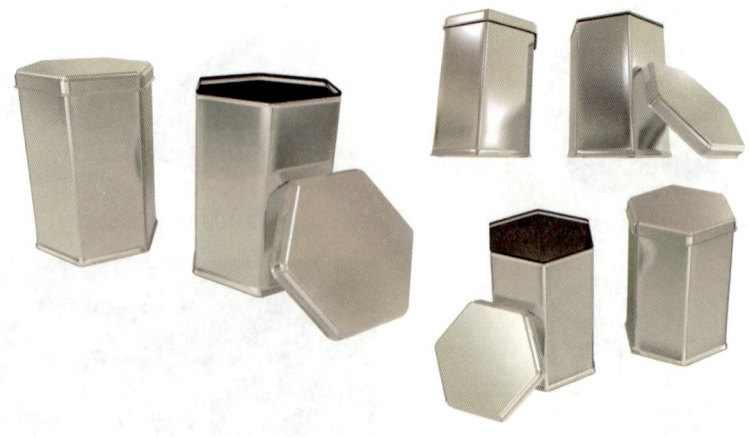

（圖2-105，shutterstock）

（圖2-106，shutterstock） 　　（圖2-107，shutterstock）

特性	錫有銀灰色的金屬光澤，以及良好的伸展性能，它在空氣中不易氧化。它的多種合金有防腐蝕的性能，因此常被用來作為其他金屬的防腐層。
用途	利用錫的良好延展性，可製成各種型態的產品。

2-36

鎂（Mg）

（圖2-108，shutterstock）

（圖2-109，shutterstock） 　　　　（圖2-110，shutterstock）

特性	鎂是用途第三廣泛的結構材料，僅次於鐵和鋁。鎂的主要用途是製造鋁合金，壓模鑄造（與鋅形成合金）。
用途	1. 鎂比鋁輕，含 5% ～ 30% 鎂的鋁鎂合金質輕，有良好的機械性能，能廣泛應用在航空、太空等方面。 2. 由於質地極輕，也常用來製成主機的外殼或 3C 的產品。

創意實作 ▶ 材質色彩資料庫

鉻（Cr，不鏽鋼）

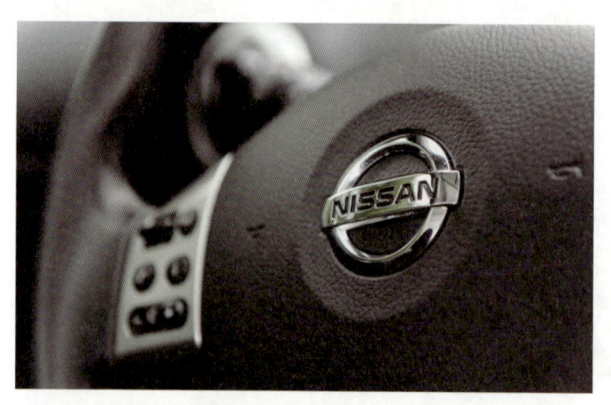

（圖2-111，shutterstock）

（圖2-112，shutterstock）

（圖2-113，shutterstock）

特性	鉻質地堅硬，表面帶光澤，具有很高的熔點。它無臭、無味，同時具延展性。
用途	鉻大多用於製不鏽鋼等特殊鋼，例如：汽車零件、工具、磁帶、錄影帶、菜刀等廚房用品。可以提升鋼的強度，又具極佳的耐熱性。

2-38

鉛（Pb）

（圖2-114，shutterstock）

（圖2-115，shutterstock）

特性	鉛柔軟且延展性和抗腐蝕性強，導電性與熔點低，有毒，屬於重金屬。鉛和鋁一樣，表面能自行生成薄膜，保護內部不受氧化。
用途	1. 目前鉛有80%用來製造蓄電池(主要是汽車電池)，鉛製成的低熔點合金，可用於保險絲、消防自動灑水器。 2. 鉛有毒，會導致慢性肌肉或關節疼痛或兒童智力衰退，由於鉛的危害和污染性，今天汽油、染料、焊錫和水管一般都不含鉛。

創意實作 ▶ 材質色彩資料庫

鎳（Ni）

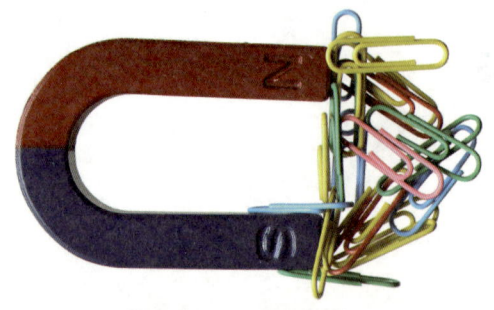

（圖2-116，shutterstock）

（圖2-117，shutterstock）

（圖2-118，shutterstock）

特性	鎳是一種存量非常豐富的自然元素，銀白色帶一點淡金色，可被高度磨光，鎳大多與其他的金屬形成合金。
用途	1. 鎳被用來製成錢幣、馬蹄磁鐵、鎳氫電池(可充電)以及活塞等物件。 2. 大部分的鎳被用來製成不鏽鋼。 3. 可用於電鍍，並且具有優良的拋光性，在空氣中的穩定性很高。

2-40

三、鐵金屬

鑄鐵

（圖2-119，shutterstock）

（圖2-120，shutterstock） 　　　（圖2-121，shutterstock）

特性	鑄鐵是指含碳量在 2% 以上的鑄造鐵碳合金的總稱，鑄造性優，另外具有耐磨性和抗震性良好、價格低等特點。
用途	1. 常用於咖啡館招牌、鍋子、烤盤。 2. 鑄鐵表面常噴覆琺瑯。

創意實作 ▶ 材質色彩資料庫

合金鋼（不鏽鋼）

（圖2-122，shutterstock）

（圖2-123，shutterstock） 　　（圖2-124，shutterstock）

特性	1. 不鏽鋼大多指鉻或鎳與鐵合金的總稱，比一般金屬更不容易生鏽。 2. 判別不鏽鋼好壞的方式可用磁鐵吸，磁性越強，代表純度越低。
用途	不鏽鋼於產品上的應用相當廣泛。

2-42

四、常用的金屬成型方法

鑄造

將金屬熔融成液態狀,將金屬液注入具有一定形狀的孔穴鑄模內。

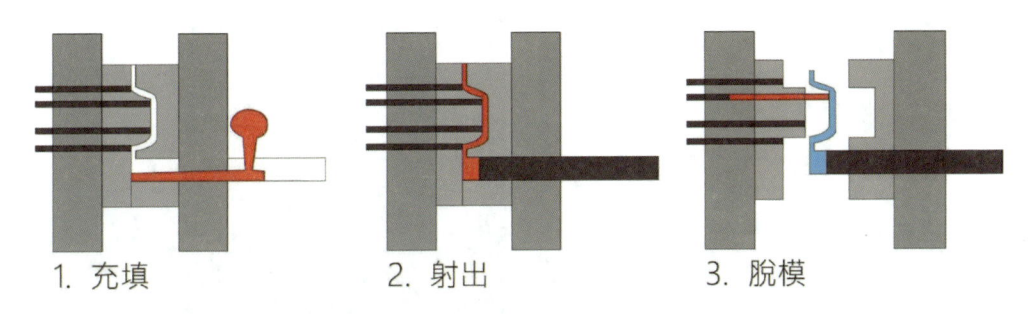

1. 充填　　2. 射出　　3. 脫模

（圖2-125,自行整理繪製）

抽拉成型

將材料塗上潤滑劑之後,送入機器中抽拉成線,常用於鐵絲和銅線。

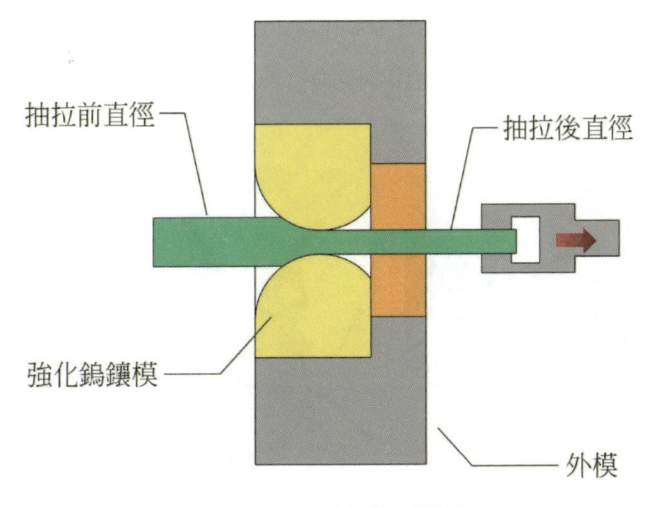

抽拉前直徑
抽拉後直徑
強化鎢鑲模
外模

（圖2-126,自行整理繪製）

創意實作 ▶ 材質色彩資料庫

鋁擠型

專屬鋁的加工方式，因鋁的延展性佳，用機器擠壓將鋁製成同一斷面的條狀物，鋁門窗就是以此方式製作。

（圖2-127，shutterstock） 　　（圖2-128，shutterstock）

五、常用的表面處理

電鍍

- 電鍍是將製品接電，鍍上一層金屬的表面處理方法。
- 除了導電體以外，電鍍亦可用於經過特殊處理的塑膠上。

（圖2-129，shutterstock） 　（圖2-130，shutterstock）（圖2-131，shutterstock）

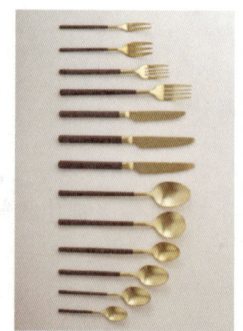

噴砂

- 噴砂是將小顆砂粒或鋼珠噴在製品表面,使表面呈現霧面並有顆粒感。

(圖2-132,shutterstock)

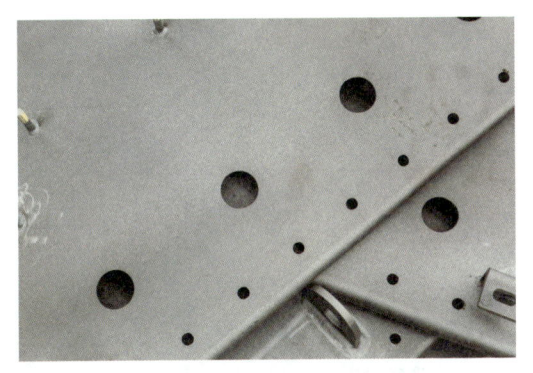

(圖2-133,shutterstock)

拋光

- 拋光是使用細小堅硬的顆粒物質快速摩擦表面,使表面呈現鏡面般光滑的效果。

(圖2-134,shutterstock)

(圖2-135,shutterstock)

創意實作 ▶ 材質色彩資料庫

琺瑯

- 琺瑯是指將玻璃或陶瓷質粉末熔結在基質（如金屬、玻璃或陶瓷）表面形成的外殼，多彩色，用於保護和裝飾，常用在鍋子及浴缸上。

（圖2-136，shutterstock） 　（圖2-137，shutterstock） 　（圖2-138，shutterstock）

陽極處理

- 使鋁製產品產生一層有顏色的氧化層，增強其表面保護作用。

（圖2-140，shutterstock）

（圖2-139，shutterstock） 　（圖2-141，shutterstock）

2-46

2.3　色彩應用

一、色相基準配色

色相 H (Hue)：

- 色環上具有的位置：

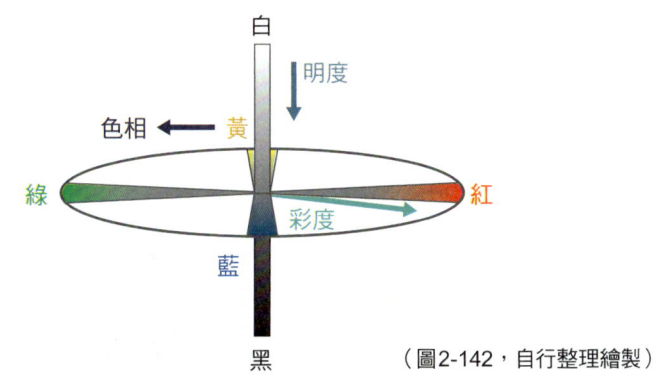

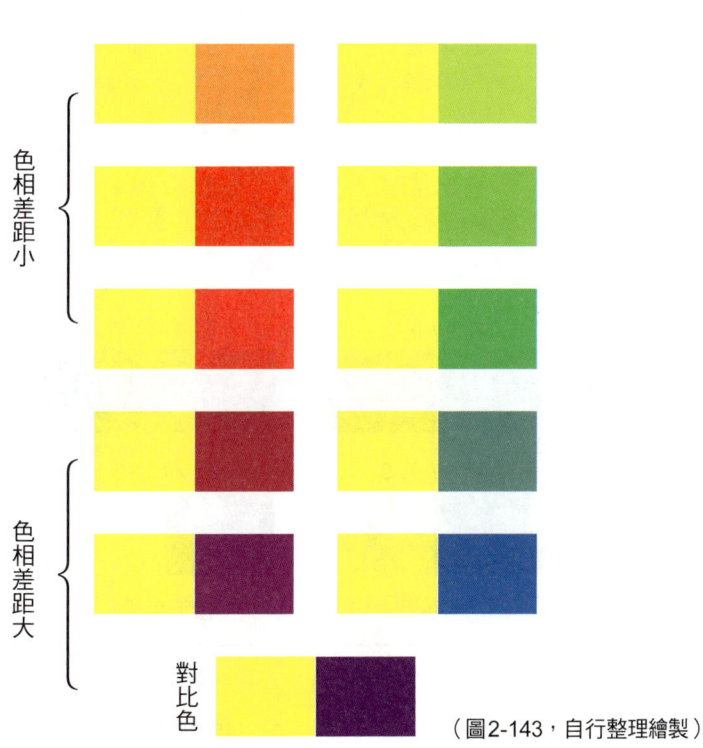

（圖2-142，自行整理繪製）

同色

色相差距小

色相差距大

對比色

（圖2-143，自行整理繪製）

2-47

創意實作 ▶ 材質色彩資料庫

二、明度基準配色

明度 V (Value, Brightness)：

- 色彩的明暗程度

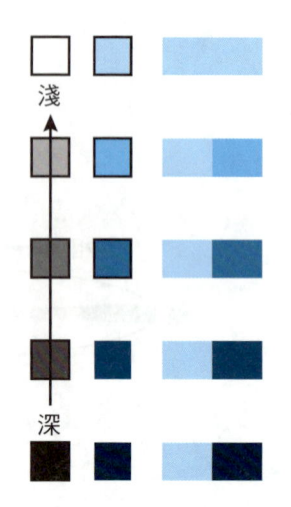

淺 ↑
深 ↓

（圖2-144，自行整理繪製）

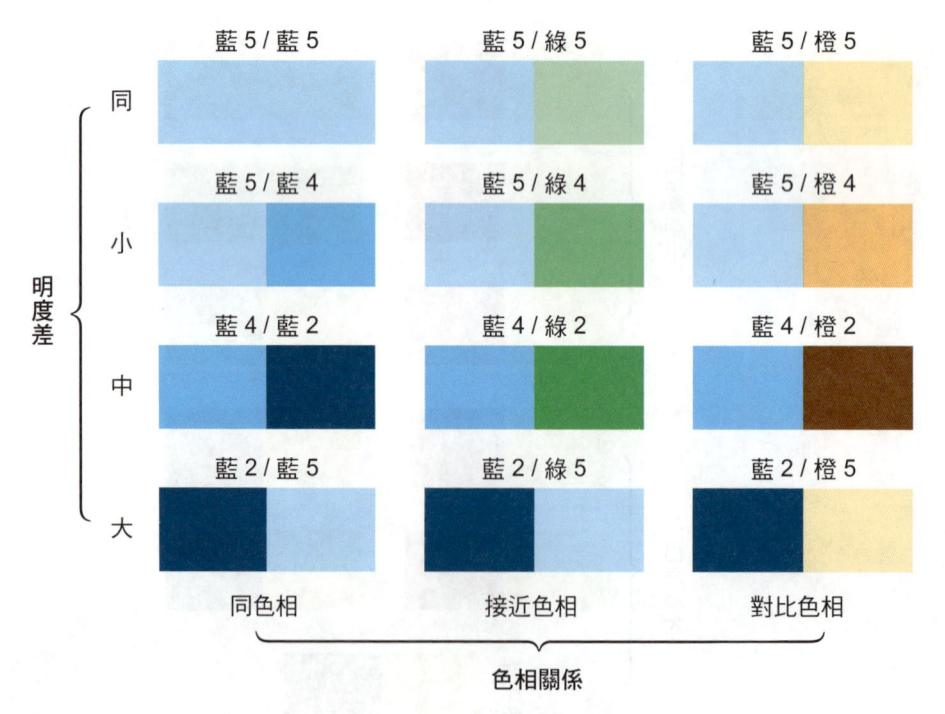

	藍5 / 藍5	藍5 / 綠5	藍5 / 橙5
同			
小	藍5 / 藍4	藍5 / 綠4	藍5 / 橙4
中	藍4 / 藍2	藍4 / 綠2	藍4 / 橙2
大	藍2 / 藍5	藍2 / 綠5	藍2 / 橙5

明度差

同色相　　接近色相　　對比色相

色相關係

（圖2-145，自行整理繪製）

三、彩度基準配色

彩度 C (Chroma , Colorfulness)：

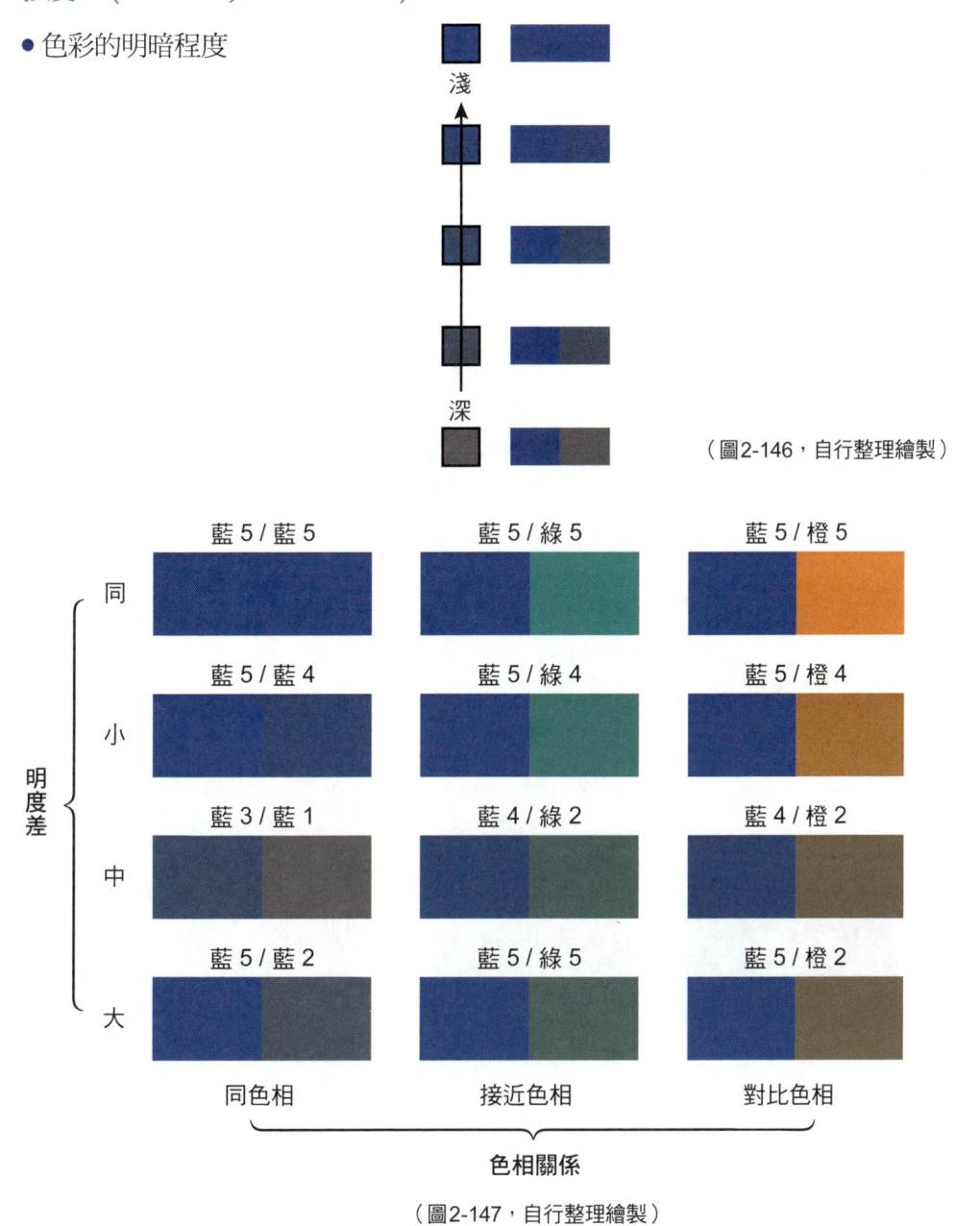

- 色彩的明暗程度

（圖2-146，自行整理繪製）

	同色相	接近色相	對比色相
明度差 同	藍5 / 藍5	藍5 / 綠5	藍5 / 橙5
小	藍5 / 藍4	藍5 / 綠4	藍5 / 橙4
中	藍3 / 藍1	藍4 / 綠2	藍4 / 橙2
大	藍5 / 藍2	藍5 / 綠5	藍5 / 橙2

色相關係

（圖2-147，自行整理繪製）

2-49

四、PCCS 色彩體系

(一) PCCS (Practical Color Co-ordinate System) 色彩體系

日本國家色彩研究所從實用角度，綜合曼塞爾與奧斯華德色彩系統的優點，於 1965 年提出，適合用於色彩配色應用且與系統色名呼應。

將色彩三屬性，轉換為用色相與色調來命名與討論，例如：鮮紅色、淡紅色、暗紅色。

色相	以近似色料與色光的三原色為基礎色相再差分而成為 24 色相，以 1～24 編號之。其命名，例如：R 紅、rO 偏紅的橙、yG 偏黃的綠，色環上直徑相對兩端的色彩互為補色。
明度	無彩色明度階分為 9 階段，其中以 N1.0 最黑，N9.5 最白。
彩度	以 S（Saturation）表示，自 1S～9S 共分 9 階，1S 表最低彩度，9S 表最高彩度。

(二) PCCS 色彩體系

色相	號碼	色相記號	色相名稱
紅	1	pR	帶紫色的紅
紅	2	R	紅
紅	3	yR	帶黃色的紅
橙	4	rO	帶紅色的橙
橙	5	O	橙
橙	6	yO	帶黃色的橙
黃	7	rY	帶紅色的黃
黃	8	Y	黃
黃	9	gY	帶綠色的黃
黃綠	10	YG	黃綠
綠	11	yG	帶黃色的綠
綠	12	G	綠
綠	13	bG	帶藍色的綠
藍綠	14	BG	藍綠
藍綠	15	BG	藍綠
藍	16	gB	帶綠色的藍
藍	17	B	藍
藍	18	B	藍
藍	19	pB	帶紫色的青
藍紫	20	V	青紫
紫	21	P	紫
紫	22	P	紫
紅紫	23	RP	紅紫
紅紫	24	RP	紅紫

○：心理四原色（紅、黃、綠、藍）
▲：色材三原色（CMY）
△：色光三原色（RGB）

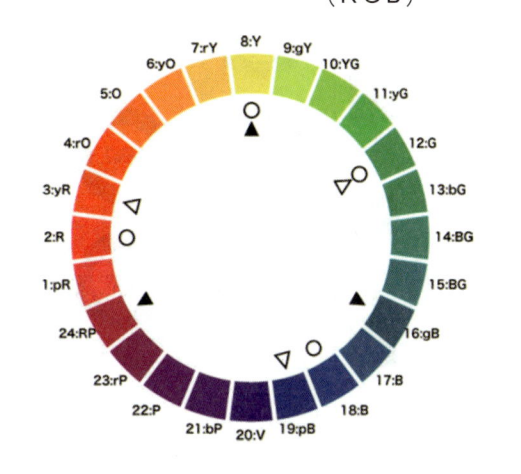

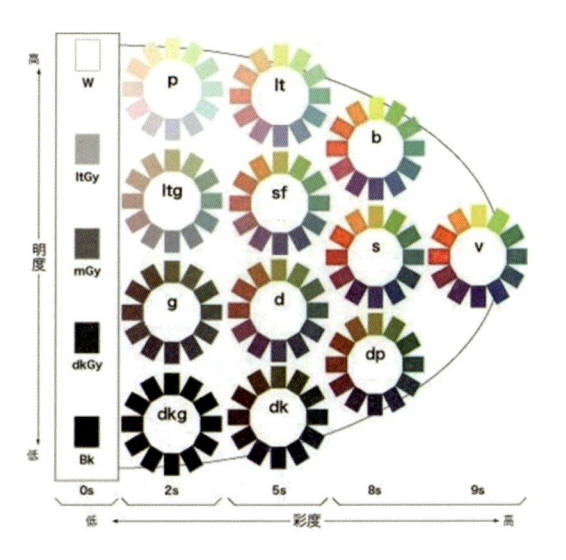

（圖2-148，日本色研株式會社 http://www.sikiken.co.jp/pccs/pccs04.html）

(三) 色調基準配色──PCCS 色調

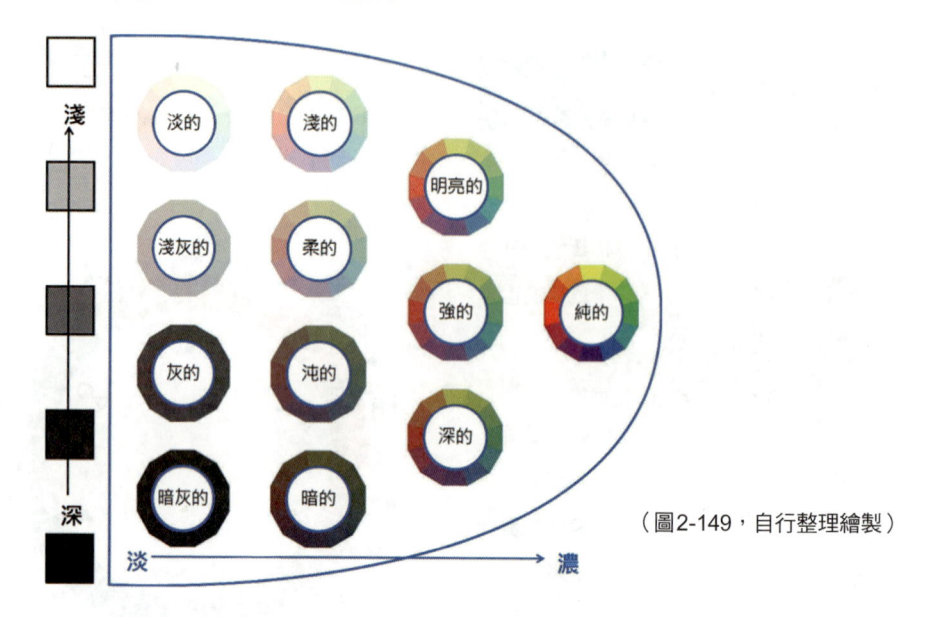

（圖2-149，自行整理繪製）

(四) 色調基準配色──類似色調關係

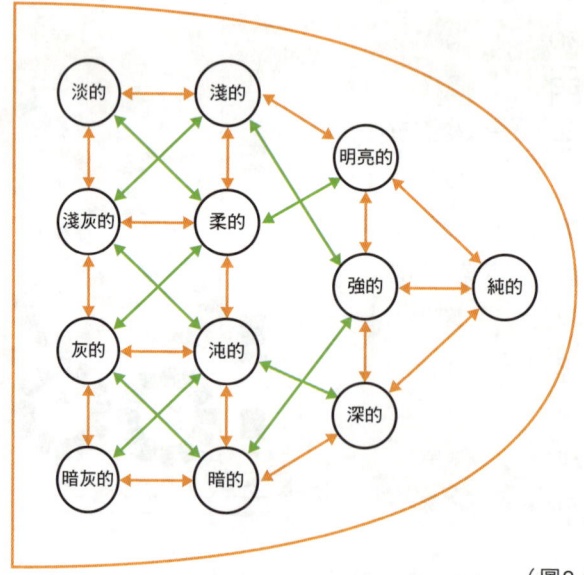

（圖2-150，自行整理繪製）

(五) 色調基準配色——對比色調關係

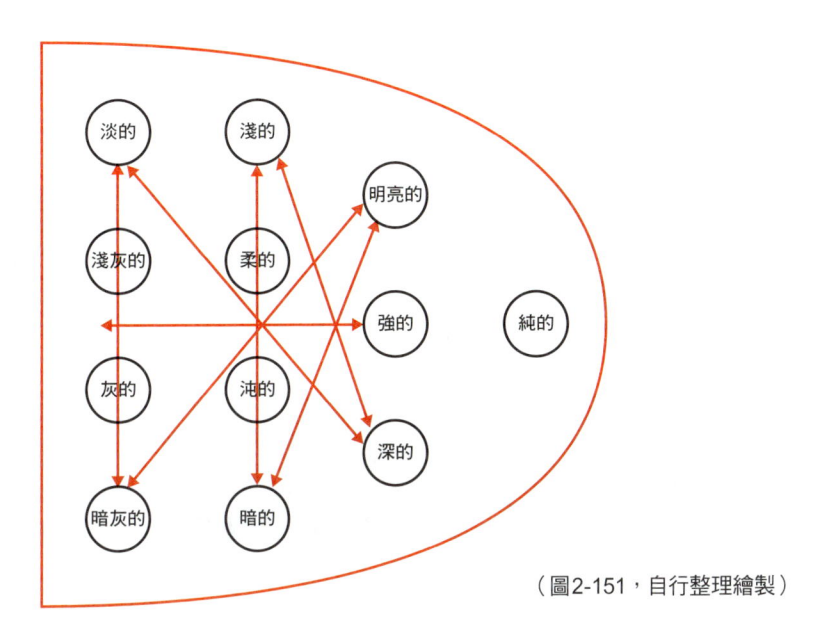

（圖2-151，自行整理繪製）

(六) 色調基準配色

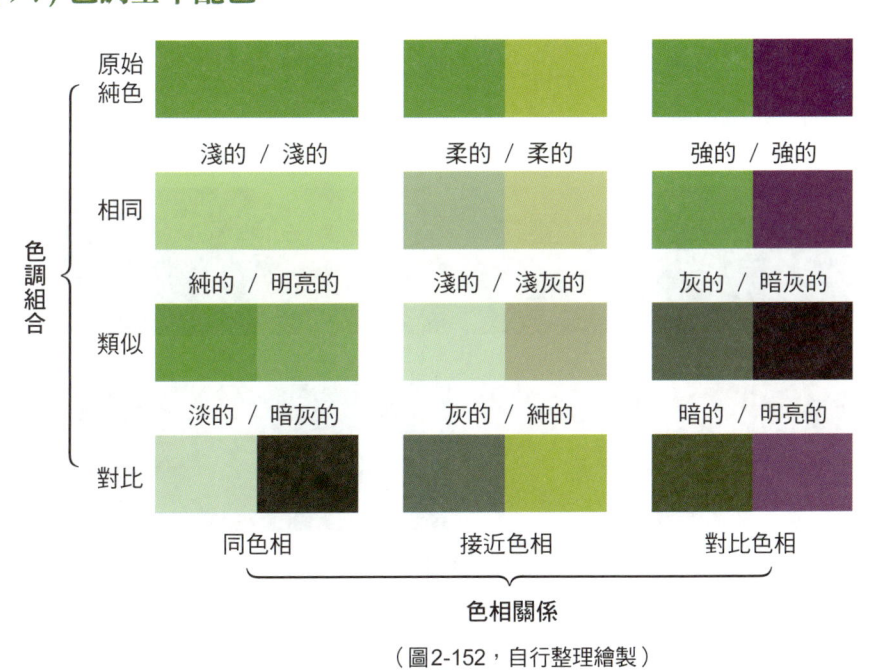

色調組合		同色相	接近色相	對比色相
	原始純色			
相同	淺的 / 淺的		柔的 / 柔的	強的 / 強的
類似	純的 / 明亮的		淺的 / 淺灰的	灰的 / 暗灰的
對比	淡的 / 暗灰的		灰的 / 純的	暗的 / 明亮的

色相關係

（圖2-152，自行整理繪製）

(七) 基調配色

- 大面積基調＋小面積配色。

（圖2-153，自行整理繪製）

(八) 主調配色

- 同色相，不同色調。
- 產生統一與融合感。

（圖2-154，自行整理繪製）

(九) 主調配色

- 同色調,不同色相。
- 形成繽紛活潑與多元性。

(圖2-155,自行整理繪製)

(十) 分離效果配色

- 強烈對比或模糊的配色＋無彩色。
- 減少刺激,產生和緩感。

(圖2-156,自行整理繪製)

2-55

(十一) 強調效果配色

🎨 大面積單調配色＋小面積的對比色。

🎨 小面積色彩採鮮明色調與暖色系效果佳。

（圖2-157，自行整理繪製）

(十二) 漸層效果配色

🎨 視覺秩序＋漸變。

🎨 單一或多個視覺秩序改變。

明度

色相

彩度

色調

（圖2-158，自行整理繪製）

(十三) 反覆效果配色

🎨 三個以上無統一感配色＋群組反覆組合。

🎨 使無統一感配色達到調合效果。

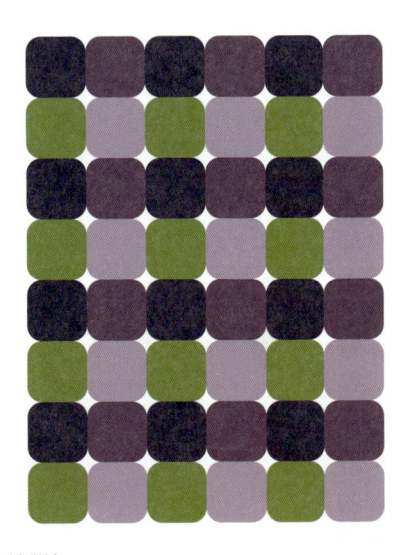

（圖2-159，自行整理繪製）

創意實作 ▶ 材質色彩資料庫

養成做筆記的習慣，把生活上觀察的小事情記錄下來！創意也跟著來囉～

第 3 單元

木工機具操作輕鬆學

王龍盛　老師

王龍盛：
國立台灣科技大學營建工程系學士。
國立台灣科技大學建築研究所碩士。
高雄市立中正高工建築科專任教師。
國立高雄第一科技大學營建系兼任講師。
泥水工甲級技術士 (證書號碼：009-000114)。
建築工程管理甲級技術士 (證書號碼：069-000142)。
國際技能競賽砌磚國手訓練師 (1995、2013、2015、2017)。
國際技能競賽建築鋪面國手訓練師 (1999、2001)。
技術士檢定「建築製圖應用」職類甲、乙、丙級監評。
全國技能競賽指導學生參賽「砌磚、粉刷及建築鋪面」等三職類等共獲 5 金、7 銀、7 銅。
教育部工科技藝競賽指導學生參賽共獲「建築」職種金手獎共 6 屆。
高雄市中小學科展指導學生獲獎累計 5 次。
中華民國對外貿易發展協會傢俱設計競賽設計組獲「入選」獎 (1994)。
高雄市職業工會木工初階、進階級班共同講師 (2013、2014)。
歡喜「動手室內裝修工程實作」的 Maker。
「實用教學」力行者。

單元架構

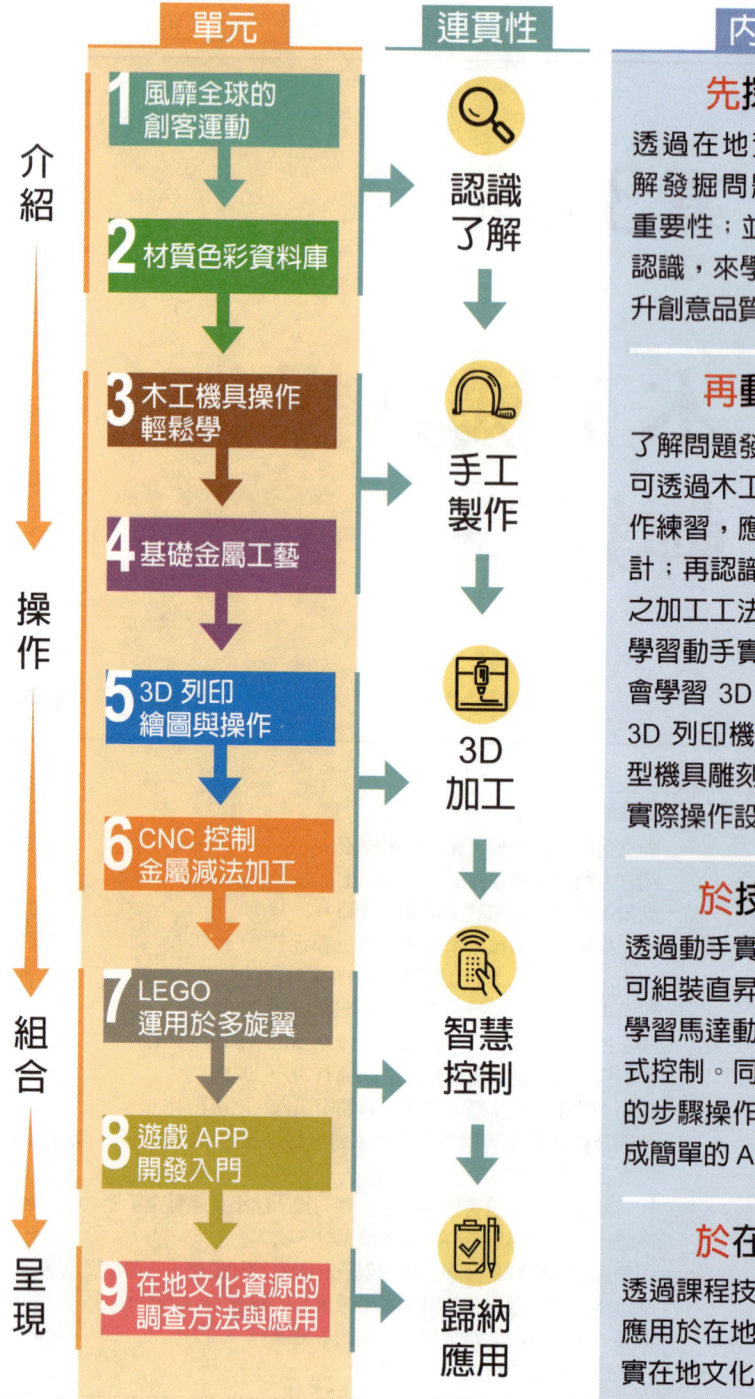

單元	連貫性	內容描述
1 風靡全球的創客運動	認識了解	**先探索發掘** 透過在地資源調查，來了解發掘問題及資料蒐集之重要性；並透過色彩材質的認識，來學習如何應用於提升創意品質及造型美學。
2 材質色彩資料庫		
3 木工機具操作輕鬆學	手工製作	**再動手實作** 了解問題發掘及美學之後，可透過木工常用手工具之操作練習，應用於居家傢俱設計；再認識細微金屬手工具之加工工法及各式金屬，來學習動手實作之重要性。亦會學習 3D 模型繪圖教學之 3D 列印機加法加工，及大型機具雕刻機之減法加工的實際操作設備練習。
4 基礎金屬工藝		
5 3D 列印繪圖與操作	3D 加工	
6 CNC 控制金屬減法加工		
7 LEGO 運用於多旋翼	智慧控制	**於技術應用** 透過動手實作練習之後，即可組裝直昇機樂高組件，來學習馬達動力傳動及主機程式控制。同時透過簡單語法的步驟操作練習，來自己完成簡單的 APP 遊戲開發。
8 遊戲 APP 開發入門		
9 在地文化資源的調查方法與應用	歸納應用	**於在地應用** 透過課程技術的養成，實際應用於在地資源調查，並落實在地文化精神。

介紹 → 操作 → 組合 → 呈現

（圖，單元架構）

緒論

　　第二單元探討了創意設計產出時所重視的「型態」、「色彩」、「材質」三大要素，以及色彩的種類、材質的製成及加工方式。在了解到型態、色彩及材質之後，即可開始進行第三單元的第一個自己動手實作課程單元——木工機具的操作，而木材的運用也是手作最廣泛的工程材料之一，較常運用於家飾傢俱等木工創意製品。透過前一個單元對於材質型態的了解之後，本單元開始要學習一些容易上手的木工機具，除了藉由本單元說明各類木頭之差異外，同時也能更加了解作品成型時，該運用的手工具操作及安全步驟說明，才能將自己的創意動手實作，呈現出來，來體驗木工手作的樂趣及成就感，並進一步融入後續單元動手實作的氛圍中。

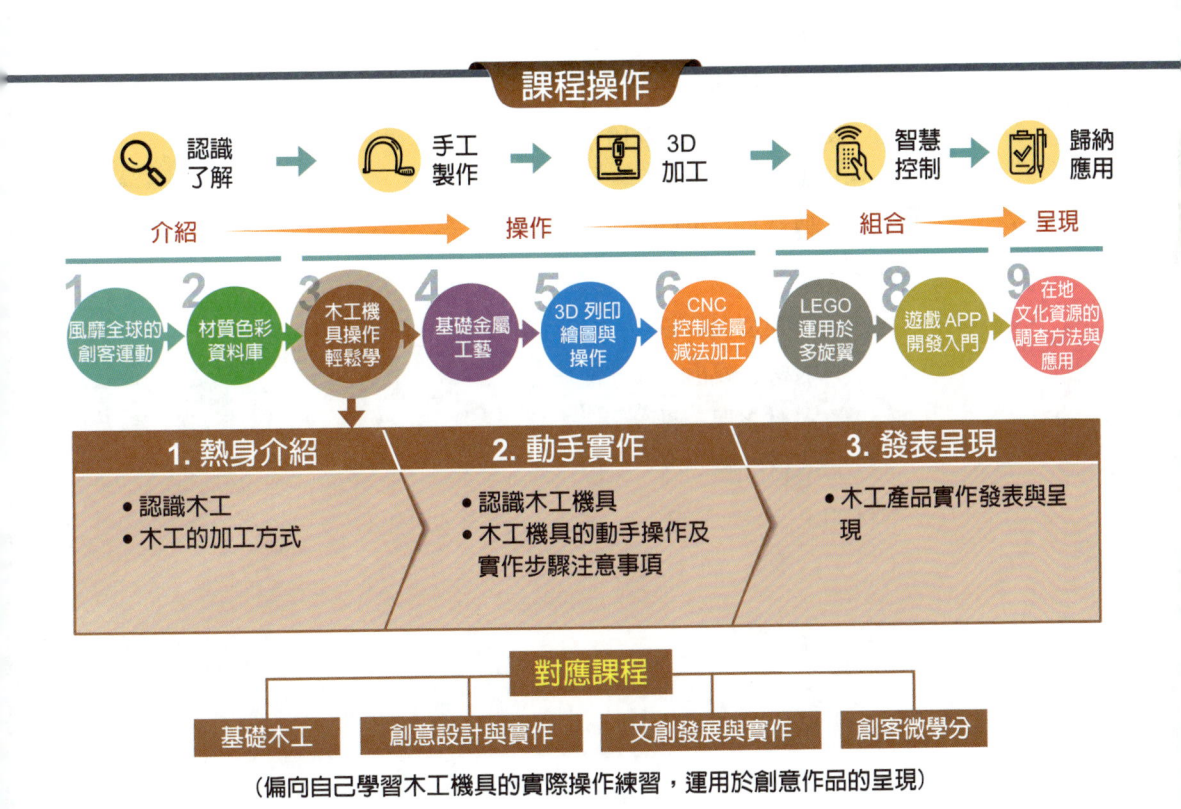

課程操作

認識了解 → 手工製作 → 3D加工 → 智慧控制 → 歸納應用

介紹　　　　　操作　　　　　　　組合　　　　呈現

1. 風靡全球的創客運動
2. 材質色彩資料庫
3. 木工機具操作輕鬆學
4. 基礎金屬工藝
5. 3D列印繪圖與操作
6. CNC控制金屬減法加工
7. LEGO運用於多旋翼
8. 遊戲APP開發入門
9. 在地文化資源的調查方法與應用

1. 熱身介紹
- 認識木工
- 木工的加工方式

2. 動手實作
- 認識木工機具
- 木工機具的動手操作及實作步驟注意事項

3. 發表呈現
- 木工產品實作發表與呈現

對應課程
基礎木工　|　創意設計與實作　|　文創發展與實作　|　創客微學分

（偏向自己學習木工機具的實際操作練習，運用於創意作品的呈現）

目錄

司長序
校長序
課程引言
單元架構
緒論

3.1 木材概論 —— 3-2
    一、概述 —— 3-2
    二、木材分類組織 —— 3-3
        （一）木材之分類 —— 3-3
        （二）木材性質 —— 3-4
    三、製材及乾燥法 —— 3-10
        （一）伐木及貯木 —— 3-10
        （二）製材 —— 3-11
        （三）乾燥法 —— 3-13
    四、木材之腐蝕及保存法 —— 3-15
        （一）木材之腐蝕 —— 3-15
        （二）木材之保存法 —— 3-16
        （三）木材品質 —— 3-19
    五、木材加工 —— 3-22
        （一）合板 —— 3-22

　　　　（二）膠合板 —— 3-24
　　　　（三）人造板 —— 3-25
　　六、台灣天然木材來源 —— 3-26
　　　　（一）國產材 —— 3-26
　　　　（二）輸入材 —— 3-29
　　　　（三）竹材 —— 3-30

3.2 木工機具操作 —— 3-32
　　前言 —— 3-32
　　手工具篇 —— 3-34
　　電動工具篇 —— 3-50
　　成品製作篇 —— 3-78

3.1 木材概論

一、概述

自古以來,木材是人類運用最廣的工程材料之一,曾廣泛用在房屋、宮殿、橋樑、城牆等工程,也是傢俱、裝飾、工藝之主要材料。而現今木材在工程上的地位已被混凝土、鋼鐵及塑膠等所取代,由構造物主體結構材料轉變為非結構材料,而廣用於傢俱及裝飾工程。但其消耗量仍極龐大,此乃因木材具有其他材料所不及之優點。

茲將木材之優點簡述如下:

1. 比重小,質輕而強度大。
2. 韌性佳,能吸收衝擊及震動。
3. 高度自然美,質感佳。
4. 加工容易。
5. 傳熱率小,傳音性小,且為電的絕緣體。
6. 對於稀鹽類、稀酸類,具有抵抗性。
7. 價格便宜,產量豐富。

木材亦有如下之缺點:

1. 質地不均,有天生瑕疵,強度不一。
2. 容易燃燒。
3. 易遭菌類寄生、蟲蛀及腐朽。
4. 硬度不大,易遭刻畫、磨損。
5. 含水量變化時,易變形、乾裂。

二、木材分類組織

(一) 木材之分類

　　木材取之於樹木之樹幹；樹木之樹幹依其生長方式之不同，可分為外長樹及內長樹兩種，茲分述如下：

1. 外長樹： 又稱橫長樹，係於樹徑方向逐年生長，即於樹皮與舊木之間，有一層活的細胞組織，稱為形成層，每年可生出新木一層，將全部舊木包裹在內。外長樹又因其葉子形狀之不同，而分為針葉樹與闊葉樹兩種：

(1) 針葉樹： 針葉樹葉狀多呈針狀，大多為常綠樹，如松、柏、檜、杉、台灣肖楠、銀杏等。針葉樹之材質輕而軟，故又稱為軟木樹，但因針葉樹之樹幹長直，木理材質較為均勻，加工容易，亦較易取大材，雖然強度不及闊葉樹，但在構造及裝修上仍然佔大部分的用料。

(2) 闊葉樹： 闊葉樹之樹葉，多呈片狀，冬季多落葉，如楠、樟、櫸、柏、楓、樺、柳安等。闊葉樹之木質重而堅硬，強度大於針葉樹，故又稱硬木樹；但因取大材不易，較少作為土木建築工程用材，而多供傢俱製造及室內裝飾用。闊葉樹較容易發生彎翹變形現象。

2. 內長樹： 亦稱為縱長樹，係指縱向、徑向同時生長，但以縱向生長特別發達，新生纖維與舊木纖維相互摻雜，不易區分，例如竹、棕櫚、檳榔、椰子等。通常所謂木材，係指外長樹而言。

　　CNS442 對台灣地區木材之分類，除以樹種分為針葉樹及闊葉樹之外，亦有以製材及硬度分類。

1. 依製材之種類區分

(1) 板材類： 最小斷面之寬為厚之三倍以上者。

(2) 割材類： 最小橫斷面方形之一邊小於 6 cm，寬小於厚之 3 倍者。

(3) 角材類： 最小橫斷面方形一邊大於 6 cm 寬小於厚之 3 倍者。

2. 依硬度分類（CNS460 木材硬度試驗法）

　　(1) 軟材：硬度小於 3。

　　(2) 適硬材：硬度 3～4。

　　(3) 硬材：硬度 4～5。

　　(4) 最硬材：硬度大於 5。

(二) 木材性質

　　木材之性質包括下列各項：

1. 比重

　　木材之比重係指木材重與同體積 4°C 水之重量比。由於在木材利用上，以氣乾比重最為重要，故木材之比重係指氣乾狀態下之假比重而言。一般而言，春材之比重較秋材為小；針葉樹之比重較闊葉樹為小；剛採伐之木材，稱為生材，其含水量較大，故比重較乾燥木材為大；表 3-1 所示為一般常用木材之氣乾比重值。

表3-1　常用木材之氣乾比重值

樹種	比重
杉木、紅杉、川桐、榀杉	0.3～0.4
鐵杉、松木、檜木、楠木	0.4～0.5
柏木、樟木、栗木、柚木、白柳安	0.5～0.6
榆木、梧桐、紅柳安	0.6～0.7
櫸木、楓木、桑木	0.7～0.8
櫟木、桃木、槐木	0.8～0.9
檀木	1.0 以上

木材之比重，依其含水狀態可分為下列四種：

(1) 生木比重：生木或伐木後立即測定之比重。
(2) 氣乾比重：為木材中濕度與大氣中濕度平衡時所測定之比重。
(3) 絕對乾燥比重：木材中完全不含水分時所測定之比重。
(4) 飽和比重：含水量達飽和時所測定之比重。

2. 含水量

　　木材內所含之水分，主要為游離水及吸收水。游離水為細胞腔內與細胞空隙間所含之水分，其含量約佔木材全乾重量之 60%；吸收水為細胞壁中所含之水，約佔木材全乾重量之 25～35%。新砍伐之生木含水量較高，比重甚至大於 1，以致無法在水中浮起。一般針葉樹含水量較闊葉樹多；邊材之含水量較心材為多；因樹之上部邊材較多，故含水量以上部為多。

　　木材乾燥時，通常游離水先蒸發，而吸收水仍存於木材內。當游離水全部蒸發而吸收水尚呈飽和狀態，此時木材之含水情況，稱為纖維飽和點狀態（Fiber Saturated Point），簡稱 FSP。其含水量約為木材全乾重量之 25～35% 之間，一般都為 30%。木材水分含量若在纖維飽和點以上，稱為生材，若任其自然乾燥，而與大氣中之濕氣平衡，稱為氣乾材，其含水量約為 12～16% 之間。若再加以人工乾燥，使木材中水分完全蒸發，則稱為全乾材或絕乾材。為了防止木料在組立後發生大量翹曲變形，木料在加工前，含水量應控制在 15% 以下。而作為主構材之木材，其含水量應要求在 15% 以下。

　　依據 CNS452 試驗法，木材之含水率可由下式計算而得。

$$\text{木材含水率} = \frac{\text{木材原重} - \text{木材全乾重}}{\text{木材全乾重}} \times 100\%$$

3. 膨脹收縮

木材的膨脹與收縮，係以纖維飽和點為界，木材之含水量在纖維飽和點以上，則不發生收縮；當木材逐漸乾燥，其含水量達纖維飽和點以下時，即發生收縮。反之，木材吸收水分而膨脹，亦僅限於纖維飽和點以下，若含水量超過纖維飽和點，則不再膨脹。

木材收縮可分為縱向收縮與橫向收縮，以橫向收縮較大；縱向收縮甚小，其收縮率約在 0.1～0.33% 之間。橫向收縮又分為弦向收縮與徑向收縮；以弦向收縮較大，其收縮率約在 5～10% 之間，徑向收縮之收縮率則在 2～8% 之間。木材之弦向、徑向、縱向示意如圖3-1 所示。

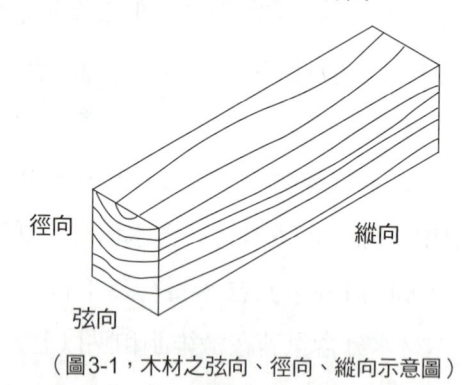

（圖3-1，木材之弦向、徑向、縱向示意圖）

木材各方向收縮之關係可用下式表示：

> 弦向收縮 > 徑向收縮 > 縱向收縮

木材之收縮與樹種、鋸木方向、木材部位及乾燥方法等均有關係。圖3-2 所示為木材不平均收縮所產生之變形；若年輪平行於正方形角材之兩邊，收縮後橫斷面將變為長方形；與年輪成對角線之正方形角材，收縮後橫斷面將變成菱形；圓形木桿，收縮後變成橢圓形；若木材之一面乾燥較迅速，收縮較大，將彎曲而反翹。通常邊材之收縮率較心材為大；比重較大之木材，其收縮率也較大；具有交錯木理的木材較通直木理者，其縱向收縮較大。

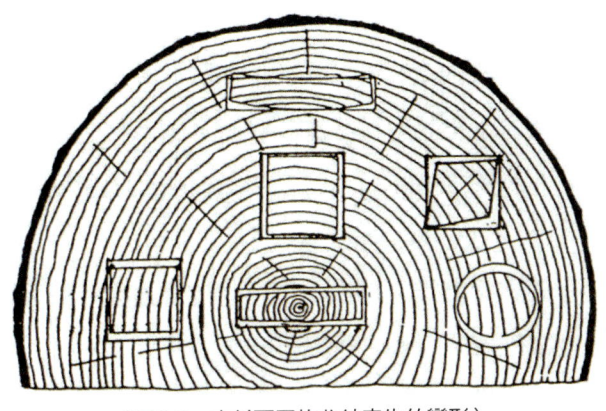

（圖3-2，木材不平均收縮產生的變形）

4. 光澤

對任何樹種而言，通常邊紋鋸面之光澤較平紋鋸面為佳。而材質緻密，堅硬及髓線多者，其光澤較佳。又心材之光澤較邊材為佳，闊葉樹之光澤較針葉樹為佳。

5. 色彩

新生樹木大部分無色，成長後心材之顏色較邊材為深。通常樹木採伐時顏色較新鮮，隨時間而漸漸褪色；一般木材置於空氣中或浸沒在水中經過長時間後其色澤將會變暗。

6. 氣味

新鮮之木材皆有獨特之香味，此乃因木質中夾雜之樹脂、丹寧酸及樟腦等揮發性化合物所致。香味因樹種而異，可用以判別樹種。樟樹之香味特別強烈，蟲菌懼之，是作為櫥櫃的優良材料，也可提煉為樟腦丸或防蟲液。而目前台灣作為門窗、傢俱、構造用最優良的木材，首推檜木，因其具有特殊香味，故不易腐朽；而且材質輕軟緻密，高彈性，易於加工，收縮變形小，實為不可多得之珍貴材料。一般俗稱之檜木包括二類樹種，即紅檜和扁柏，此二種珍貴林木養成不易，常須一、二百年才可成材，通常所見神木，樹齡常達數千年。

7. 力學性質

木材之含水量對木材強度影響甚大，但僅限於纖維飽和點以下，含水量愈少，強度愈大；但當含水量高於纖維飽和點時，則木材之強度幾乎保持定值，不受含水量之增減而影響強度。而木材含水量在纖維飽和點時之強度僅及全乾時之 30% 左右。

加力方向平行於木材纖維之抗拉、抗壓、抗彎強度皆較垂直於纖維者大，但抗剪強度則垂直纖維方向者較平行纖維方向者為大。木材的各種強度中，以平行木理拉應力（縱拉強度）為最大。

木材的主要力學性質如下：

(1) 抗拉強度： 當拉力與纖維平行時，稱為平行木理拉應力，又稱縱拉強度；而當拉力與纖維方向垂直時，稱為垂直木理拉應力，又稱橫拉強度；橫拉強度恆小於縱拉強度，此乃因木材受縱向拉力作用時，其纖維並不會被拉斷，只會破壞到纖維間之結合，而此種纖維間之結合力較纖維本身之強度為弱，因此當拉力與纖維方向垂直時，則很容易就將纖維間之結合破壞，稱為橫拉強度。因此橫拉強度小於縱拉強度。

(2) 抗壓強度： 木材在構造上承受壓力的機會很大，故抗壓強度極為重要。當壓力與纖維方向平行時，纖維就像若干空心支柱束綁在一起，較不易破壞，稱為縱壓強度，也稱為平行木理壓應力。橫壓強度也稱為垂直木理壓應力，則是壓力與纖維呈垂直，通常橫向施壓時纖維比較容易被壓扁。因此木材之平行木理壓應力大於垂直木理壓應力。

(3) 抗剪強度： 加力方向平行於木材纖維者較垂直於纖維者，在抗拉強度、抗壓強度、及抗彎強度方面，均大甚多；但對抗剪強度而言，則垂直於纖維方向者較平行於纖維方向者大 3～4 倍。

(4) 抗彎強度： 材料受彎曲時，經常伴隨著拉應力、壓應力及剪應力的發生；但由於木材屬於不均勻質體，當受外力作用時內部所產生的應力較為複雜，因此抗彎強度變異較大。表3-2、表3-3皆為一般常用針葉樹及闊葉樹之強度。

表3-2　常用針葉樹之強度

樹種	抗壓強度（kgf/cm²）（平行木理）	抗剪強度（kgf/cm²）（平行木理）	抗彎強度（kgf/cm²）
杉木	307～342	47～63	494～643
松木	321～491	63～87	500～687
檜木	420	70	720
柏木	401～588	110～133	724～1161
美松	436	69.1	748
美杉	364	—	639

表3-3　常用闊葉樹之強度

樹種	抗壓強度（kgf/cm²）（平行木理）	抗剪強度（kgf/cm²）（平行木理）	抗彎強度（kgf/cm²）
柳木	295～367	72～87	563～724
柳安木	398～415	57～65	716～730
楊木	293～326	67～84	562～663
梧桐	385～407	101～109.9	816～899
栗木	408～569	92.9～112	726～1108
櫟木	438～526	111～156	743～1024
桑木	405～550	111.9～155	1023～1080
槐木	339～447	94.7～135	916～968
榆木	302～545	96～176.5	762～1272
檀木	416～418	158～159.3	911～966

(5) 劈裂強度：木材之劈裂係指木材沿纖維方向受模打入後分裂之現象，劈裂時所生之應力稱為劈裂強度。利用此性質之場合有釘釘子，旋進螺絲釘及斧頭劈開木材等。一般而言，闊葉樹材較針葉樹材之劈裂強度大；纖維扭曲及多節之木材，劈裂強度較大；含水量大之木材，其劈裂強度亦較乾燥木材為大；因此木匠在釘鐵釘時，常以清水將施工部位濕潤，乃是為了增大劈裂強度，防止鐵釘釘入時木材破裂。

三、製材及乾燥法

(一) 伐木及貯木

1. 伐木

樹木之採伐，應注意季節。春季為樹木之生長季節，樹木內部充滿樹液，樹液中含有大量有機物，所以春季採伐之木材，容易受菌類侵害而腐朽，而且乾燥收縮不均，易生扭曲割裂之現象。而冬季為樹木生長休止期，樹木之肌理密緻，受蟲菌之害較少，亦較乾燥，收縮彎曲龜裂情形較少。因此，伐木應在冬季實施較佳，若冬季下雪量大無法伐木，則選擇晚秋或早春完成伐木工作為宜。

此外，如果要利用樹木之樹皮時，砍伐時期宜在生長旺盛之春季。如果要使樹皮不易剝落而黏附在樹幹上，則在晚秋或嚴冬砍伐為宜。

採伐木材，也應考慮其樹齡。幼小之樹木，密度較小，強度較低；過老之樹，材質脆弱；故應於樹木之壯年時期，完成伐木工作。各種樹木最適宜之伐木樹齡，如表3-4所示。

2. 貯木

由林中搬運出來的原木，貯存於林道之起終點、木材市場、鋸木工廠、鐵路車站及河港等，稱之為貯木。貯木地點稱為貯木場。貯木方式有水中貯木及

表3-4　各種樹木最適宜之伐木樹齡

針葉樹	樹齡（年）	闊葉樹	樹齡（年）
松（Pine）	80～150	欅（Zelkor）	80～150
杉（Cedar）	70～120	橡樹（Oak）	60～220
柏（Cypress）	60～100	樅樹（Fir）	100～200
檜（Spruce）	100～100	栗樹（Chestnut）	40～80
落葉松（Larch）	100～200	鐵杉（Hemlock-Spruce）	100～200

陸上貯木兩種。

水中貯木為將原木貯放在貯木場之水池中，一方面可作為貯木之用，一方面可使木材內之養分因水之滲透而稀釋，防止木材腐朽。陸上貯木必須具備大的空間來堆積原木，而且還要注意原木堆積時之安全性。

(二) 製材

由貯木場搬運至製材工廠之原木，先鋸成所要之長度，然後再鋸成所定尺寸之板材或角材，此過程稱為製材。原木經過製材，扣掉廢木後，可得之材積，一般針葉樹約為 60～75%，闊葉樹則僅約為 40～65%。製材需要在完全乾燥下為之，絕不可在生木或乾燥不完全情況下製材，以免收縮後發生變形。木材之鋸法，大致有兩種，如圖3-3所示，茲分述如下：

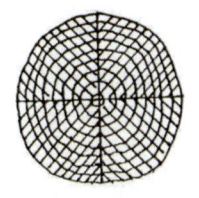

　　（a）平鋸法　　　　（b）輻鋸法　　　　（c）輻鋸法

（圖3-3，木材的鋸法）

(1) **平鋸法**：亦稱弦鋸法，鋸切面與年輪相切（平行）。平鋸法簡單方便，所需時間少，由於鋸縫皆為平行，故廢材少，但乾燥時易發生裂縫及反翹，如圖3-4（a）。

(2) **輻鋸法**：又稱徑鋸法、象限法或十字法。鋸切面與年輪成垂直，如圖 3-4（b）、（c）。輻鋸法之操作較繁複，木材損耗較多，但製材面呈現平行直線之紋理，稱邊紋材；美觀而且色澤、品質均佳，膨脹收縮較小，不易反翹乾裂，磨耗平均，因此普通地板、甲板之木料，多採用輻鋸法。鋸切面與年輪成平行者稱為平紋材，與年輪垂直者稱為邊紋材；邊紋材之外觀比平紋材佳，且較不易反翹、收縮。採用平鋸法只能取得 1/3 不易彎翹之邊紋材，其餘則為平紋材（如圖3-4），因此，為了取得全部的邊紋材，應採用輻鋸法製材。

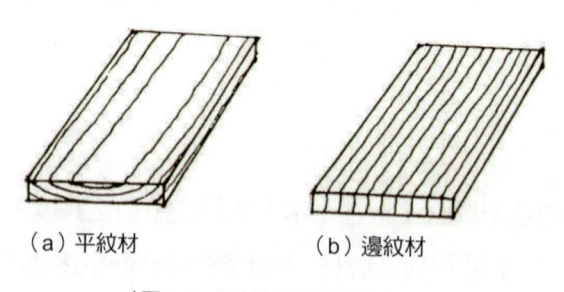

（a）平紋材　　（b）邊紋材

（圖3-4，平紋材與邊紋材）

柱材（角材）之鋸切法大致有三種，茲分述如下：

1. 非整截

原木四面之弓形除去之後，使成方形，心材部分仍包於柱材內，材內紋理不平行，乾燥後易開裂，如圖3-5（a）之一方柱材法。

2. 半整截

將原木之兩側除去，再鋸切為兩根正方形之柱材，此法較非整截為優，如圖3-5（b）之二方柱材法。

3. 整截

原木四周之弓形材除去之後,使成正方形,同鋸切為四根柱材,材面紋理平行,此種鋸切法最理想,如圖3-5(c)之四方柱材法。

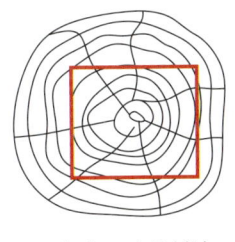

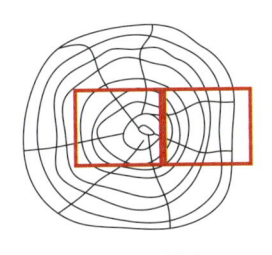

（a）一方柱材法　　　（b）二方柱材法　　　（c）四方柱材法

（圖3-5,柱材鋸切法）

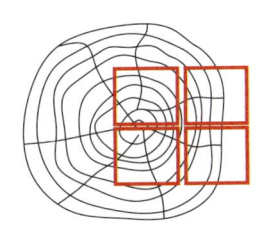

(三) 乾燥法

新採伐之樹木,含水量高達 30 ～ 100%,不宜使用。故應將木材乾燥至適當之含水量,此稱為乾燥法。木材的乾燥處理,有下列功用:

1. 防止木材因收縮而乾裂、變形,這也是將木材乾燥的最主要目的。
2. 增加木材的強度及彈性。
3. 防止蟲害及腐朽,增加耐久性。
4. 減輕木材重量,節省運輸費用。
5. 作為防腐處理前之準備。

木材的乾燥法分為天然乾燥法及人工乾燥法兩種,茲分述如下:

1. 天然乾燥法

(1) 空氣乾燥法：空氣乾燥法是最自然的方法,係將木材堆置在排水良好、空氣流通之場所,使其自然乾燥。木材應縱橫間隔排置,不得受到直接日照,底層木材應離地 30 cm 以上,以免受潮,如圖3-6 所示。以空氣乾燥法乾燥之木材,材質優良,但所需時間較長,短則數十天,長達數百天。

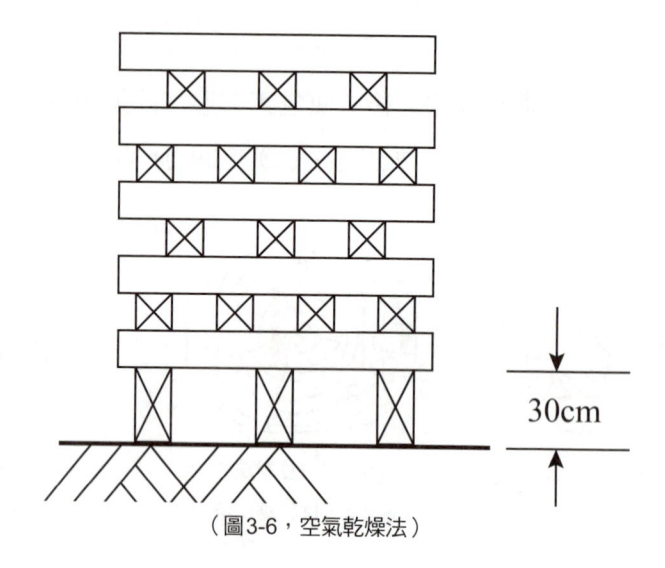

（圖3-6，空氣乾燥法）

(2) **水中乾燥法**：將木材浸入水中，使樹液溶於水中，則木材中樹液之濃度變得稀薄，然後取出乾燥於空氣中，如此可縮短空氣乾燥法之時間。水中乾燥法不得單獨使用，必須與其他乾燥法配合使用。此法可能使材質變得稍為脆弱，強度減低，但會減少變形及裂痕之發生。

2. **人工乾燥法**

(1) **熱氣乾燥法**：將木材放在密閉之乾燥室內，用送風機送入熱氣，促進木材乾燥之方法。若溫度升高過於迅速激烈，則木材易發生扭曲、變形及乾裂現象。

(2) **蒸氣乾燥法**：此法為以蒸氣抽出樹液之方法；將木材堆積於圓筒形蒸氣室內而密閉之，由下方以 $1.5 \sim 3 \ kgf/cm^2$ 之壓力，將蒸氣送入，可將木材內之樹液抽出。因為蒸氣中含有濕氣，可以改善熱氣法急激乾燥之缺點；處理之時間短，對於厚度 2.5 cm 之木板，大約需要一小時，然後移出置於空氣中乾燥之。此法因操作與設備簡單，並可殺菌，使用非常普遍。

(3) 煮沸法：將木材置於大鍋內，以熱水煮沸而浸出樹液，可節省浸水法之時間，煮沸完成後取出再配合其他乾燥法。

(4) 煙燻乾燥法：為自古流行之方法，係將生木或鋸屑等燒成火煙，以代替熱氣，然後將黑煙導入乾燥室內；因煙中含有濕氣，乾燥速度緩慢，可減少扭曲與開裂之現象，但木材表面色澤易受煙標損害。

四、木材之腐蝕及保存法

(一) 木材之腐蝕

木材失去耐久性之最主要原因為腐蝕。一般活樹之腐蝕，係由老樹之心材開始，而製材後之木材，反由邊材開始腐蝕；腐蝕之原因如下：

1. 時乾時濕

木材受乾濕反覆作用，將使其腐蝕加速，此種腐蝕稱為濕腐。木材受乾濕交互作用，而發生膨脹與收縮，使邊材之細胞物質破壞，且木材內之碳及氫等化學成分與空氣中之氧化合，產生碳酸氣與水分，是造成木質部分解之原因。但打入地下水位以下之木樁，因經常維持在潮濕狀態與空氣隔離，反而不易腐蝕。

2. 乾腐

乾腐與濕腐不同，係乾燥材吸收濕氣，產生菌類而分泌酵素，由發酵作用而使木材腐朽。

3. 細菌之作用

木材腐朽之主因為菌類之侵蝕。因為菌絲的分泌物把木質部溶解，以吸收養分，而使木材漸漸腐朽。

一般菌類之繁殖有四個條件：① 適當溫度，② 充足的養分，③ 充分的濕度，④ 少量的空氣。由以上觀之，打入水中之木樁不會腐朽，係因木材成飽和狀態時無空氣存在之故。樹木生存時，心材容易腐朽，係因心材水分少，含有空氣之故；如邊材內含有飽和水分，則不致腐朽。但在木材製品中，邊材含有較多水分及養分，但不飽和，因此較易腐朽；心材較乾燥，反而不易腐朽。而以人工乾燥之木材，施用高溫也可以消滅菌類。將木材乾燥，使濕度在 20% 以下，也可防腐。

4. 蟲蛀

菌類之腐蝕木材，緩慢而不易見；蟲害則快速而肉眼可見，但發現時，往往木材內部已中空。木材受蟲類損害，在海上主要為蛀船蟲，在陸上則為白蟻、甲蟲，而以白蟻之危害最為普遍而嚴重。白蟻怕光，見光即回頭，所以出入之通路是隧道，食木速度甚快，當其噬食至木材邊緣時即轉向或回頭，使木材表面看似完整，但已成中空。白蟻遍及熱溫帶，性喜濕惡燥，環境愈濕，繁殖愈快；因此廚房浴廁之木門框，因吸收濕氣，最容易遭白蟻噬食。

(二) 木材之保存法

保存木材最簡單的方法，為使木材乾燥；但其中最有效的方法則為藥劑注入法。木材保存法中有防腐法、防蟲法及防火法，茲分別說明如下：

1. 防腐法

木材之防腐法有阻斷空氣法、隔絕水分法、高溫殺菌法、表面碳化法、藥劑塗布法、藥劑浸泡法、藥劑注入法等。一般常用之防腐劑有焦蒸油、煤焦油、氯化鋅、氟化鈉、硫酸銅等；茲將木材之防腐法，分述如下：

(1) 阻斷空氣法

木樁打入地下水位以下可得到半永久性的壽命，此乃因木樁經常維持在潮濕狀態而與空氣隔離，因而不會腐朽。故阻斷空氣法可以預防木材腐朽。

(2) 隔絕水分法

利用人工乾燥木材，並塗刷油漆或防腐劑，使木材表面形成一層隔膜，減少水分滲入，可達到防腐之效果。

(3) 高溫殺菌法

木材在人工乾燥過程中，使溫度超過 40°C 以上，以達到殺菌防腐之效果。

(4) 表面碳化法

將木材表面燒焦碳化，使木材表面的菌類缺乏養分不能寄生。碳化的厚度約 3～12 mm，最適於電桿、木樁等埋入地下部分之防腐處理。

(5) 藥劑塗布法

將防腐劑塗布於木材表面，以防止濕氣、菌類及蟲類等，由外部侵入。使用之藥劑有油漆、假漆、焦蒸油及柏油等，其中以焦蒸油最為普遍。

(6) 藥劑浸泡法

將木材浸於水溶性防腐劑溶液中，浸泡時間較長，可由二、三日至二星期，使木材得以充分防腐。

(7) 藥劑注入法

藥劑注入法係藉壓力將防腐劑注入木材中，是最有效之防腐法。其優點為防腐劑能均勻滲入木材內部，防腐效果大，且未經乾燥之木材，亦可用此法處理之。

2. 防蟲法

前述木材之防腐法，亦可用於防蟲。蟲害中最嚴重者為白蟻，發現有白蟻出現應用氰酸氣體驅除。將防蟲劑如煤焦油、焦蒸油、昇汞、氯化鋅、氟化鈉等，注入木材中，可預防白蟻之侵蝕，但此類防蟲劑之藥效經久即滅。木材中含有樹脂、鹼性化合物、丹寧酸、苦味質等者，有天然抵抗白蟻之功能；具有刺激性、揮發性香味之木材對白蟻之抵抗較強，如樟木、檜木、楠木、櫸木等。而材質較軟而又無氣味之木材，較易遭白蟻噬食，如杉木、松木等。一般闊葉樹對白蟻之抵抗力較針葉樹為大。

防治白蟻傳統上多用化學藥劑灌注法，但此方法對生態環境有不利之影響。華裔科學家蘇南耀在西元 1991 年研發出一種更有效、更環保的生物防治方法，即在白蟻出沒處放置 5% 濃度之昆蟲生長抑制劑「六伏隆」（Hexaflumuron）供白蟻取食，利用白蟻食用六伏隆後會回巢餵食同伴的習性，將藥劑使用量降到最低，可將整巢白蟻除去。白蟻一生要蛻皮 6～10 次，但吃了六伏隆後就無法再蛻皮，長大的身體擠在小小的皮膜內，因而出現捲縮狀，終在數週後死亡。工蟻取食六伏隆後並帶回餵食兵蟻及蟻后，使整巢白蟻都因無法蛻皮而「死光光」。依傳統方法，一戶 30 坪房屋平均要灌注 10 kg 之化學藥劑，但若改用蘇南耀的生物防治方法，只要 1 g 六伏隆即可，藥劑用量僅為傳統方法的萬分之一。

3. 防火法

木材是一種碳水化合物，構成木材之主要元素如碳、氫、氧等皆易燃燒；當溫度達 270°C 時，木質業及纖維素開始燃燒，因此在火災時，木材最危險溫度為 270°C。木材之防火法有表面處理法及防火劑注入法，茲分述如下：

(1) 表面處理法

將不燃性材料覆蓋於木材之表面，以防止火焰直接與木材接觸。常使用之不燃性材料有金屬、水泥砂漿、灰泥及耐火油漆等。耐火油漆係以水玻璃（矽酸鈉）及膠之耐火物質為溶劑，其塗料為含有特殊防火劑之棚砂、矽酸鈉、鎢酸鈉及磷酸銨等。此等防火劑加熱時，被熔解而覆蓋在木材表面，可防止氧氣接近，而使木材成為不燃性。

(2) 防火劑注入法

將不燃性材料，如硼砂、氯化銨、碳酸銨、鎢酸鈉等注入木材，使成為不燃性。

(三) 木材品質

木材之品質可由外觀研判之,其判斷之原則如下:

1. 優良之木材必須質地均勻,纖維平直,無死節、裂紋等缺點。
2. 良好的木材,以重物擊之,聲音清脆;而腐朽之木材,則發聲沈濁。
3. 年輪緊密之木材,較年輪寬鬆者有較大之強度。
4. 木材孔隙內所含之樹液、樹脂量較少者,其強度及耐久性較大。
5. 新採伐之健全樹木,具有濃厚的氣味;經鋸解後,可顯出堅實而明亮的表面,帶有絲狀色澤。

木材之品質,一般依木材之缺點多少而判定之。CNS444 對於木材之品等區分,規定如下:

1. 天然生針葉樹製材

板材類、割材類、角材類均將木材品質分為特等、一等、二等、三等、四等、五等,合計六個品等。

2. 天然生闊葉樹製材

板材類、割材類、角材類均將木材品質分為一等、二等、三等,合計三個品等。

3. 造林木針葉樹製材

板材類、割材類、角材類均將木材品質分為一等、二等、三等,合計三個品等。

因各種樹木品等區分表格甚多,現僅舉一例以供參考,表3-5 為天然生針葉樹角材類之品等區分標準。

在市場上,材亦依其缺點多少而分為上材與中材兩種;無活節、彎曲、裂紋、腐朽等缺點者為上材;有輕微缺點者為中材。

表3-5　天然生針葉樹角材類品等區分

缺點＼品等	節	材面腐朽、蟲蛀、傷缺、污痕、穴及其他瑕疵（未貫通他材面者）	弧邊	鋸口縱裂或鋸口環裂	捲皮、捲入或脂囊（未貫通材面）	藕朽 材面	藕朽 鋸口一端	藕朽 鋸口兩端	其他
特等	無	無	無	無	無	無	無	無	無
一等	節徑比在20%以下（長徑在3cm以下）	無	5%以下	5%以下	節徑比在20%以下（長徑在3cm以下）	2cm² 以下	無	無	無
二等	節徑比在30%以下（長徑在6cm以下）	節徑比在20%以下（長徑在3cm以下）	10%以下	10%以下	節徑比在30%以下（長徑在6cm以下）	4cm² 以下	無	無	輕微
三等	節徑比在50%以下（長徑在9cm以下）	節徑比在30%以下（長徑在6cm以下）	20%以下	20%以下	節徑比在50%以下（長徑在9cm以下）	8cm² 以下	藕朽面積之和對鋸口面積之比率在2%以下	兩端比率之和在3%以下	較顯著
四等	節徑比在70%以下（長徑在12cm以下）	節徑比在50%以下（長徑在9cm以下）	40%以下	40%以下	節徑比在70%以下（長徑在12cm以下）	16cm² 以下	藕朽面積之和對鋸口面積之比率在10%以下	兩端比率之和在15%以下	較顯著
五等	超過上列限度	超過上列限度	超過上列限度	超過上列限度	超過上列限度	超過上列限度	超過上列限度	超過上列限度	較顯著

備註：角材兩端各在 1/20 材長以內之所有缺點，除腐朽外均可不計。

木材又因樹種之不同及利用價值，在市場上分成不同的等級，等級愈少，價格愈高。通常針葉樹分二級，闊葉樹分三級。例如，扁柏、紅檜、紅豆杉等都屬於一級針葉木。而櫸木、烏心石等則屬於一級闊葉木。如表3-6所示。

表3-6　木材分級

樹類＼等級	一級	二級	三級
針葉樹	1. 扁柏 2. 紅檜 3. 肖楠 4. 香杉 5. 紅豆杉	1. 亞杉 2. 雲杉 3. 冷杉 4. 鐵杉 5. 松	
闊葉樹	1. 烏心石 2. 櫸木 3. 花紋樟 4. 黃連木	1. 柯仔 2. 稠仔 3. 重陽木 4. 泡洞 5. 牛樟 6. 楠木	不屬一、二級木者均為三級木。

4. 木材材積計算

木材之材積計算方法，可區分為立方體木材材積計算及圓木材積計算兩種。依中國國家標準 CNS4794 之規定，立方體木材材積，係以立方公尺（m^3）為單位，而英制是以「板呎」（Board measure foot，簡稱 BMF）為計算材積之單位。所謂1BMF，係邊長為1呎之正方形斷面，厚度為1吋之立方體體積；以公式表示如下：

$$1BMF = 1呎 \times 1呎 \times 1吋 = 12吋 \times 12吋 \times 1吋$$

在台灣地區，則仍沿用日制，而以「才」為計算單位。所謂1才，係邊寬為1台寸，長度為10台尺之角材體積；或邊長為1台尺之正方形，厚度為1台寸之板材體積。以公式表示如下：

> 角材：1才＝10尺×1寸×1寸＝100寸³＝0.1尺³
> 板材：1才＝1尺×1尺×1寸＝100寸³＝0.1尺³

（上列二式中之「尺」代表「台尺」，「寸」代表「台寸」以下同）

在木材市場中，亦有以「石」為單位，1石等於100才。而1才＝0.00278 m³，1 m³＝359.71才≒360才。板材厚度若小於1寸，在計算材積時，應加計1分（3 mm）以補償鋸裁木料時之厚度損失。而木材尺寸若註明係鉋光後淨尺寸（即加工鉋光後之成品尺寸），則每一鉋光面應加計0.5分（1.5 mm）之鉋光厚度損失。

五、木材加工

木材的加工品包括合板、膠合板、人造板等。

（一）合板

合板亦稱夾板，係將木材削成薄片（亦稱單板），將奇數層之薄片單板經烘乾後塗上黏著劑，使各層單板之木材纖維方向互成直角，經黏合加壓而成，如圖3-7所示。

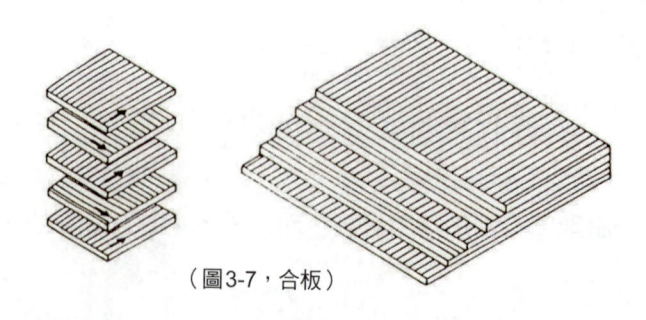

（圖3-7，合板）

製造合板之薄片單板，所採用木材之種類甚多，視合板之用途而定，台灣地區以柳安木使用最多。單板之製造首先將原木分段製成角材，浸於 60°C～80°C 之煮沸槽內，使材質軟化後，再經鉋削而成。

合板可用於製造傢俱、建築材料、模板、飛機、車船及包裝等，應用甚廣，其主要優點如下：

1. 可任意製造所需要之大型板材，不受天然限制。
2. 中間所夾之薄片，可用較次等之木材。
3. 木理可作任何切向。
4. 強度較同厚度之木材大。
5. 因水分所引起之變形較小。
6. 木材之利用率高達 90% 以上。
7. 加工方便。
8. 保釘力較一般木板為強。

合板依其用途可分為普通合板及特殊合板兩類，普通合板又分為：

1. 建築、傢俱及裝飾用合板。
2. 高級用合板：供製造精細傢俱、西式建築、樂器等用途。
3. 包裝用合板：供包裝煙、茶葉、化妝品及雜貨等之用。

特殊合板又分為：

1. 車船器具用合板。
2. 飛機用合板。

合板除上述者外，尚有將合板經二次加工者，此類合板，多作為室內裝飾及傢俱製造之用。例如：

1. 化妝合板

亦稱薄片被覆合板，係利用木材固有之美麗紋理，而將高貴木材鉋削成薄片，以樹脂將薄片黏貼於合板之表面，可黏貼單面或雙面。所用之高貴木材有柚木、檜木、花樟、栓木、紫檀等。此外，尚有一種美耐板，又稱耐火板，係在薄片表面敷以三聚氰胺及著色劑，可製成各種顏色及花紋，外觀亮麗潔淨，硬度甚大，又耐熱防水，適合黏貼在書桌、餐桌、櫃台及櫥子等之表面，是台灣地區木工裝潢界常用之裝修材料。

2. 塑膠被覆合板

係以浸透樹脂之化紅紙或布，藉高溫與壓力黏貼於合板表面而製成者。

3. 美化合板

合板表面敷以一層 0.2～0.5 mm 厚之聚醋薄膜。市面上有麗光板、奇美板、奇麗板等。此種合板表面不耐高溫，稍受熱力即留下痕跡。

4. 耐火合板

係將合板經過防火處理而成者，或將合板浸漬於耐火劑溶液中而製成者。

5. 木心板

係以木板條夾於二塊單板間，經加壓膠合而成。由於木心板之小板條間有或大或小之縫隙，因此強度甚差，故木心板一般僅供裝修或傢俱用，不適於結構用或模板工程用。

(二) 膠合板

膠合板係以厚度相似之薄板，在平行於纖維方向互相疊合，用黏著劑膠合成一體，並具結構耐力之構材。膠合板在施工上的主要特點，乃在於長跨徑的發展，亦即材料的長度及寬度可自由延伸。由於木材正面如同天然纖維狀的材料般具有可撓性，利用此特性，可將數層木板膠合而製成曲木，而不必用大塊原木鋸切成曲木，可以節約木材的使用，而降低成本。

　　木板彎曲前通常需經蒸煮或浸熱水處理，以增加可撓性並防止木材發生劈裂。彎曲後之木材組件必須固定成形，且讓其氣乾，否則它將會彈回成直線或很接近直線；待木材組件乾燥後即可保持其形狀。膠合板主要作為建築材料使用，並可製造傢俱、絕緣板及其他精巧製品。圖3-8所示為以膠合由木製成之木椅座板及木椅扶手。

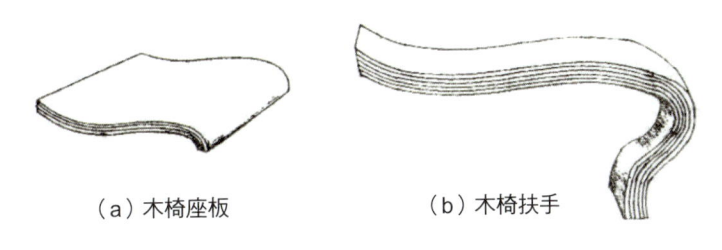

（a）木椅座板　　　　（b）木椅扶手

（圖3-8，以膠合曲木製作之木椅座板及木椅扶手）

(三) 人造板

　　塑合板與纖維板均為人造木板，應用範圍甚廣，舉凡木材應用之處多可取而代之，且有若干場合較木材為佳，主要作為建築材料及傢俱製造之用。

　　塑合板亦稱粒片板，係以碎木片、蔗渣、鉋花等纖維物質，不經蒸解，而以人造樹脂或其他黏劑黏壓而成；因不經蒸解，又稱乾法人造板。塑合板之優點為各方向應力均勻，強度超過木板，具防水、防熱之性能。缺點為價格高於木材，板面無紋理，缺乏親切感。

　　纖維板係以蔗渣、木材等纖維物質，先經蒸解等處理，再上膠，加熱、加壓而製成，又稱為濕法人造板。依中國國家標準，纖維板分為兩類：

1. **硬板**：薄而硬，用於隔音及天花板。
2. **絕緣板**：厚度大、多孔、質疏，具隔音、隔熱之效。

此外，尚有一種人造木板，稱為木絲水泥板，又稱鑽泥板，係以木材之鉋花混合水泥而製成。因木絲（鉋花）質輕，且板中有孔隙，因此具有隔音、隔熱之效，但無法防水、防潮。建築物頂層之斜屋頂或隔間牆常鋪設各種浪板，浪板底部或內部可墊以木絲水泥板，具有隔熱隔音之效。

六、台灣天然木材來源

(一) 國產材

1. 針葉樹

(1) 紅檜：俗稱松梧、薄皮，與台灣扁柏通稱為檜木，日語稱為 Hi-No-Ki。為常綠大喬木，係東亞針葉樹中最高大者，其最大樹圍可達 20 m，高 50～60 m，惟老樹幹樹心多呈空洞，以致減低利用價值。邊材與心材之境界分明，較台灣扁柏略帶淡紅色。年輪明顯，木理通直，木肌細緻，弦斷面具美麗花紋，香氣強。木材加工性質大致與台灣扁柏相似，但生材較台灣扁柏重，氣乾材卻較台灣扁柏輕（因含水量較多），材質輕軟，至於耐蟻性與耐濕性則較台灣扁柏為強。為省產優良木材，主要用途為建築物一般結構、傢俱、門窗等。

(2) 台灣扁柏：俗稱黃檜、厚殼檜，邊材心材色調不同，但區別不明顯。木理通宜均勻，木肌細緻，富光澤，富彈性，耐腐性及耐蟻性極高，乾燥容易，但收縮變形極小。鉋削加工容易，釘著性良好，易塗裝，易膠合，是省產一級針葉木，與紅檜可說是製造傢俱、門窗、櫥櫃等最優良的木材。又因木理通宜，取大材容易，可作為木造建築之柱、梁結構用。

(3) 台灣杉：俗稱亞杉。日據時代，日人從日本引進柳杉入台，而稱台灣杉為亞杉（亞為「第二」之意）。亞杉為台灣固有之單型樹種，生長極速能成大材，樹幹通宜，直徑可達 3 m，高可達 40～60 m，可惜繁殖不易。亞杉木肌細緻，缺乏光澤，質軟，易乾燥，收縮小，塗裝性佳。可作為一般結構、傢俱、合板等用材。

(4) 柳杉： 原產地日本，俗稱日本杉，直徑可達 1.8 m，高可達 40 m。樹幹通直，生長極速，年輪明顯，木肌粗糙，密度小，有香氣，材質輕軟，可作為建築物一般結構、橋梁、模板支柱、電桿、造紙、火柴棒等用材。

(5) 鐵杉： 俗稱拇木，無邊材心材之區分，色調為黃白色或黃灰色。木理通宜均勻，木肌稍粗，密度中庸，材質略堅硬，鉋削加工稍困難，耐朽性弱，過潮濕易腐朽。工業上大多用於製箱，或內襯骨架，枕木等。

(6) 松木： 松為溫帶木，質韌，強度佳，富耐久性，且含多量樹脂，故適用於乾濕交觸處。水中建築之柱樁，地板等多用此木。

(7) 杉木： 亦稱福州杉或福杉。質輕軟，有香氣，心材耐腐耐蟻性強，鉋面光滑，乾燥快，不反翹，號稱為製作「棺木」最佳之木材。台灣產量不足，多由大陸進口。

(8) 台灣肖楠： 俗稱黃肉仔，因其木材色澤略偏黃色，故名之，是台灣的針葉五木之一。主要分佈在台灣北部及中部海拔 300～1900 公尺之山地，分佈海拔高度比紅檜或台灣扁柏為低，也是台灣特有樹種。台灣肖楠樹形優美，為著名園藝樹；木材質地緻密良好，不受白蟻蛀蝕，可媲美紅檜或台灣扁柏，是省產一級針葉樹，為建築、傢俱、雕刻及裝飾之良材；其木屑芬芳清香，俗稱淨香，可用來製線香。

2. 闊葉樹

(1) 櫸木： 俗稱雞油。邊材為淡紅色，心材為鮮紅色，質地堅硬強韌且重，絕乾比重為 0.77～0.85，吸水性小，不反翹及開裂，為省產闊葉樹中最優良者。木紋優美而光澤顯著，常作為鉋刀、農具、扶手、地板、雕刻、高級傢俱等用材。

(2) 抽木： 亦名麻櫟，俗稱 Gi-Ku。木材堅緻耐久，材面美觀，木紋十分古樸典雅，歷久彌新。因富油質，防水性佳，不易被蟲蛀，為闊葉樹中貴重之木材，常作為地板、桌椅、櫥櫃、裝飾等用材，且為良好造船材料。可惜台灣產量不多，目前多由東南亞進口泰國柚木。

(3) **樟木**：心材黃褐色，有強烈芳香氣味，是木材中防蟲效果最佳者，可提煉出樟腦作為殺蟲劑之用，耐水性、耐朽性極佳，可作為衣櫥、衣櫃、衣箱之用材。

(4) **銀杏**：銀杏又稱白果，因其果實形似小杏且核色白而得名，為一種長壽的落葉大喬木；其長壽的秘訣在於生長非常緩慢，結實年齡在 30 年以上，又有「公孫樹」之稱，因為公公種樹，得待到孫子輩始得果實。銀杏生命力強且不怕污染，其歷史淵源古遠，在古生代二疊紀發生，至中生代侏羅紀達到頂盛，至今已超過二億年，遺留下來的化石中，有些與現在的銀杏樹簡直一般無異，是當今世界上最古老的樹種，也是不折不扣的活化石。銀杏高大雄偉，入秋後扇形葉片轉為紅黃色，是一種優美的行道樹和景園樹，台灣大學溪頭實驗林現有一處銀杏人工林。銀杏材質細緻輕軟，紋理均勻，富彈性，有光澤，不開裂，為優良用材，亦可作雕刻用。

(5) **楠木**：又名大葉楠。有香氣，黃褐色，中等堅硬，耐磨，易加工，易乾燥且變形小，耐朽性稍強，可供梁柱、桌椅之用。

(6) **黃楊木**：亦名石柳。色淡黃，生長較慢。木材紋理均勻，質堅緻密，耐磨擦，加工後表面甚為光滑，為製木梳、印章、煙嘴、雕刻之材料。

(7) **烏心石**：木理均勻，木肌細緻，富光澤，材質堅硬強韌，不易劈裂，耐朽性強，多包面光滑，常作為農具、傢俱、樂器、雕刻等用材。

(8) **相思樹**：質堅重而硬，木肌細緻，木理斜走，枝節多，材質堅硬，強度大，吸水性大；半腐之樹幹，易寄生菌絲，而長出靈芝。絕乾比重為 0.75～0.92，常作為車輛、傢俱、枕木、農具等用材。

(二) 輸入材

由國外輸入台灣之木材，主要為東南亞方面輸入之傢俱用硬材類，及由北美地區輸入之木材，茲分述如下：

1. 東南亞輸入之硬木類木材

(1) **紅柳安**：通常所稱柳安者，即指紅柳安，熱帶木，多產於菲律賓、印尼及馬來群島。色微紅，無節疤，心材部分易受蟲蝕，且輕而脆，故除心材外均可用。木理通宜，質韌不易折斷，紋理緻密，堪稱價廉物美，是台灣製造合板之最主要材料。營建工程之模板、支撐，常以柳安木為材料。至於白柳安，心材色灰，邊材色淡，亦是台灣地區製作合板及營建工程之重要材料。

(2) **柚木**：產於泰、緬等，通稱為泰國柚木。木紋明顯，紋路自然渲染、多變化，硬度適中，防水性佳，收縮變形小，適用於濕度較高的場所，用於高級傢俱及裝飾。

(3) **花梨木**：產於泰國、寮國。木紋明顯，黃褐色或深紅色，木質堅硬，色澤天然且變化大，具神秘感，是極帶喜氣的花俏建材，用於櫥櫃、桌椅等。

(4) **紫檀木**：產於泰國、越南、印度、馬來半島等地。紫黑色或紫紅色，材質堅硬且重，富有油質，質感細膩，氣乾比重達 1.2，用於高級傢俱、樂器、櫥櫃等。

(5) **越南檀木**：俗稱「越檜」，為近年來由越南進口之木材。淡黃色，木理優美，耐朽性佳，但芳香之氣味及收縮變形小之性質，仍不及台灣檜木。

(6) **黑檀**：產於泰國、馬來半島等地。呈黑色，質地堅硬且重，氣乾比重高達 1.3，大都作為高級傢俱或高級筷子、飯匙等之用材。

(7) **南洋櫸**：產於東南亞。沒有紋路，黃褐色，顏色均勻。不論紋理，質地或收縮變形等性質，皆不及台灣櫸。價格低廉，屬經濟性木材，目前大量使用於傢俱、扶手、地板等。

2. 北美洲輸入之木材

(1) **美松**：輸入量多，材身大而價廉，瑕疵少，強度尚佳，適合於土木建築工程之大量需要。

(2) **美杉**：與美松同為輸入量最多之木材，材身較美松小，木理較細，瑕疵少，強度佳，適用於土水建築。

(3) **美檀**：產於美國，產量較少。紋理及色澤類似台灣檜木，但收縮變形較大，而香味及耐腐朽之性質，則遠不及台灣檜木。

(4) **橡木**：俗稱 OAK，有白橡木及紅橡木。白橡木產於中國大陸，紅橡木產於北美地區，價格中等，多用於桌椅、櫥櫃。

(5) **楓木**：產於美、加地區。淡奶油色，色澤十分柔和，紋路細緻，硬度適中，收縮變形大，不適合濕氣較重之場所。

(三) 竹材

竹主要產於熱帶地區，亦產於亞熱帶及溫帶，而以亞洲為主要產地。竹可用以製造日用器具，以及用在臨時性之建築，因耐久性較差，工程上並不重視。但因其價格低廉，抗拉強度高，兼具韌性、彈性，為一般木材所不及，因此常用於工程鷹架、竹橋、竹筏、棚廠、輸水管及製紙原料等。

竹中空有節，纖維通直，容易劈切，強度大，靠近表皮部分強度較大，而逐步向內降低。富彈性、韌性，新竹比重為 1.1～1.2，乾竹比重為 0.3～0.4；抗拉強度約為 1500～2500 kgf/cm^2，抗撓強度約 2000 kgf/cm^2。在室外之竹，不久即早枯黃；暴露於風雨中者，腐朽更快，耐久性不佳。竹之生長年齡，普通約三年即可成材，在 3～5 年間即應採伐。採伐季節以 9～11 月為宜，因此時期竹所吸收之水分極少；在春夏採伐之竹，則容易腐朽。

竹材用於工程上之優點乃為強度高（比木材高約 50～100％），加工容易，價廉，比重小，生長快速；缺點為彈性係數小，含水量變化時收縮生大，易產生裂縫，及蟲蛀腐朽等。因此竹材在使用前，必須先以特殊處理，以延長其使用年限。

　　竹材之腐朽，將降低竹材強度，且使其壽命減短；因此竹材之防腐處理極為重要。常用之防腐處理方法如下：

1. 防止竹材吸水

　　將竹材表面塗抹生漆、柏油、松柏，或在熟桐油中浸煮，可大量降低竹材之吸水率，同時亦具有防腐、防蟲之效。

2. 化學防腐硬化劑

　　先將竹材風乾，依其用途，適當加工，然後浸泡於氯化鎂、氯化鉀、氯化鈉及硫酸鎂等防腐液中，使竹材盡量吸收液劑，然後用泥漿狀之硬化材料，使材料黏著而硬化，形成外層之保護膜，可達到良好的殺菌、防蟲、防霉效果。

　　台灣地區之竹類大約六十多種，其中二十種為本地固有竹種，其餘為外來竹種。而能供食用者，主要為綠竹筍，其次為毛竹、麻竹、桂竹等之筍。其中毛竹之筍，稱為冬筍，在食品界中極富盛名。而適用於工程上者，主要有三種，即苦竹、淡竹及毛竹。

資料來源：陳耀如、洪國珍、劉叔松：《工程材料Ⅱ》，旭營文化事業有限公司，2007 年 12 月。

3.2 木工機具操作

前言

　　實物操作是本單元重要目標，木工機具操作分為「手工具」及「機械設備」兩大部分，因木工機具種類繁多，無法一一介紹，而且同類型機具功能也大同小異，因此本單元只針對常用手工工具及木工加工機械設備，做概略性的簡單使用說明。

　　下列機具皆為常用設備，因規模大小不一，可選擇性設置。

（圖3-9，提供：王龍盛）　　　　　　（圖3-10，提供：王龍盛）

手壓鉋床（正、背面）：用於校正木材的頂面或側面，作為鉋削之基準面。

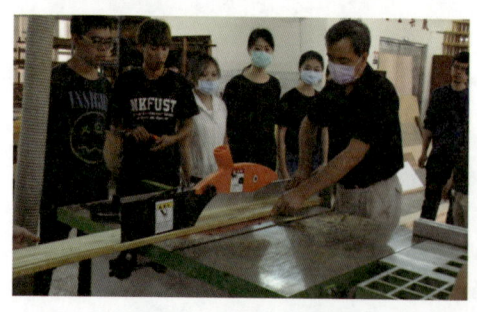

（圖3-11，提供：王龍盛）　　　　　　（圖3-12，提供：王龍盛）

大（重）型平台式圓鋸機，適合大量木板或厚木板的裁切。

3-32

（圖3-13，提供：王龍盛）

大(重)型平台式圓鋸機（橫切操作）

（圖3-14，提供：王龍盛）

移動型平台式圓鋸機（縱切操作）

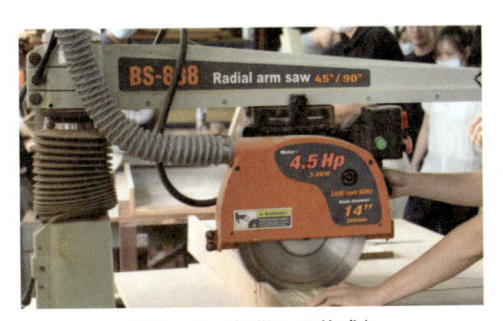

（圖3-15，提供：王龍盛）

臂式圓鋸機（適合橫切）

（圖3-16，提供：王龍盛）

電動砂磨機

（圖3-17，提供：王龍盛）

角鑿機

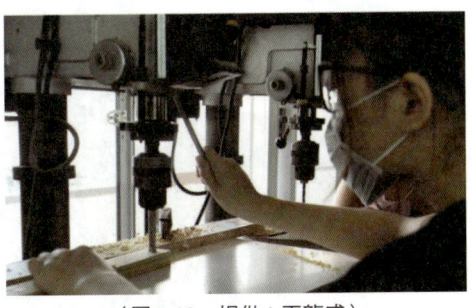

（圖3-18，提供：王龍盛）

鑽床（機械、木工通用）

註：上述設備本文無介紹，僅供參考。

創意實作 ▶ 木工機具操作輕鬆學

手工具篇

鉋刀單元

（圖3-19，鉋刀單元。拍攝：王龍盛）

鉋刀

（圖3-20，鉋刀單元。拍攝：王龍盛）

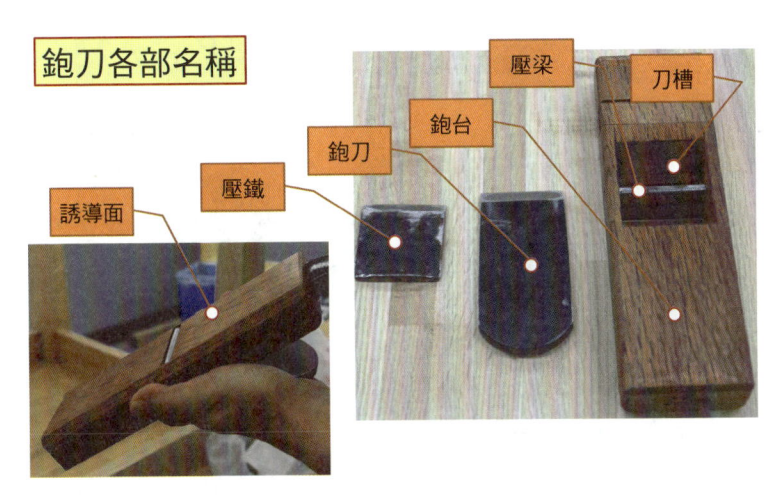

（圖3-21，鉋刀各部名稱。示範：王龍盛。拍攝：王龍盛、朱芸霈）

鉋刀各部名稱：誘導面、壓鐵、鉋刀、鉋台、壓梁及刀槽。

（圖3-22，鉋刀組裝程序（一）：鉋刀安裝。示範：王龍盛。拍攝：朱芸霈）

鉋刀組裝程序（一）：鉋刀安裝。
1. 鉋刀斜口面向誘導面。2. 左手大拇指輕壓鉋刀。3. 左手控制鉋刀，刀刃不可凸出誘導面。

3-35

創意實作 ▶ 木工機具操作輕鬆學

（圖3-23，鉋刀組裝程序（二）：壓鐵安裝。示範：王龍盛。拍攝：朱芸霈）

鉋刀組裝程序（二）：壓鐵安裝。
將壓鐵置於鉋刀與壓梁間，用於緊迫固定鉋刀。

（圖3-24，鉋刀組裝程序（三）：壓鐵緊迫鉋刀。示範：王龍盛。拍攝：朱芸霈）

鉋刀組裝程序（三）：壓鐵緊迫鉋刀。
利用鐵鎚輕敲壓鐵，緊迫鉋刀，以達鉋刀固定之目的。

（圖3-25，鉋刀組裝程序（四）：調整鉋刀出刀量（一）。示範：王龍盛。拍攝：朱芸霈）

鉋刀組裝程序（四）：調整鉋刀出刀量（一）。
1. 反拿鉋刀讓誘導面朝上，用鐵鎚輕敲鉋刀端部讓刀刃凸出誘導面約 0.3～0.6 mm。
2. 依鉋削量的多寡，決定鉋刀刀刃凸出誘導面的量。

（圖3-26，鉋刀組裝程序（五）：調整鉋刀出刀量（二）。示範：王龍盛。拍攝：朱芸霈）

鉋刀組裝程序（五）：調整鉋刀出刀量（二）。
1. 用手指輕觸刀刃並依刀刃垂直方向移動（如上圖所示），檢視出刀量。
2. 手指移動方向不可與刀刃平行，以免割傷。

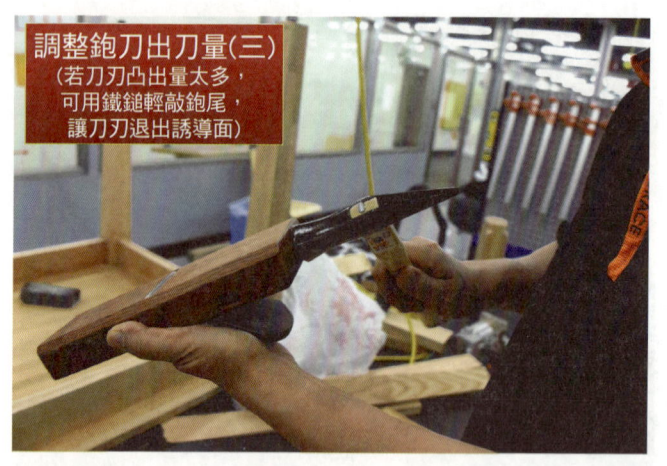

（圖3-27，鉋刀組裝程序（六）：調整鉋刀出刀量（三）。示範：王龍盛。拍攝：朱芸霈）

鉋刀組裝程序（六）：調整鉋刀出刀量（三）。
刀刃凸出量若太多時，可用鐵鎚輕敲鉋台後端，讓刀刃退縮，修正刀刃出刀量（凸出誘導面的量）。

（圖3-28，鉋刀組裝程序（七）：調整鉋刀出刀量（四）。示範：王龍盛。拍攝：朱芸霈）

鉋刀組裝程序（七）：調整鉋刀出刀量（四）。
若刀刃凸出量不足時，則以鐵鎚輕敲鉋刀端部，讓刀刃凸出誘導面。

（圖3-29，鉋刀組裝程序（八）：調整鉋刀出刀量（五）。示範：王龍盛。拍攝：朱芸霈）

鉋刀組裝程序（八）：調整鉋刀出刀量（五）。
1. 以鐵鎚輕敲壓鐵，讓壓鐵與鉋刀平行。
2. 以鐵鎚輕敲壓鐵端部，推壓鐵進入壓梁，緊迫固定鉋刀（不可讓壓鐵凸出刀刃）。

（圖3-30，鉋刀組裝程序（九）：調整鉋刀出刀量（六）。示範：王龍盛。拍攝：朱芸霈）

鉋刀組裝程序（九）：調整鉋刀出刀量（六）。
若因固定壓鐵，使刀刃出刀量太多，必須重新調整出刀量。

（圖3-31，鉋刀組裝程序（十）：調整鉋刀出刀量（七）。示範：王龍盛。拍攝：朱芸霈）

鉋刀組裝程序（十）：調整鉋刀出刀量（七）。
若刀刃出刀量太少時，必須加大出刀量。

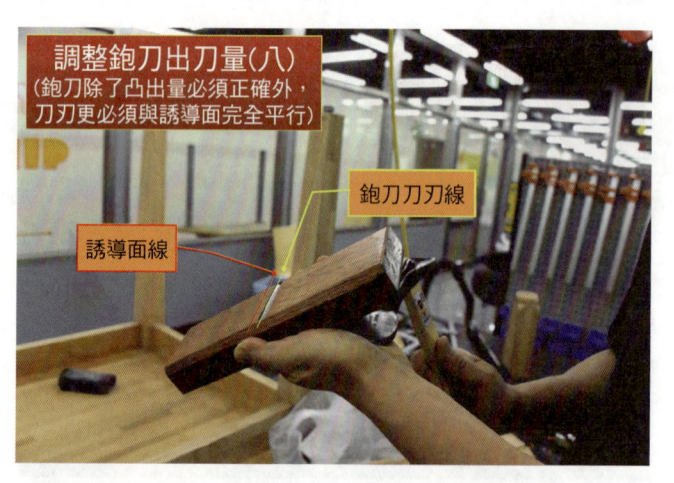

（圖3-32，鉋刀組裝程序（十一）：調整鉋刀出刀量（八）。示範：王龍盛。拍攝：朱芸霈）

鉋刀組裝程序（十一）：調整鉋刀出刀量（八）。
1. 刀刃凸出誘導面之出刀量必須與誘導面完全平行。
2. 若凸出量不平行於誘導面時，以鐵鎚調整鉋刀側端面，校正之。

（圖3-33，鉋刀組裝程序（十二）：調整鉋刀出刀量（九）。示範：王龍盛。拍攝：朱芸霈）

鉋刀組裝程序（十二）：調整鉋刀出刀量（九）。
1. 調整完成後，必須再次用手輕觸，檢查出刀量是否適當。
2. 檢查方法與「調整鉋刀出刀量（二）」相同，小心手指割傷。

（圖3-34，鉋刀組裝程序（十三）：調整鉋刀出刀量（十）。示範：王龍盛。拍攝：朱芸霈）

鉋刀組裝程序（十三）：調整鉋刀出刀量（十）。
出刀量調整完成後，最後再以目視確定鉋刀刀刃出刀量是否符合要求。

創意實作 ▶ 木工機具操作輕鬆學

（圖3-35，試鉋鉋削量（一）。示範：王龍盛。拍攝：朱芸霈）

試鉋鉋削量（一）。
1. 鉋刀調整完成後，必須進行「試鉋」，用以檢查木材鉋削厚度是否適當。
2. 鉋刀鉋削時，必須注意木紋為「順紋」，才能進行鉋削工作。

（圖3-36，試鉋鉋削量（二）。示範：王龍盛。拍攝：朱芸霈）

試鉋鉋削量（二）。
若鉋削厚度不適當，不管太厚或太薄，皆須重新調整刀刃出刀量，讓鉋削工作順暢無誤。

（圖3-37，鉋刀檢查。示範：朱芸霈。拍攝：王龍盛）

鉋刀檢查。
鉋刀使用前，皆必須檢查每把鉋刀的出刀量及工作狀況，以確保鉋削工作順利進行。

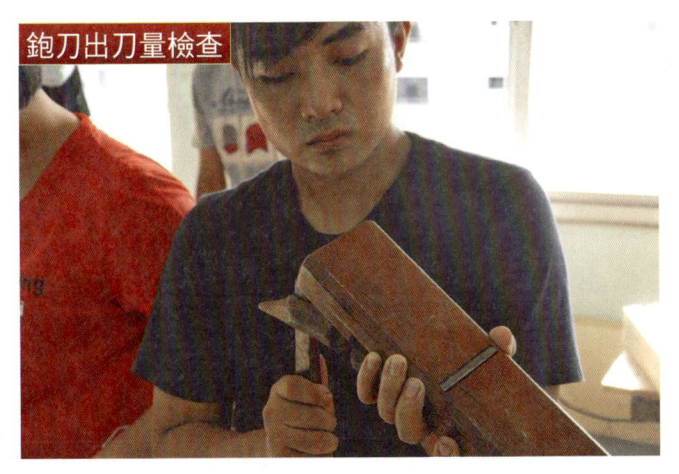

（圖3-38，鉋刀出刀量檢查。示範：許仕潁。拍攝：王龍盛）

鉋刀出刀量檢查。
鉋刀使用前必須做刀刃檢查、調整，以確保鉋削工作順利。

創意實作 ▶ 木工機具操作輕鬆學

鉋削

（圖3-39，鉋削。示範：許士頴。拍攝：王龍盛）

鑿刀單元

（圖3-40，鑿刀單元。拍攝：王龍盛）

鑿刀

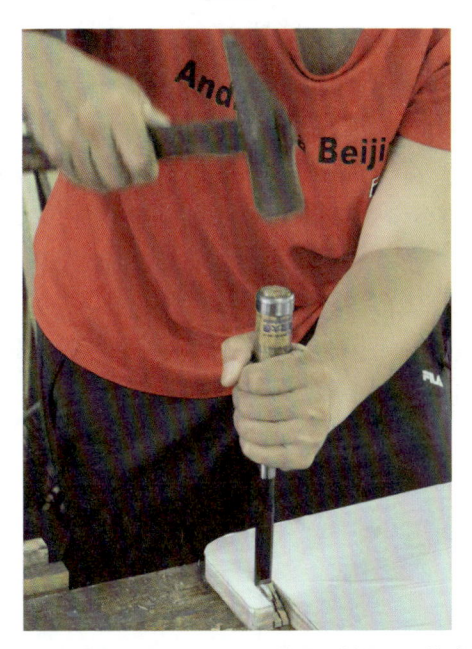

（圖3-41，鑿刀單元。示範：朱芸霈。拍攝：王龍盛）

(圖3-42，鑿刀使用方法。示範：王龍盛。拍攝：朱芸霈）

鑿刀使用方法：
1. 鑿刀使用前必須確認刀口完全鋒利。
2. 須先以劃線工具定出鑿切範圍。
3. 木材必須固定，才能進行鑿切工作。
4. 必須握緊鑿刀握柄，對準標線，再以鐵鎚進行鑿切。
5. 鑿切時，必須先把木材與木紋垂直方向切斷，不可順木紋方向鑿切，以免劈裂木材。
6. 切斷木紋時，必須平口朝外。
7. 確認木紋垂直切斷後，便可以鑿刀斜口切刃進行榫槽鑿切。
8. 鑿切時，鑿刀須由外向內以鐵鎚輔助，進行鑿切。

（圖3-43，鑿刀切鑿榫槽（一）。示範：朱芸霈。拍攝：王龍盛）

鑿刀切鑿榫槽（一）。
鑿切時，握緊鑿刀，且鐵鎚落鎚時必須準確。

（圖3-44，鑿刀切鑿榫槽（二）。示範：陳紘域。拍攝：王龍盛）

鑿刀切鑿榫槽（二）。
鑿切時，精神必須專注。

3-47

創意實作 ▶ 木工機具操作輕鬆學

（圖3-45，鑿刀切鑿榫槽（三）。示範：鍾承峻。拍攝：王龍盛）

鑿刀切鑿榫槽（三）。
使用鑿刀時，鑿刀及鐵鎚的握法必須正確，可採站姿或是坐姿。

（圖3-46，鑿刀榫槽修平（一）。示範：王龍盛。拍攝：朱芸霈）

鑿刀榫槽修平（一）。
可以手持鑿刀，以身體的重量加壓，進行槽（榫）孔的修整工作。

（圖3-47，鑿刀榫槽修平（二）。示範：許仕穎。拍攝：王龍盛）

鑿刀榫槽修平（二）。
手握鑿刀柄，以身體上半身加壓，進行槽孔的修平工作。

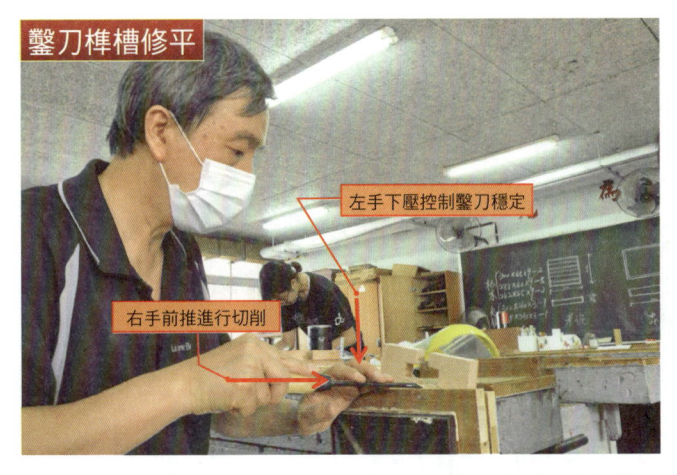

（圖3-48，鑿刀榫槽修平（三）。示範：王龍盛。拍攝：朱芸霈）

鑿刀榫槽修平（三）。
1. 鑿刀亦可進行木材表面修平的工作。
2. 以慣用手緊握鑿刀柄輕推鑿刀，另一隻手控制鑿刀面，進行木材修平工作。

電動工具篇

平台式圓鋸機單元

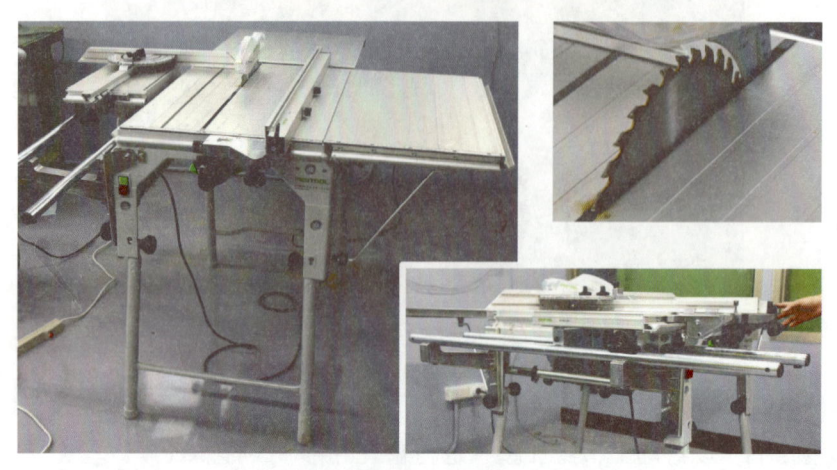

（圖3-49，平台式圓鋸機單元。拍攝：王龍盛）

平台式圓鋸機操作安全事項

安全注意事項
1. 請配戴護目鏡、口罩、安全鞋。
2. 防止捲入意外，請遵守下列事項：
   - 長髮者請束髮。
   - 禁止穿著寬鬆衣服(請束袖、紮衣)。
   - 禁止配戴領帶、項鍊、圍巾、手環等裝飾品。
   - 禁帶手套、耳機。
3. 操作機器時，視線不可離開轉動中的電鋸。
4. 操作機器時，身體任何部位皆不可通過電鋸切割線。
5. 操作機器時，嚴禁聊天、嬉戲。

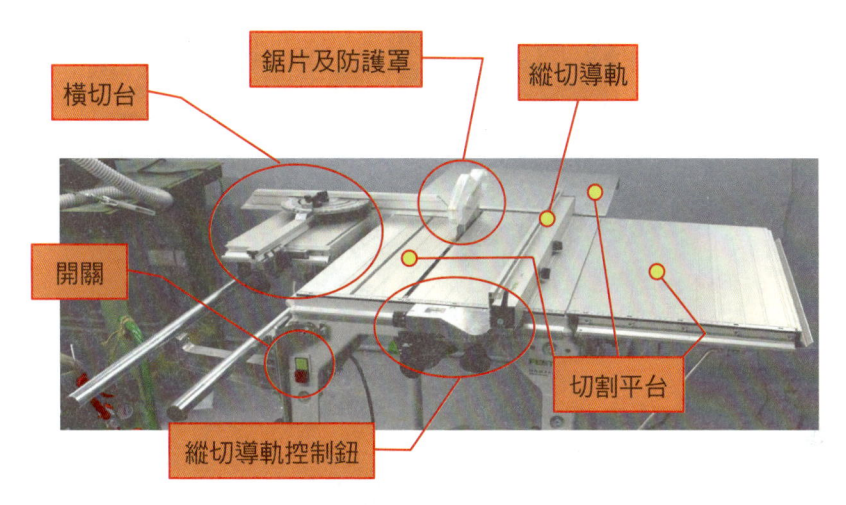

平台式圓鋸機各部名稱

（圖3-50，平台式圓鋸機各部名稱（一）。拍攝：王龍盛）

平台式圓鋸機各部名稱(一)：如上圖所示。

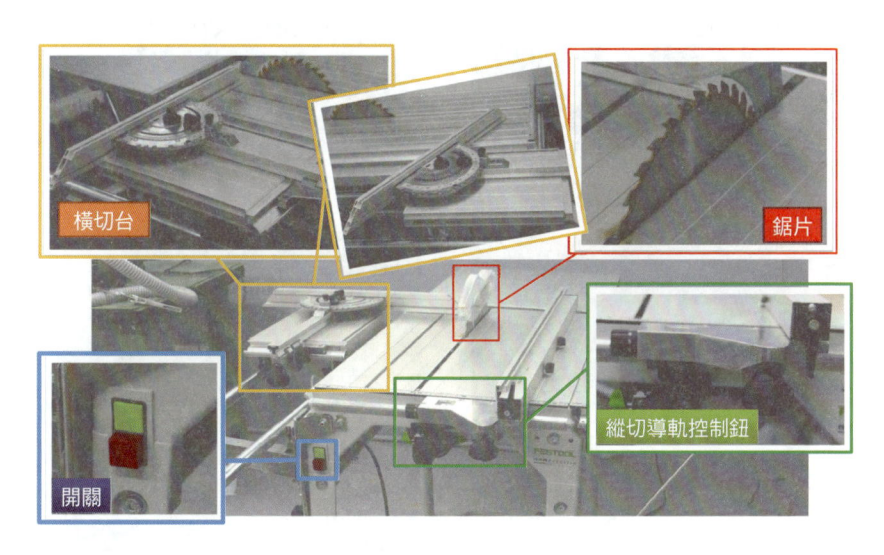

（圖3-51，平台式圓鋸機各部名稱（二）。拍攝：王龍盛）

平台式圓鋸機各部名稱(二)：如上圖所示。

3-51

創意實作 ▶ 木工機具操作輕鬆學

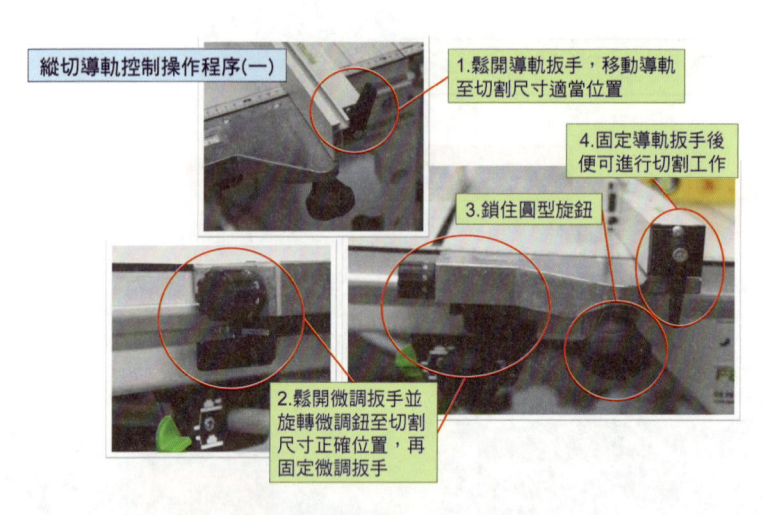

縱切導軌控制操作程序(一)
1.鬆開導軌扳手，移動導軌至切割尺寸適當位置
2.鬆開微調扳手並旋轉微調鈕至切割尺寸正確位置，再固定微調扳手
3.鎖住圓型旋鈕
4.固定導軌扳手後便可進行切割工作

（圖3-52，縱切導軌控制程序（一）。拍攝：王龍盛）

縱切導軌控制程序(一)：操作程序如上圖所示。

1.移動導軌至適當位置
2.微調鈕至切割尺寸正確位置
3.鎖住圓型旋鈕
4.固定導軌扳手

縱切導軌控制操作程序(二)

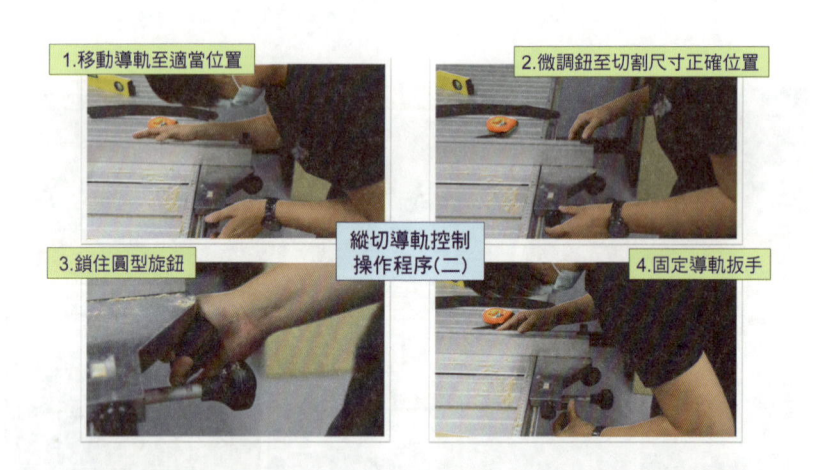

（圖3-53，縱切導軌控制程序（二）。示範：朱芸霈。拍攝：王龍盛）

縱切導軌控制程序(二)：操作程序如上圖所示。

3-52

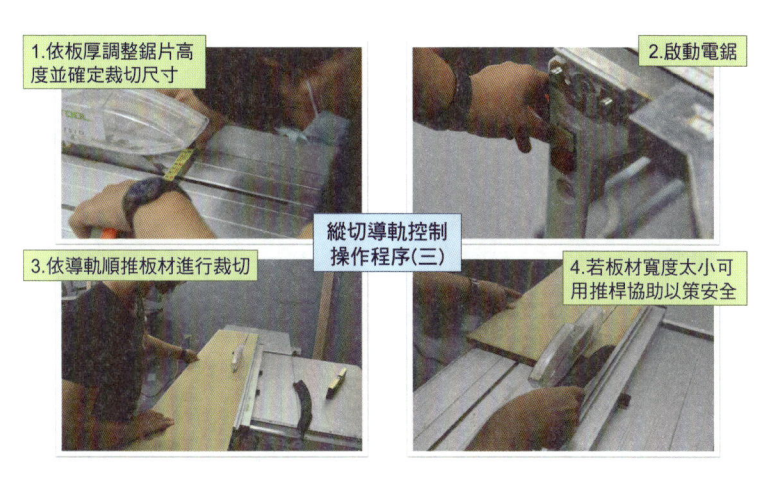

(圖3-54，縱切導軌控制程序（三）。示範：朱芸需。拍攝：王龍盛）

縱切導軌控制程序（三）：
1. 鋸片高度須高於裁切木板厚度約 5 mm。
2. 裁切時，板材須緊依導軌前進。

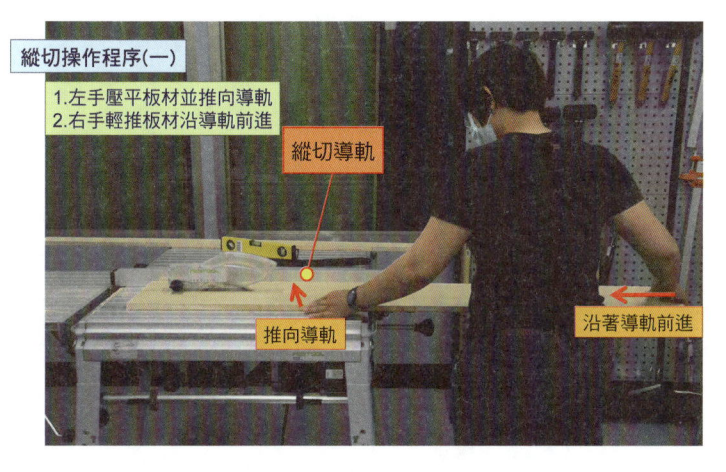

(圖3-55，板材縱切操作程序（一）。示範：朱芸需。拍攝：王龍盛）

板材縱切操作程序（一）：
操作程序如上圖所示，木材必須緊貼縱切導軌進行裁切。

創意實作 ▶ 木工機具操作輕鬆學

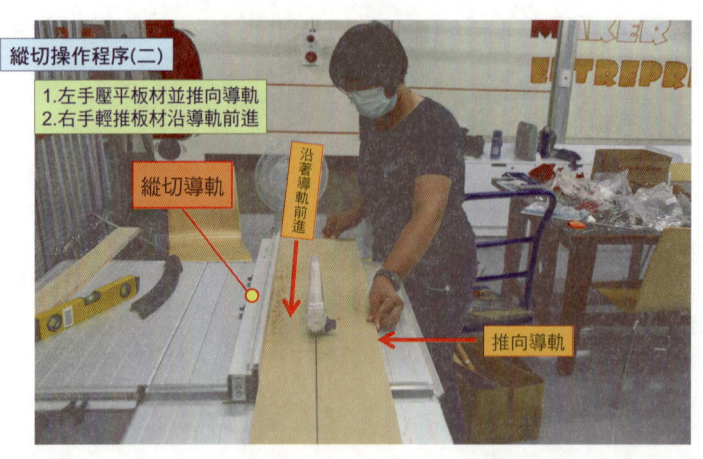

（圖3-56，板材縱切操作程序（二）。示範：朱芸霈。拍攝：王龍盛）

板材縱切操作程序(二)：
操作程序如上圖所示進行。

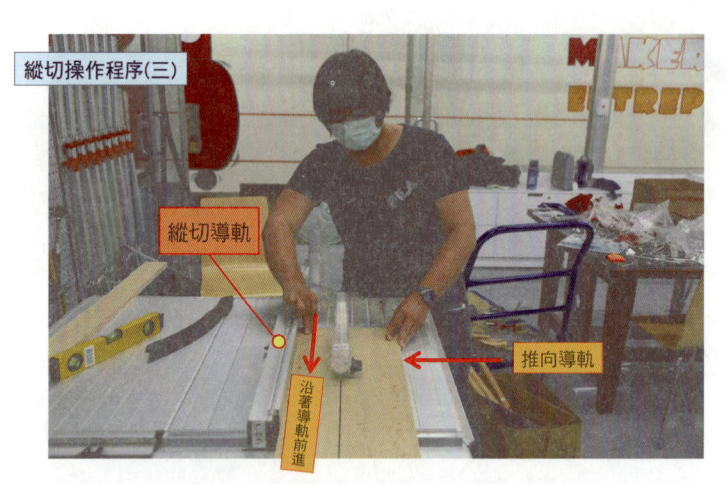

（圖3-57，板材縱切操作程序（三）。示範：朱芸霈。拍攝：王龍盛）

板材縱切操作程序(三)：
操作程序如上圖所示進行。

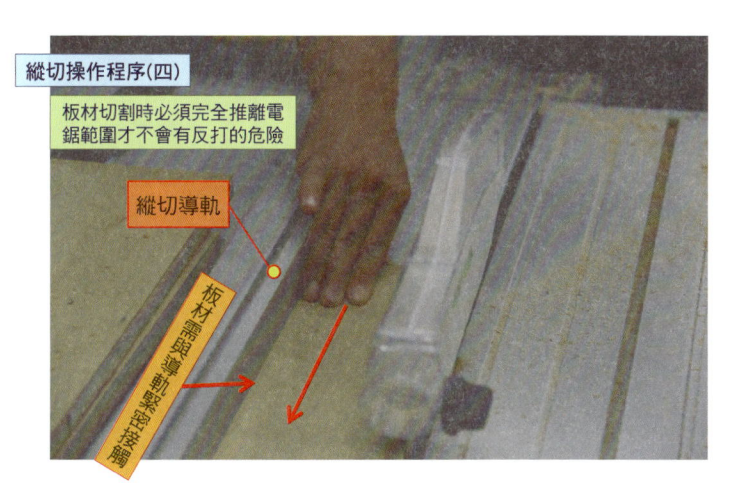

（圖3-58，板材縱切操作程序（四）。示範：朱芸霈。拍攝：王龍盛）

板材縱切操作程序 板材縱切操作程序(四)：
操作程序如上圖所示進行操作，以策安全。

（圖3-59，橫切平台構造（一）。拍攝：王龍盛）

橫切平台構造(一)：如上圖所示。
橫切平台控制台可左右旋轉90度，進行各種角度的橫向裁切。

3-55

創意實作 ▶ 木工機具操作輕鬆學

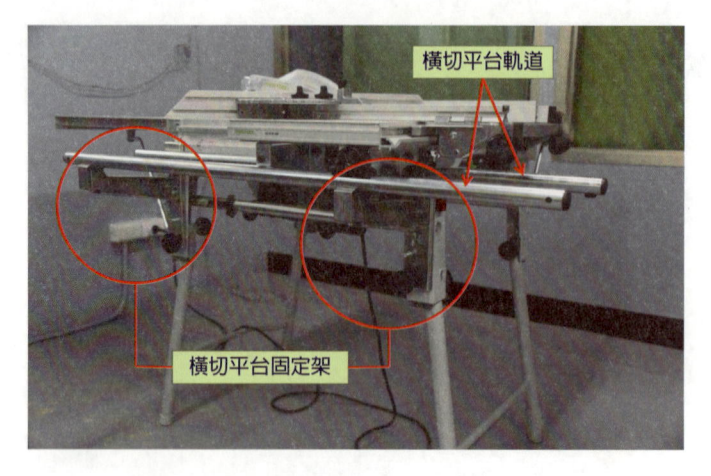

（圖3-60，橫切平台構造（二）。拍攝：王龍盛）

橫切平台構造(二)：如上圖所示。

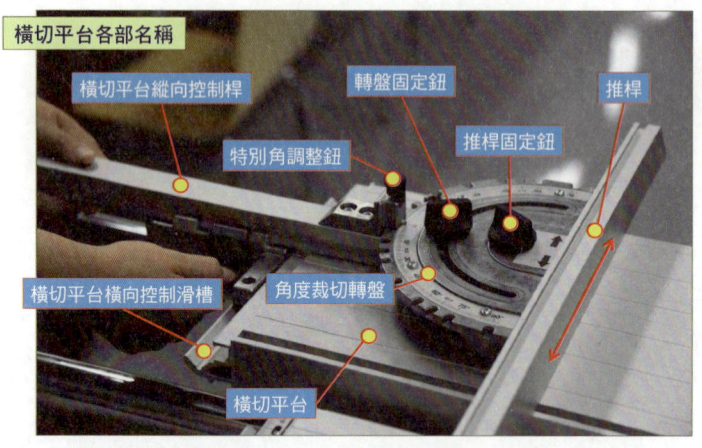

（圖3-61，橫切平台各部名稱。示範：朱芸霈。拍攝：王龍盛）

橫切平台各部名稱：如上圖所示。

3-56

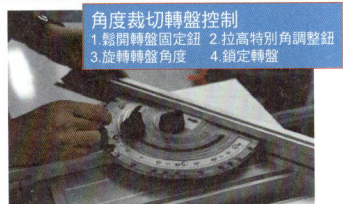

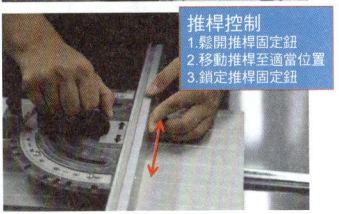

（圖3-62，橫切平台操控方法。示範：朱芸霈。拍攝：王龍盛）

橫切平台操控方式：操作程序，如上圖所示。

（圖3-63，橫切平台裁切板材操作程序。示範：朱芸霈。拍攝：王龍盛）

橫切平台裁切板材操作程序：如上圖所示。
依操作程序（一、二、三、四）進行板材裁切。

3-57

創意實作 ▶ 木工機具操作輕鬆學

特殊板材橫切操作程序(一)
拆除安全防護罩
以F夾具固定切割材

特殊板材橫切操作程序(二)
F夾固定切割材

特殊板材橫切操作程序(三)
安全防護罩已拆除，須特別注意手指安全

特殊板材橫切操作程序(四)

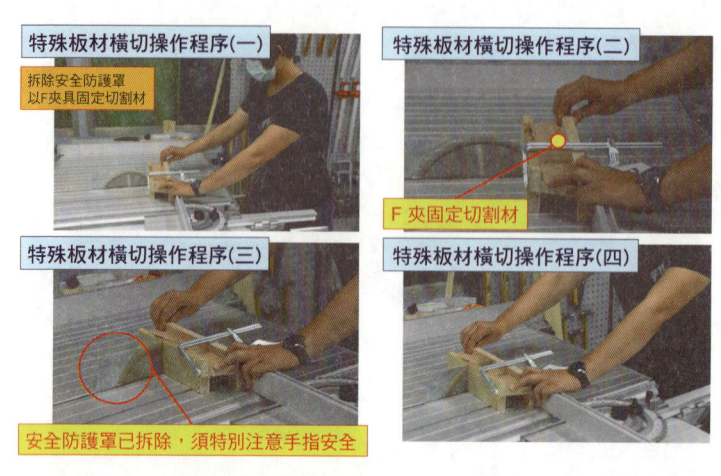

（圖3-64，特殊板橫切平台操作程序。示範：朱芸霈。拍攝：王龍盛）

特殊板橫切平台操作程序： 如上圖所示。
依操作程序（一、二、三、四）進行特殊板材裁切。

切斷面毛邊防止墊塊安裝

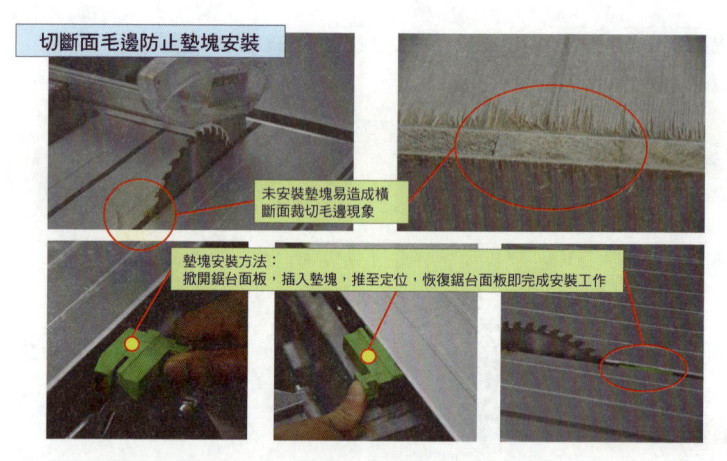

未安裝墊塊易造成橫斷面裁切毛邊現象

墊塊安裝方法：
掀開鋸台面板，插入墊塊，推至定位，恢復鋸台面板即完成安裝工作

（圖3-65，切斷面毛邊防止墊塊安裝（有些機具無此設計）。拍攝：王龍盛）

切斷面毛邊防止墊塊安裝：（有些機具無此設計）
因鋸片鋸齒間距較大，裁切時易有毛邊現象，故須安裝防止墊塊，讓裁切面平整完好。安裝程序如上圖所示。

鋸片位置調整
操作程序

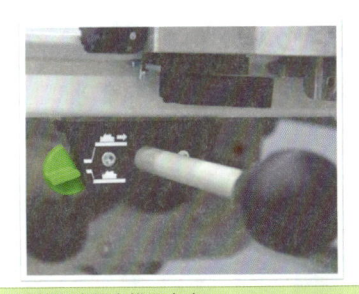

調整前

調整後

1. 推綠色半圓卡榫至上方
2. 旋轉並拉動拉桿至適當位置（三段卡榫）
3. 把綠色半圓卡榫推至下方，鎖定鋸片位置

（圖3-66，鋸片位置調整操作程序（有些機具無此設計）。拍攝：王龍盛）

鋸片位置調整操作程序：（有些機具無此設計）
本機台鋸片位置可移動，調整方法如上圖所示。

鋸片高低、角度調整
操作程序

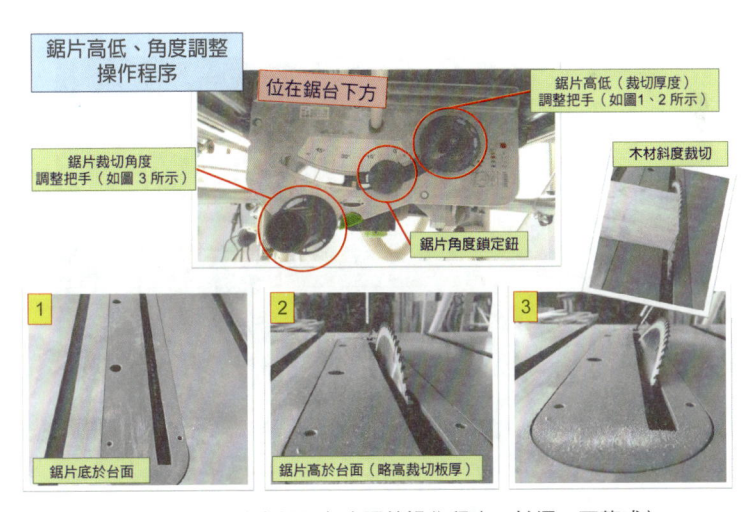

位在鋸台下方

鋸片高低（裁切厚度）
調整把手（如圖1、2所示）

鋸片裁切角度
調整把手（如圖 3 所示）

木材斜度裁切

鋸片角度鎖定鈕

1 鋸片底於台面
2 鋸片高於台面（略高裁切板厚）
3

（圖3-67，鋸片高低及角度調整操作程序。拍攝：王龍盛）

鋸片高低及角度調整操作程序：
操作方法如上圖所示，但調整方式會因廠牌、機型不同而有差異。

3-59

創意實作 ▶ 木工機具操作輕鬆學

鋸片更換、安裝方法：1.按下鋸片固定卡榫　2.3.4.5.6 以扳手拆除鋸片

（圖3-68，鋸片更換。示範：王龍盛。拍攝：朱芸霈）

鋸片更換
注意：學員非必要時切勿私自更換鋸片，務必請專業維修人員進行更換。

機器清潔保養

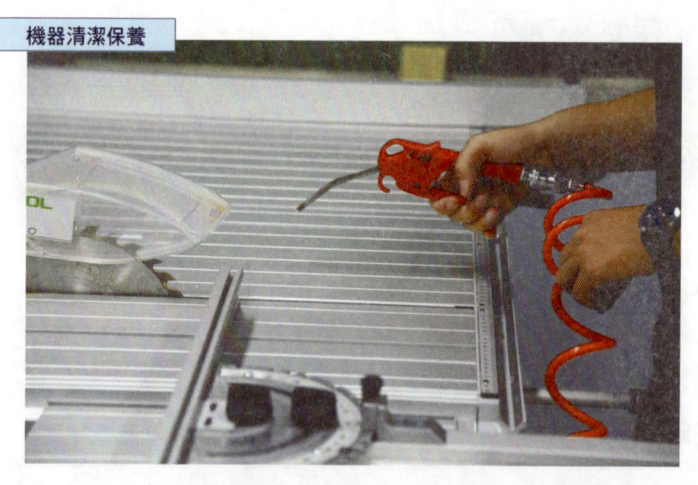

（圖3-69，機器清潔保養。示範：朱芸霈。拍攝：王龍盛）

機器清潔保養：每次使用完畢時，務必用高壓氣鎗清理並保養機台，保持圓鋸機完好。

角度圓鋸機單元

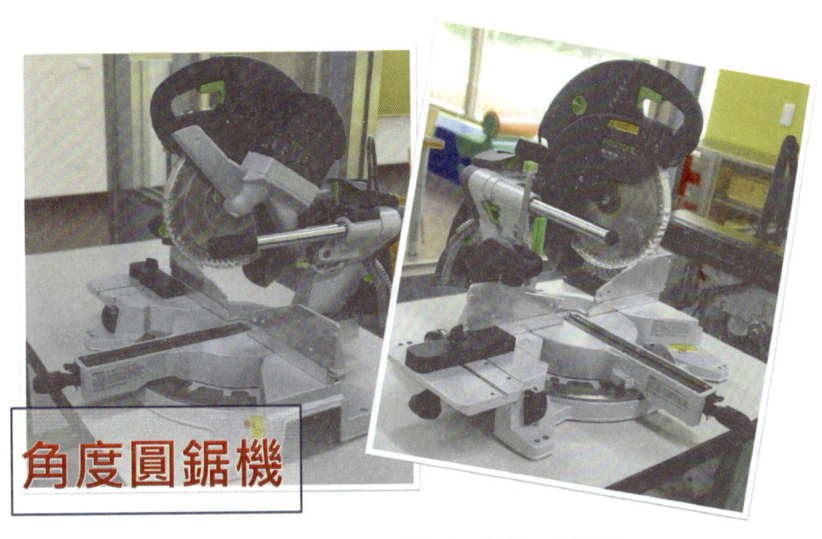

（圖3-70，角度圓鋸機單元。拍攝：王龍盛）

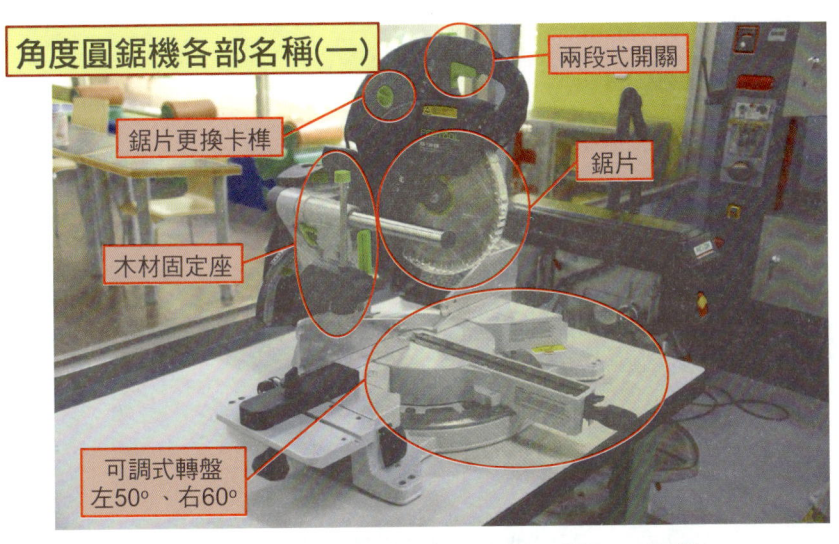

（圖3-71，角度圓鋸機各部名稱（一）。拍攝：王龍盛）

角度圓鋸機各部名稱（一）：機具各部名稱，如上圖所示。

3-61

創意實作 ▶ 木工機具操作輕鬆學

角度圓鋸機各部名稱(二)

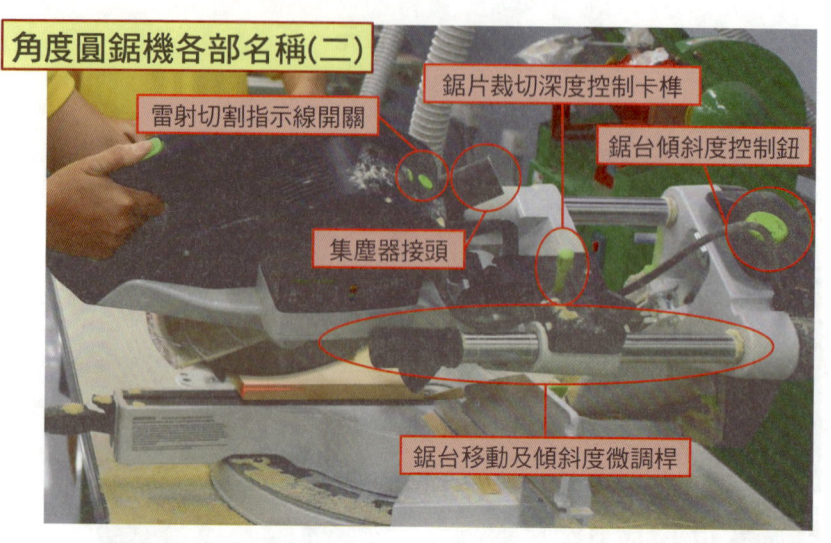

- 雷射切割指示線開關
- 鋸片裁切深度控制卡榫
- 鋸台傾斜度控制鈕
- 集塵器接頭
- 鋸台移動及傾斜度微調桿

（圖3-72，角度圓鋸機各部名稱（二）。示範：朱芸霈。拍攝：王龍盛）

角度圓鋸機各部名稱（二）：機具各部名稱，如上圖所示。

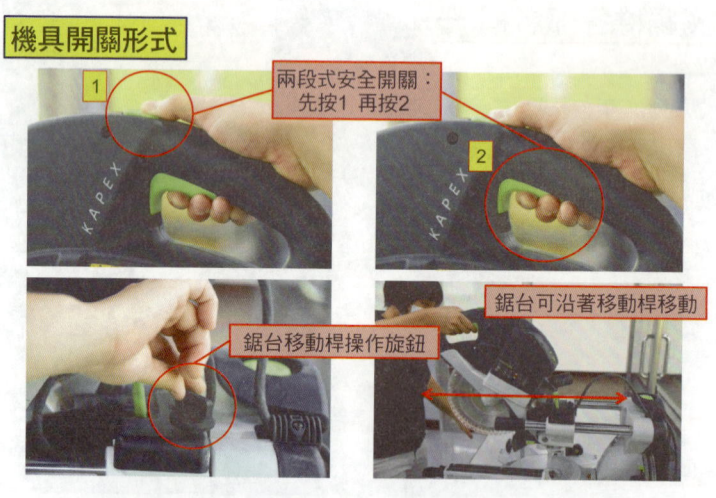

機具開關形式

- 兩段式安全開關：先按1 再按2
- 鋸台可沿著移動桿移動
- 鋸台移動桿操作旋鈕

（圖3-73，機具開關型式。示範：朱芸霈。拍攝：王龍盛）

機具開關型式：
本電鋸採兩段式安全開關設計，須雙按（1）、（2）按鈕才能啟動電鋸。

3-62

鋸台傾斜角度操控

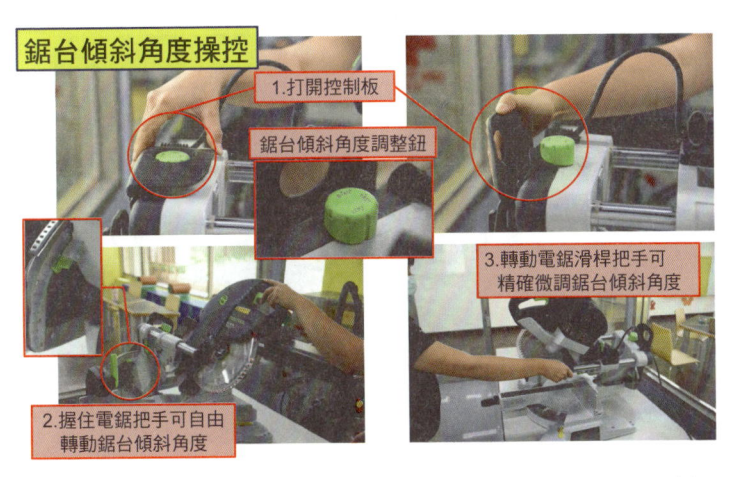

（圖3-74，鋸台傾斜角度操控程序。示範：朱芸霈。拍攝：王龍盛）

鋸台傾斜角度操控程序：如上圖所示。

鋸路(雷射裁切)指示線操控

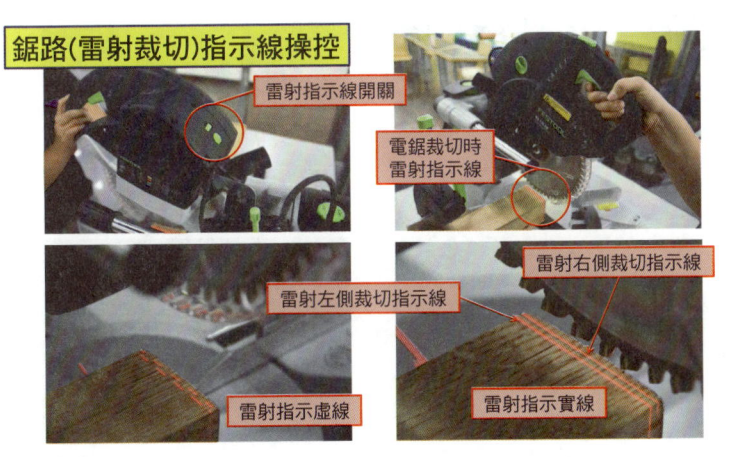

（圖3-75，鋸路（雷射裁切）指示線操控方法。示範：朱芸霈。拍攝：王龍盛）

鋸路（雷射裁切）指示線操控方法：
雷射裁切線操控方法，如上圖所示。兩雷射線間為電鋸裁切鋸路。

創意實作 ▶ 木工機具操作輕鬆學

裁切固定座操控

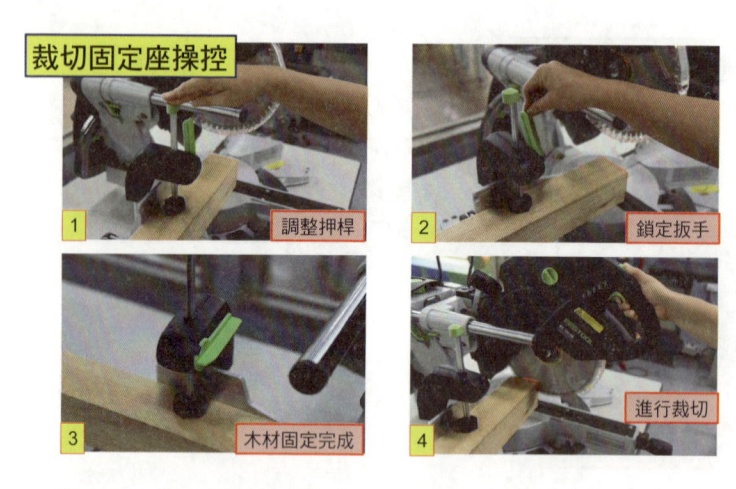

1 調整押桿
2 鎖定扳手
3 木材固定完成
4 進行裁切

（圖3-76，裁切固定座操控方法（一）。示範：朱芸霈。拍攝：王龍盛）

裁切固定座操控方法（一）：
裁切固定座，用以固定木材，強化木材的穩定度，增加裁切時的安全性。

裁切固定座操控

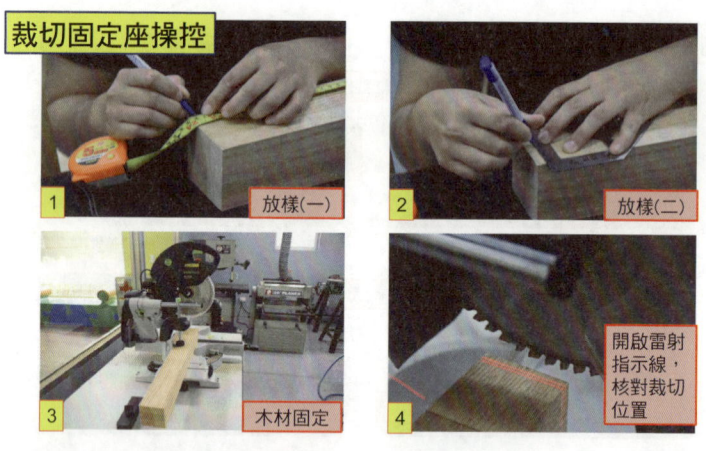

1 放樣(一)
2 放樣(二)
3 木材固定
4 開啟雷射指示線，核對裁切位置

（圖3-77，裁切固定座操控方法（二）。示範：朱芸霈。拍攝：王龍盛）

裁切固定座操控方法（二）：
木材裁切前，必須先放樣（以捲尺量距，直角規定直角），接著以雷射裁切線核對後，再以裁切固定座固定木材，準備進行裁切。

3-64

木材裁切操控

（圖3-78，木材裁切程序。示範：朱芸霈。拍攝：王龍盛）

木材裁切程序：
（1）啟動開關。（2）確定裁切線。（3）、（4）拉出電鋸下壓並往前推，進行裁切。

鋸台傾角裁切操控

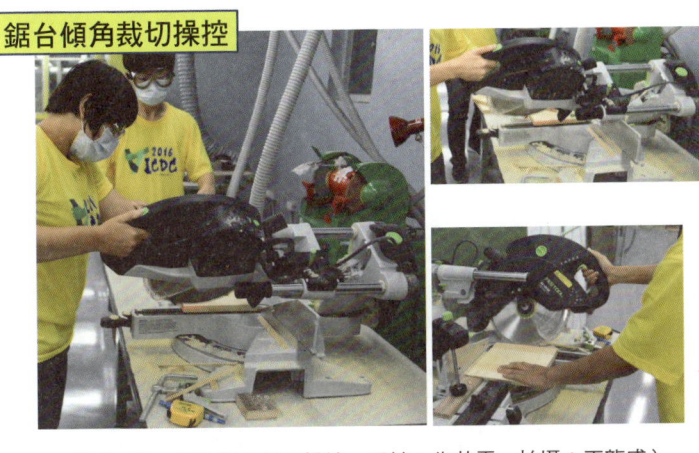

（圖3-79，鋸台傾角裁切操控。示範：朱芸霈。拍攝：王龍盛）

鋸台傾角裁切操控：
水平成角及垂直傾角裁切是本機器最大特色，但危險性相對也較高，故操作時務必小心。

創意實作 ▶ 木工機具操作輕鬆學

斜切作品完成

（圖3-80，精密斜切成品製作。示範：朱芸霈。拍攝：王龍盛）

精密斜切成品製作：
製作六角型旋轉箱，必須精準控制電鋸的斜切角度，才能獲得完美的成品，本機器精密度極高，是值得信賴的裁切電鋸。
（本作品經角度圓鋸機精密裁切後，再以釘鎗、樹脂組合固定）

平鉋機單元

平鉋機

大型板材、角材鉋平專用

（圖3-81，角度圓鋸機單元。拍攝：王龍盛）

平鉋機各部名稱(一)
平鉋機刀具室
平鉋機台（含推進棘輪）
鉋削厚度調整輪
基座

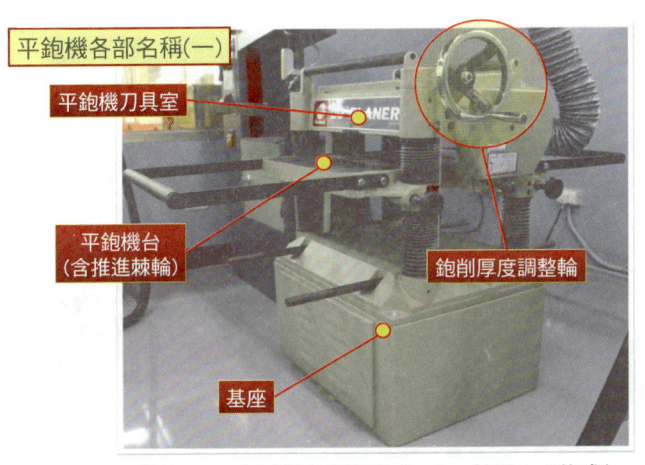

（圖3-82，平鉋機各部名稱（一）。拍攝：王龍盛）

平鉋機各部名稱（一）：平鉋機各項操作機構名稱，如上圖所示。
鉋削厚度調整輪可以上下移動「平鉋機台」之高度，用以控制木材鉋削的厚度。

3-67

平鉋機各部名稱(二)

集塵管

鉋削厚度調整輪

鉋削厚度參考指針及固定鈕

（圖3-83，平鉋機各部名稱（二）。拍攝：王龍盛）

平鉋機各部名稱（二）：平鉋機各項操作機構名稱，如上圖所示。
鉋削平台高度決定板材鉋削厚度，因此鉋削前必須用調整輪，調整鉋削平台至正確位置並以固定鈕固定，方可進行鉋削的工作。

鉋削厚度調整程序

1.轉動厚度調整輪

2.調至正確厚度後鎖定固定鈕

（圖3-84，平鉋機鉋削厚度調整程序。示範：朱芸霈。拍攝：王龍盛）

平鉋機鉋削厚度調整程序：
鉋削厚度調整程序，如上圖所示。機台鉋削厚度指針只是相近似參考值，實際鉋削厚度必須在板材鉋削後，用鋼尺或游標卡尺確實量測為準。

3-68

鉋削程序(一)

1.啟動開關
2.把木材推入機台

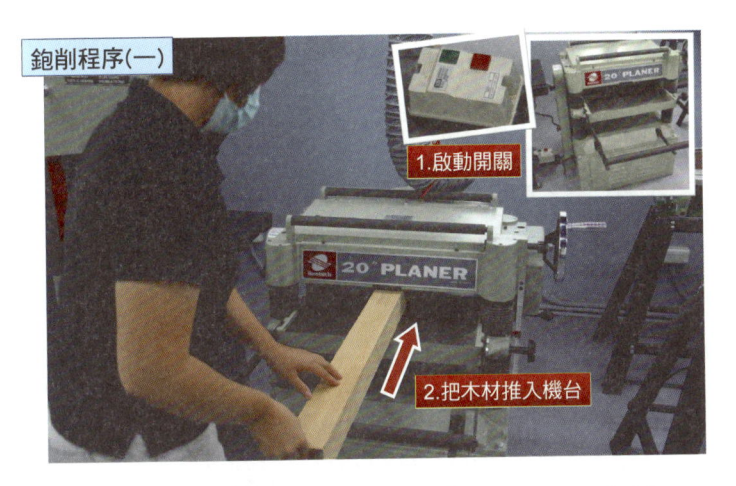

（圖3-85，鉋削程序（一）。示範：朱芸霈。拍攝：王龍盛）

鉋削程序（一）：鉋削程序，如上圖所示。
首次鉋削時，必須確定木材厚度，再調整機台鉋削厚度，才可進行鉋削。

鉋削程序(二)

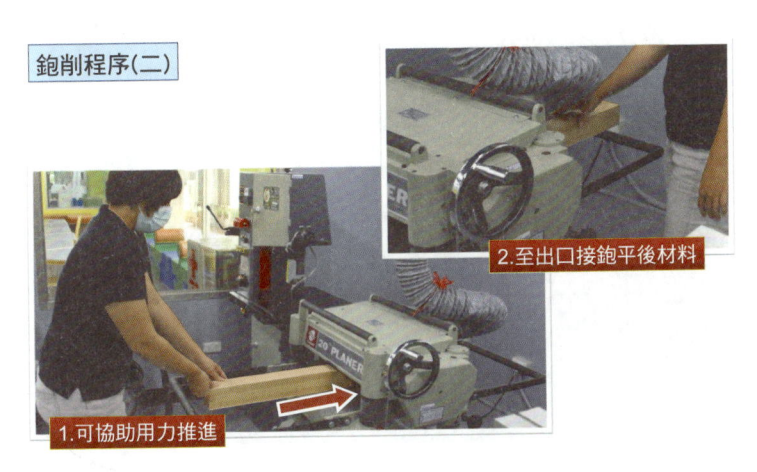

2.至出口接鉋平後材料
1.可協助用力推進

（圖3-86，鉋削程序（二）。示範：朱芸霈。拍攝：王龍盛）

鉋削程序（二）：如上圖所示。
鉋削程序結束後，務必以高壓氣鎗進行平鉋機具的保養整理。

創意實作 ▶ 木工機具操作輕鬆學

曲線裁切機

立式帶鋸機

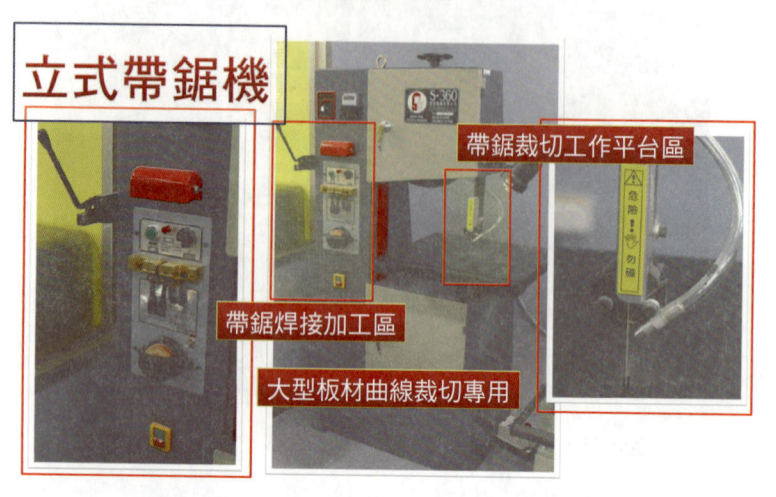

帶鋸裁切工作平台區
帶鋸焊接加工區
大型板材曲線裁切專用

（圖3-87，立式帶鋸機各部名稱。拍攝：王龍盛）

立式帶鋸機各部名稱：
立式帶鋸機適合較大型板材的曲線裁切，各部機構名稱，如上圖所示。

帶鋸機鋸台區域部位名稱
帶鋸伸縮桿及支撐座
裁切機台
吹管
帶鋸

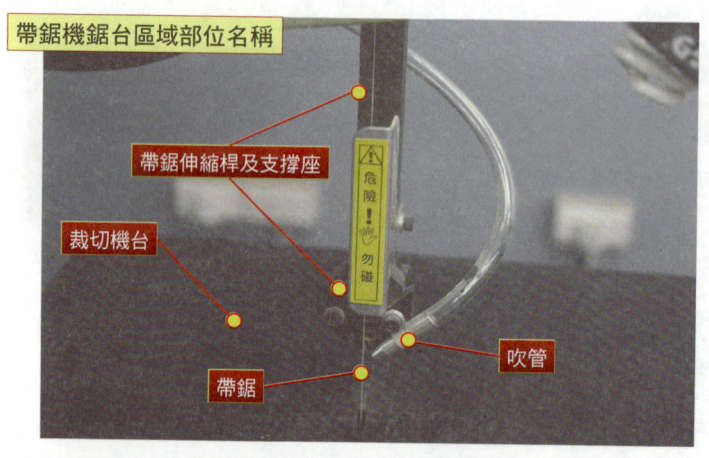

（圖3-88，立式帶鋸機鋸台區域各部名稱。拍攝：王龍盛）

立式帶鋸機鋸台區域各部名稱：
帶鋸伸縮桿及支撐座，須依板材厚度調整高低，也是帶鋸裁切時的後撐結構，可穩定鋸條，提高正確性。吹管則可把鋸屑清除，讓放樣線清晰展示，使裁切順暢。

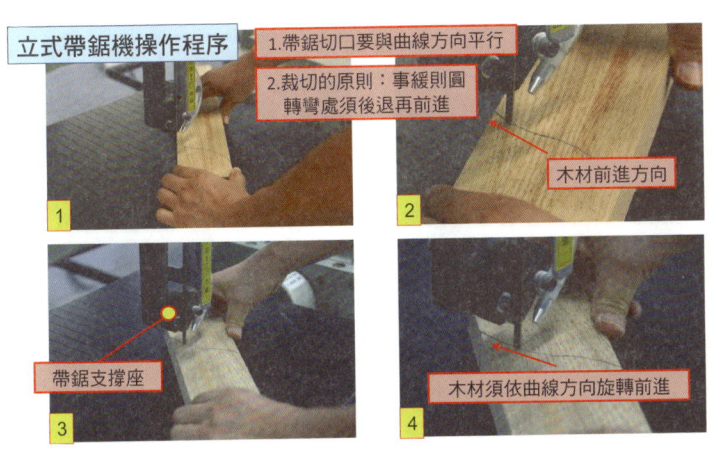

立式帶鋸機操作程序
1. 帶鋸切口要與曲線方向平行
2. 裁切的原則：事緩則圓 轉彎處須後退再前進

木材前進方向

帶鋸支撐座

木材須依曲線方向旋轉前進

（圖3-89，立式帶鋸機操作程序。示範：王龍盛。拍攝：朱芸霈）

立式帶鋸機操作程序：
曲線轉彎時需緩慢且採用「後退再前進」的原則，進行曲線裁切。

帶鋸焊接程序（一）

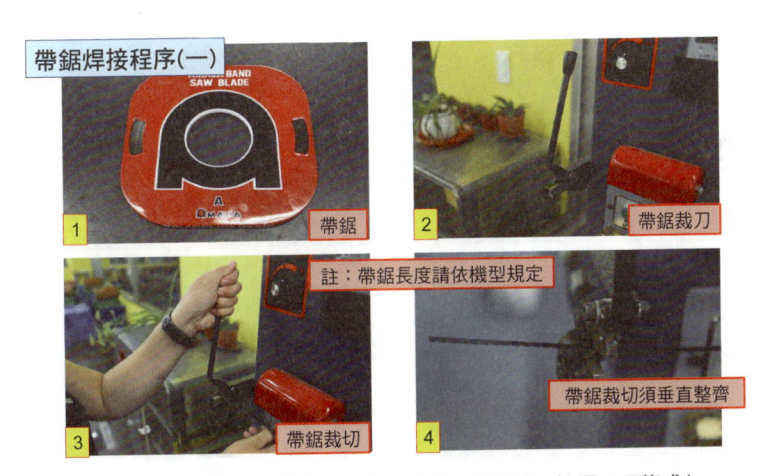

帶鋸

帶鋸裁刀

註：帶鋸長度請依機型規定

帶鋸裁切

帶鋸裁切須垂直整齊

（圖3-90，帶鋸焊接程序（一）。示範：朱芸霈。拍攝：王龍盛）

帶鋸焊接程序（一）：
利用裁刀把帶鋸條裁成需要長度。此部分學員請勿操作，當委請管理人員處理。

3-71

創意實作 ▶ 木工機具操作輕鬆學

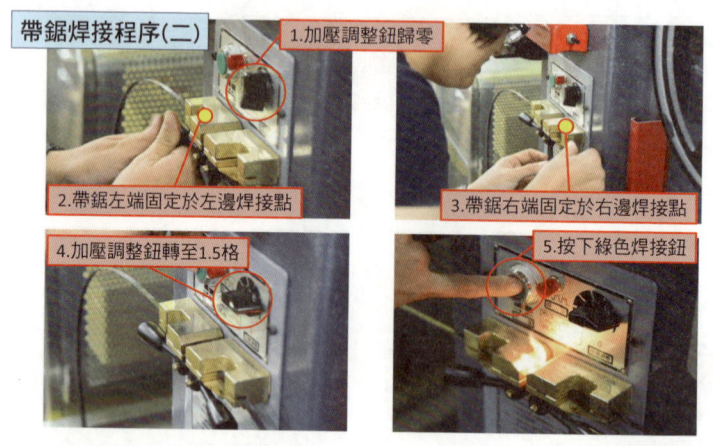

（圖3-91，帶鋸焊接程序（二）。示範：朱芸霈。拍攝：王龍盛）

帶鋸焊接程序（二）：焊接操作程序，如上圖所示。
鋸片焊接的時間會因鋸片厚度不同而增減（請依機器設定的操作程序而定）。
此部分學員請勿操作，須由管理人員處理。

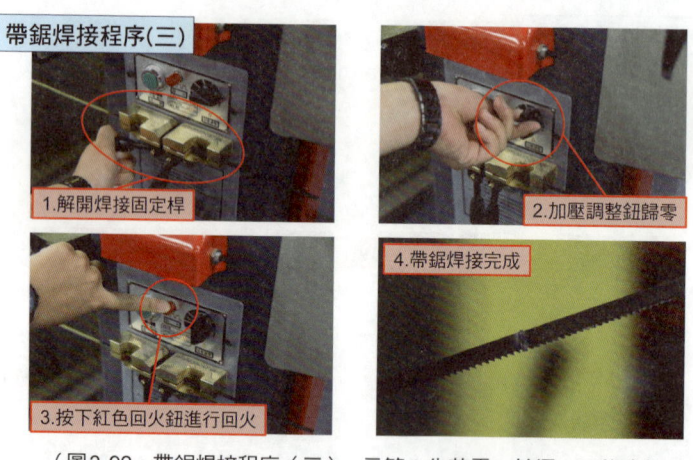

（圖3-92，帶鋸焊接程序（三）。示範：朱芸霈。拍攝：王龍盛）

帶鋸焊接程序（三）：
焊接後為了增加帶鋸的彈性，必須進行「回火」處理，操作程序如上圖所示。
此部分學員請勿操作，當委請管理人員處理。

帶鋸焊接程序(四)

焊接完成之帶鋸須把焊接處焊渣磨平，才能安裝於鋸台上

（圖3-93，帶鋸焊接程序（四）。示範：朱芸霈。拍攝：王龍盛）

帶鋸焊接程序（四）：
焊接後必須利用砂輪磨平焊渣，讓帶鋸運作順暢，操作方法，如上圖所示。
此部分學員請勿操作，當委請管理人員處理。

桌上型線鋸機單元

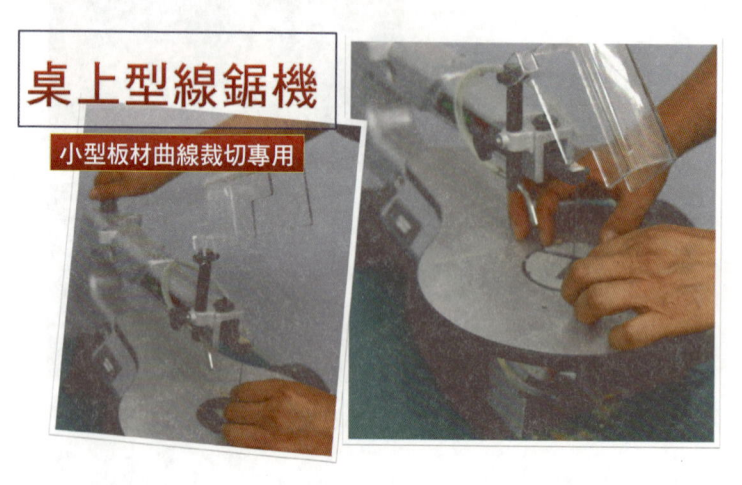

（圖3-94，桌上型線鋸機單元。示範：王龍盛。拍攝：朱芸霈）

此機型適合小型板材的曲線裁切。

桌上型線鋸機線(鋸)條更換程序(一)

1 鬆開搖桿固定鈕
2
3 開啟台面蓋板
4

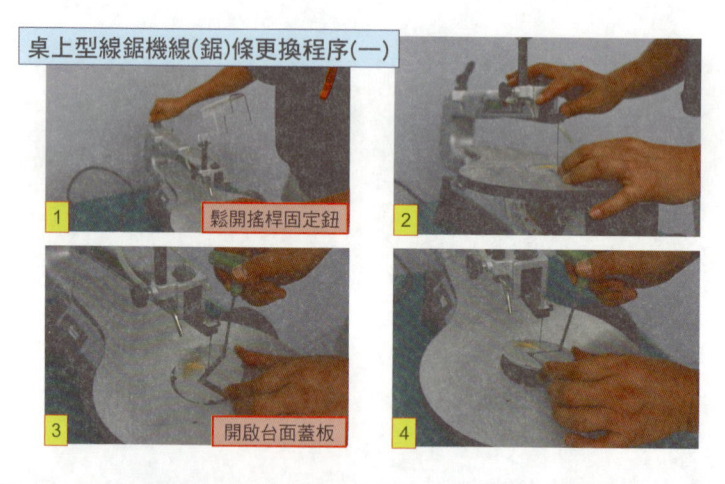

（圖3-95，桌上型線鋸機線（鋸）條更換程序（一）。示範：王龍盛。拍攝：朱芸霈）

桌上型線鋸機線（鋸）條更換程序（一）：如上圖所示。
1. 先鬆開搖桿固定鈕。2. 開啟台面蓋板。

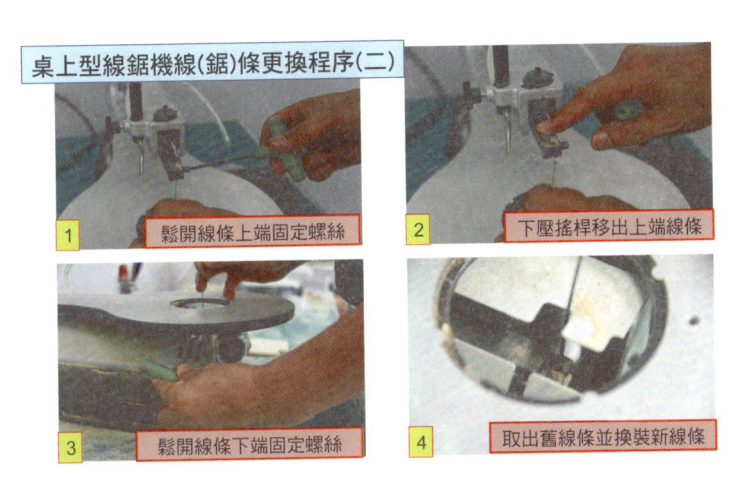

（圖3-96，桌上型線鋸機線（鋸）條更換程序（二）。示範：王龍盛。拍攝：朱芸霈）

桌上型線鋸機線（鋸）條更換程序（二）：如上圖所示。

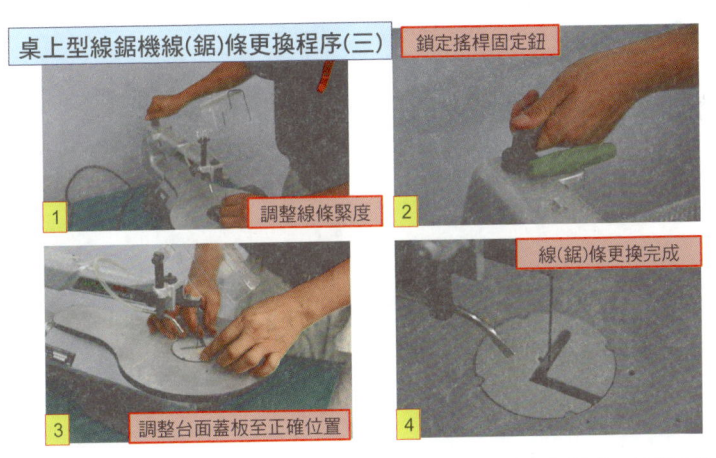

（圖3-97，桌上型線鋸機線（鋸）條更換程序（三）。示範：王龍盛。拍攝：朱芸霈）

桌上型線鋸機線（鋸）條更換程序（三）：如上圖所示。

3-75

創意實作 ▶ 木工機具操作輕鬆學

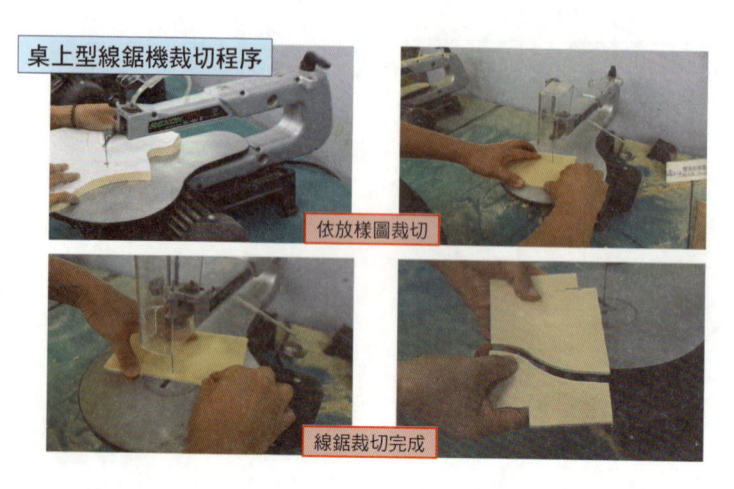

（圖3-98，桌上型線鋸機裁切程序。示範：王龍盛。拍攝：朱芸霈）

桌上型線鋸機裁切程序：
線鋸的裁切能力不如帶鋸，但因適合小型薄板，故操控能力佳，易裁切出半徑更小、曲度更大的弧線。操作方法，如上圖所示。

手提線鋸機單元

手提線鋸機

（圖3-99，手提線鋸機單元。示範：王龍盛。拍攝：朱芸霈）

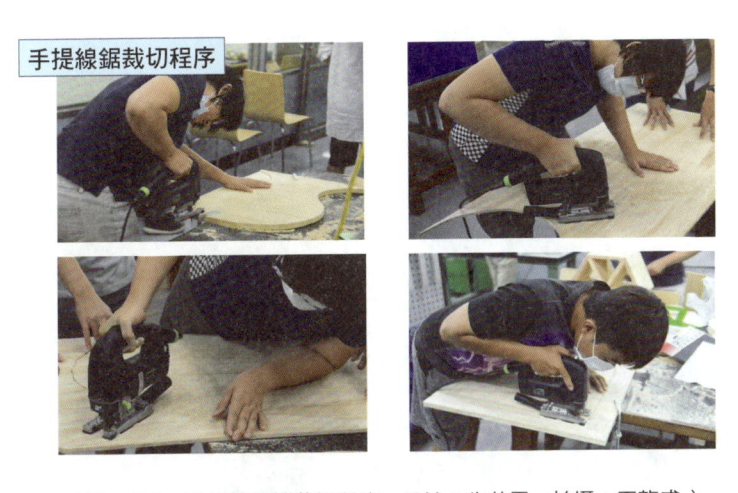

手提線鋸裁切程序

（圖3-100，手提線鋸機裁切程序。示範：朱芸霈。拍攝：王龍盛）

手提線鋸機裁切程序：
手提線鋸機是簡單容易操作的曲線裁切機具，操作時只須持穩機具依放樣線條進行裁切即可；唯曲線裁切控制能力不佳，且裁切垂直面亦不易掌控。

創意實作 ▶ 木工機具操作輕鬆學

成品製作篇

方桌製作單元

方桌製作

（圖3-101，方桌製作單元。拍攝：王龍盛）

使用設備及工具：
平台圓鋸機、角度圓鋸機、手提修邊機、鉋刀、手提電動砂磨機、手提電鑽、直角定規、鑿刀、鐵鎚、F夾、製圖工具、押尺、毛刷

製作材料：
白橡木、可調式腳螺旋、白膠、護木漆

（圖3-102，方桌製作採用設備及材料。拍攝：王龍盛）

方桌製作採用設備及材料：如上圖所示。

3-78

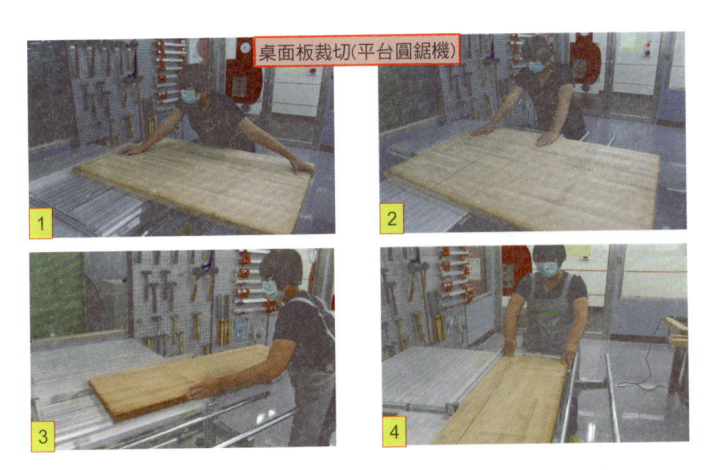

（圖3-103，桌面板裁切。示範：朱芸霈。拍攝：王龍盛）

桌面板裁切：
採用平台圓鋸機裁切桌面板、桌腳繫梁。

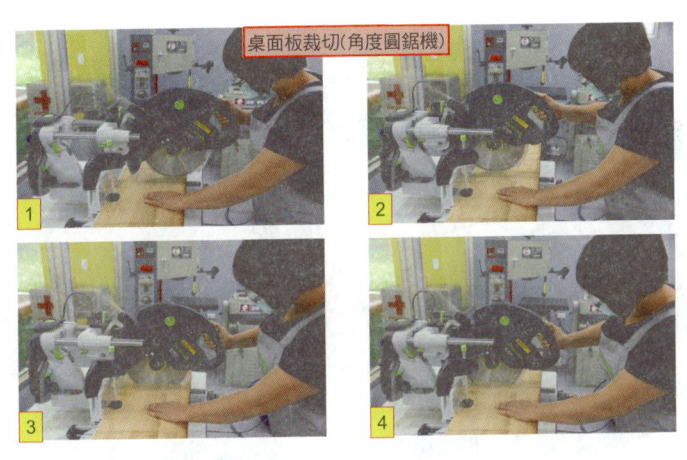

（圖3-104，桌面板裁切。示範：朱芸霈。拍攝：王龍盛）

桌面板裁切：
利用角度圓鋸機，裁切桌面板及桌腳繫梁。

創意實作 ▶ 木工機具操作輕鬆學

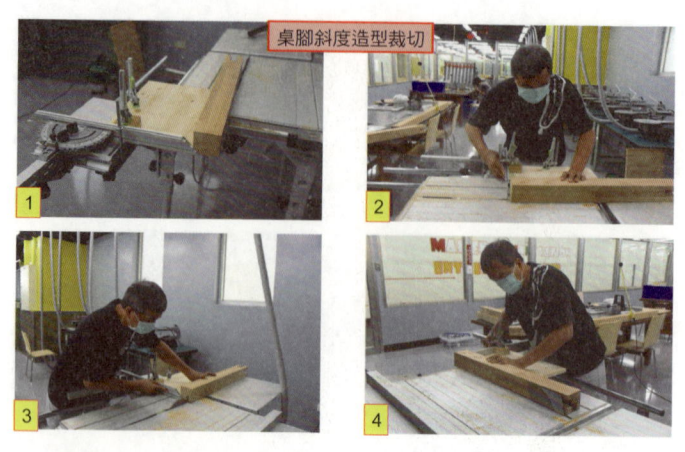

（圖3-105，桌腳斜度造型裁切。示範：王龍盛。拍攝：朱芸霈）

桌腳斜度造型裁切：
1. 利用圓鋸機橫切平台固定自製斜度模組。2、3、4進行桌腳造型斜度裁切。

（圖3-106，桌腳鉋刀修平。示範：王龍盛。拍攝：朱芸霈5

桌腳鉋刀修平：
使用鉋刀鉋削桌腳，使尺寸正確、表面平整。

3-80

（圖3-107，榫鑿鑿刀修平（一）。示範：王龍盛。拍攝：朱芸霈）

榫鑿鑿刀修平（一）：
採用鑿刀進行桌腳繫梁榫槽製作及修平程序。

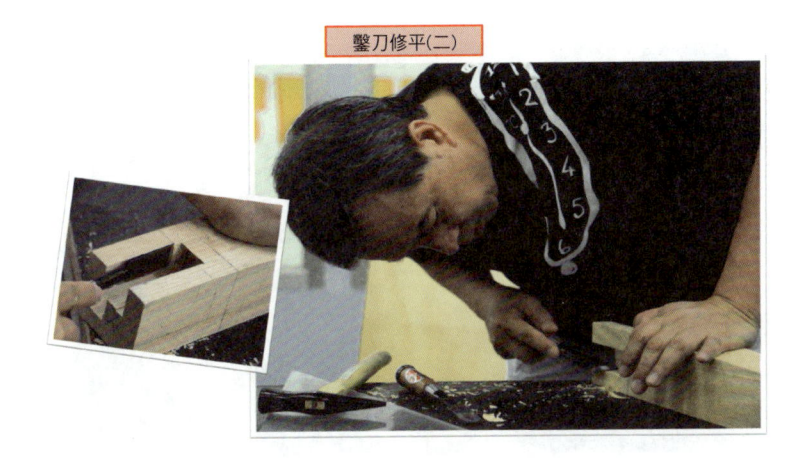

（圖3-108，鑿刀修平（二）。示範：王龍盛。拍攝：朱芸霈）

鑿刀修平（二）：
利用鑿刀修平榫槽，至尺寸完全正確。

創意實作 ▶ 木工機具操作輕鬆學

鑿刀修平(三)

（圖3-109，鑿刀修平（三）。示範：王龍盛。拍攝：朱芸霈）

鑿刀修平（三）：
必須控制鑿刀修平榫槽，確定榫槽尺寸完全正確。

木螺栓施作

（圖3-110，木螺栓施作。示範：王龍盛。拍攝：朱芸霈）

木螺栓施作：
先以手提電鑽鑽孔，植入木螺栓、樹脂，強化桌腳與繫梁之結構強度。

3-82

（圖3-111，桌腳框架組立及修平。示範：王龍盛。拍攝：朱芸霈）

桌腳框架組立及修平：
桌腳繫梁框架組立後，以鉋刀修平各結合點，並以刮尺檢查平整度，確保可與桌面完整結合。

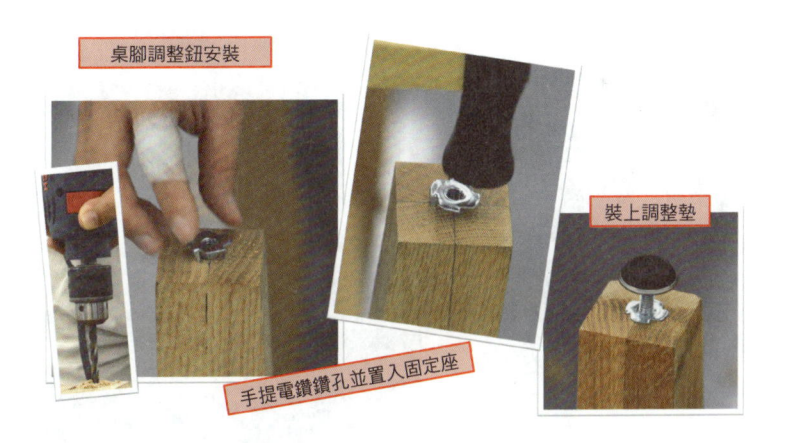

（圖3-112，桌腳高度調整鈕安裝。示範：王龍盛。拍攝：朱芸霈）

桌腳高度調整鈕安裝：先以電鑽鑽孔，再植入高度調整鈕並固定之。

3-83

創意實作 ▶ 木工機具操作輕鬆學

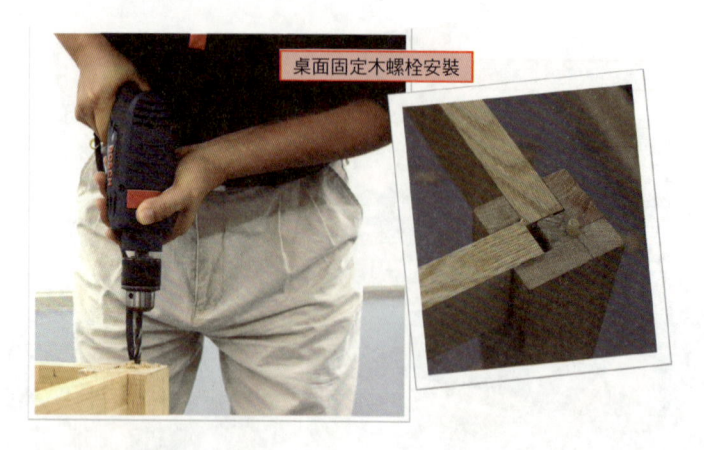

桌面固定木螺栓安裝

（圖3-113，木螺栓安裝。示範：王龍盛。拍攝：朱芸霈）

木螺栓安裝：
為了強化桌面與桌腳結合力，以電鑽鑽孔並植入木螺栓，加樹脂強化。

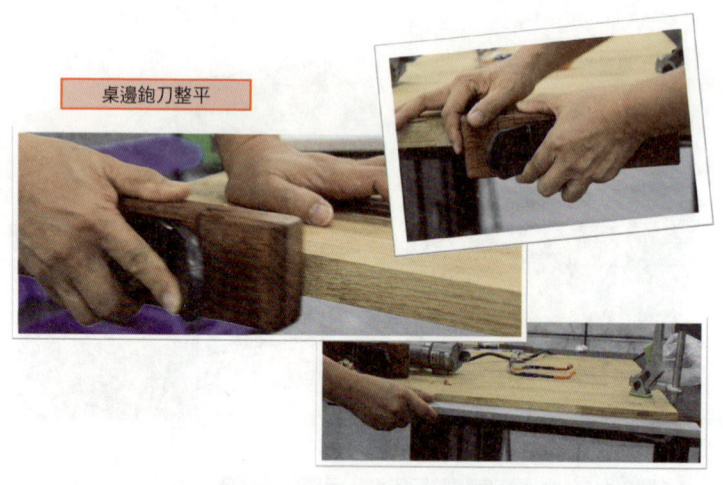

桌邊鉋刀整平

（圖3-114，桌邊鉋刀修平。示範：王龍盛。拍攝：朱芸霈）

桌邊鉋刀修平：
以鉋刀修平桌邊，並以刮尺校正，確定桌邊平直無誤。

3-84

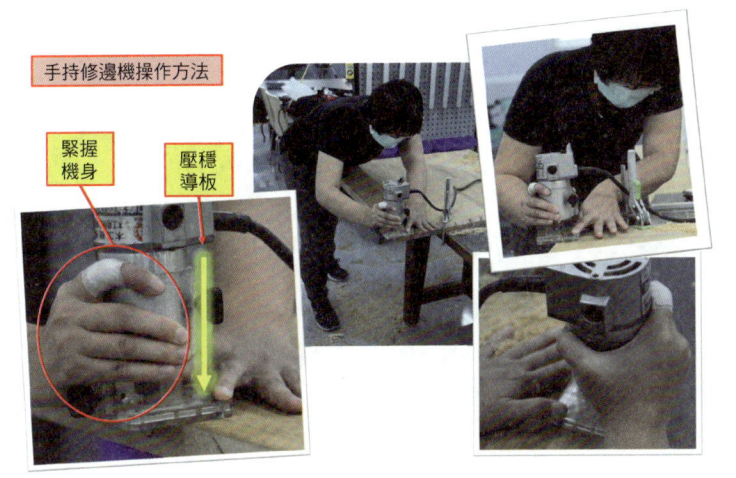

(圖3-115，手持修邊機操作方法。示範：朱芸霈。拍攝：王龍盛）

手持修邊機操作方法：
必須緊握機身並靠穩導板，讓修邊機平穩運作。修邊機操作時須特別小心且穩定控制，才能使修邊機發揮最有效的功能。

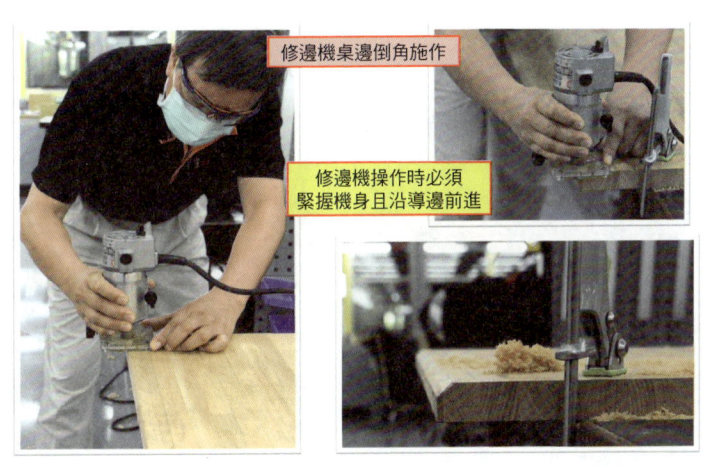

(圖3-116，桌面四周45°倒角製作。示範：王龍盛。拍攝：朱芸霈）

桌面四周45°倒角製作：
首先以F夾固定桌面板，再手持修邊機進行桌邊45°倒角處理。

創意實作 ▶ 木工機具操作輕鬆學

桌面組裝(一)

1　2　3　4

（圖3-117，桌面板組裝（一）。示範：王龍盛。拍攝：朱芸霈）

桌面板組裝（一）：
桌面板須在正確位置以電鑽鑽孔，並在桌腳及繫梁間填上樹脂，以鐵鎚經敲桌腳進行組合。

桌面組裝(二)

F 夾固定

（圖3-118，桌面組裝（二）。示範：朱芸霈。拍攝：王龍盛）

桌面組裝（二）：
以 F 夾固定桌腳與桌面，等樹脂乾固後再移除夾具。

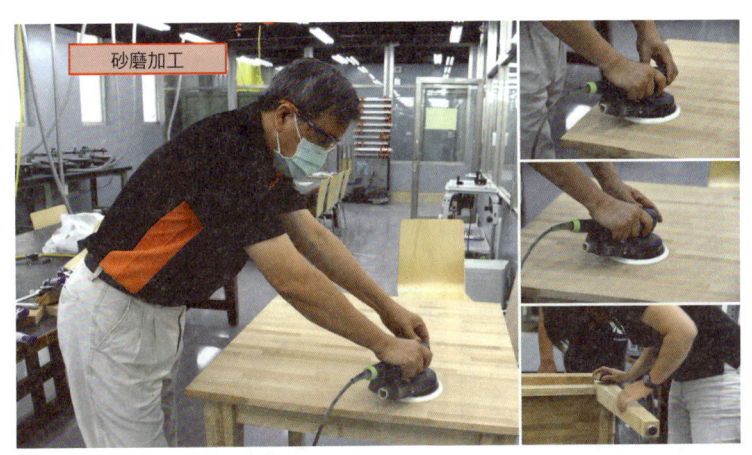

砂磨加工

（圖3-119，砂磨加工。 示範：王龍盛。拍攝：朱芸霈）

砂磨加工：
以電動砂磨機研磨桌面，桌腳部分則進行手工砂磨，作為塗裝的前置作業。

方桌完成

（圖3-120，方桌製作完成。拍攝：王龍盛）

方桌製作完成。

3-87

創意實作 ▶ 木工機具操作輕鬆學

木漆塗裝

（圖3-121，塗裝。）

塗裝
製作完成後，以木器二度底漆塗裝，待底漆硬化後再以 400 號砂紙研磨。
如果有需要亦可進行表面亮光漆塗裝。

第 4 單元

基礎
金屬工藝

楊彩玲　老師

楊彩玲，為台灣知名金屬工藝、珠寶設計、文化創意的權威性藝術家，致力於金屬工藝與東方人文底蘊的研究與發展。具 20 多年的設計與藝術之專業教學與創作經驗，在金屬工藝上成就輝煌，其獨創之工藝文學創作理念與金屬編織技法，屢獲國內外藝術大獎之肯定。曾榮獲台灣省美展工藝類第一名、國家工藝獎、法國羅浮宮東西方國際藝術展最佳創意獎、盛妝亞洲文化創意獎等殊榮。目前任教於國立高雄第一科技大學、並擔任台灣珠寶金工創作協會理事長。

單元架構

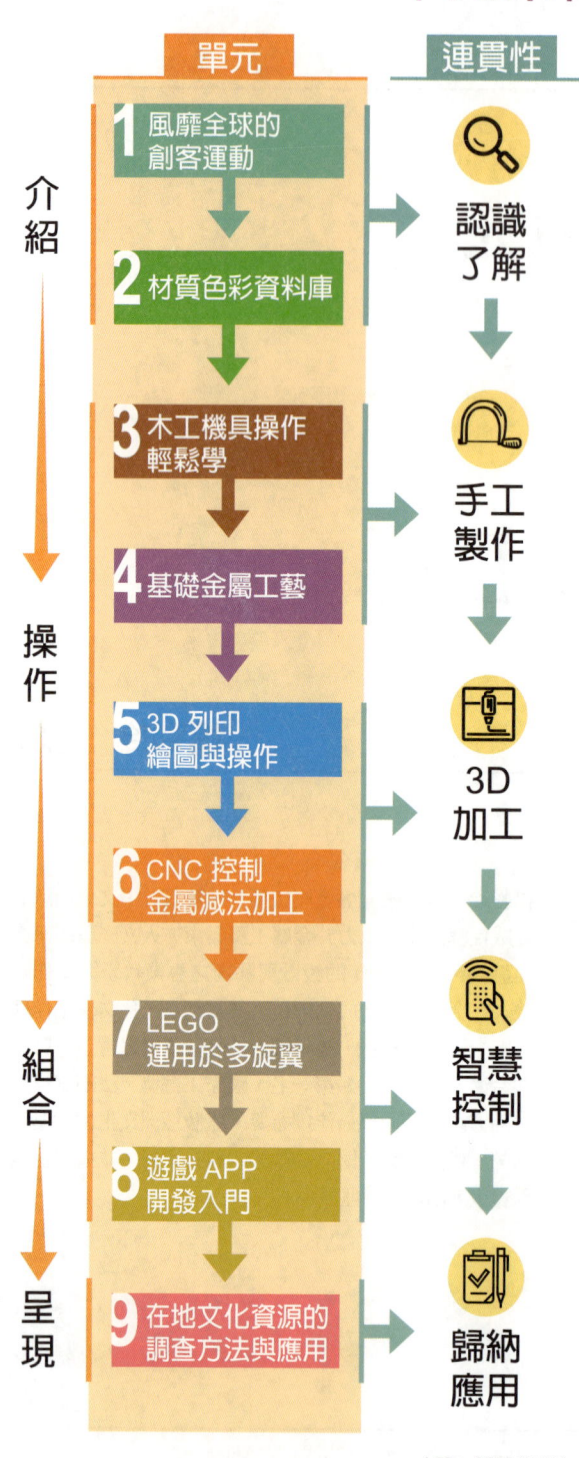

單元	連貫性	內容描述
1 風靡全球的創客運動	認識了解	**先探索發掘** 透過在地資源調查，來了解發掘問題及資料蒐集之重要性；並透過色彩材質的認識，來學習如何應用於提升創意品質及造型美學。
2 材質色彩資料庫		
3 木工機具操作輕鬆學	手工製作	**再動手實作** 了解問題發掘及美學之後，可透過木工常用手工具之操作練習，應用於居家傢俱設計；再認識細微金屬手工具之加工工法及各式金屬，來學習動手實作之重要性。亦會學習 3D 模型繪圖教學之 3D 列印機加法加工，及大型機具雕刻機之減法加工的實際操作設備練習。
4 基礎金屬工藝		
5 3D 列印繪圖與操作	3D 加工	
6 CNC 控制金屬減法加工		
7 LEGO 運用於多旋翼	智慧控制	**於技術應用** 透過動手實作練習之後，即可組裝直昇機樂高組件，來學習馬達動力傳動及主機程式控制。同時透過簡單語法的步驟操作練習，來自己完成簡單的 APP 遊戲開發。
8 遊戲 APP 開發入門		
9 在地文化資源的調查方法與應用	歸納應用	**於在地應用** 透過課程技術的養成，實際應用於在地資源調查，並落實在地文化精神。

介紹 → 操作 → 組合 → 呈現

（圖，單元架構）

緒論

透過第三單元所學習到一些容易上手的木工機具，更加了解型態在成型時須注意的操作步驟及安全措施。在針對中型物件(桌、椅)的手工具的操作練習之後，就要進入第四單元較細微的金屬工藝加工，它跟木工操作很相似，都是必須要注意安全及動手實作出一個創意作品出來，但金屬工藝加工更偏向藝術品的型態呈現，以及操作技法的手感練習，尤其是細微的鋸工、鑽孔及拋光，每一個過程都是完成精美藝術不可或缺的重要步驟，就如同木工操作，都得必須清楚的了解每個操作過程。本單元也會充分介紹每組技法的實際操作過程，並實際進行動手藝術品的實作。

藉由木工操作及本單元的金屬工藝的手作加工，即可了解手工製作的辛苦及成就感，對於之後單元所要進行的 3D 加工課程，相信會更加體驗到手作加工跟機械加工的差異性及效果。

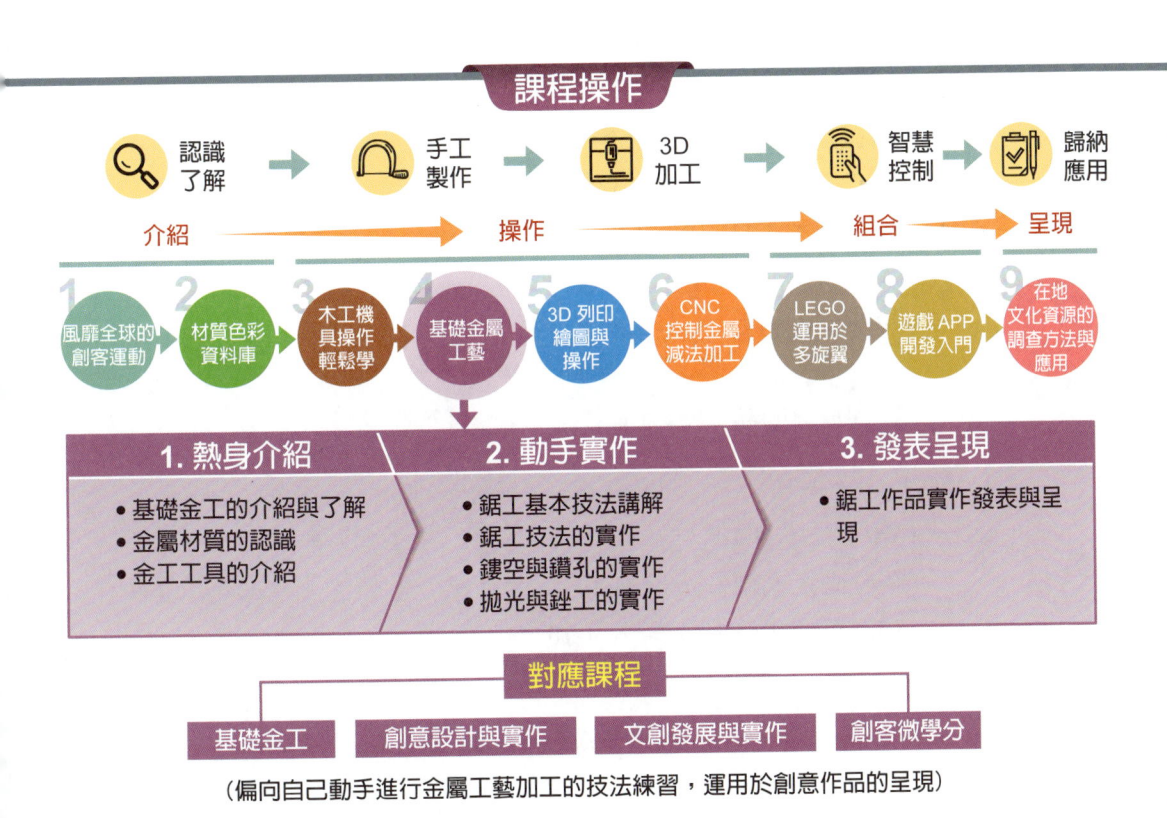

課程操作

認識了解 → 手工製作 → 3D加工 → 智慧控制 → 歸納應用

介紹 — 操作 — 組合 — 呈現

1. 風靡全球的創客運動
2. 材質色彩資料庫
3. 木工機具操作輕鬆學
4. 基礎金屬工藝
5. 3D列印繪圖與操作
6. CNC控制金屬減法加工
7. LEGO運用於多旋翼
8. 遊戲APP開發入門
9. 在地文化資源的調查方法與應用

1. 熱身介紹
- 基礎金工的介紹與了解
- 金屬材質的認識
- 金工工具的介紹

2. 動手實作
- 鋸工基本技法講解
- 鋸工技法的實作
- 鏤空與鑽孔的實作
- 拋光與銼工的實作

3. 發表呈現
- 鋸工作品實作發表與呈現

對應課程
基礎金工 ｜ 創意設計與實作 ｜ 文創發展與實作 ｜ 創客微學分

(偏向自己動手進行金屬工藝加工的技法練習，運用於創意作品的呈現)

目錄

司長序
校長序
課程引言
單元架構
緒論

4.1 基礎金工介紹 —— 4-3

 一、何謂金工 —— 4-3

 二、金工在台灣的發展 —— 4-3

 三、金工教學理念 —— 4-4

 四、給修課學生的建議 —— 4-4

 五、課程介紹 —— 4-5

 六、金工專業教室 —— 4-5

 七、金工基本工具 —— 4-7

 八、金屬材料 —— 4-7

 九、參考廠商資料 —— 4-8

  (一) 工具廠商 —— 4-8

  (二) 材料廠商 —— 4-8

4.2 鋸弓 —— 4-9

 一、鋸弓 —— 4-10

  (一) 固定式鋸弓 —— 4-10

  (二) 可調式整鋸弓 —— 4-10

二、鋸絲 —— 4-11
三、鋸弓與鋸絲的組裝 —— 4-12
四、C 型夾 —— 4-13
五、萬力 —— 4-14
六、銼橋 —— 4-14
七、畫線工具 —— 4-15
八、材料 —— 4-17
　　(一) 銅 —— 4-17
　　(二) 銅及其合金 —— 4-17
　　(三) 青銅類金屬 (Bronze) —— 4-19
　　(四) 銅鎳合金 —— 4-20
九、技法實作 —— 4-21
　　(一) 鋸弓拿法 —— 4-22
　　(二) 金屬鋸直線 —— 4-22
　　(三) 轉彎方法 —— 4-23
　　(四) 技法練習作業 —— 4-24
　　(五) 進階練習作業 —— 4-24
十、旋轉黃銅成品 —— 4-27

4.3 鏤空與鑽孔 —— 4-28
一、鏤空與鑽孔使用工具 —— 4-29
　　(一) 手搖鑽 —— 4-29

　　　　(二) 吊鑽 —— 4-29

　　　　(三) 桌上型鑽孔機 —— 4-29

　　　　(四) 手持型鑽孔機 —— 4-30

　　　　(五) 鑽頭 —— 4-30

　　　　(六) 鑽頭的保養 —— 4-30

　　　　(七) 中心衝 —— 4-31

　　　　(八) 其他工具 —— 4-31

　　　　(九) 手搖鑽的使用 —— 4-31

　　　　(十) 名牌的注意事項 —— 4-32

　　二、技法實作 —— 4-33

　　　　(一) 鏤空 —— 4-34

　　　　(二) 技法練習作業 —— 4-35

4.4　拋光與銼工 —— 4-37

　　一、銼刀 —— 4-38

　　二、銼刀的分類 —— 4-38

　　三、銼刀的使用 —— 4-39

　　四、銼刀的保養與保存 —— 4-40

　　五、砂紙 —— 4-41

　　六、砂紙的裁切與保存 —— 4-42

　　七、砂輪機 —— 4-43

八、青土 —— 4-44

九、拋光 —— 4-44

十、拋光後清洗 —— 4-45

十一、技法練習作業 —— 4-46

十二、進階練習作業 —— 4-46

4.5 鉚接與染色 —— 4-47

一、鉚接 —— 4-48

(一) 鉚接的製作技術 —— 4-48

(二) 鉚接的分類 —— 4-49

(三) 鉚接工具 —— 4-50

(四) 鉚接技法 (死鉚) —— 4-51

(五) 鉚接技法 (活鉚) —— 4-52

二、技法練習作業 —— 4-53

三、染色 —— 4-58

(一) 何謂染色 —— 4-58

(二) 染色用具 —— 4-59

(三) 染色的作法 —— 4-60

四、技法練習作業 —— 4-61

五、完成作品欣賞 —— 4-61

4.6 作品賞析 —— 4-62

（圖4-1，金工作品欣賞，楊彩玲提供）

4.1 基礎金工介紹

一、何謂金工

　　「金工」目前在台灣指的是一種工藝技法，通稱為「金屬工藝」，而非指「金屬加工」或「精工」（精密加工）。金工與陶瓷、木竹、玻璃合稱為四大工藝，近年來在推動創作工坊與自造者精神的鼓舞下，大專院校設計相關科系多有開設相關課程。

　　「金工」是利用各種金屬作為主要的素材，如金、銀、銅、鐵、錫、鋁、鉛、鈦……等，再加上創作者的設計與創意，運用各式金工工具，完成創作。作品範圍多元，包括金銀珠寶、流行飾品、金屬產品、文具禮品、金屬容器、金屬裝置藝術等。

二、金工在台灣的發展

　　最早的金工可推溯到七千年前兩河流域的金銀飾品，中國的青銅器亦是金工發展的重要里程碑。而當代台灣金屬工藝的發展，可追溯至早期的珠寶代工，隨著台灣經濟起飛，珠寶產業亦跟著蓬勃發展。然而，隨著產業蕭條及工廠外移，金工產業漸失去競爭的優勢，技藝與人才亦逐漸凋零。

　　1990 年代起台灣留學歐美的學者返台將西方金屬工藝理念帶入大專院校專業課程中，使金工技藝在學院中發芽茁壯，不同於早期的代工產業，金屬工藝於學院中的發展多元且具實驗性質，於是開創全新的蓬勃發展，其主要的精神在於「創意」及「手作」。

三、金工教學理念

　　金屬工藝課程主要培養對金屬的認識，進而學習使用金屬作為創作設計的材料。一般大學專業金工課程分為大一的金屬基礎課程，學習鋸、銼、蝕刻等基礎技法；大二課程以焊接、鎔鑄為主，學習金工珠寶設計及藝術行銷等；大三金工課程安排進階技法及複合材料運用，包括琺瑯、金屬編織、鍛敲等；大四畢業專題可運用金屬材料發展金屬產品、生活用品、文具禮品、藝術創作、金銀珠寶等。期望金工的課程能引領設計進入極致工藝的手感世界，將工藝與設計相結合，為設計創造出更高的附加價值。畢業後的未來出路廣泛，如：金屬相關的產品設計、藝術創作、珠寶設計等。

　　本課程單元主要是以金工體驗為主，期盼以簡易入門的金工技法，激起創意者的興趣，同時也增加創意者的金屬知識與製作技巧，希望能為跨領域學習者提供專業又有趣的金工技術。

四、給修課學生的建議

　　從事「金工藝術」要有恆心、耐心、更須耐操，因為金工作品需要花上很長的時間，而且做出來的成品又很小！要慢慢做，通常一件好的作品要花上一到兩個月的時間才能完成！所以不管做什麼事情，都一定要堅持到底、並且專注認真！不要求各位同學一定要有好的成果，因為不是每個人都有天分，但是「認真的人就會有收穫」！重要的是「過程」，在過程中認真學習，必然有收穫，最終成果的好壞反而是其次了～加油！

五、課程介紹

教學目標	1. 金屬材料與金屬工藝之了解與應用。 2. 金工技法之熟練與操作。 3. 創意開發與統合設計實務。
主要教材	自編教材
參考書籍	1. 玩金術，趙丹綺、王意婷，煉丹場珠寶金工工作室。 2. 珠寶與首飾設計，ELIZABETH OLVER，林育如譯，視傳文化。 3. 珠寶製作的秘訣與捷徑，Stephen Okeeffe，陳國珍譯，視傳文化。 4. 珠寶手工藝製造，張志純，徐氏文教基金會。 5. 呂雪芬，自己動手作造型銀飾，福人居，ISBN：9867378024 6. *The Complete Metalsmith*, Tim McCreight, Davis Publications. 7. *Complete Metalsmith*, Tim McCreight, Brynmorgen Press. 8. *Jewelry: Fundamentals of Metalsmithing*, Tim McCreight, Hand Books Press. （尊重智慧財產權，請勿非法影印！）
先修課程	無
對修習學生建議	1. 注意安全：工藝製作將會運用部分工具及機器，注意使用規則，防止意外發生。 2. 遵守時間：遵守上下課時間規定，及繳交作品/作業等的時間規定。 3. 環境整潔：隨時保持工作環境的整潔，離開時務必打掃乾淨，以利其他同學的使用。 4. 課程進度可依實際狀況，增減作業繳交及課程內容。

六、金工專業教室

　　金工創作需要金工專業教室，每人一張金工桌及可調整高低的工作椅，桌

（圖4-2，樹德金工教室，楊彩玲拍攝）　　（圖4-3，草屯工藝中心金工教室，楊彩玲拍攝）

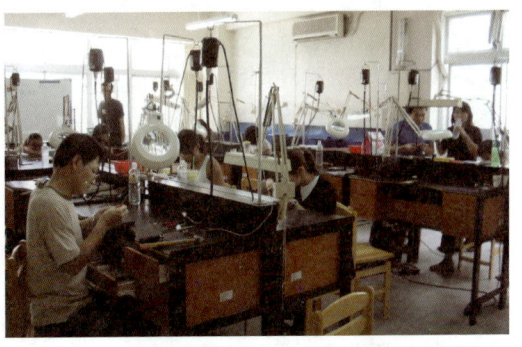

（圖4-4，四人式金工桌，楊彩玲拍攝）　　　（圖4-5，單人式金工桌，楊彩玲拍攝）

上需配備有銼橋座、金屬鑽、吊鑽、火槍、耐火磚、燈光、護目鏡、集削盒等，若處於通風不良處，整間教室需另設通風吸塵設備。

七、金工基本工具

除了金工桌的共同配備外，有些金工坊還會提供一些共用工具，例如手搖鑽、榔頭、尖嘴鉗、衝頭、衝座等，但個人也需要準備屬於自己的簡易手工具，這些工具無法與他人共用或者是消耗型工具，例如鋸弓、鋸絲、鑽頭、砂紙等（如下表所示），亦可自行準備工具箱或工具袋，以便整理歸納工具，在工作上會更有效率。

表 4-1　個人需準備的工具

編號	名稱	單位	備註
01	鋸弓	1支	
02	#3/0 號鋸絲	2打	鋸絲斷得很快，可以自行多準備
03	C 型夾銼刀板組	1組	
04	砂紙 #120#220#400#600#800 各四分之一張	1份	
05	半圓粗銼刀	1支	
06	銅刷	1支	
07	鑽針 1 mm、2 mm	各1支	1 mm 鑽頭斷得很快，為防萬一，可以自己多買幾支
08	拋光青土兩條	--	全班共同購買
09	硫磺精 1 瓶	--	全班共同購買

ps 自備工具——
槌頭、尖嘴鉗、抹布。

（圖4-6，自備工具袋，楊彩玲拍攝）

八、金屬材料

　　本課程使用之金屬材料以紅銅、黃銅、鋁為主，需至銅鋁材料行購買，一般五金行並沒有販售，金屬材料的販售標準通常有兩種，一種是秤重、另一種是計算面積，重量以公斤計算，會隨時價波動。

　　紅銅為純銅片，英文名稱為 Copper，化學元素 Cu，其表面呈現橘粉紅色，金屬硬度較軟，適合染色與鍛敲。黃銅為銅鋅合金，英文名稱為 Brass，其表面呈現金黃色，金屬硬度較硬，適合鋸切拋光處理。鋁包括純鋁與鋁合金，英文名稱 Al，金屬表面呈現銀灰色，鋁合金通常使用銅、鋅、錳、矽、鎂等合金元素，因所化合的元素不同，編號由 1000～7000 系列不等，本課程主要使用 1000 號系列的純鋁 (如表4-2)。

表 4-2　金屬材料

編號	名稱	單位	尺寸
01	紅銅片	一片	1 mm ×15 cm ×15 cm
02	黃銅片	一片	1 mm ×15 cm ×15 cm
03	鋁片	一片	1 mm ×15 cm ×15 cm
04	紅銅線 1 mm、2 mm	各一條	1 mm ×50 cm
05	黃銅線 1 mm、2 mm	各一條	1 mm ×50 cm

九、參考廠商資料

　　以下為工具材料參考廠商，因地緣關係以南台灣為主，中北部的相關廠商，煩請自行搜尋查訪。工具材料價格各家廠商皆有差異，建議先行訪價。

(一) 工具廠商

• 金寶山藝品工具店 http://jbs1937.com.tw/index_down.php	02-25223079	台北市新生北路一段 80 號
• 冠生銀樓	07-5619760	高雄市鹽埕區建國四路 313 號
• 亞洲鑽石工業 http://asia-diamond.myweb.hinet.net/c/018/index.htm	06-2368364	台南市北園街 142 號
• 光淙金工 http://www.950.com.tw/	02-26017601	台北縣林口鄉粉寮路一段 104 號
• 益晟銀樓	04-2225775	台中市中正路 182 巷 10 號
• 長城銀樓	06-2594343	台南市海安路三段 128 號

(二) 材料廠商

• 良宇金屬	07-5215587	高雄市鹽埕區新興街 182 號
• 三川銅鋁	06-2827555	台南市永康區中正南路 70 號

4.2 鋸弓

（圖4-7，作品欣賞，楊彩玲提供）

附註：本單元的圖片資料來源為 CCO 免費圖庫搜尋引擎中的公用檔，其網址如下：http://cc0.wfublog.com/2015/04/high-quality-cc0-photo-collection.html

一、鋸弓

鋸弓是金屬工藝中最基本的工具之一，所以選擇一把良好的鋸弓極其重要。鋸弓有兩種形式，分別為可調整式與固定式：

(一) 固定式鋸弓

固定式的鋸弓是完整長度的鋸絲。

(二) 可調式整鋸弓

可調整式的鋸弓能夠隨意調整弓身的長度，以配合已被折斷的鋸絲長度，進而再度使用。

（圖4-8，固定式鋸弓，楊彩玲提供）　　（圖4-9，可調整式鋸弓，楊彩玲提供）

鋸弓的深度也有所不同，可依據需要選擇。越小的鋸弓越輕，使用起來也越穩。選擇鋸弓時，必須檢查兩端夾鎖鋸絲的翼型螺絲帽，若發現用手轉不緊時，可使用老虎鉗拴緊以夾住鋸絲，但也容易因施力不當而使螺絲帽很快損壞，故須小心使用。

二、鋸絲

鋸絲是由特殊的鋼鐵合金製成，經過精密的鍛造與硬化處理。標準長度為 13.3 公分，而鋸絲的尺寸從最細的 8/0 號至最粗的 14 號。細的鋸絲通常用於鋸切較為精細的作品，鋸出的線條也較窄細，但也容易因為施力不當造成斷裂；粗的鋸絲鋸出的線條較粗，鋸切速度較快，但也會使金屬材的損失較多。一般來說，薄的金屬材會搭配細的鋸絲；厚的金屬材則使用粗的鋸絲。一般最常使用的鋸絲尺寸為 4/0～4 號（課堂上是使用 3/0 號的），如表4-3 所示。

表4-3　鋸絲尺寸圖

尺寸號數	鋸片厚度 (mm)	鋸齒深度 (mm)	每公分鋸齒數	建議適用工作物厚度 (mm)	建議適用鑽頭尺寸 (mm)
8/0	0.16	0.32	38	0.4	0.34
7/0	0.17	0.35	35	0.4～0.5	0.34
6/0	0.18	0.36	32	0.5	0.37
5/0	0.20	0.40	28	0.5～0.65	0.41
4/0	0.22	0.44	26	0.65	0.46
3/0	0.24	0.48	23	0.65	0.51
2/0	0.26	0.52	22	0.65～0.8	0.53
1/0	0.28	0.56	21	0.8～1.0	0.61
1	0.30	0.63	19	0.8～1.0	0.66
2	0.34	0.70	17	1.0～1.3	0.71
3	0.36	0.74	16	1.0～1.3	0.79
4	0.38	0.80	15	1.0～1.3	0.81
5	0.40	0.85	14	1.3	0.89
6	0.44	0.94	13	1.6	1.06
7	0.48	1.02	12	2	1.09
8	0.50	1.15	11	2	1.32

創意實作 ▶ 基礎金屬工藝

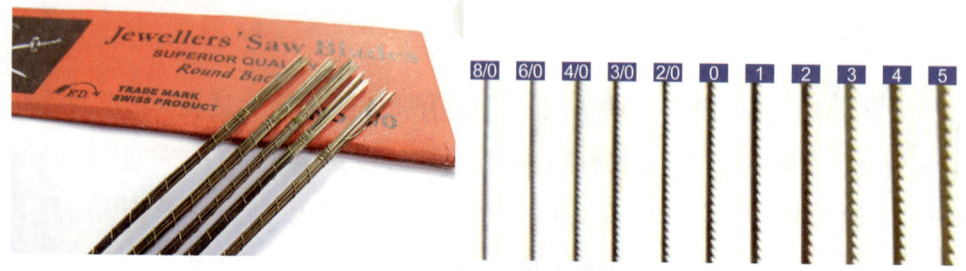

（圖4-10，鋸絲，楊彩玲提供）

> 💡 **貼心小提醒**
> 若怕斷裂的速度太快可多加準備（約2、3打）。

三、鋸弓與鋸絲的組裝

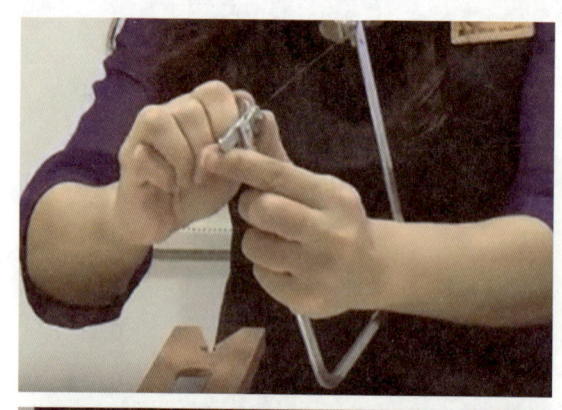

❶
先將鋸絲完全置入鋸弓上方的螺絲帽夾層中並鎖緊，若不夠緊可用老虎鉗拴緊。

❷
將鋸弓頂在桌邊並往前頂，手把可頂在腹部以便雙手可操作。

4-12

❸

將另一端鋸絲推至螺絲帽再往內半公分至一公分鎖緊即完成。

💡 **貼心小提醒**

1. 鋸絲務必向外向下裝置。
2. 裝置好後可用手彈撥鋸絲，若裝得好，會發出清脆的「叮叮」聲。若裝得太緊，容易造成斷裂；有時也會造成鋸絲扭轉而無法依照圖樣鋸切。

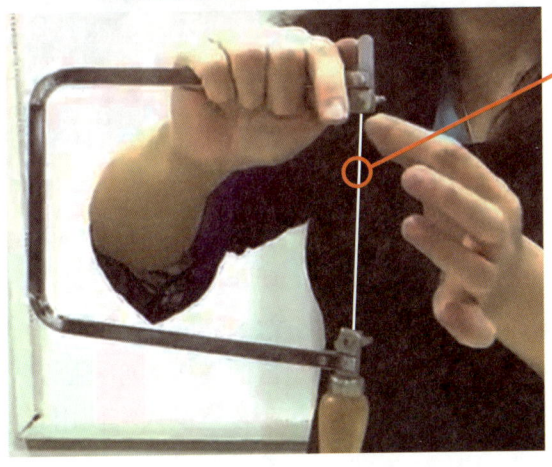

（圖4-11，鋸弓與鋸絲的組裝，楊彩玲提供）

四、C 型夾

　　C 型夾利用擰緊螺絲桿，將物件臨時固定在工作桌上，可以隨時取下。通常用來固定銼橋或其他物件，因金屬表面較滑手，所以也有人用來固定金屬。

（圖4-12，C 型夾，楊彩玲提供）

五、萬力

水平式萬力，固定在工作桌上，無法隨時取下，需用螺栓安裝。

（圖4-13，萬力，楊彩玲提供）

六、銼橋

進行鋸切或銼修時常會將金屬材置於其上方用以支撐，銼橋有幾種形式：

1. 溝槽式
將銼橋直接置入專用工作桌的溝槽中再固定之。通常在專用金工教室中使用，需有專用金工桌，且銼橋尺寸需配合金工桌溝槽設計。

2. 夾具式
利用特殊夾具固定於桌面上，可隨身攜帶，夾於任何桌面即可立即使用，故不受場地與教室限制，較為方便。

3. 綜合式
兼具夾具與溝槽兩種功能，既可方便攜帶、隨處使用，又具替換溝槽，亦可固定在教室供大家使用。金屬鐵座具有鐵鉆的功能。

（圖4-14，銼橋，楊彩玲提供）

ps
大部分的銼橋形狀如圖4-14所示，一面呈水平，一面呈斜面，通常是以水平那面進行裁切（因為鋸切時，鋸絲需與金屬材保持垂直）。如遇到特殊情況，可使用斜面操作。銼橋前端可製造V字缺口，缺口頂端再製出圓形小洞，以便在鋸切小尺寸物件局部部分能順利進行不受阻。

貼心小提醒
銼橋為消耗型配件，可因應特殊需求調整其外型和多準備，以增進工作便利性。

七、畫線工具

　　圖4-15的工具都是利用尖銳的部分在金屬材上畫上記號，但務必記得別大力刮劃金屬材，以免在打磨時，造成多餘的損耗。

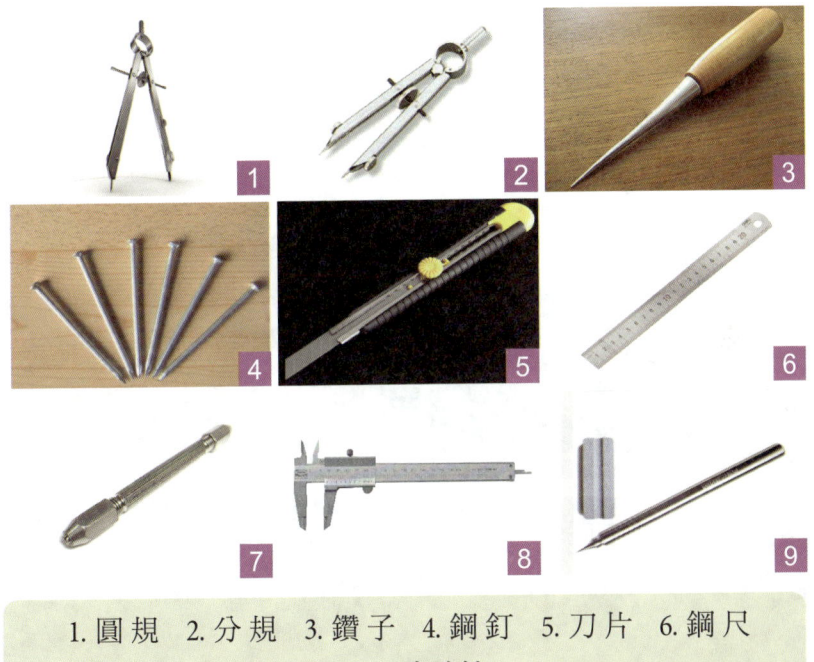

1. 圓規　2. 分規　3. 鑽子　4. 鋼釘　5. 刀片　6. 鋼尺
7. 四分鉗　8. 游標卡尺　9. 畫線針

（圖4-15，畫線工具（一），楊彩玲提供）

　　使用鉛筆是畫不上去的！所以千萬別異想天開地拿來使用；而油性筆雖然可以在金屬上畫記號，但畫出的線條太粗，會造成鋸切金屬時尺寸出現誤差，所以不建議使用。

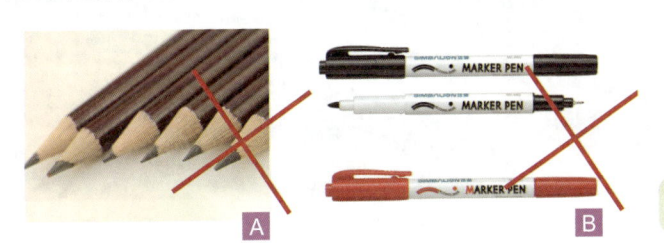

A. 鉛筆　B. 油性筆

（圖4-16，畫線工具（二），楊彩玲提供）

4-15

創意實作 ▶ 基礎金屬工藝

（圖4-17，楊彩玲提供）

八、材料

(一) 銅

銅呈現紅色色澤，又稱之為紅銅。銅（Copper Cu）一字源自於古羅馬文，當時古羅馬所使用的銅幾乎來自塞普路斯（Cyprus），故將銅稱之「塞普路斯金屬」，並縮寫為 Cyprium，即為現今的 Cu。銅被相信是人類最早使用的金屬，大約西元六千年前，埃及人以熔融、鑄造及打造的方式將銅製成武器。青銅器在中國的歷史上，其起源至少可追溯到西元前三千年，正值仰韶文化晚期與龍山文化的交接時期，是中國使用金屬時期的開端，一直發展到商代後期為青銅發展史上的第一個高峰。現今非鐵類金屬中，不論是工業或工藝藝術中，銅及其合金都是使用最廣的金屬。

（圖4-18，銅，楊彩玲提供）

（圖4-19，銅，楊彩玲提供）

(二) 銅及其合金

銅與銅合金是除了黃金之外的唯一不呈白色或灰色的金屬，銅合金的色度很廣，會依據其中銅含量的多寡與合金成分組成的不同而有不同的色相。

銅合金的分類有二種，第一種是以其加工方式來分類成鍛造類合金與鑄造類合金；另一種主要的分類法是以金屬成分區分：銅含鋅為黃銅類合金，銅含錫為青銅類合金。

（圖4-20，類合金，楊彩玲提供）　　（圖4-21，類合金，楊彩玲提供）

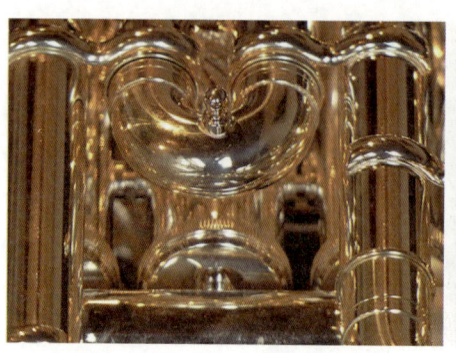

1. 黃銅類（Brass）

　　純銅混合不同比例的鋅，會形成不同的黃銅類合金。黃銅合金名稱的成分比例的不同，在特性與使用範圍亦會有所不同，茲選取較常見的簡單介紹如下：

◆ Gilding Metal

95% 銅 (Cu) + 5% 鋅 (Zn)

Gilding Metal 常用於流行飾品的金屬底，還需再經過電鍍處理。另外，也常被用來製造代幣、貨幣、獎章、徽章、別針等或將其應用於琺瑯與腐蝕技術上。

◆ Red Brass

85% 銅 (Cu) + 15% 鋅 (Zn)

可用於仿珠寶、徽章、腐蝕及製管。

◆ Forging Brass

60% 銅 (Cu) + 38% 鋅 (Zn) + 2% 鉛 (Pb)

具有特殊金色的黃銅類金屬，尤其適用於鍛造及壓製技法所做的飾品。

◆ Yellow Brass

65% 銅 (Cu) + 35% 鋅 (Zn)

可用在所有的金屬加工技術上，尤其是抽線、壓印及以旋壓成形等技法所製的各種飾品。

◆ Muntz Metal

60% 銅 (Cu) + 40% 鋅 (Zn)

是最堅固的黃銅類金屬，金屬在高溫時有最佳的鍛鍊性質，但在冷卻時，卻容易產生皺裂的現象。

(三) 青銅類金屬 (Bronze)

青銅比純銅更硬，也比純銅多出兩倍的張力，其鑄造性、耐磨性、抗蝕性均佳，而延展性卻比黃銅差。也由於青銅會產生古色斑斕的銅綠，所以美術工藝品常使用青銅為表現材料。

純銅中含錫的多寡，會影響青銅的機械性質，含 6% 的錫，最容易被加工，另外青銅中如果加入其他成分，會影響青銅性質。

（圖4-22，青銅類金屬，楊彩玲提供）　　（圖4-23，青銅類金屬，楊彩玲提供）

1. 鉛青銅

有助於金屬的鑄造、加工及上色效果，

2. 鋁青銅

可增加耐蝕性、耐磨性，因此鋁青銅在大氣中不變色，於高溫時抗氧化，但是塑造性較差，縮率較大。

3. 磷青銅

可改善鑄造時的流動性和耐磨性，減少氣泡，使組織細密，增加彈性。

(四) 銅鎳合金

鎳具有銀白色的光澤，能拋光至鏡面效果，質地堅硬，富延展性、可鍛性、耐熱性、耐蝕性皆良好，抗氧化並具有強磁性，鎳易於與其他金屬融合，因此，鎳極重要的用途就是製造出鎳合金。另一個用途就是電鍍，因為鎳層可保護其他金屬不被侵蝕。其中銅鎳合金，為其廣泛運用的一種金屬。

> **貼心小提醒**
> - 銅 80～90%、錫 2～8%、鋅 1～12%、鉛 1～3%，適合用於工藝用青銅，因其性質較容易鑄造，並耐磨損且具抗風化作用。
> - 含錫 5～10%，硬度更高，能使雕刻紋路清晰，適合作為獎章。
> - 95% 銅 + 4% 錫 + 1% 鋅，可用於幣銅、室內裝飾及建築等用途。

（圖4-24，銅鎳合金，楊彩玲提供）

（圖4-25，銅鎳合金，楊彩玲提供）

◆ Nickel Silver

65% 銅 (Cu) + 18% 鎳 (Ni) + 17% 鋅 (Zn)

這是銅鎳合金的一種，有著如銀一般的灰白光澤，俗稱「鎳銀」，雖然英文名稱中有「銀」一字，但其本身不含銀的成分。鎳銀在高溫可抗氧化，耐蝕性，適合各種成型加工與焊接的技法。

九、技法實作

（圖4-26，作品欣賞，楊彩玲提供）

（一）鋸弓拿法

鋸弓拿法有以上兩種握法，圖4-27為西方一般使用的正握法；圖4-28則為反握法，為香港與台灣傳統師傅的常用握法，可依照個人習慣選擇。

（圖4-27，正握法，楊彩玲提供）

（圖4-28，反握法，楊彩玲提供）

（二）金屬鋸直線

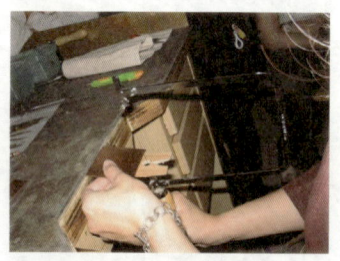

❶ 先在銼橋上切出缺口，以方便鋸切（若買來的銼橋已有缺口可忽略此步驟）。

❷ 在銅片上用畫線工具，畫上要鋸切的記號。

❸ 做好記號後，即可準備鋸弓，進行鋸切動作。

❹ 鋸切時，鋸弓與銅片請保持垂直，速度不需太快。

> **貼心小提醒**
> 鋸切快進入尾聲時,請注意別施力過當,以免鋸絲回彈造成手指受傷。

(圖4-29,金屬鋸直線操作步驟,楊彩玲提供)

(三) 轉彎方法

先停留於轉彎處,但鋸弓動作不停止,慢慢轉動銅片,轉至另一方向即完成轉彎動作。

(圖4-30,轉彎方法操作步驟,楊彩玲提供)

ps 旋轉銅片時,切記勿操之過急,以避免鋸絲因扭轉而斷裂。

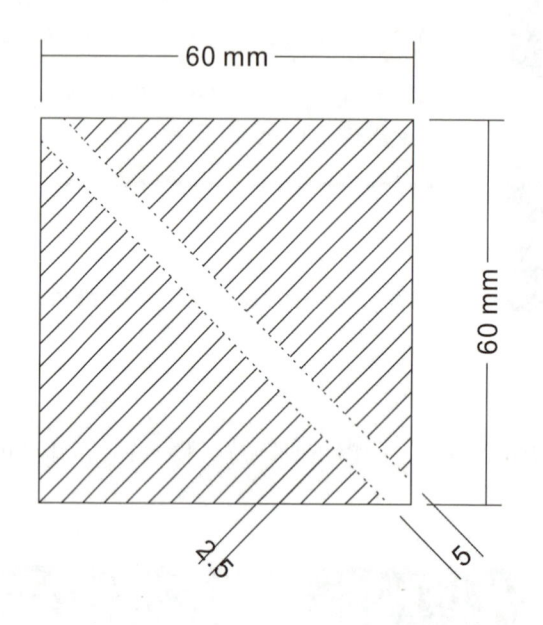

(四) 技法練習作業

旋轉黃銅

注意事項：

◆ 鋸弓垂直向下。

◆ 鋸齒向外向下。

◆ 手指頭遠離工作區正前方。

◆ 鋸的位置在鋸線外側，不要在鋸線上。

◆ 畫線用針，不用鉛筆、原子筆、油性筆。

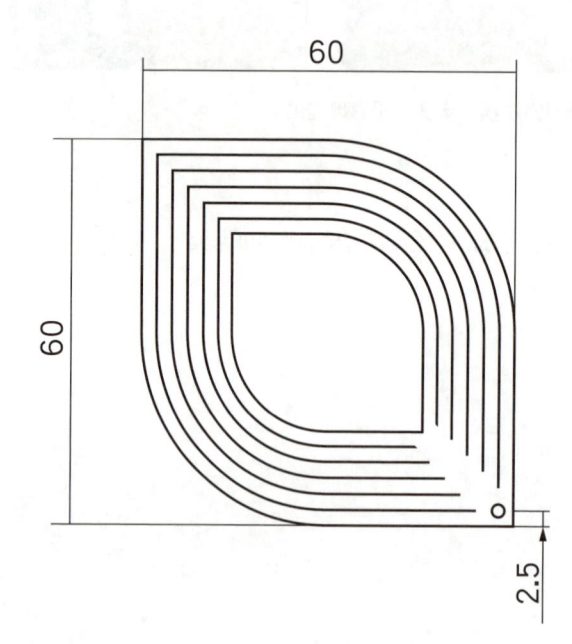

(五) 進階練習作業

WORK-01

注意事項：

請將附錄影印並剪下黏貼在金屬材進行操作。

◆ 鋸弓垂直向下。

◆ 鋸齒向外向下。

◆ 手指頭遠離工作區正前方。

◆ 鋸的位置在鋸線外側，不要在鋸線上。

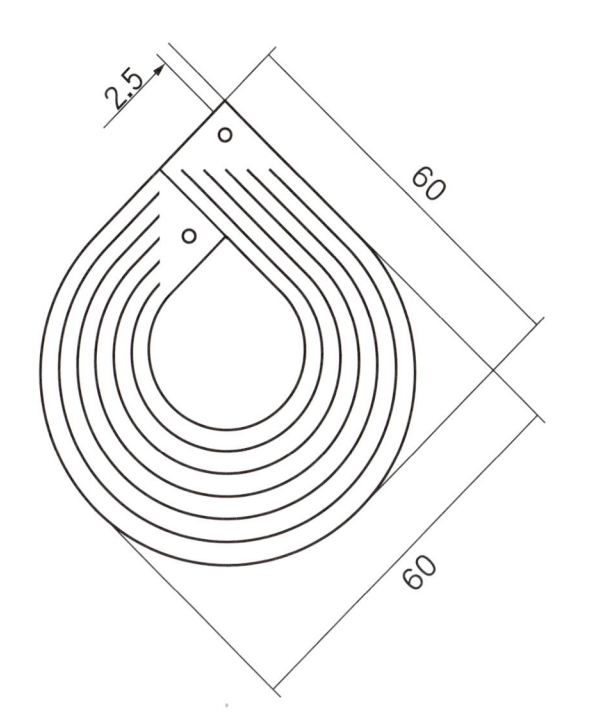

WORK-02

注意事項：

請將附錄影印並剪下黏貼在金屬材進行操作。

- 鋸弓垂直向下。
- 鋸齒向外向下。
- 手指頭遠離工作區正前方。
- 鋸的位置在鋸線外側，不要在鋸線上。

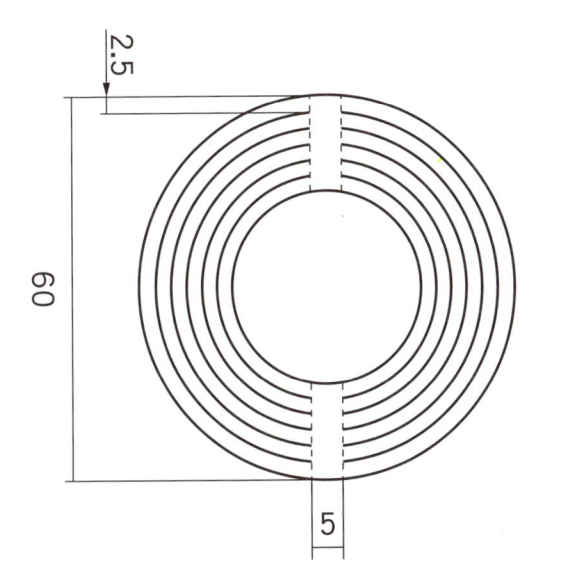

WORK-03

注意事項：

請將附錄影印並剪下黏貼在金屬材進行操作。

- 鋸弓垂直向下。
- 鋸齒向外向下。
- 手指頭遠離工作區正前方。
- 鋸的位置在鋸線外側，不要在鋸線上。

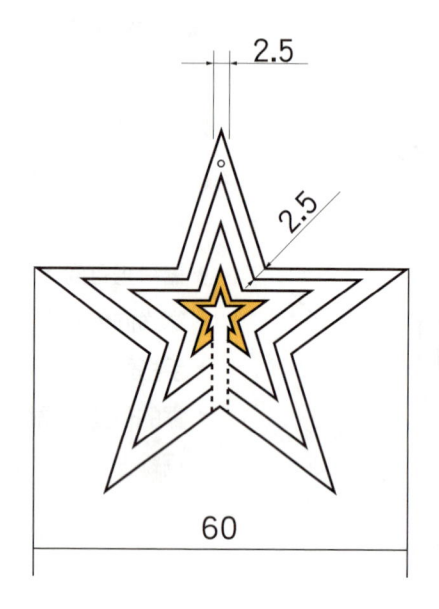

創意實作 ▶ 基礎金屬工藝

WORK-04

注意事項：

請將附錄影印並剪下黏貼在金屬材進行操作。

◆ 鋸弓垂直向下。

◆ 鋸齒向外向下。

◆ 手指頭遠離工作區正前方。

◆ 鋸的位置在鋸線外側，不要在鋸線上。

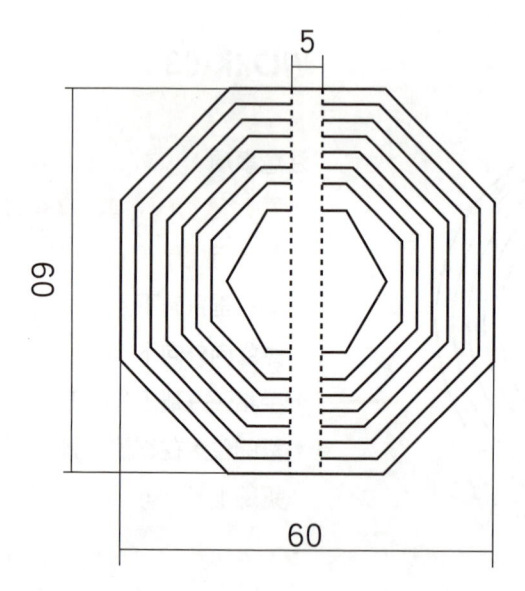

WORK-05

注意事項：

請將附錄影印並剪下黏貼在金屬材進行操作。

◆ 鋸弓垂直向下。

◆ 鋸齒向外向下。

◆ 手指頭遠離工作區正前方。

◆ 鋸的位置在鋸線外側，不要在鋸線上。

十、旋轉黃銅成品

（圖4-31，旋轉黃銅成品欣賞，楊彩玲提供）

4.3　鏤空與鑽孔

（圖4-32，作品欣賞，楊彩玲提供）

一、鏤空與鑽孔使用工具

(一) 手搖鑽

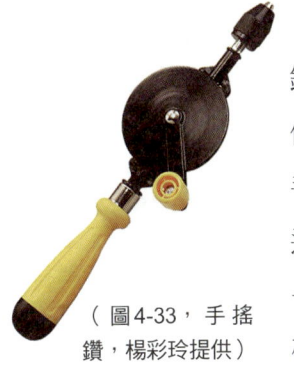

手搖鑽是一種不靠電力,完全用左右手共同操作的鑽頭工具。使用時需先將工作物固定,由左手控制著整個鑽身,使鑽頭保持垂直,並向下施力,右手則旋轉把手,經由齒輪帶動鑽頭的旋轉。旋轉時速度不要太快,避免鑽頭發熱軟化或不慎折斷,且每正轉三次需反轉一次,以防金屬屑卡住洞口。為確保鑽頭起始位置的正確,可使用中心衝或是鋼釘在需要鑽孔處打上凹痕。

(圖4-33,手搖鑽,楊彩玲提供)

(二) 吊鑽

是經常被使用的電動工具,除了可以裝上鑽頭用於鑽孔之外,亦可裝上切、削、磨的配件,以進行不同功能的操作;裝置這些配件時,必須注意軸心是否垂直,其訣竅在於旋開吊鑽夾頭時,其旋開的開口切勿過大,只旋開到足以讓配件軸心剛好進入即可。

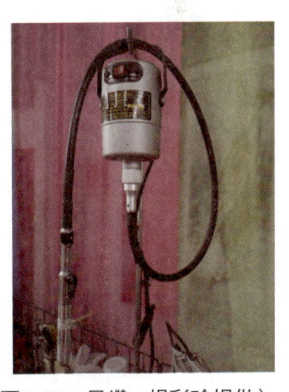

(圖4-34,吊鑽,楊彩玲提供)

(三) 桌上型鑽孔機

除了吊鑽之外,桌上型鑽孔機也是很方便的鑽孔工具,但多為木工使用,其優點在於桌上型鑽孔機有一個與鑽頭垂直的檯面,用以支撐工作物,使操作過程中鑽頭與工作物永遠保持垂直。缺點是轉速過快,較難控制。也常因轉速過快使鑽頭發熱軟化。且金屬物件太小時,常因轉動摩擦生熱,使金屬物件太燙而不易抓持,飛出轉台發生危險。建議盡量不要使用。

(圖4-35,桌上型鑽孔機,楊彩玲提供)

4-29

(四) 手持型鑽孔機

與吊鑽極為相似，也可裝上鑽頭用於鑽孔，亦可裝上切、削、磨的配件，以進行不同功能的操作。但與吊鑽不同的是，手持型鑽孔機體型較小，方便攜帶，也沒有軸心需垂直的問題。但轉速較慢，扭力較小，在對較大的金屬物件進行操作時較為吃力。較適合使用於小型金屬物件上。

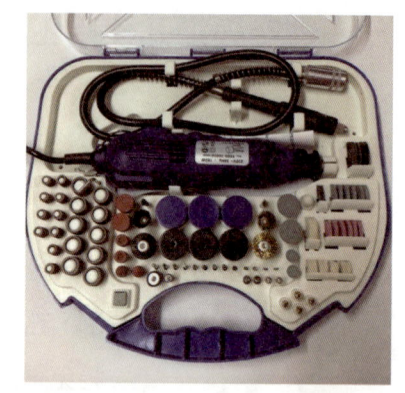

（圖4-36，手持型鑽孔機，楊彩玲提供）

(五) 鑽頭

鑽頭是一般鑽子或鑽挖機器所採用的切割工具，以切割出圓形的孔洞。鑽頭基本原理為使鑽頭切邊旋轉，切削工件，再由鑽槽進行排除鑽屑。它包含了機械、木工、採礦業、混凝土、水泥等不同用途的鑽頭。

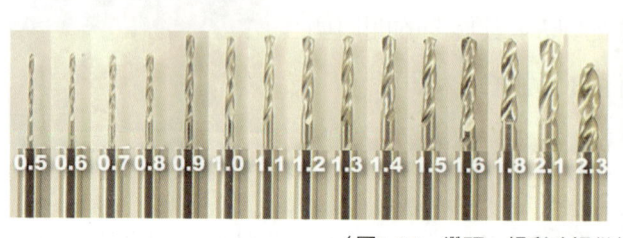

（圖4-37，鑽頭，楊彩玲提供）

(六) 鑽頭的保養

鑽頭因為經常使用而變得不鋒利時，可將鑽頭的刀刃處重新研磨，但須有技巧且耐心的操作。研磨時需確定刀刃保持118～120度，而刀刃的切角則為 59 度。

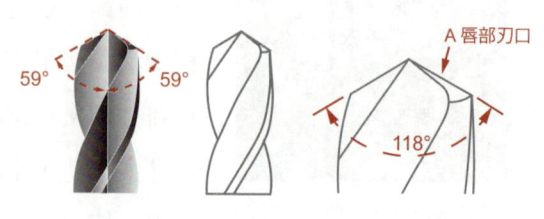

（圖4-38，鑽頭的保養，楊彩玲提供）

(七) 中心衝

用來做鑽孔前的位置標記用，所撞出的點可引導鑽頭準確鑽過。若手邊沒有中心衝，也可使用鋼釘，配合槌子也可達到相同效果。

（圖4-39，中心衝，楊彩玲提供）

(八) 其他工具

圖4-40為口紅膠，用來黏合所影印的附圖或其他用來作為記號的紙張；圖4-41為潤滑油，在鑽孔時，鑽頭與金屬摩擦容易產生熱，可適時地加上一點，以免金屬溫度升溫太高而變形。

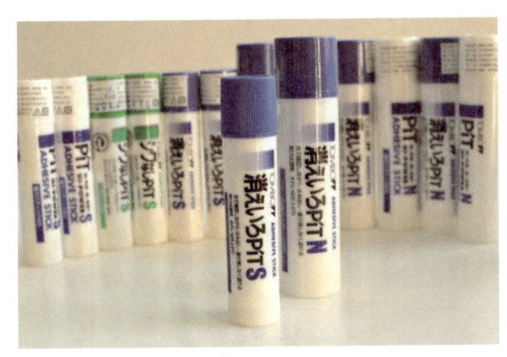

（圖4-40，口紅膠，楊彩玲提供）　　（圖4-41，潤滑油，楊彩玲提供）

(九) 手搖鑽的使用

要轉開手搖鑽上方安裝鑽頭的部分前，需將手把固定好，否則無法將其轉開。

4-31

轉開後，將鑽頭放進並轉緊。

> 💡 **貼心小提醒**
> 在安裝鑽頭時，需注意轉動時是否會有左右偏動的現象，以避免在鑽孔時，鑽頭容易斷裂，發生危險。

（圖4-42，轉鑽頭，楊彩玲提供）

(十) 名牌的注意事項

由於字體本身會有相連的部分，在進行鏤空時會有問題，所以必須在鋸切前先將字體進行修改。

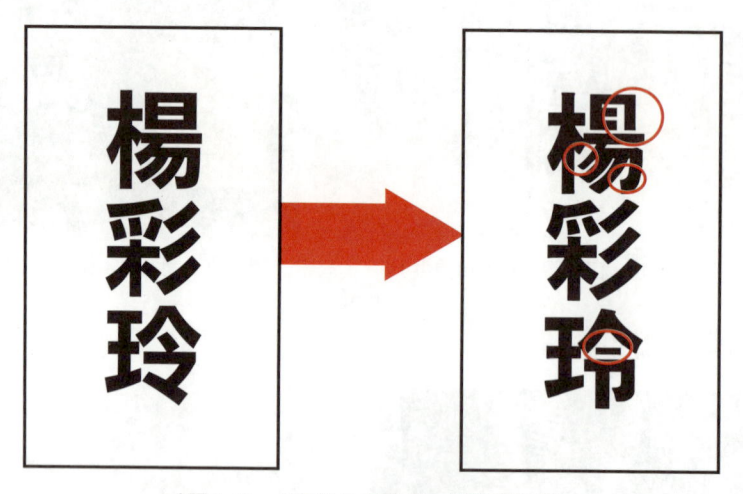

（圖4-43，名牌的注意事項，楊彩玲提供）

例如：

日的部分，需開個小口使鋸絲得以鋸切進去，以便在鏤空時能夠保留所要的位置（如圖4-43）。

二、技法實作

The Key Ring

（圖4-44，作品欣賞，楊彩玲提供）

(一) 鏤空

❶ 首先在所要鏤空的位置使用中心衝或是鋼釘配合槌子做上記號。

❷ 做好記號後，使用手搖鑽進行鑽孔（若有其他鑽孔工具，也可自行選擇使用）。

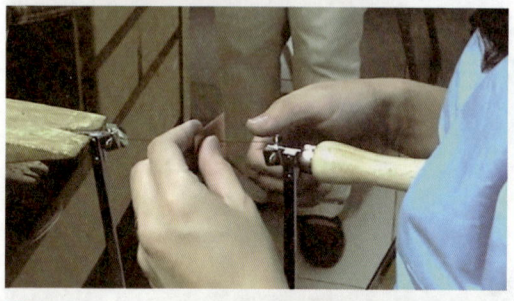

❸ 將鋸絲穿過金屬材鑽好的孔洞並鎖緊。

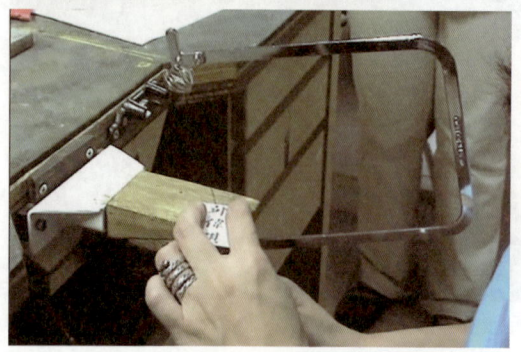

❹ 鎖緊後即可進行鋸切，鋸切時請小心且慢慢操作，勿操之過急。

（圖4-45，鏤空操作步驟，楊彩玲提供）

（二）技法練習作業

姓名名牌

注意事項：

字體可自行挑選，選擇字體時須先自行做調整，避免鋸切困難（請依前面所展示的方式做修整）。

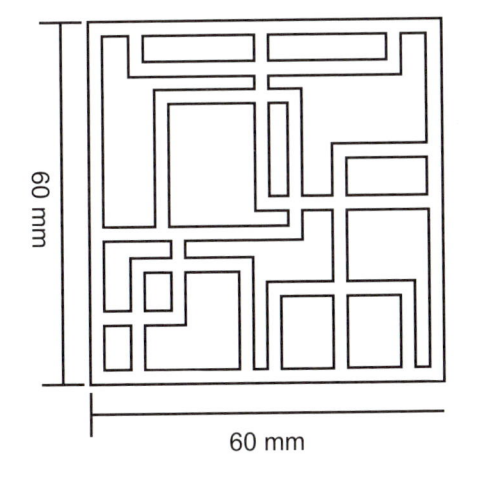

窗與稜

請將附錄影印並剪下黏貼在金屬材進行操作。

- 鋸弓垂直向下。
- 鋸齒向外向下。
- 手指頭遠離工作區正前方。
- 鋸的位置在鋸線外側，不要在鋸線上。
- 每條線條寬度皆為 2.5 mm。

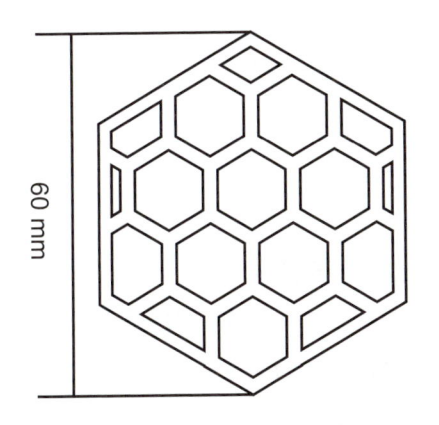

蜂、縫

請將附錄影印並剪下黏貼在金屬材進行操作。

- 鋸弓垂直向下。
- 鋸齒向外向下。
- 手指頭遠離工作區正前方。
- 鋸的位置在鋸線外側，不要在鋸線上。
- 每條線條寬度皆為 2.5 mm。

創意實作 ▶ 基礎金屬工藝

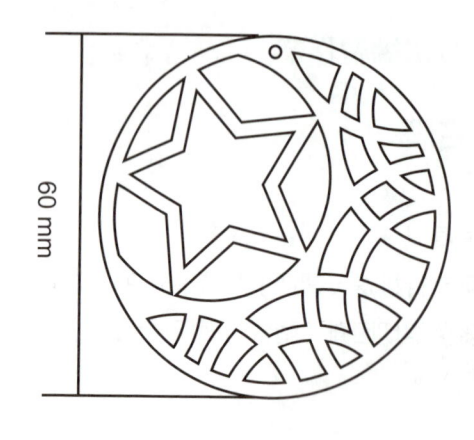

雲中星月

請將附錄影印並剪下黏貼在金屬材進行操作。

- 鋸弓垂直向下。
- 鋸齒向外向下。
- 手指頭遠離工作區正前方。
- 鋸的位置在鋸線外側，不要在鋸線上。
- 每條線條寬度皆為 2.5 mm。

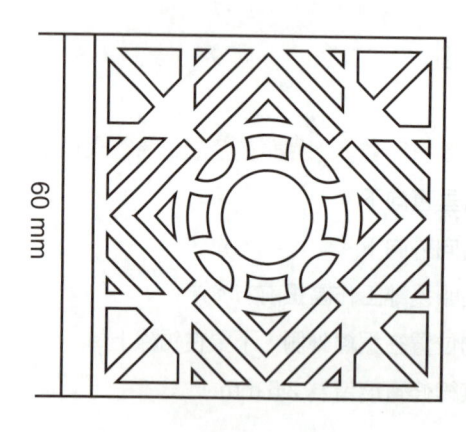

陽之塔頂

請將附錄影印並剪下黏貼在金屬材進行操作。

- 鋸弓垂直向下。
- 鋸齒向外向下。
- 手指頭遠離工作區正前方。
- 鋸的位置在鋸線外側，不要在鋸線上。
- 每條線條寬度皆為 2.5 mm。

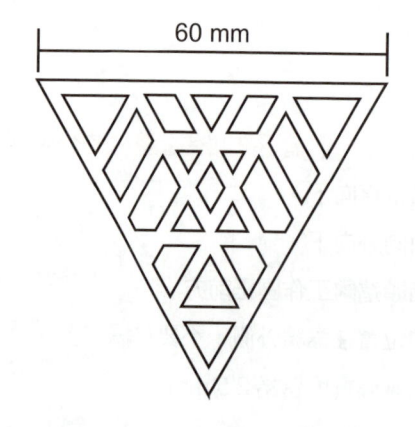

錐與角

請將附錄影印並剪下黏貼在金屬材進行操作。

- 鋸弓垂直向下。
- 鋸齒向外向下。
- 手指頭遠離工作區正前方。
- 鋸的位置在鋸線外側，不要在鋸線上。
- 每條線條寬度皆為 2.5 mm。

4.4　拋光與銼工

（圖4-45，拋光與銼工作品欣賞，楊彩玲提供）

一、銼刀

是經過硬化處理過的鋼製工具，其型式與尺寸，各式各樣，圖4-46 所示。

❶ 逐漸向頂端變窄變薄的為尖錐狀或半尖錐狀銼刀

❷ 從底至頂端呈現平型的平板型銼刀

❸ 呈現不規則彎曲變化的異形銼

（圖4-46，銼刀，楊彩玲提供）

二、銼刀的分類

1. 依粗細分

在一般五金工具用與珠寶金工中用的銼刀不盡相同，一般的銼刀是直接以銼刀齒鋸的粗細來區分，分為五類；而精細的珠寶金工銼刀系統則是用編號來區分，每種尺寸的編號其齒紋數也不同。

2. 依形狀分

銼刀的剖面形狀不同，大致上可分為以下幾種。

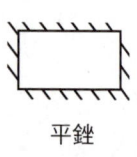

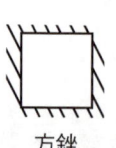

平銼　方銼　圓銼
半圓銼　三角銼

銼刀粗細種類	每英吋鋸齒數
超粗銼	14～22
粗銼	22～32
中粗銼	32～42
細銼	50～70
超細銼	70～120

（圖4-47，銼刀的剖面形狀，楊彩玲提供）

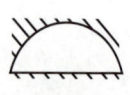

3. 精細的珠寶金工銼刀分類依其長短及狀態分為兩類：

◆ **手銼**：6～8英寸以上的銼刀稱為手銼（不包含插入木柄的尖錐部分），此種銼刀因為沒有把手，所以需要加裝木製或塑膠把手，以便操作。

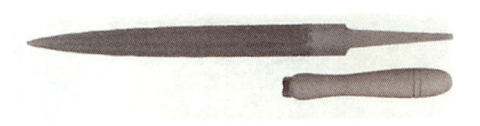

（圖4-48，手銼，楊彩玲提供）

◆ **針銼**：銼身與把手一體成型的銼刀稱為針銼。此類銼刀是以號碼來標示其粗細，從最粗的00號～最細的6號；而一般修形的工作則大部分使用1或2號銼刀。

三、銼刀的使用

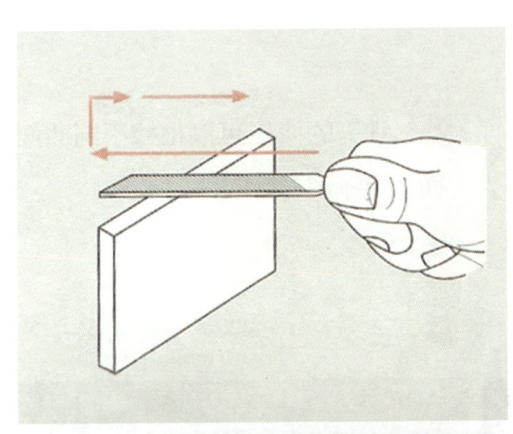

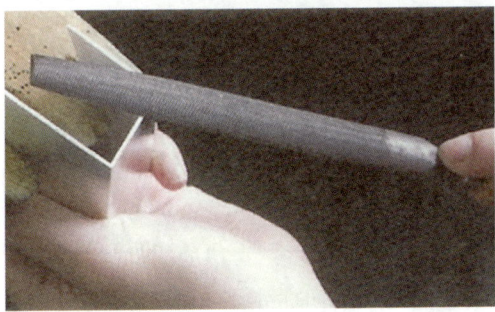

❶ 由於銼刀齒紋的設計是向前方才有銼修力，故使用銼刀時應施用適當的力量，向前平穩推進，拉回時稍微提起銼刀，以避免摩擦。

> **貼心小提醒**
>
> 銼修時，若只集中使用銼刀的某部分齒紋，會造成此部分的齒紋過快磨損，形成整支銼刀銳利度不均衡的現象，在銼修拉回時施力，亦會造成齒紋過快磨損。
>
> 口訣：向前不向後

❷ 銼修物件時，請端坐於工作桌前，用手將物件穩固的夾握住並靠在銼橋上進行銼修。

創意實作 ▶ 基礎金屬工藝

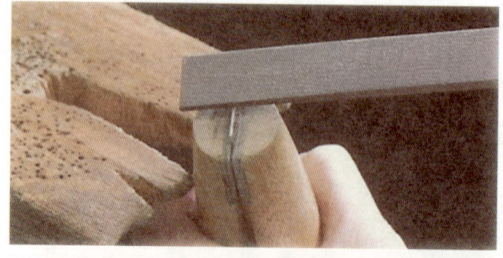

❸ 若手汗較多或物件較小而握不住金屬時，可用其他輔助工具，例如戒指夾。

❹ 若要銼修較大物件時，可使用較為穩固的萬力夾來固定金屬材，通常採用站姿，工作物大約置在手肘處高度為佳。

❺ 銼刀的使用可以根據不同曲面而使用不同形狀的銼刀。

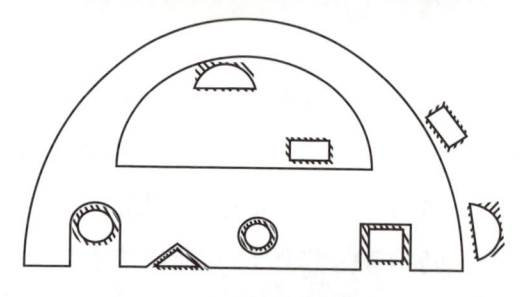

（圖4-49，銼刀的使用，楊彩玲提供）

四、銼刀的保養與保存

❶ 使用銅刷順著齒紋方向（45°角）將碎屑刷除。

❷ 仍有頑固而無法刷除的碎屑，可用尖細的金屬針挑除。

❸ 使用黃銅片的邊緣，順著齒紋方向刮除碎屑。

貼心小提醒

銼刀請分開放置，以免銼刀相互碰撞摩擦，造成損壞，可購買或自行製作袋子收納。

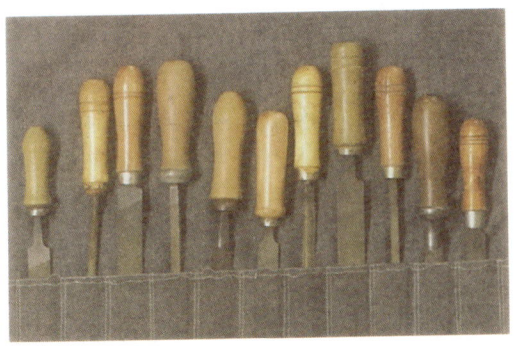

（圖4-50，銼刀的保養與保存，楊彩玲提供）

五、砂紙

（圖4-51，砂紙，楊彩玲提供）

一般市面上可買到的砂紙主要是以燧石製成，以背面的數號來表示粗細，數號越大砂紙越細緻；號數越小則越粗糙。

課堂上會使用到的砂紙數號為 #120、#240、#400、#600、#800、#1200

六、砂紙的裁切與保存

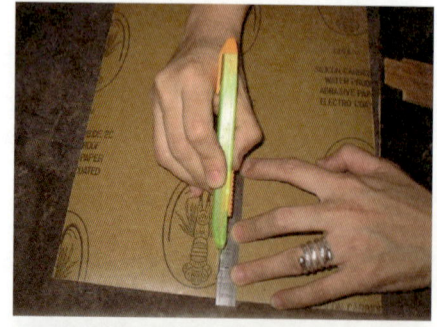

❶ 先在砂紙上量好要裁切的尺寸後,再用美工刀裁切(請注意砂紙粗糙面會傷到刀鋒,所以只可裁切牛皮紙面,非砂面,且不須用力裁切,輕輕劃過即可)。

❷ 劃過刀痕後,用對折的方式,即可分離完成。

❸ 在砂紙背面空白處寫上號數,避免裁切後沒有號數可對照(多寫也無妨)。

❹ 使用完畢後請依號數大小排列收好,以便下次使用。

(圖4-52,銼刀的使用,楊彩玲提供)

七、砂輪機

（圖4-53，砂輪機，楊彩玲提供）

　　砂輪機通常一邊為研磨輪，用於磨銼；一邊為拋光布輪用於拋光，研磨輪有不同尺寸與粗細之分，使用時施力與輪轉的速度都須適中，進行研磨時，可用水作為潤滑劑，為避免打磨過程中產生的高溫使金屬材發熱喪失韌度，須適時地將其浸入冷水中，降溫後再繼續打磨；拋光布輪則是用於拋光時使用有棉布輪、羊毛輪等多種材質，拋光時需搭配研磨劑使用，研磨劑亦有粗細之分，在台灣則以「青土」一種取代。

> **貼心小提醒**
> 拋光布輪長久使用之後，會沾黏，拋光能力也下降，需用耙子鬆開，可用刮魚鱗的耙子或類似的器具。

（圖4-54，拋光布輪，楊彩玲提供）

4-43

八、青土

　　一般金屬鏡面拋光研磨使用，適用於銅、鎳合金、鋅合金之表面處理，大理石、玉器、貝殼類等均可（不可用於木頭上，油脂會卡在木材毛細孔中）。

（圖4-55，青土，楊彩玲提供）

九、拋光

❶ 將拋光機具拿出並固定於桌面（若布輪尚未梳開請事先梳開）。

❷ 將砂輪機開啟，塗抹上適量青土，準備拋光。

（圖4-56，拋光，楊彩玲提供）

> **貼心小提醒**
> 1. 由於砂輪機轉速很高，所以在拿金屬時，請盡量使用兩手拿取，如此操作起來較穩。
> 2. 金屬置入的角度約為45度向下。
> 3. 在旁準備退溫用的水杯，金屬溫度過高時可丟入。
> 4. 不可戴手套操作，留有長髮者必須紮好，以避免被馬達捲入造成意外。

❸
將要拋光的金屬如示意圖中45度角向下的方式置入砂輪機，進行拋光。

十、拋光後清洗

❶
拋光後，拿出中性清潔劑，取適量於作品上。

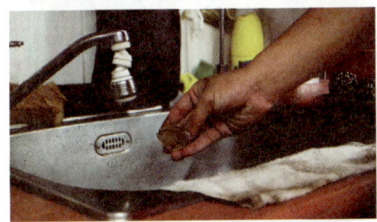

❷
用手輕輕搓洗，若有較難清洗的部分可使用牙刷清洗。

❸
再來將作品用清水沖洗，最後再用紙巾擦拭即可。

（圖4-57，拋光後清洗，楊彩玲提供）

4-45

十一、技法練習作業

- 將上次製作的旋轉黃銅進行修邊與拋光
- 完成以上步驟時，即可旋開黃銅

十二、進階練習作業

- 使用金屬：黃銅。
- 準備工具：鋸弓、鋸絲、砂紙、銼橋。
- 橢圓與菱形為 40 mm×30 mm，其他尺寸皆為 40 mm×40 mm。
- 鋸切完後拋光即可。

4.5　鉚接與染色

（圖4-58，鉚接與染色作品欣賞，楊彩玲提供）

創意實作 ▶ 基礎金屬工藝

一、鉚接

鉚接是不經過焊接或膠合處理的物理性接合方式，廣泛地稱之為冷接法。常見的冷接法處理方式有鉚釘、螺絲、插銷、爪釦等技術。冷接法非常適用於結合金屬與非金屬材料，或是使用於有特殊設計、結構等需求的物件上。另外，現代首飾材質趨向多元化，一些工業用金屬（例如鈦金屬、不鏽鋼、鋁金屬等）也漸漸被運用至珠寶首飾，因為這些金屬較難以工藝技法的焊接結合，因此冷接法可說是當代首飾重要的技法之一。

（圖4-59，鉚接方式的作品，楊彩玲提供）

（一）鉚接的製作技術

切割兩塊或以上的平板，可以是大小、厚度、材質不同的平板。如果是在非金屬上使用鉚釘，需考慮不同材質兩面可以承受的壓力。

（圖4-60，鉚接的製作技術，楊彩玲提供）

4-48

◆ 鉚接前需注意之處：

1. 金屬內面越平整越好。

2. 鑽頭、鉚釘的準備。所使用的金屬線必須完全吻合鑽頭所鑽出的洞。

3. 打洞鑽孔。精確的孔洞，在鉚釘的過程中是必須的。

4. 銼修或以刮刀刮除鑽孔所造成的毛邊。

5. 鉚合之前，質感、顏色……等等處理，應都已經完成。

(二) 鉚接的分類

1. 死鉚

能夠將兩種材質或其他材料相鉚的技法緊密固定住，是最為常見的鉚接技法。

2. 活鉚

是將兩種板材與想活動的零件相鉚的技法，與死鉚不同之處為夾在其中的零件可活動。

3. 管鉚

利用管材將兩種板材相鉚的技法，與前面兩者不同的地方在於管材中間為空心狀，可作為裝飾或可將其他線材穿過作為其他用途。

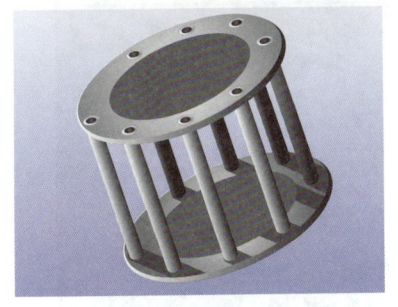

（圖4-61，鉚接的分類，楊彩玲提供）

(三) 鉚接工具

1. 小方鎚	2. 圓衝頭	3. 小方鑽
直接用來敲打鉚接位置的線材。	用來敲打管鉚的圓管，敲製時要使用槌子敲打衝頭平面處。	進行鉚接敲製時，須將方鑽墊在底下，讓敲製更加順利，因為一般木製桌面不夠堅硬，會在桌面形成凹洞。

（圖4-62，鉚接工具，楊彩玲提供）

（圖4-63，鉚接作品，楊彩玲提供）

（圖4-64，鉚接作品，楊彩玲提供） 　　（圖4-65，鉚接作品，楊彩玲提供）

(四) 鉚接技法 (死鉚)

❶ 先在需要鉚釘的位置鑽孔。

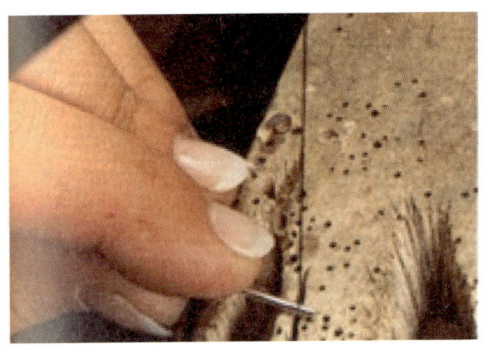

❷ 根據所要鉚的金屬厚度上下各加 0.5 mm 左右，鋸下銅線。

❸ 將鋸下的銅線塞入鑽好的孔。

❹ 在方鑽上用鐵鎚反覆翻面來回輕敲。

> **貼心小提醒**
> 可先從粗線 2 mm 練習起。

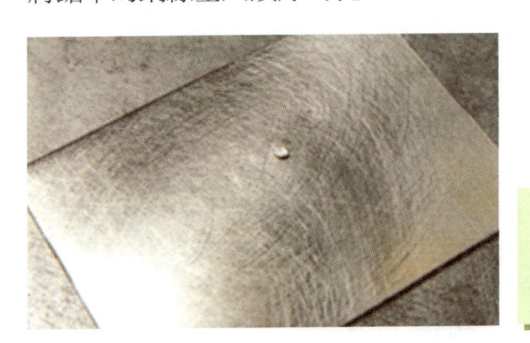

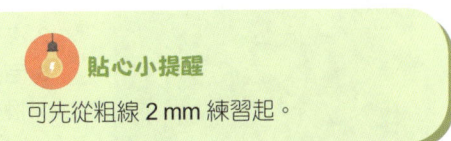

（圖4-66，鉚接技法 (死鉚)，楊彩玲提供）

創意實作 ▶ 基礎金屬工藝

(五) 鉚接技法 (活鉚)

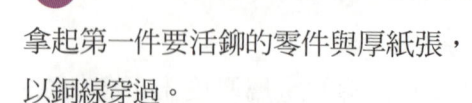

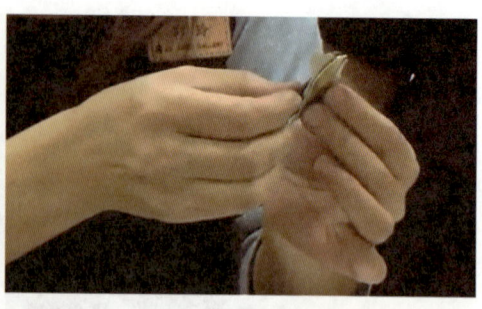

1 拿起第一件要活鉚的零件與厚紙張，以銅線穿過。

2 再將第二件零件穿過，即完成活鉚前置工作。

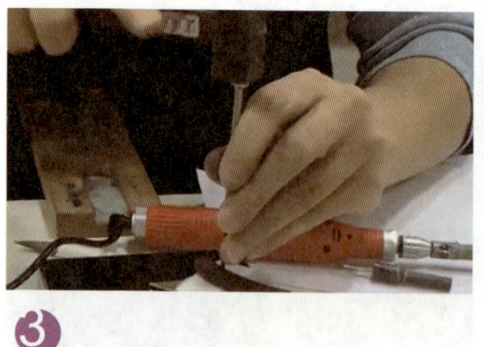

3 將其置於方鑽上以鐵鎚反覆翻面來回輕敲，敲打結束後，將作品放入水中，使夾在其中的紙張被泡軟。

4 經過數分鐘後，即可取出並耐心地將紙張清除乾淨，即完成活鉚。

💡 **貼心小提醒**
1. 建議以黃銅線進行活鉚，因黃銅線較硬。
2. 夾在中間層的厚紙可依自己需求自行選擇厚薄度。
3. 若夾在中間的紙張太厚導致銅線不夠長，請立即更換長度足夠的銅線。

(圖4-67，鉚接技法(活鉚)，楊彩玲提供)

4-52

二、技法練習作業

（圖4-68，鉚接技法作品欣賞，楊彩玲提供）

創意實作 ▶ 基礎金屬工藝

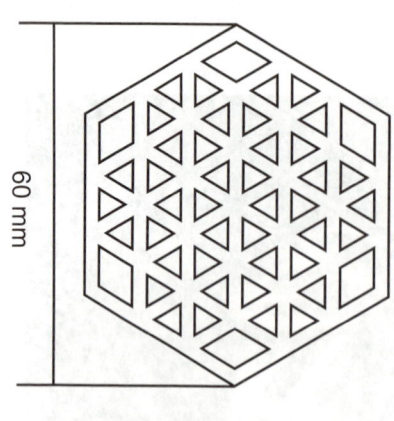

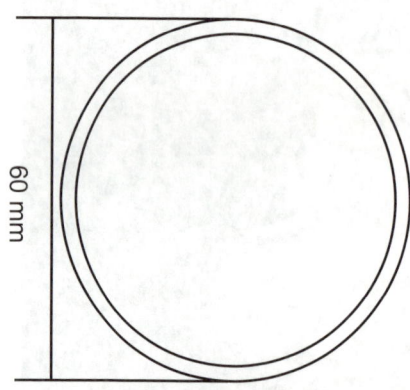

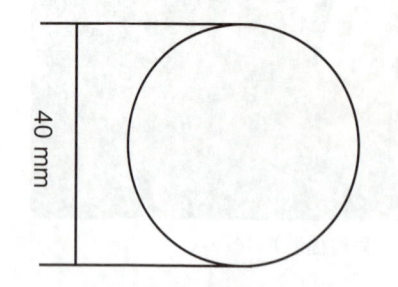

胸章．吊飾製作

霜、角

請將附錄影印並剪下黏貼在金屬材進行操作

- 鋸弓垂直向下
- 鋸齒向外向下
- 手指頭遠離工作區正前方
- 鋸的位置在鋸線外側，不要在鋸線上
- 每條線條寬度皆為 2.5 mm
- 若要製成胸章需加鉚最下方的圓型
- 鉚釘位置可自行加選

完成示意圖

4-54

窗中梅

請將附錄影印並剪下黏貼在金屬材進行操作

鋸弓垂直向下

鋸齒向外向下

- 手指頭遠離工作區正前方
- 鋸的位置在鋸線外側，不要在鋸線上
- 每條線條寬度皆為 2.5 mm
- 若要製成胸章需加鉚最下方的圓型
- 鉚釘位置可自行加選
- 尺寸皆以 60 mm×60 mm 大小鋸切

40 mm

完成示意圖

4-55

創意實作 ▶ 基礎金屬工藝

蝶，眼

請將附錄影印並剪下黏貼在金屬材進行操作

- 鋸弓垂直向下
- 鋸齒向外向下
- 手指頭遠離工作區正前方
- 鋸的位置在鋸線外側，不要在鋸線上
- 每條線條寬度皆為 2.5 mm
- 若要製成胸章需加鉚最下方的圓型
- 鉚釘位置可自行加選
- 尺寸皆以 60 mm×60 mm 大小鋸切

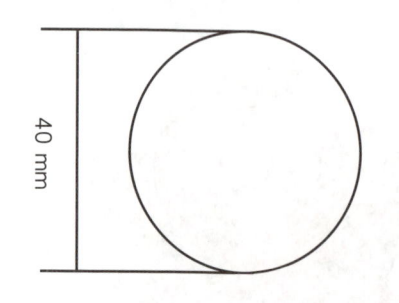

40 mm

完成示意圖

4-56

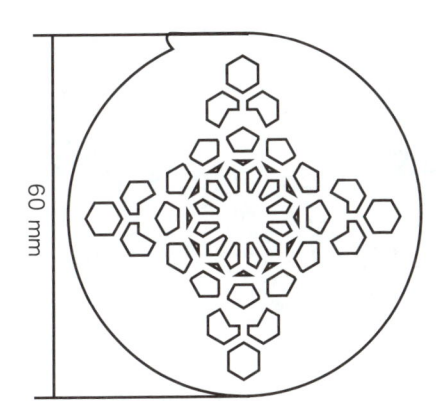

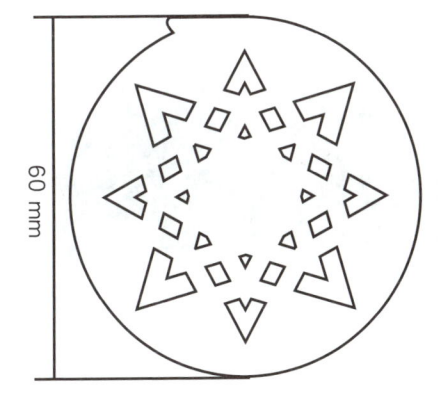

旋轉窗花

請將附錄影印並剪下黏貼在金屬材進行操作

- 鋸弓垂直向下
- 鋸齒向外向下
- 手指頭遠離工作區正前方
- 鋸的位置在鋸線外側,不要在鋸線上
- 每條線條寬度皆為 2.5 mm
- 鉚釘位置於正中心(活鉚)

完成示意圖

4-57

三、染色

（圖4-69，染色作品欣賞，楊彩玲提供）

(一) 何謂染色

當金屬與不同的藥劑接觸後會產生不同的顏色，像這樣的技術我們可以稱之為金屬化學染色技法。以這種方式來染色的金屬以銅及銅合金的顏色變化最多，銀其次，而黃金是耐酸鹼並且很穩定的金屬，較難使用此種技術來製造色澤變化。一般對化學染色的印象大多侷限在銅的銅綠色，其實它的顏色範圍非常廣，利用不同的金屬、表面質感狀態、藥劑配方、接觸方式及時間長短便能產生不同的結果。最簡單又安全的染劑是硫磺劑。

（圖4-70，金屬化學染色，楊彩玲提供）

(二) 染色用具

（圖4-71，金屬化學染色，楊彩玲提供）

消耗品	共用工具
1. 硫磺（溶液或濃縮液）	2. 塑膠盒、清水盆（鋼製） 3. 抹布 4. 銅刷 5. 牙刷 6. 洗碗精 7. 菜瓜布 8. ＃600 砂紙

(三) 染色的作法

❶ 將紅銅泡入硫磺溶液中幾秒，再將其拿起。

❷ 刷洗後放入水中清洗，即完成。

❸ 拿起後使用銅刷，進行刷洗。

貼心小提醒

1. 可依自己對顏色的喜好程度重複浸泡於溶液與刷洗（硫磺溶液的濃度也會影響變黑的速率）。
2. 在調製硫磺溶液時，使用熱水，染色速度會較快。

（圖4-72，染色的作法，楊彩玲提供）

4-60

四、技法練習作業

名牌染色

1. 將之前作業的名牌帶來進行染色
2. 在進行染色之前,先用 #600 砂紙再磨過一遍並清洗乾淨

（紅銅外表容易氧化,會使染劑不易作用）

楊彩玲
60 mm
30 mm

五、完成作品欣賞

（圖4-73,作品欣賞,楊彩玲提供）

4.6　作品賞析

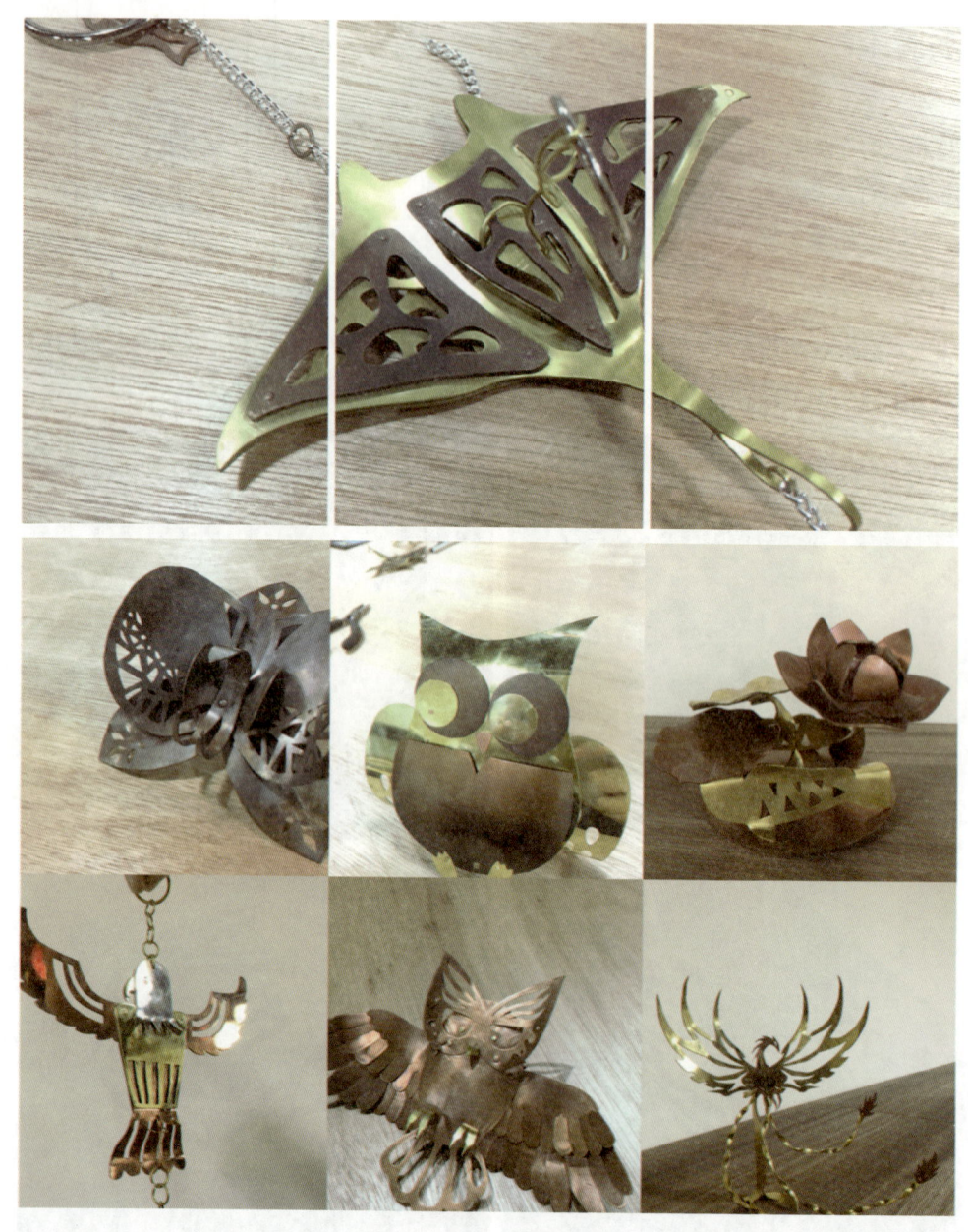

（圖4-74，作品欣賞，楊彩玲提供）

（圖4-75，作品欣賞，楊彩玲提供）

創意實作 ▶ 基礎金屬工藝

（圖4-76，作品欣賞，楊彩玲提供）

（圖4-77，設計者：林奕宏）

（圖4-78，設計者：陳怡璇）

（圖4-79，設計者：依婉烏瑪）

（圖4-80，設計者：顏承亭）

（圖4-81，設計者：張文渝）

（圖4-82，邱婕妤）

創意實作 ▶ 基礎金屬工藝

（圖4-83，設計者：謝淑媛）

（圖4-84，設計者：曾雅苹）

（圖4-85，設計者：黃宗帝）

（圖4-86，設計者：顏承亭）

（圖4-87，設計者：謝俊龍）

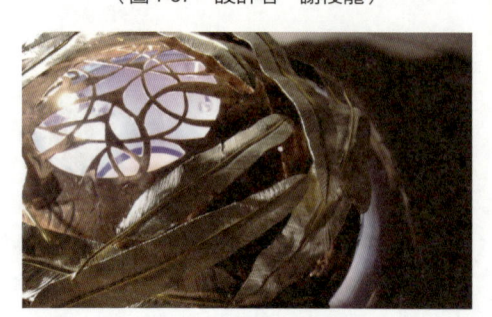

（圖4-88，設計者：劉彥汝）

（圖4-89，設計者：簡珮婕）

（圖4-90，設計者：李珍惠）

（圖4-91，設計者：李珍惠）

創意實作 ▶ 基礎金屬工藝

（圖4-92，設計者：許如萱）

（圖4-93，設計者：廖志程）

（圖4-94，設計者：王柔勻）

（圖4-95，設計者：陳學正）

（圖4-96，設計者：陳奕文）

（圖4-97，設計者：陳奕文）

（圖4-98，設計者：陳思安）

（圖4-99，設計者：謝俊龍）

（圖4-100，設計者：陳奕文）

創意實作 ▶ 基礎金屬工藝

（圖4-101，作品欣賞，楊彩玲提供）

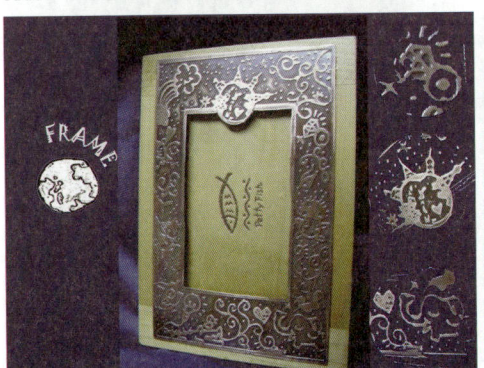

（圖4-102，作品欣賞，楊彩玲提供）

4-71

創意實作 ▶ 基礎金屬工藝

（圖4-103，作品欣賞，楊彩玲提供）

4-72

第 5 單元

3D 列印
繪圖與操作

陳建志　老師

陳建志，現任教於國立高雄第一科技大學，2016 年 8 月出版《方法對了，人人都可以是設計師》一書，榮獲全校必修「創意與創新」課程之教材。任教前曾在相關工業產品設計公司擔任產品設計師及設計總監等職務，其間多次獲得國內外相關設計競賽獎項之肯定；於任教期間，多次輔導跨領域學生團隊獲得國內外設計競賽獲獎、國際發明展金牌及發明專利肯定。個人專長為工業產品設計、平面設計、電腦輔助設計、設計思考、在地文創設計、模型製作、商品品牌開發等相關設計實務。

單元架構

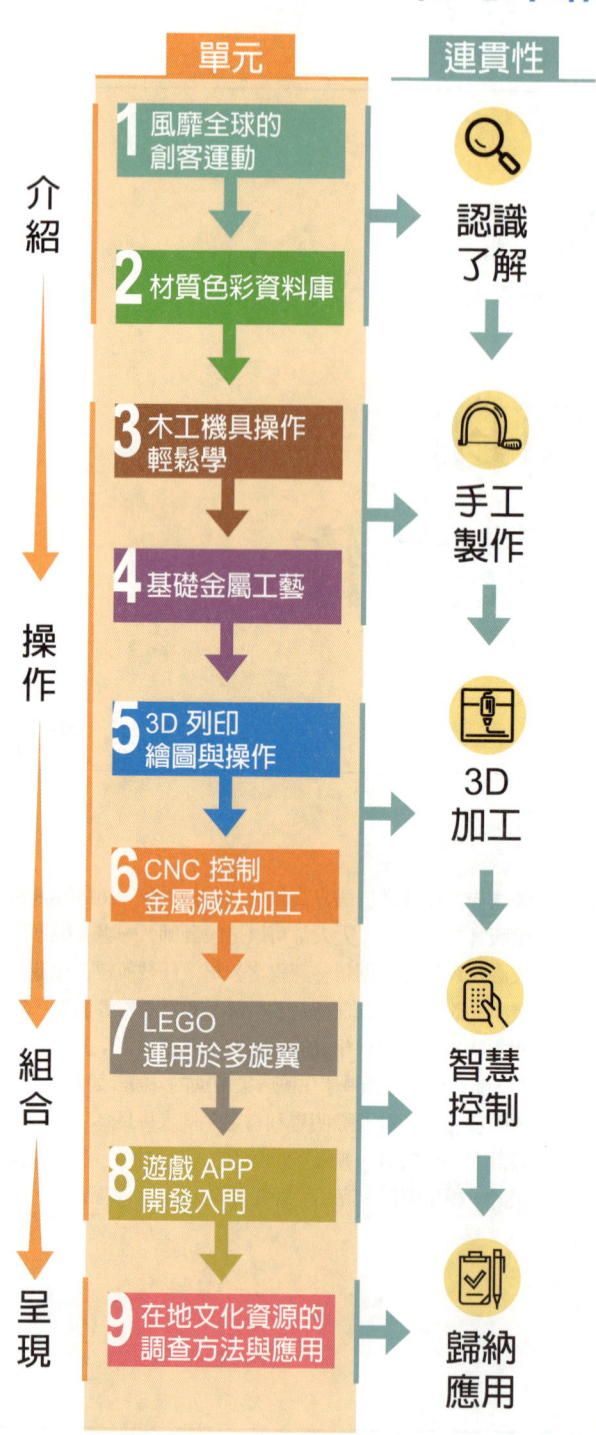

單元

1. 風靡全球的創客運動
2. 材質色彩資料庫
3. 木工機具操作輕鬆學
4. 基礎金屬工藝
5. 3D 列印繪圖與操作
6. CNC 控制金屬減法加工
7. LEGO 運用於多旋翼
8. 遊戲 APP 開發入門
9. 在地文化資源的調查方法與應用

介紹 → 操作 → 組合 → 呈現

連貫性

- 認識了解
- 手工製作
- 3D 加工
- 智慧控制
- 歸納應用

內容描述

先探索發掘
透過在地資源調查，來了解發掘問題及資料蒐集之重要性；並透過色彩材質的認識，來學習如何應用於提升創意品質及造型美學。

再動手實作
了解問題發掘及美學之後，可透過木工常用手工具之操作練習，應用於居家傢俱設計；再認識細微金屬手工具之加工工法及各式金屬，來學習動手實作之重要性。亦會學習 3D 模型繪圖教學之 3D 列印機加法加工，及大型機具雕刻機之減法加工的實際操作設備練習。

於技術應用
透過動手實作練習之後，即可組裝直昇機樂高組件，來學習馬達動力傳動及主機程式控制。同時透過簡單語法的步驟操作練習，來自己完成簡單的 APP 遊戲開發。

於在地應用
透過課程技術的養成，實際應用於在地資源調查，並落實在地文化精神。

（圖，單元架構）

緒論

　　透過之前木工操作及金屬工藝兩單元所介紹的實作之手作加工，因而了解到手工製作的辛苦及成就感，它們是較偏向於手工具的加工，而現在要進行的 3D 加工課程，雖然也是動手實作，但最大的差異點就在於要用到 3D 繪圖軟體及 3D 列印機設備，這是較偏向軟體與設備的加工，且必須花時間去熟悉操作介面。對於 3D 軟體的操作，較不會有安全性的問題，但在執行 3D 列印機製作時，無論是操作安全注意事項，或是在執行時所花費的時間，都跟手工製作一樣，操作學習的時間越多，就會越熟悉操作的技巧及介面。

　　本單元從之前的手工製作到現在的 3D 加工，以及從手工具操作到軟體介面操作，都是必須親自花時間慢慢摸索，之後才能產出獨一無二的好作品。

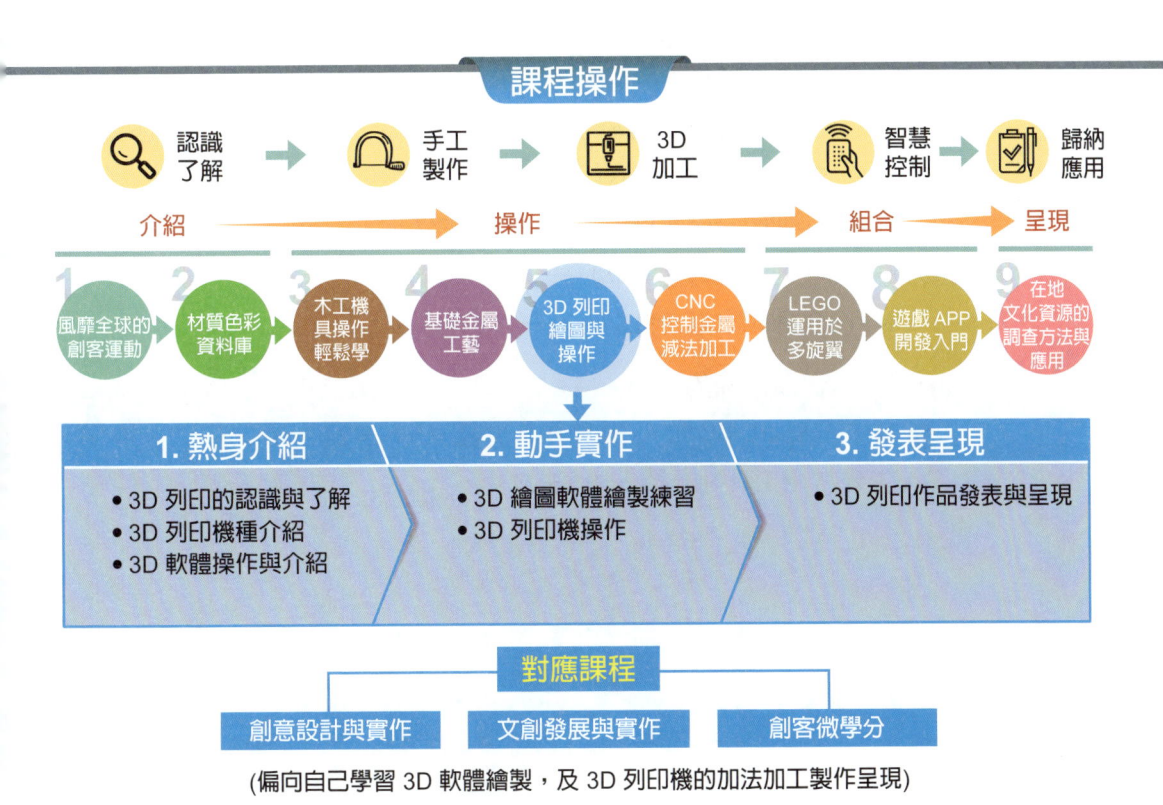

課程操作

認識了解 → 手工製作 → 3D 加工 → 智慧控制 → 歸納應用

介紹　　　　　操作　　　　　　　　組合　　　　呈現

1. 風靡全球的創客運動
2. 材質色彩資料庫
3. 木工機具操作輕鬆學
4. 基礎金屬工藝
5. 3D 列印繪圖與操作
6. CNC 控制金屬減法加工
7. LEGO 運用於多旋翼
8. 遊戲 APP 開發入門
9. 在地文化資源的調查方法與應用

1. 熱身介紹
- 3D 列印的認識與了解
- 3D 列印機種介紹
- 3D 軟體操作與介紹

2. 動手實作
- 3D 繪圖軟體繪製練習
- 3D 列印機操作

3. 發表呈現
- 3D 列印作品發表與呈現

對應課程
創意設計與實作　　文創發展與實作　　創客微學分

(偏向自己學習 3D 軟體繪製，及 3D 列印機的加法加工製作呈現)

目錄

司長序
校長序
課程引言
單元架構
緒論

5.1　3D 列印的認識 —— 5-2

　　一、製造者時代的來臨 —— 5-2

　　　　(一) 3D 列印可活用的範圍 —— 5-4

　　　　(二) 3D 列印的概略介紹 —— 5-11

　　二、3D 列印設備講解 —— 5-12

　　三、3D 列印設備介紹講解 —— 5-19

　　　　(一) 3D 列印設備（FDM） —— 5-21

　　　　(二) 3D 列印設備（SLA） —— 5-21

　　　　(三) 3D 列印設備（3DP） —— 5-22

　　　　(四) 3D 列印設備（SLS） —— 5-23

5.2　3D 列印軟體及設備的操作 —— 5-24

　　一、Design Spark 軟體的下載與操作介紹 —— 5-24

　　二、主要常用工具列介紹 —— 5-27

(一) 主要常用工具列示範介紹 —— 5-33
(二) 案例操作——鑰匙圈機械人設計 —— 5-51
三、CURA 切片軟體示範介紹 —— 5-62

5.3 作品成果呈現 —— 5-72

1 熱身階段 → 2 發展階段 → 3 製作階段

創意實作 ▶ 3D 列印繪圖與操作

5.1　3D 列印的認識

一、製造者時代的來臨

現今，3D 列印的普及，有效的帶起一波全民自己動手做、量身客製的新趨勢，讓每個人都可以將創意的想法化為產品雛形。因為 3D 列印，讓人人都可以擁有一個自己的小型工廠，而這也是目前全球所談及的第三次工業革命技術，如圖 5-1 和圖 5-2 所示。

這樣的第三次工業革命，奠定了人們開始進行微型創意。微型品牌的開始，使得人人都可以玩創意，且人人都可以進行品牌經營的夢想。

現在目前的發展趨勢，將由大規模製造轉向個人化生產，打破代工產業鏈，製造者開始走向自造者，如圖 5-3 所示。可以預料的是，製造業的數位化與社群化將掀起第三次工業革命。而其中最為關鍵的技術，就是 3D 列印。透過 3D 列印，規模經濟將不再是大規模製造業工廠的重點，而是慢慢轉向由社群化合作與產品的獨特性，並搭配著 3D 列印的運用於品牌的創立，正好就是這波工業革命的新趨勢……而這也順勢成為時下年輕人現階段最火紅的創業選擇及工作的新契機，如圖 5-4 所示。

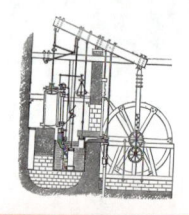

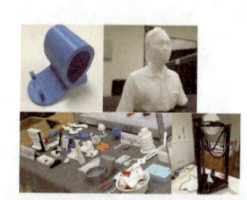

工業1.0	工業2.0	工業3.0	工業4.0
瓦特發明蒸汽機，讓人們從手工轉向機器製造。	電力的大規模應用，讓製造業由單一製造轉向大規模製造。	3D 列印堆疊製造及搭配社群媒體的擴散效應開始向群眾說話、讓消費者參與製造的概念走向個性化、社群化。	物聯網、IOT 產業、Smart city 的時代。

（圖 5-1，工業革命流程（一），陳建志繪製，2016）

3D 列印技術：帶動第三次工業革命（工業 3.0）及製造者社群時代的來臨。

工業 1.0：瓦特發明蒸汽機，讓人們從手工轉向機器製造。

工業 2.0：電力的大規模應用，讓製造業由單一製造轉向大規模製造。

工業 3.0：3D 列印堆疊製造及搭配社群媒體的擴散效應與使用者互動機制（社群募資），「向群眾說話、讓消費者參與製造」的概念走向個性化、社群化的新製造模式。

工業 4.0：物聯網、IOT 產業、Smart city 的時代。

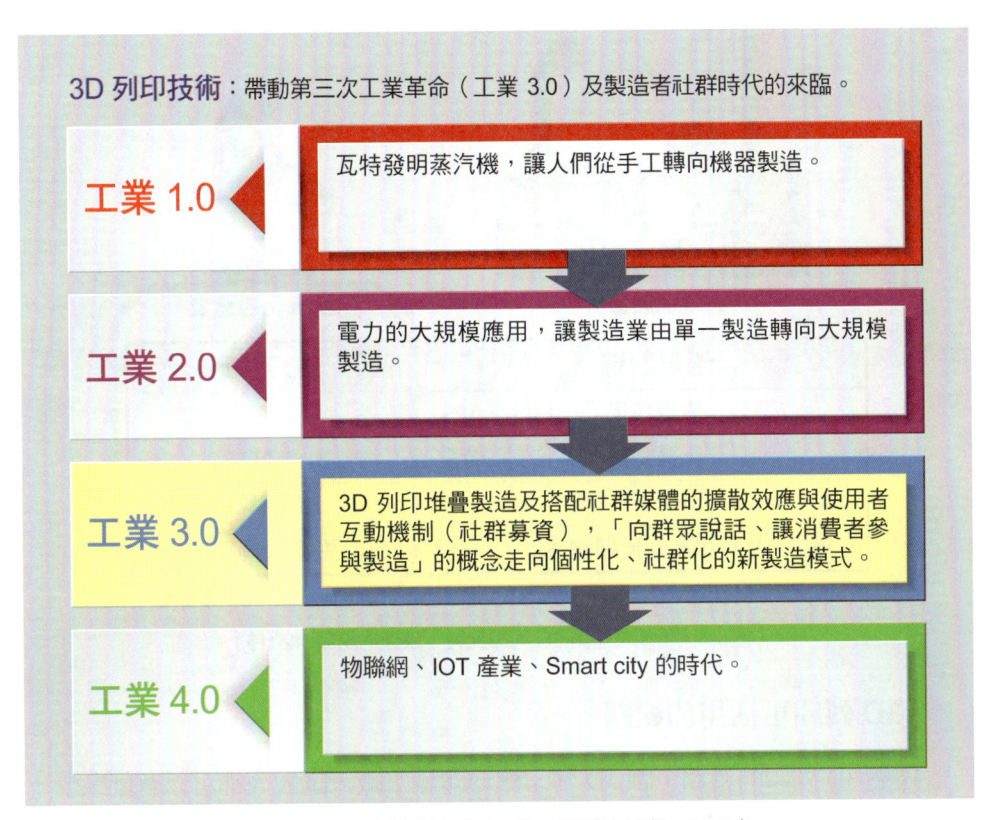

（圖5-2，工業革命流程（二），陳建志繪製，2016）

Factory — 大規模製造者　→　Home + 3D Printing — 個人化自造者

（圖5-3，大規模製造者與個人化自造者，陳建志繪製，2016）

5-3

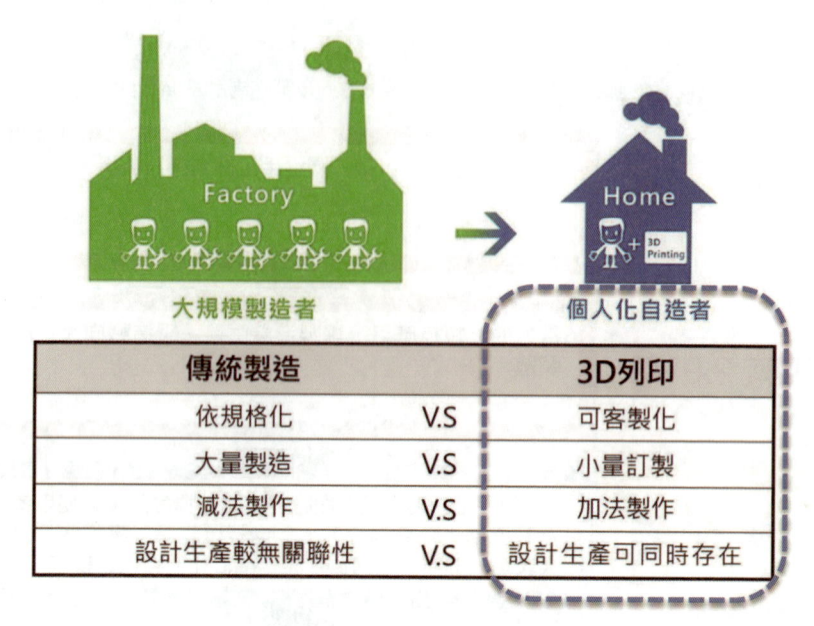

傳統製造		3D列印
依規格化	V.S	可客製化
大量製造	V.S	小量訂製
減法製作	V.S	加法製作
設計生產較無關聯性	V.S	設計生產可同時存在

（圖5-4，傳統製造與3D列印比較，陳建志繪製，2016）

(一) 3D 列印可活用的範圍

　　透過 3D 列印的應用，讓 3D 列印機器即是工廠，讓人人都可以有創業夢，且也因為產品創新速度加快，導致個性化商品將更為風行，雖然會讓工業設計門檻降低，但是創意設計的價值及普及化，都會大大的提升，而 3D 列印不單單只是在於設計創意當中，也可運用於醫療輔助、交通、服裝等，就連人們在吃食物，也可運用 3D 列印來製作出美味的佳餚（如圖5-5 所示）。但大部分的初學者或是自學的創意工作者，大多會以生活商品來當作一開始的製作門檻，而其他作品多以玩具公仔、模型汽車等，為主要製作方向，如圖5-6 所示。

　　所以，3D 列印可應用的產業非常的廣泛，不難預見在各界都大量投注資源之下，其產值將日漸擴張。而目前市場走向，大致上可分為個人自造以及商業使用，這也就是為什麼 3D 列印的普及代表著創客（Maker）已經展開，而可量產的客製化產業，不僅象徵著個人也能發展出商機的時代來臨了，更意味著下一波的工業革命即將啟動，創客的時代來了。

可以印出的人工骨骼
強度比現在所有醫療界用來裝在人體內的骨骼，強上百倍！在已經可以使用3D列印機，印出任何符合病人的精確骨骼。

可以印出的個性設計
3D列印的應用已經囊括了日常食衣住行四大重心，客製化3D列印商品勢必將成為未來不可忽視的消費力量，而慢慢地走向以個人化服務設計為大方向。

可以印出的美味食物
透過食物列印機的食材料管，就可以列印出巧克力、餅乾、披薩等食材，原料包括巧克力、麵粉、果醬、糖，只要將原料卡匣放到機器，選擇菜單，就可印出食物或是裝置用食物，如蛋糕上的字或圖案。

可以印出的立體時裝
透過3D列印出立體的穿戴服裝無論是透明材質或是花枝招展的立體裝飾，結構都可以列印得非常細膩。

可以印出一把槍
已經有金屬槍身的裝配共採用30多個3D列印金屬，所採用的是金屬材料的3D列印。或是用3D列印，列印出可連續擊發的塑膠彈夾。

STEP 01 設計　STEP 02 醫療　STEP 03 食物　STEP 04 軍事　STEP 05 交通　STEP 06 服裝

未來汽車跟飛機的部分零件用3D列印，來降低零組件重量，進而達到節省燃油成本。

可以印出降低重量的材質

（圖5-5，3D列印範圍，陳建志繪製，2016）

- 零件 7.7%
- 藝術作品 17%
- 生活商品 25%
- 動漫角色 12%
- 其他作品 20%（玩具模型、組裝家具、模型車、模型零件）
- 人物 7.7%
- 飾品 5.8%

（圖5-6，數據參考自 Nikkei Trendy 問卷調查，Trendy.nikkeibp.co.jp，2013/09，陳建志整理）

所以，3D 列印的加法製造過程，透過 3D 繪圖的建製，在設計上不需要考慮傳統模具生產的問題，則能實現各式複雜的設計需求，設計完成之後即可立即生產，大幅縮短生產的時程，能即時回應市場需求，像是藉由社群平台所提供極為便利的展示方式，利用較低的成本，將優秀的創意可直接地與群眾對話，進一步的以各式實質的贊助方式，讓您的計畫、創意設計，有機會實現。

然而，3D 列印技術製造方便，自由度高，客製化的可能性大增，又因為修改方便，所以可以隨時地跟著喜好、需求去做修改，但它還是有缺點的，像是所使用的材質受限，很難與生活中常見的產品做結合，且在進行 3D 列印時，必須要先學 3D 軟體的繪製，也因為不是每個人都會操作，所以還是需要接受相關課程的配合，才能隨心所欲的操作 3D 列印機台。但確實，現在的人已厭倦了一成不變的生活和標準化的產品，因而慢慢開始重回手作的本質。所以，3D 列印不只放慢了生活步調，同時也間接找回了人與物之間的連結。

01. **療癒感**：手作的專注會讓人抽離繁忙的工作，有助於緩和平日緊繃的壓力。
02. **成就感**：實際參與體驗，親自體會從無到有的過程，並將自己的創意想法完成，釋放自己的多元性。
03. **創造力**：透過手作專注的過程，來漸漸活絡僵化單一的思考，在沒標準答案的世界去探索。

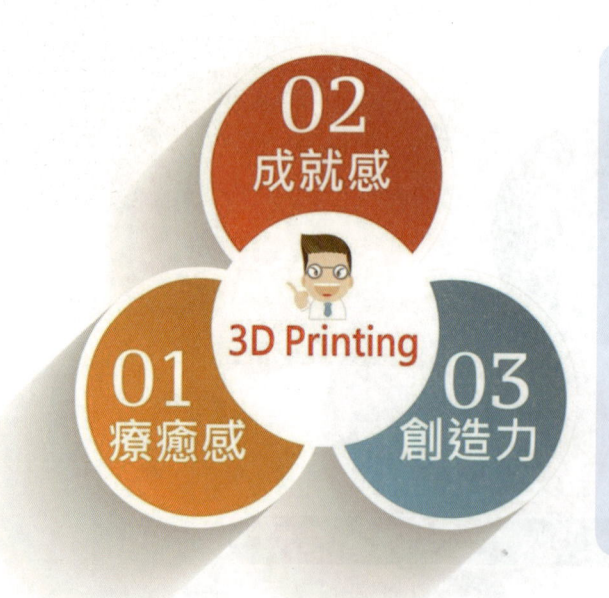

（圖5-7，動手實作好處，陳建志繪製，2016）

目前現代人在日復一日的壓力下，對於工作的成就感已日漸疲乏，甚至開始喪失了自信以及生活上的熱情，此時唯有透過自己動手作過程當中，才可以將自己天馬行空的創意，一步一步地堆積成創新，且透過手作來放慢速度，並藉此放鬆心情，來抽離現實的忙碌生活，以便從中獲得成就感及療癒身心的目的。

綜合以上透過自造者的時代已來臨，引發了手作的效應，創客（Maker）運動正夯！國立高雄第一科技大學為了培育 Maker 人才，強調創意、創新，動手實作的精神，現在正在發酵當中。

而第一科大同時也引進了許多的 3D 列印設備，並成立了 3D 創客成型中心，如圖5-8 所示，將動手做的精神融入學校，讓學生們也能間接地透過創客中心的 3D 列印設備，來找回自己的成就感及培養創造力。

（圖5-8，3D 創客中心，拍攝於第一科大 - 創夢工場，陳建志拍攝，2015）

透過第一科大的校通識必修課程──創意與創新，藉由跨領域課程的創意課程，培養學生自覺出生活中的好創意，再利用學校的創夢工場的 3D 列印如圖5-9 所示，將其雛型打樣製作，進而培養學生組隊進入創夢工場的培育室來進行創新與創業，透過這樣的學習共同體的串聯，讓學生在學期間，有機會體悟到創業家的精神及教育的翻轉，並有效地從學校開始落實於自造者（Maker）的精神。

創意實作 ▶ 3D 列印繪圖與操作

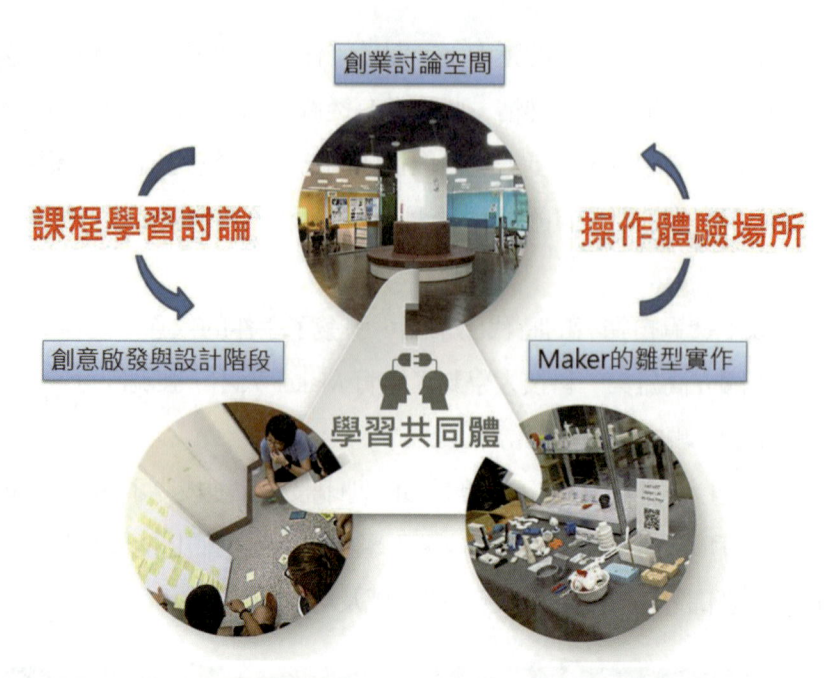

（圖5-9，學習共同體圖，拍攝於第一科大 - 創夢工場，陳建志拍攝，2015）

　　透過創意與創新課程所產出的不錯創意之後，學生即可利用跨領域實務專題課程的跨域結合，如圖5-10 所示，讓最源頭的創意在團隊合作的腦力激盪之下的互相碰觸，而讓不同領域的人，透過不同的切入觀點，以及問題的交流，來產生出較為客觀的創意，再來就是進入到 3D 列印的雛型製作階段，此時，3D 列印的基礎入門操作就變得格外重要，而基礎入門包含了 3D 繪圖作業，必須要懂得如何透過 3D 軟體，將創意繪製出來。最後是基本的 3D 列印機台的操作實務，循序漸進地朝向可被執行的創新階段邁進，進而發揮 3D 列印的 Maker 精神，透過實作，來慢慢地翻轉現有的填鴨式教育。所以在未來，絕對是跨領域實務專題學習的創意加技術共存的製造者時代。

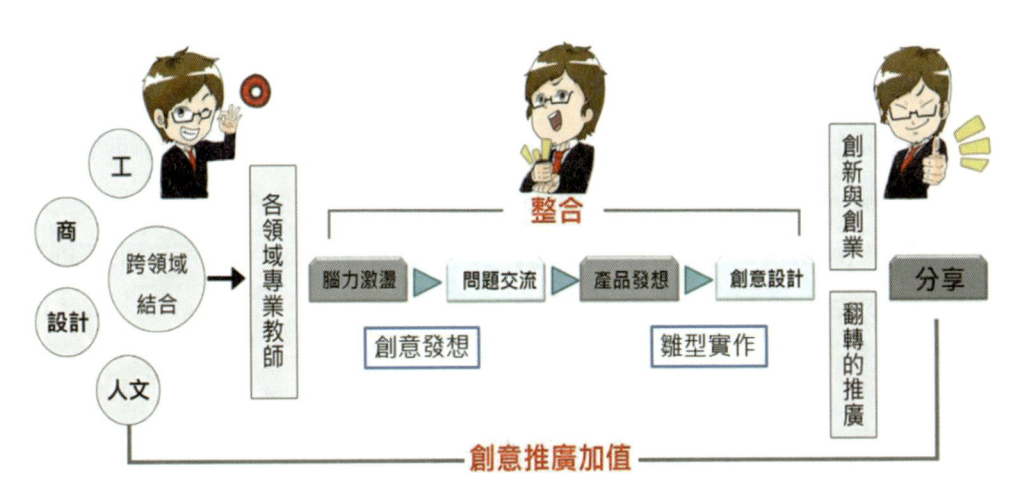

（圖5-10，跨領域實務專題學習 - 創意推廣教學，陳建志繪製，2016）

在開始操作 3D 列印之前的初期創意構想，可先以天馬行空的創意的構想為起點，但前提是不要太過於強調技術的可行性，如圖5-11 所示。而創意的雛型，絕對都是先以簡易的方法，如手繪稿或是 3D 建模等等，較不浪費發掘創意的時間，就如我們國立高雄第一科技大學的

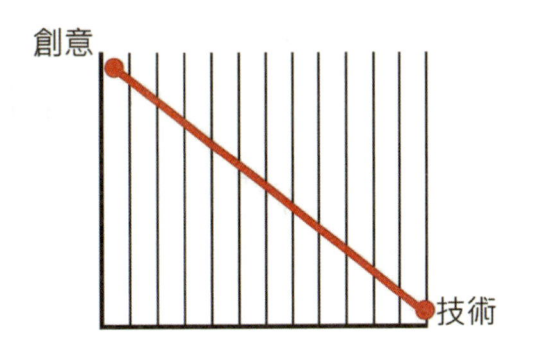

（圖5-11，創意初期過程圖，陳建志繪製，2016）

全校校通識課程——創意與創新，也是先讓學生們發掘出可被執行的創意之後，再應用到跨領域專題課程，透過現有的技術資源，來完成創意雛型，所以在草創初期，技術可以不必太過於強調，但須以創意的創新度為第一考量，也就是希望不要一開始就被技術給套住了，而無法跳脫出具差異性的創意。

進入製造者的年代後，成熟可行性高的創意，絕不能單單只靠天馬行空的圖面呈現，除了透過跨領域團隊不同觀點的切入，還得靠 3D 列印技術的積層的方式製造出成品雛型，透過圖5-12 所示，每個交叉點都是必須透過圖與實體來進行討論、修正及微調等過程，以進行不斷的評估、判斷與修正，透過創意與技術的相輔相成，來提高客製化的可能性，也因為修改方便，所以可以隨時的跟著需求去做微調。

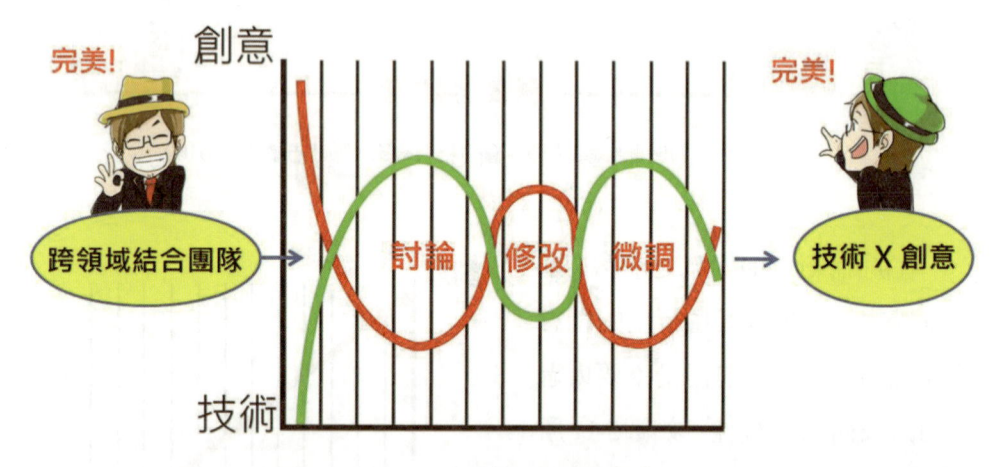

（圖5-12，創意 × 技術過程圖，陳建志繪製，2016）

3D 列印可以降低個人往創意產業發展的阻礙，並透過社群網路的便利，來縮短與客戶之間的距離，大大的提高客製化市場的發展，且在網路科技愈來愈便利等條件下，利用免費的 3D 軟體的下載學習，並配合著 3D 列印機台，來將所做出的雛型，透過看得到之外，也摸得到的呈現，就可以明確地做即時做討論、修改、微調，進而使您的創意能更加接近完成階段，這些都是靠 3D 列印技術來加快討論的效率，又因為修改方便，所以可以隨時的跟著喜好、需求去做修改，但是 3D 列印可以應用的層面非常多，所以這種操作還是需要一些技術以及相關知識的認識，才可以有效正確地使用 3D 列印機器。

(二) 3D 列印的概略介紹

　　3D 列印是什麼呢？舉例來說，我們平時吃到的美味白米是怎麼來的呢？一開始都是透過農夫各自的栽種經驗及技術，來種植出漂亮稻子，但就算是漂亮的稻穀，沒有電鍋也無法烹煮出可以讓人吃的白米，所以電鍋就變得格外重要。漂亮的稻米及烹煮用的電鍋，就像是好的創意，如果要讓人感受得到，也需透過 3D 列印技術將您的創意實體化，透過雛形的呈現，才可以分辨出好壞，進而討論修正。創意跟種稻米一樣，都是必須花心思產出，但光有創意，並無法讓人確切的感受到，所以就得透過如烹煮白米的電鍋一樣，就像是好的創意設計圖與 3D 列印機的配合產出，如圖5-13 所示，好的創意設計必須透過 3D 軟體建模之後，才能進行到 3D 列印機，將其雛型產出，以便後續可以討論修正，同時透過自己設計，自己動手做，才能慢慢向創新一步步邁進。

（圖5-13，白米製作圖，陳建志繪製，2016）

所以，好的創意，如果沒有學習 3D 軟體繪製，就很難進行到 3D 列印機這部分，所以 3D 軟體的學習是非常重要的一個環節，但並非每個人都會操作，需要接受相關訓練配合，如圖 5-14 所示，要操作 3D 列印機，就必須配合一套適合自己學習的 3D 繪圖軟體，透過建構的 CAD 模型，再轉檔至 3D 列印機來進行堆疊的加法工程製作，這樣您的創意才能具體的呈現出來。

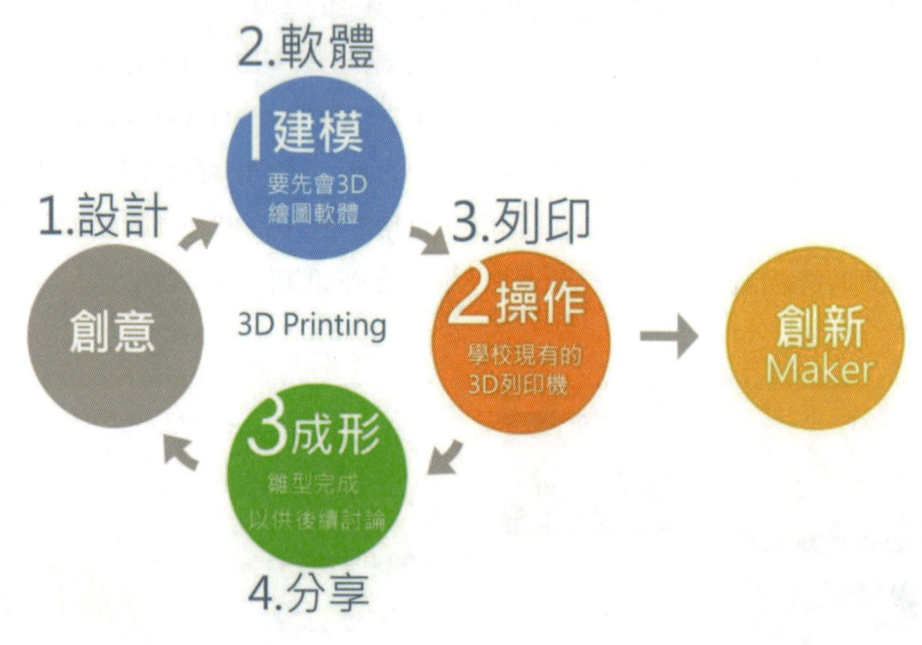

（圖 5-14，3D 列印製作圖，陳建志繪製，2016）

二、3D 列印設備講解

利用 3D 輔助設計軟體，來建構出 3D 立體模型，繪製完模型之後，不同的 3D 列印機有不同的支援格式，但大部分都是轉存成 STL 檔，來產生出能夠讓機器逐層列印堆疊的截面資料（數位切片），同時透過 3D 列印機，將材料融合製出許多分層的模型，再將分層合起來就成為立體的物品，原理就像是傳統的列印，把四色墨水印在紙張上，藉由墨水的層層堆疊後組成，最後來完成影像列印。而 3D 列印，卻是把溶劑擠壓到粉末狀態，然後將粉末進行固化，也有透過加熱製程，使噴頭融化可塑性材料的一種加工方式，透過噴頭擠出塑料後會馬上凝固在印表機台上，依照您的 3D 圖樣而層層堆疊出來，就像用印表機逐層堆疊出立體造型般，如圖5-15 所示。

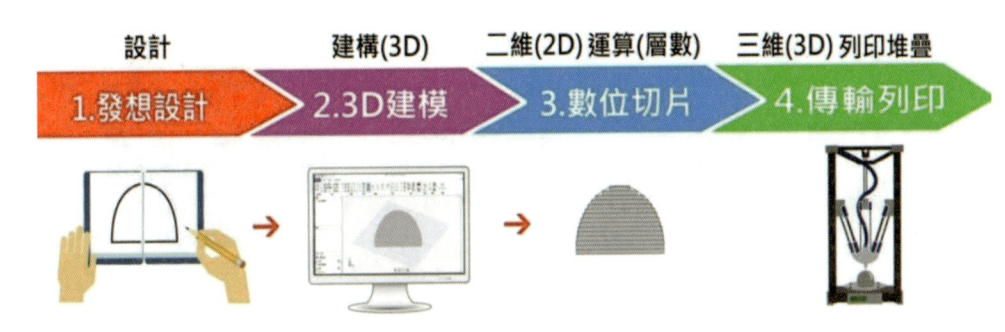

（圖5-15，3D 列印加工流程，陳建志繪製，2016）

　　市面上有很多 3D 繪圖軟體，大部分在業界的工業產品設計師，都普遍使用專業版的 Pro-E、SolidWorks、Alias 或是 Rhino 等軟體，可用於外觀造設計的繪製，或是內部機構工程設計。雖然 3D 軟體的觀念幾乎差不多，但在執行上的操作介面上卻大多不太一樣，尤其是針對剛開始的初學者，並不是很贊成一開始就學習專業版的 3D 繪圖軟體，而是建議先學習 Design Spark 這套繪圖軟體，這樣就會比較容易上手。如圖5-16 所示。

創意實作 ▶ 3D 列印繪圖與操作

建議學習的3D軟體(目前普及的軟體)：
曲面 ➡ Alias、Rhino，用於外觀設計較多
實體 ➡ Pro-E、SolidWorks，機構設計部分較多
簡易版➡ Design Spark 基本型態的建構較容易

要先學一套自己使用習慣的3D軟體

（圖5-16，3D 軟體介紹，陳建志繪製，2016）

　　介紹了 3D 軟體後，那什麼是 3D 呢？ 3D（3 Dimensions），指的就是所謂的三維空間。三個維度以及三個 X、Y、Z 三個座標，簡單來說，就是長（X）、寬（Y）、高（Z）的空間的概念，所以 3D 的基本圖學觀念是由 X、Y、Z 軸組成的空間，也可說是建構出空間裡的立體型態，因此要建構 3D 立體模型圖，立體觀念及圖學觀念都是同等重要。

　　如圖5-17 所示，將 3D 空間想成是在一個方塊空間去建構您想要的圖型，透過 XYZ 軸的輔助，讓您在建構 3D 圖時，對於立體感及圖學能掌握得更加的準確，畢竟 3D 圖檔是要在日後進行 3D 列印時的基準，準確度越高，雛型作業上也會出現差異。

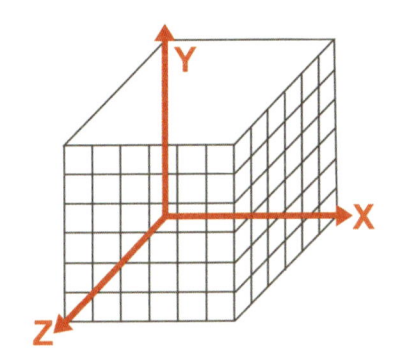

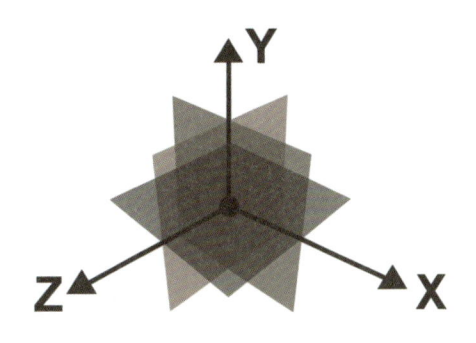

（圖5-17，XYZ 三維圖，陳建志繪製，2016）

　　所以，在讓創意者做出屬於自己的創意商品，來成為一位 Maker 之前，就必須先學會一套 3D 繪圖軟體，而本章節所提及的 3D 軟體（Pro-E、SolidWorks、Alias、Rhino），也都較由偏向專業繪圖工業產品設計師所使用，難度有點高，所以本章節介紹一套可以免費下載又易上手的 3D 軟體── Design Spark，如圖 5-18 所示。針對初學者建構基本立體型態，也相對的簡單易懂。

包含許多節省時間的功能，讓您的設計前所未有地**輕鬆**、**快速**且更具有創造性。
1. 產生非常詳細的標註尺寸的工作表
2. 建立幾何模型容易，圖形介面人性化
   (不需要是CAD 專家，也可以熟悉後上手)
3. 重點是，**完全免費** 這不是具有時間限制

之後會以這軟體來進行教學

（圖5-18，Design Spark 簡易介紹，陳建志繪製，2016）

5-15

創意實作 ▶ 3D 列印繪圖與操作

透過圖 5-19 所介紹的操作流程圖，第一個重要的關卡，就是必須先學會一套 3D 繪圖軟體——Design Spark 操作，圖面建置完成時，記住，都要先存成 STL 檔，取好檔名之後，再將 STL 圖檔丟置於另一個 3D 列印需要的切片軟體——CURA，這是為了運算出列印的層數及時間，以便能夠堆疊產出，如圖 5-20 所示。

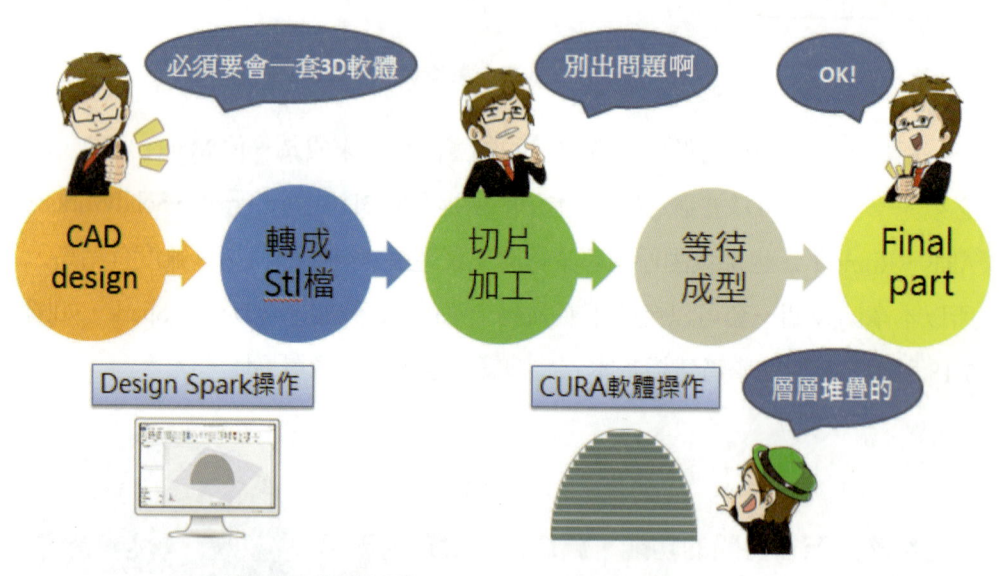

（圖 5-19，軟體的操作及 3D 列印概略，陳建志繪製，2016）

掌握幾個原則

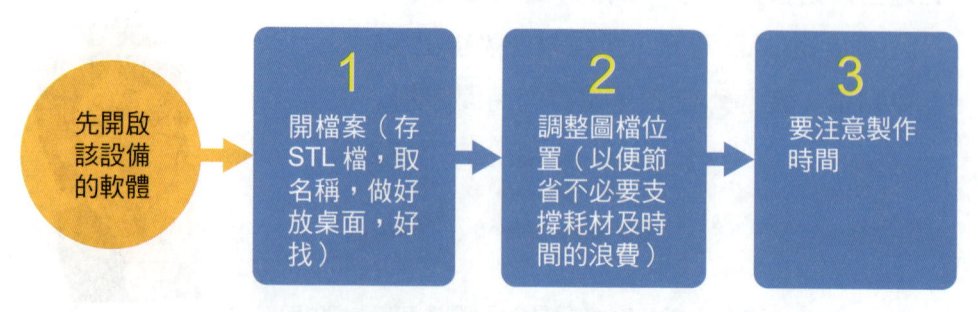

先開啟該設備的軟體 → 1. 開檔案（存 STL 檔，取名稱，做好放桌面，好找） → 2. 調整圖檔位置（以便節省不必要支撐耗材及時間的浪費） → 3. 要注意製作時間

（圖 5-20，軟體的操作所要掌握原則，陳建志整理，2016）

5-16

CURA 軟體的操作，如圖5-21 所示，主要就是讓您繪製完成的 3D 圖檔能更容易進到 3D 列印機時的層層堆疊（就好像印表機上色一樣，也是層層堆疊原理），並估計在進行切片層數的運算及堆疊時所要花費的時間，這其實都是為了在後續方便計算您的圖所要花費多少材料或費用，以及要多少時間來完成，因為材料及機器運算的時間都是製作上的消耗。

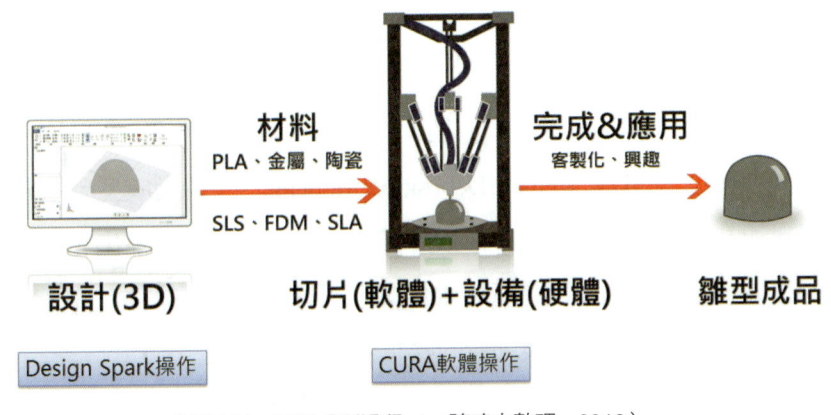

（圖5-21，列印成型過程-1，陳建志整理，2016）

　　在 3D 列印普及之前，以往要做創意模型時，大多是用傳統 CNC（電腦數值控制 ── Computer Numerical Control）減法加工成型方式，如圖5-22 所示，從一大塊的材料（代木或是 ABS）雕琢出可用的部分（減法加工），不僅耗時、成本高，製作也較困難。相較之下，3D 列印是利用層層累積的製作過程，逐層堆疊出物件的加工方法，較可以省去外包打樣等待時的直接成本，讓人們可以在家輕鬆為您的商品打樣。所以，3D 列印科技影響我們的生活很大，若持續發展，相信將為人們的生活帶來革命性的變化，除了可以堆疊方式做出精緻的物品之外，同時能夠降低產品成本及縮短生產時間。也由於自造者的時代已來臨，創客（Maker）運動正夯！國立高雄第一科技大學為了培育Maker人才，強調創意、自製、動手做的精神，也引進了許多的 3D 列印設備，使動手做的精神有效的融入學校教育及生活當中。

創意實作 ▶ 3D 列印繪圖與操作

（圖5-22，減法加工與加法加工比較，陳建志繪製，2016）

　　圖5-23 主要是國立高雄第一科技大學所引進市面上常運用的到的 3D 列印設備，大多是透過 FDM（Fused Deposition Modeling）- 熔融成型，主要是將使用的材料加熱到一定的溫度後，形成半熔融狀態，再將材料擠出在平面架上後降溫回復成固態。透過反覆進行堆疊作業，就可印出立體物件，除了方便快速外，也提供學生們更多創意與創新的發想空間與實作的機會。

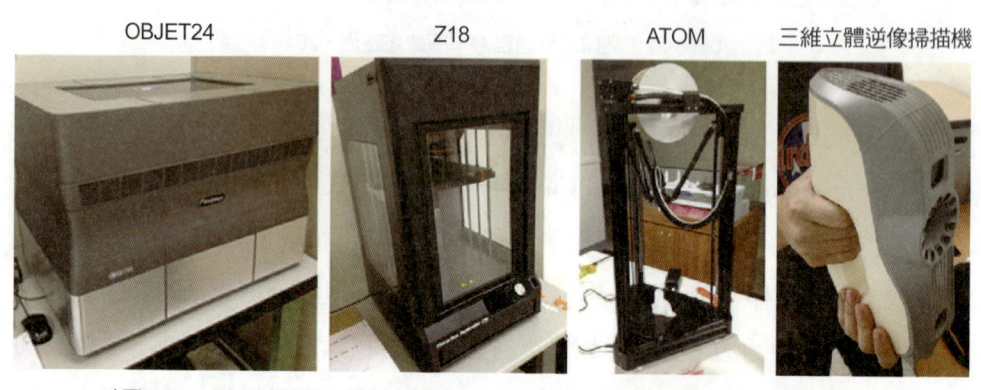

（圖5-23，3D 列印設備，國立高雄第一科技大學 - 創夢工場，陳建志拍攝，2015）

　　首先，我們會透過下個單元來介紹目前國立高雄第一科技大學的創夢工場內主要的 3D 列印機台，但在操作上，會先以 ATOM2.0 的機種來示範操作，畢竟較易上手，對於剛學習完 3D 軟體的初學者，之後的上機操作方面，也比較不會因繁瑣的步驟而打退堂鼓。我們必須先了解目前市面上 3D 列印的種類及各種不同的操作方式之後,再教授容易上手的 3D 軟體常用之基本功能,相信就能慢慢上手,自己動手做。

三、3D 列印設備介紹講解

在操作 3D 列印機台之前,就得先了解 3D 列印之基本原理,傳統的列印是把四色墨水噴印在紙張上,藉由墨水的組成產生影像,而 3D 列印是指將 3D 物體分成很多分層,透過高溫的雷射加工,將材料融合擠出許多分層的模型,再將分層合起來,就成為一個立體的物品,而 3D 列印使用的材料基本上就以 PLA 環保纖維、石膏粉及 ABS 塑膠料等較為普遍見,如圖5-24 所示。

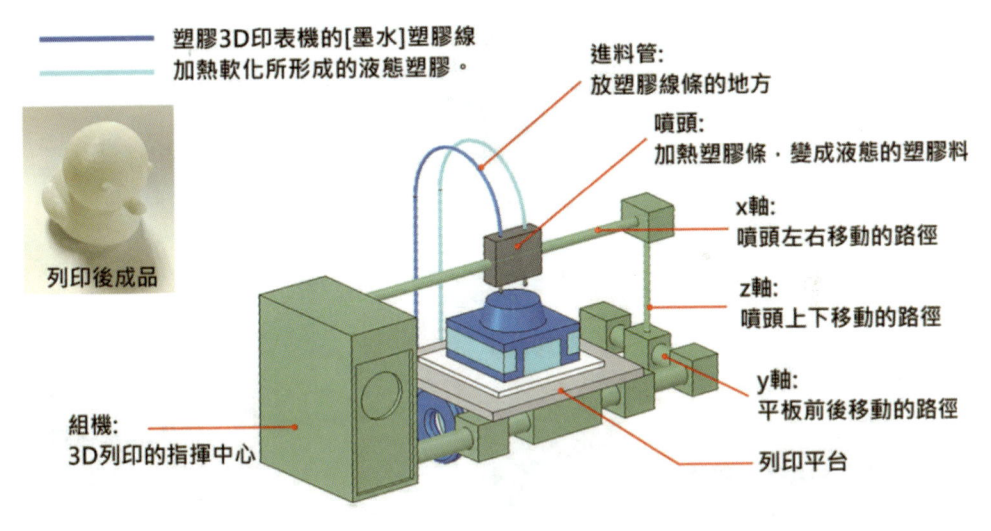

(圖5-24,3D 列印設備架構,陳建志繪製,2015)

市面上常見的 3D 列印,可依據圖5-24 所呈現的四大種類為主,其一為熔融層積(Fused Deposition Modeling,FDM)技術,主要是一種將其加熱後,使噴頭融化可塑性材料的加工方式,透過噴頭擠出塑料後會馬上凝固在印表機台上,以便能依照您的 3D 圖樣層層堆疊出來。

另外是立體光固化成型（Stereo Lithography Apparatus , SLA），主要是以紫外線或雷射照射液體光樹脂，來讓加工表面硬化的一種方式。

再來是 3D 粉末列印（3DP），主要是以石膏粉末為底，使用彩色墨水及黏結劑的噴嘴，針對成型部位進行噴膠，再以滾筒鋪上一層新的粉末，然後讓硬化的部分下移，重複硬化製成產品成型。

最後是選擇性雷射燒結（Selective Laser Sintering , SLS），以粉末為原料，透過雷射光照射成型部位，讓粉末燒結凝固後，再以滾筒鋪上一層新的粉末，至物品成型，以上都是普遍企業界及教育界常見的 3D 列印機種，而一般居家最常使用的大多是 FDM（熔融層積技術），其原因是印表機及耗材便宜，針對初學者而言，也相對容易操作，這四大區塊主要可以圖5-25 所示。

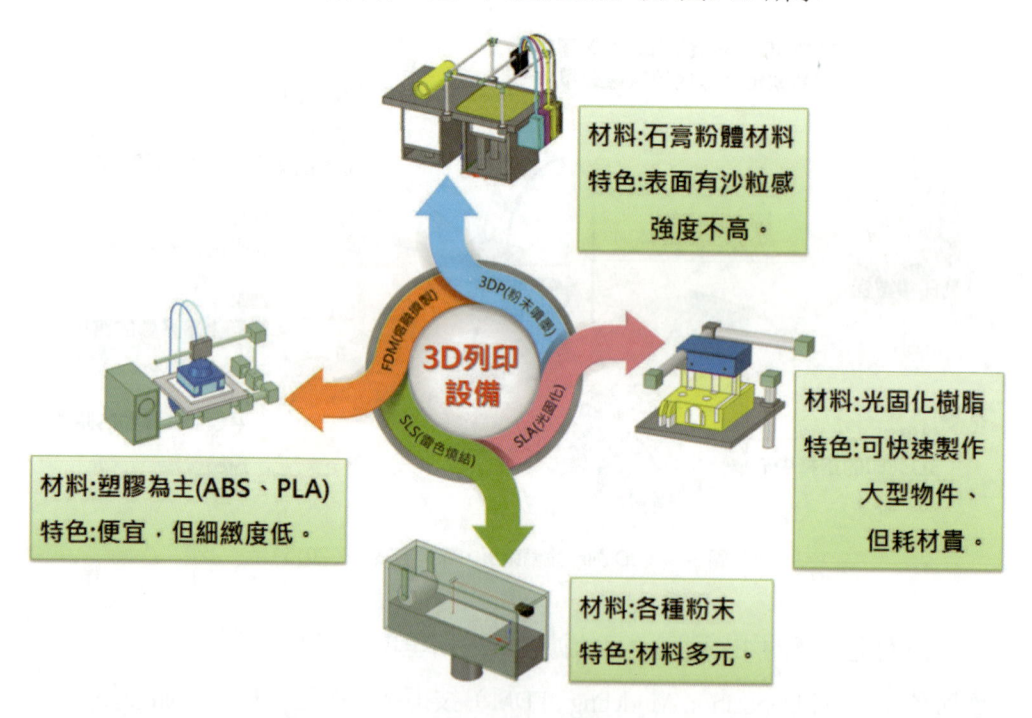

（圖5-25，3D 列印機種類介紹，陳建志繪製，2016）

(一) 3D 列印設備（FDM）

熱熔層積成型（Fused Deposition Modeling, FDM）：

　　FDM（熔融層積成型）是一種採用添加劑來製造成型的建模技術，材料會被加熱至半熔融狀態並在平台上擠出堆疊，再以溫度下降來加以固化，透過反覆地向上堆疊。這種技術是常見的 3D 列印技術，一般的 FDM 列印機，只能列印單色物件，也沒有額外的支撐材料，支撐部分就用密度較低的成型材料代替，如圖5-26 所示。

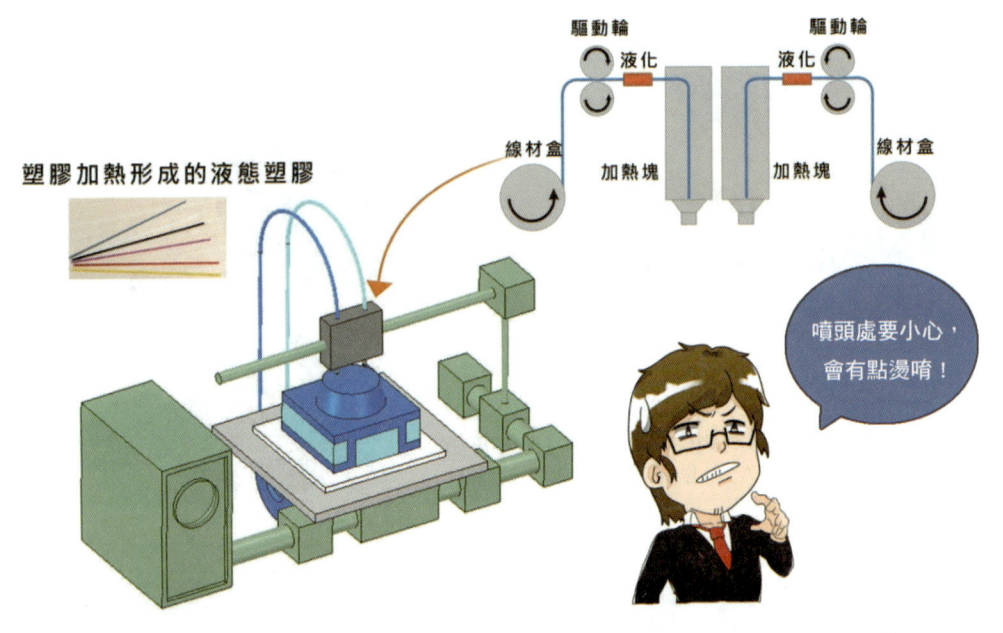

（圖5-26，熱熔層積成型（Fused Deposition Modeling, FDM），陳建志繪製，2015）

(二) 3D 列印設備（SLA）

立體光固化成型（Stereo Lithography Apparatus, SLA）：

　　需以光固化樹脂為材料，透過雷射一層層掃過液態的光固化樹脂來使其硬化成型，再透過硬化的部分下移，重複硬化製成以覆蓋先前的液態光固化樹脂，最後完成成品後，會再往上移動，得以方便取下，但光固化樹脂的成本會較高，如圖5-27所示。

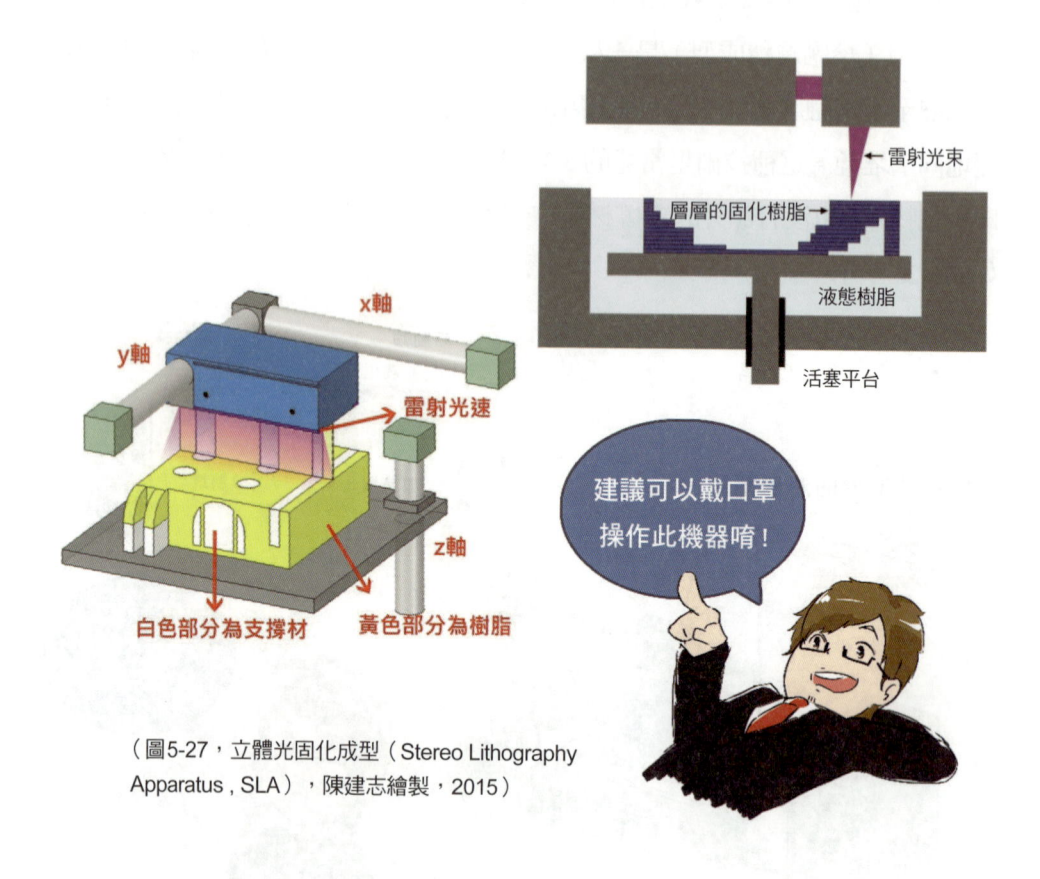

雷射光束
層層的固化樹脂
液態樹脂
活塞平台

x軸
y軸
雷射光速
z軸
白色部分為支撐材
黃色部分為樹脂

建議可以戴口罩操作此機器唷！

（圖5-27，立體光固化成型（Stereo Lithography Apparatus，SLA），陳建志繪製，2015）

(三) 3D 列印設備（3DP）

3D 粉末列印（Plaster-based 3D printing）：

製成原理是在平台上鋪上粉末，然後再從噴頭噴出黏著劑，將需要固化部分的粉末黏在一起，層層重複到最後完成成品。原理類似噴墨印表機，也被稱為粉末噴墨或膠水固化噴印的方式。3DP 主要是採用淺灰白色的石膏粉材料，Plaster 也就是石膏粉的意思，它可以在成型時同時噴上彩色般的膠水，如此一來成型後的實體，就可以帶有繽紛顏色的狀態，如圖5-28所示。

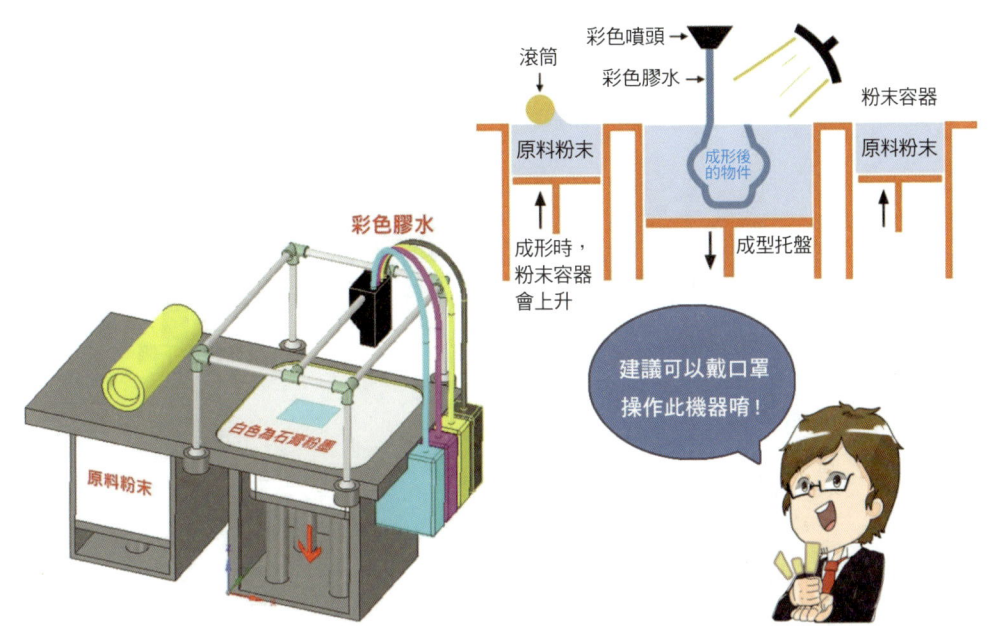

（圖5-28，3D 粉末列印（Plaster-based 3D printing），陳建志繪製，2015）

(四) 3D 列印設備（SLS）

選擇性雷射燒結（Selective Laser Sintering , SLS）：

在工作台上均勻鋪上一層薄薄的金屬或塑料粉末作為原料，雷射在電腦的控制下，通過掃描器以一定的速度和能量，按分層面的二維資料掃描（X 及 Y）。經過雷射束的掃描之後，相對應位置的粉末就會燒結成一定厚度的實體片層，也就是將材料融合在一起，而未掃描的地方，最後主要是呈現保持鬆散的粉末狀，而燒結後的實體片層，會慢慢下降，逐一完成之後才會上升取下實體成品，如圖5-29 所示。

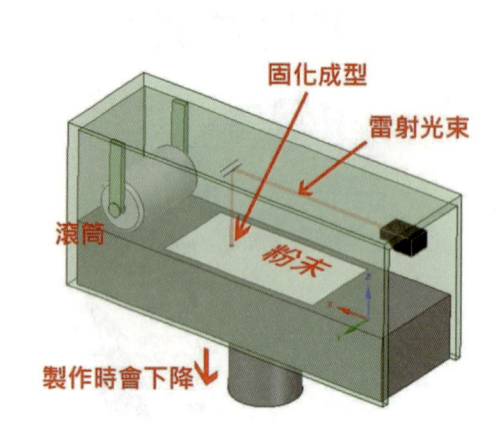

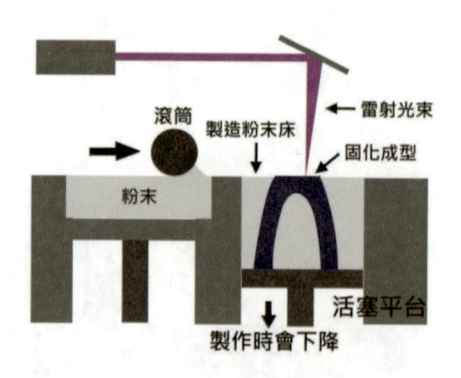

(圖5-29，選擇性雷射燒結（Selective Laser Sintering, SLS），陳建志繪製，2015）

5.2　3D 列印軟體及設備的操作

一、Design Spark 軟體的下載與操作介紹

　　上述介紹完主要 3D 列印的認識，以及市面上常見的 3D 列印機種，相信各位應該對 3D 列印有相當的認識，這單元一開始會介紹基本的 3D 軟體操作，畢竟，使用 3D 列印時，沒有先建構一組 3D 模擬圖，也就沒辦法操作 3D 列印。本單元會教授 Design Spark 這套軟體，透過簡單的操作過程教學，讓初學者也能經過練習後來輕鬆利用 3D 軟體繪製出創意的圖檔。

　　此單元會一步一步地教導各位該如何從網路上下載來自一家由英國的線上零件代理商（RS Components）所提供的免費 Design Spark 繪圖軟體，各位可以先從這套軟體學習幾個建模常用的基本功能介紹，再透過簡單有趣的小範例，一步一步的運用建模軟體的常用工具，並設計出屬於自己的小作品，之後才能進行 3D 列印機的操作。

所以，此單元開始告訴各位下載的步驟，該如何的從網路上下載本單元所要教的免費 3D 軟體──Design Spark，其下載操作步驟如圖 5-30 所示。

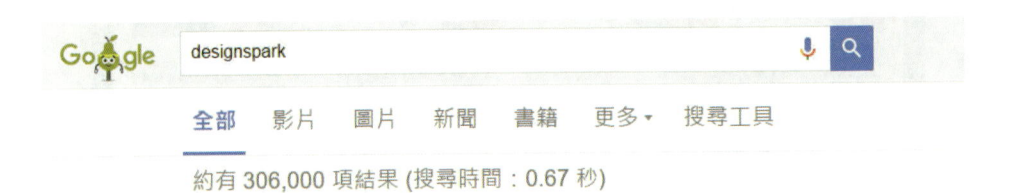

（圖 5-30，google - Design Spark 下載第一步驟，陳建志整理，2015）

第一步，首先在網路搜尋上打出 Design Spark 後點選第一個它們的官網，可直接點選進去，然後進入第二步驟，如圖 5-31 所示。

5-25

創意實作 ▶ 3D 列印繪圖與操作

（圖5-31，google - Design Spark 下載第二步驟，陳建志整理，2015）

　　接著進行第二步驟，進入官方網頁後，點選紅框內的圖示（DS Mechanical）進入，開始進行下載動作，如圖5-32 所示。

（圖5-32，google - Design Spark 下載第三步驟，陳建志整理，2015）

5-26

開始進行第三步驟，進入後畫面後，再下載與安裝內點選，進行軟體下載的第四步驟，如圖5-33所示。

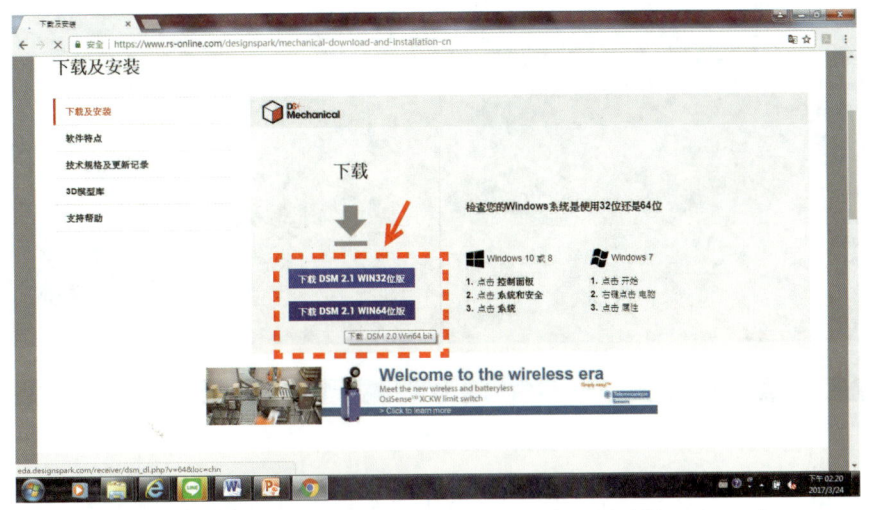

（圖5-33，google - Design Spark 下載第四步驟，陳建志整理，2015）

二、主要常用工具列介紹

進入第四步驟後，此步驟必須針對您自己的電腦或筆記型電腦的版本別，找到下載 32b 跟 64b 的連結，64 位元的電腦可以裝 32b 跟 64b 的，但是 32 位元的電腦只能安裝 32b 的，此階段必須依照個人的電腦規格來安裝。

之後進入第五步驟，會直接出現在畫面左下方的壓縮檔，也請各位耐心的等待下載完成，大概約等 2～3 分鐘左右，如上圖5-34所示。

創意實作 ▶3D 列印繪圖與操作

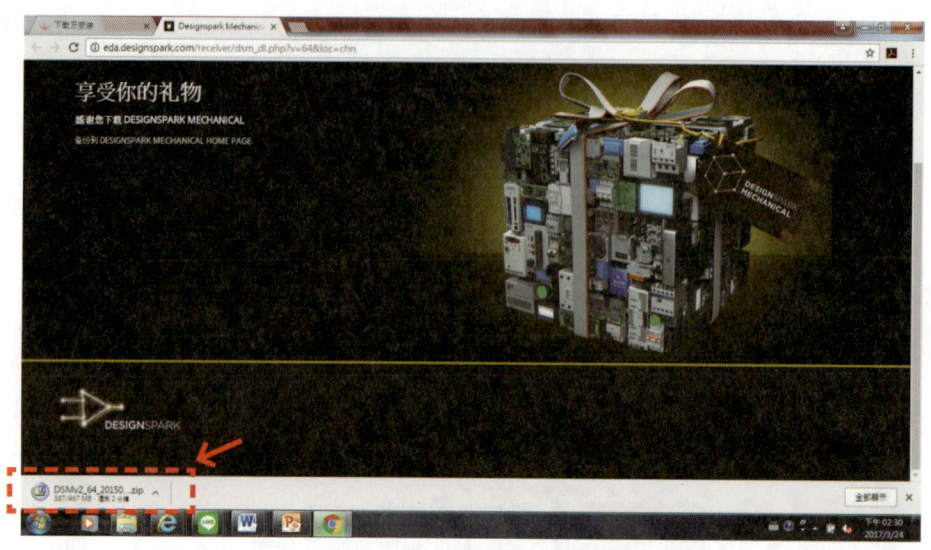

（圖5-34，google - Design Spark 下載第五步驟，陳建志整理，2015）

等待下載完成之後，我們繼續完成第五步驟，打開你的壓縮檔後，解壓縮到你的硬碟裡，進入檔案夾當中，再將 Installer.msi 這個安裝檔打開後，點選下一步驟即可進行安裝，如圖5-35 所示。

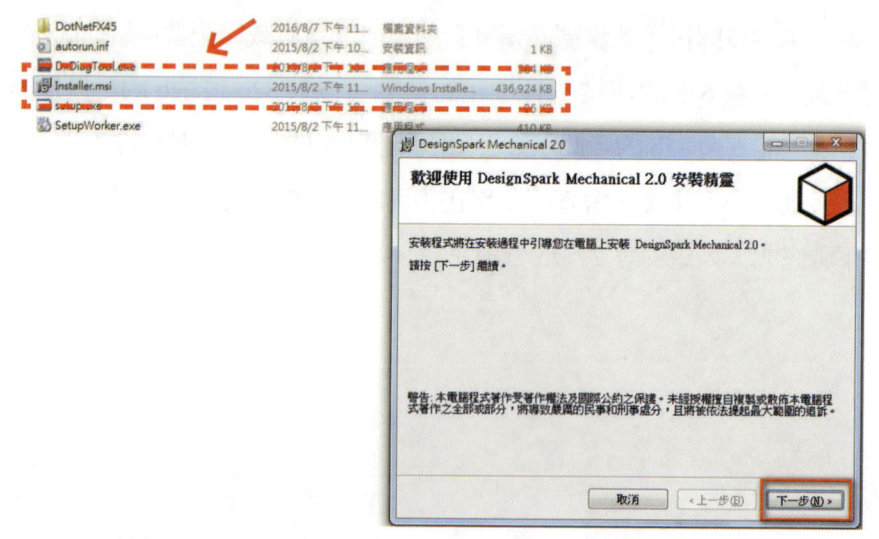

（圖5-35，google - Design Spark 下載第五步驟，陳建志整理，2015）

5-28

點選完下一步，進入第六步驟，可點選我同意後按下一步，如圖5-36所示。

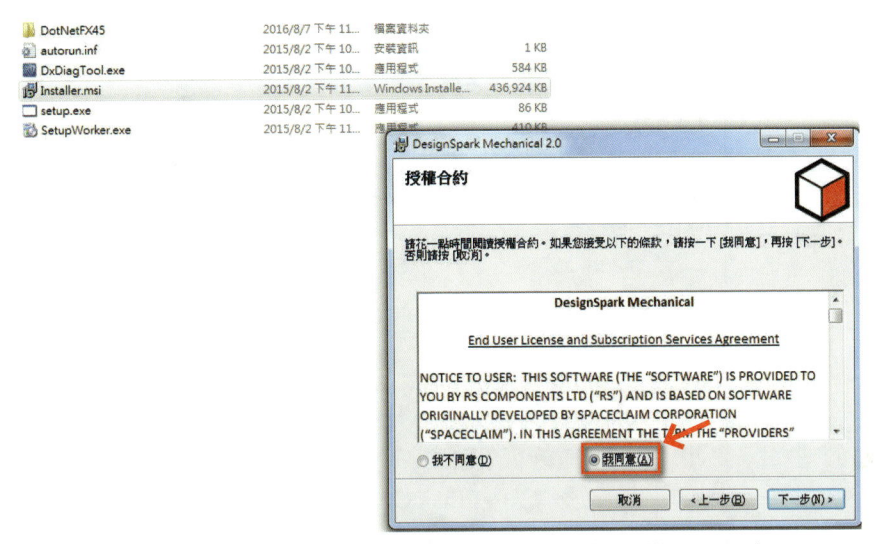

（圖5-36，google - Design Spark 下載第六步驟，陳建志整理，2015）

按下瀏覽可選擇資料的儲存路徑，選擇完畢後按下一步，如圖5-37所示。

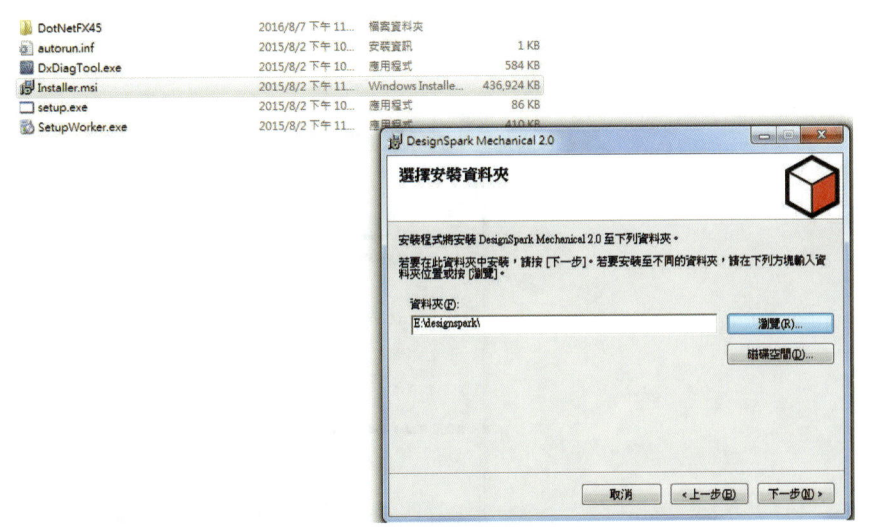

（圖5-37，google - Design Spark 下載第七步驟，陳建志整理，2015）

5-29

創意實作 ▶ 3D 列印繪圖與操作

進入第八步驟，按下一步確認安裝，一直往下繼續安裝即可，如圖5-38所示。

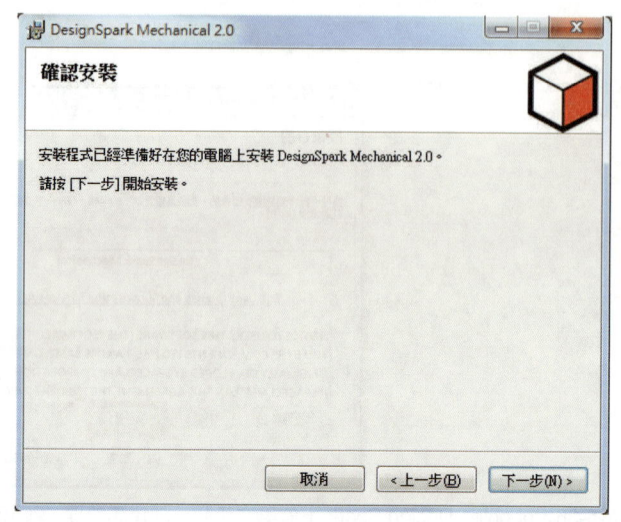

（圖5-38，google - Design Spark 下載第八步驟，陳建志整理，2015）

第九步驟，安裝完畢後按下關閉，如圖5-39 所示。

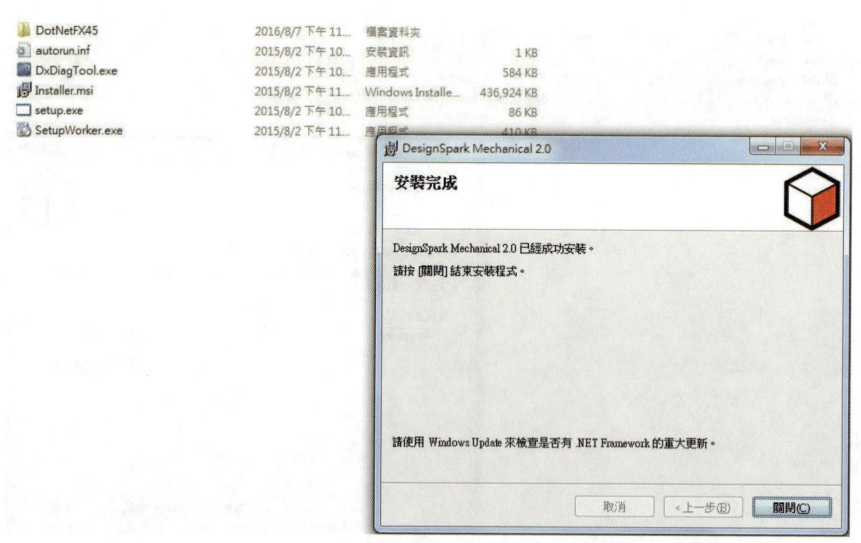

（圖5-39，google - Design Spark 下載第九步驟，陳建志整理，2015）

5-30

最後一個步驟，可將你安裝好的軟體打開後，畫面中會先請您建立一個帳戶，就是輸入一些基本資料後，建立完畢後再將帳號密碼輸入進去，按下登入就 ok 了，如圖5-40 所示。

　　透過圖5-40 及圖5-41 所示，即可順利進入 Design Spark 的空白操作繪圖畫面，如圖5-42 所示，之後就可開始介紹繪圖時所會用的工具介紹囉！

（圖5-40，google - Design Spark 下載第十步驟，陳建志整理，2015）

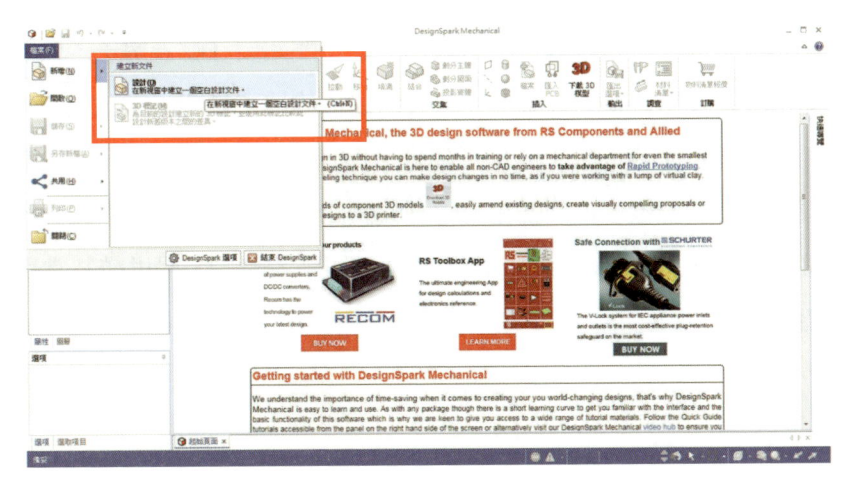

（圖5-41，google - Design Spark 下載完成建立繪圖視窗步驟，陳建志整理，2015）

5-31

創意實作 ▶ 3D 列印繪圖與操作

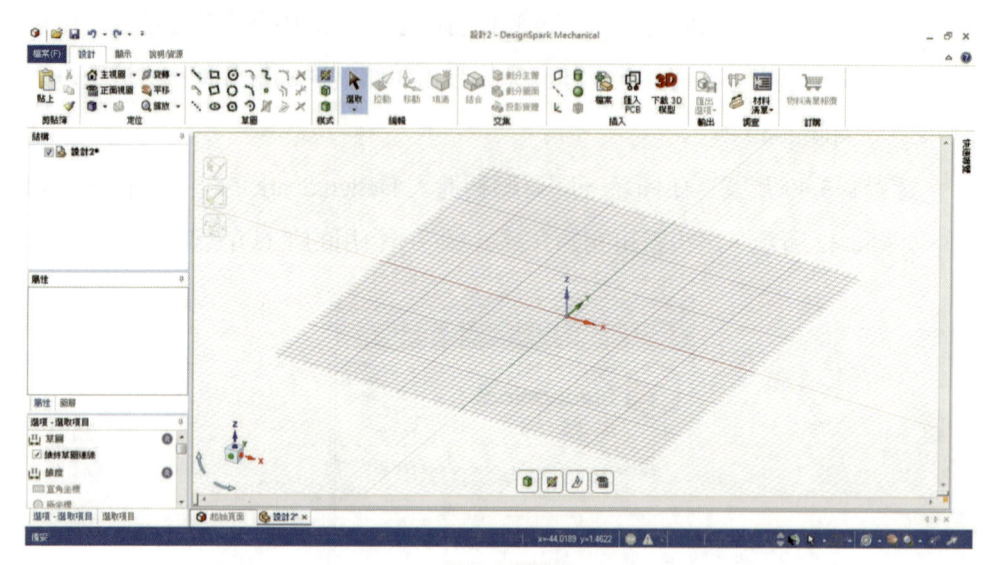

（圖5-42，google - Design Spark 進入繪圖視窗步驟，陳建志整理，2015）

　　開始進入 Design Spark 空白操作繪圖畫面之後，您可看到上列有一排類似操作介面的工具區塊，主要區分成檔案開始、定義圖形的位置架構（定位）、進行雛型的繪製（草圖）、切換 2D 及 3D 的繪製架構（模式）、進行實體的變化（編輯）、實體的裁切及接合（交集）及實體的薄殼功能的處理，其實就跟蓋房子的觀念很像，透過圖5-43 所表示，從一開始要在哪蓋房子，以及房子的骨架如何設定長出想要的線架構，之後幫建構的房子骨架灌水泥或鋪磚塊等實體化工作，即可完成大致上的房子建造。所以，其實建構 3D 模型，就跟想像中的蓋房子方式一樣，差別就在於繪圖軟體介面上的習慣操作跟觀念的了解而已，接下來會透過 Design Spark 軟體，針對初學者階段，提供較為常用到的功能介紹。

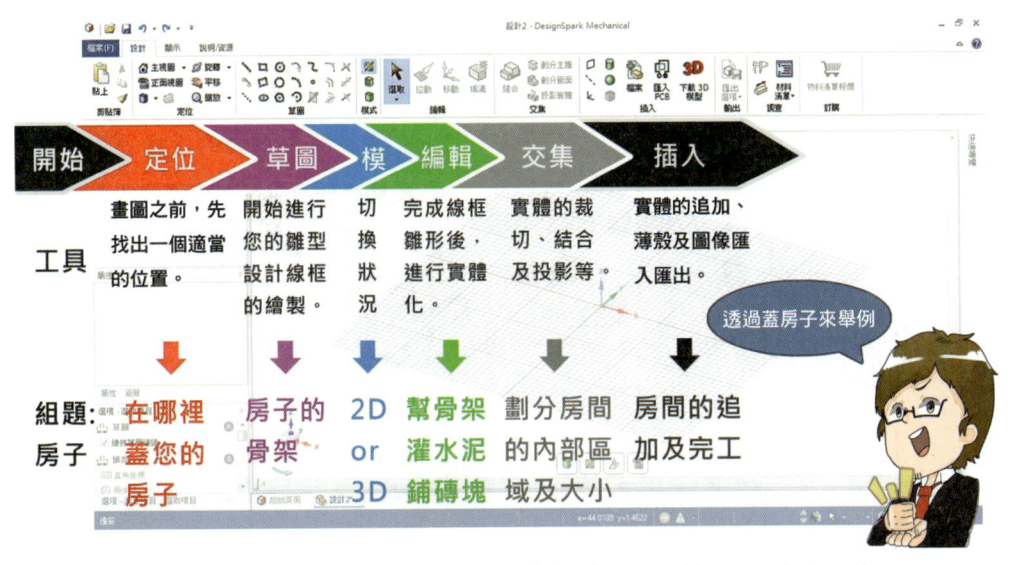

（圖5-43，google - Design Spark 繪圖工具介紹，陳建志整理，2015）

(一) 主要常用工具列示範介紹

　　如圖5-44 所表示，一開始進入主繪圖畫面時，您所看到的畫面會跟圖5-44一樣，圖5-44 左方的紅框部分 - 定位功能，為常用工具裡面第一個要跟各位介紹的常用工作區塊，主要是您的立體圖的視角，看您是要從什麼角度去進行（紫色方塊工具最常使用，可以隨時切換任何視角），也可認識放大縮小，或是旋轉及移動畫面裡的模型圖檔、實際操作方式，本單元會透過實際的操作（配合滑鼠）來一步一步的告訴大家該怎樣進行上述的動作，這部分開始會較仔細的教大家，透過 Design Spark 軟體較常用到的一些基本工具，所以這單元開始，會比較重要，請各位要認真跟著單元裡的步驟執行！

5-33

創意實作 ▶ 3D 列印繪圖與操作

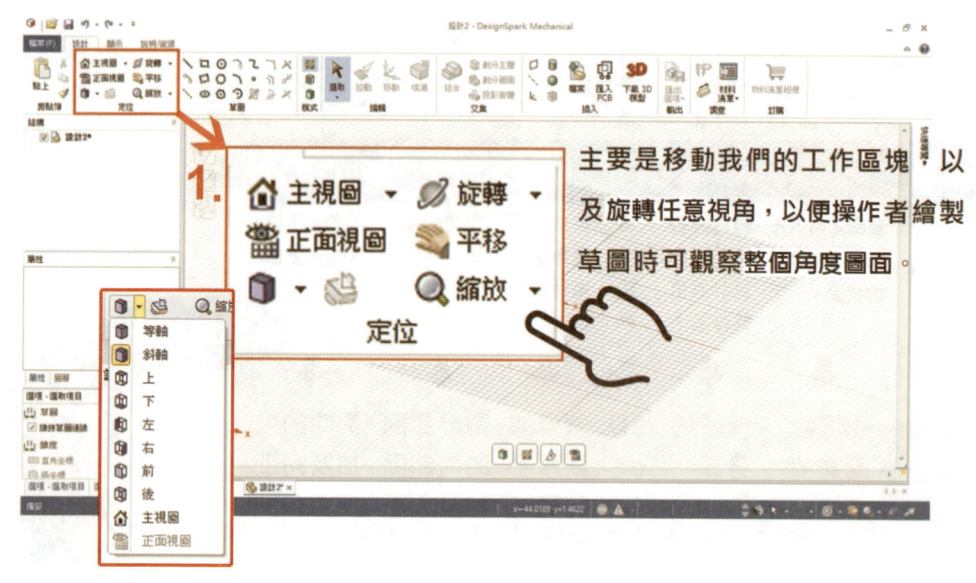

（圖5-44，Design Spark 繪圖常用之工具介紹 - 定位，陳建志整理，2015）

透過圖5-45 所示，主要是介紹在基本工具列中的主視圖跟正面視圖的功能，也是很重要的視角定位之功能操作。

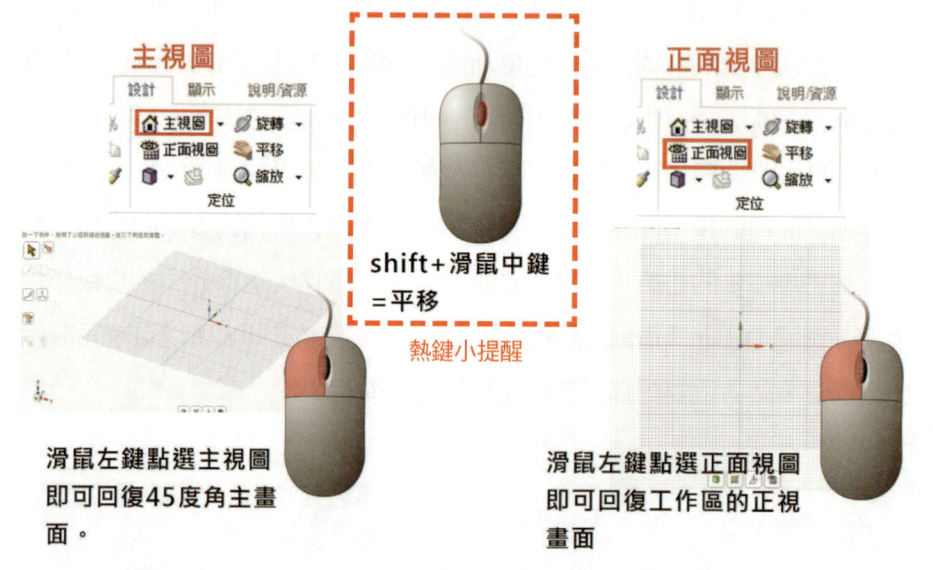

（圖5-45，Design Spark 繪圖常用之工具介紹 - 定位，陳建志整理，2015）

5-34

透過圖5-46所示，主要是介紹在基本工具列中的斜軸工具及旋轉工具之操作，也是很重要的視角定位之功能操作。

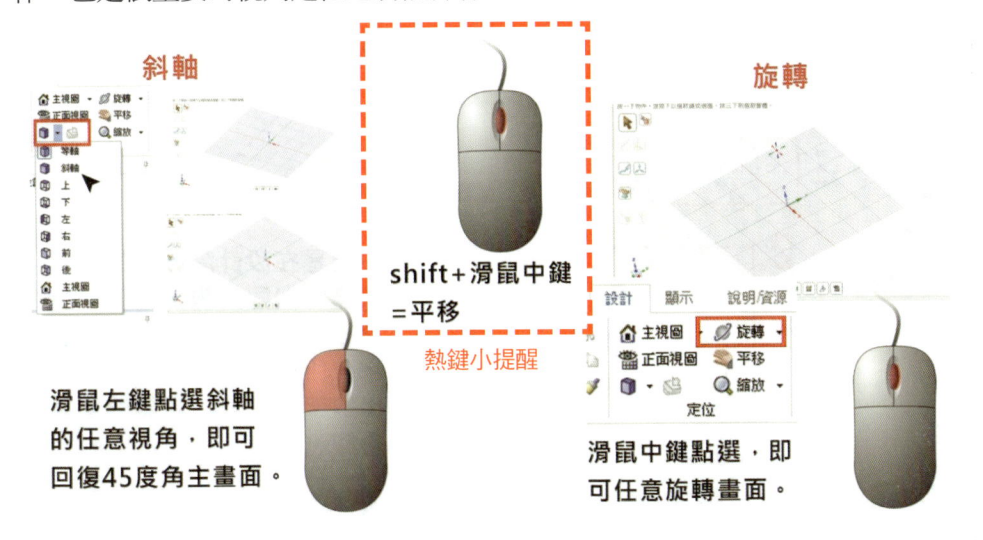

shift+滑鼠中鍵 =平移

熱鍵小提醒

滑鼠左鍵點選斜軸的任意視角，即可回復45度角主畫面。

滑鼠中鍵點選，即可任意旋轉畫面。

（圖5-46，Design Spark 繪圖常用之工具介紹 - 定位，陳建志整理，2015）

透過圖5-47所示，主要是介紹在基本工具列中的平移移動及模型圖角度旋轉的重要功能操作，這兩個功能也是繪圖時常用到的操作工具。

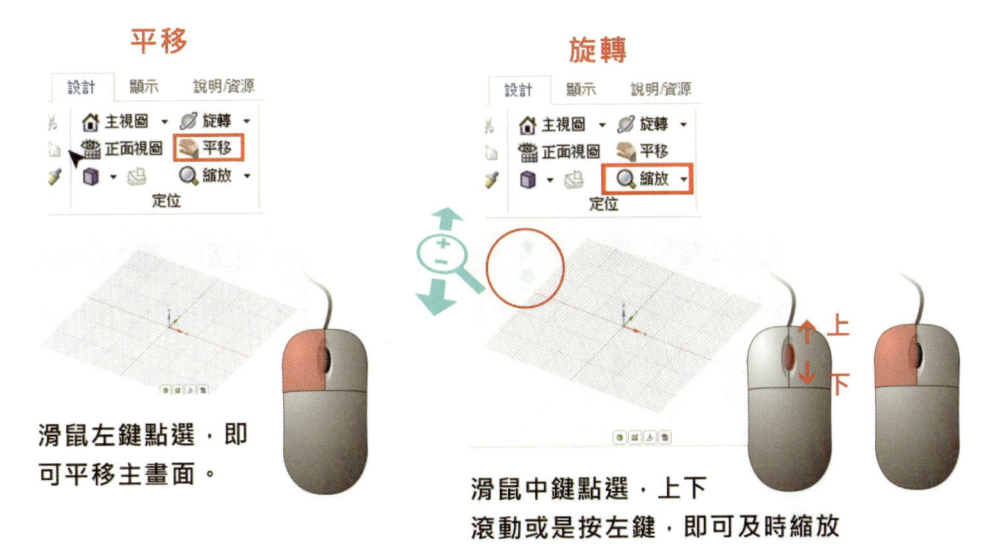

滑鼠左鍵點選，即可平移主畫面。

滑鼠中鍵點選，上下滾動或是按左鍵，即可及時縮放

（圖5-47，Design Spark 繪圖常用之工具介紹 - 定位，陳建志整理，2015）

創意實作 ▶ 3D 列印繪圖與操作

透過圖5-48 所示，主要是介紹在基本工具列中，第二個重要的草圖工作區域，這區域就像是在畫平面 2D CAD 圖一樣，在長出實體之前的重要 2D 線框架構，此單元在草圖工作區內，會逐一地介紹草圖功能的操作。

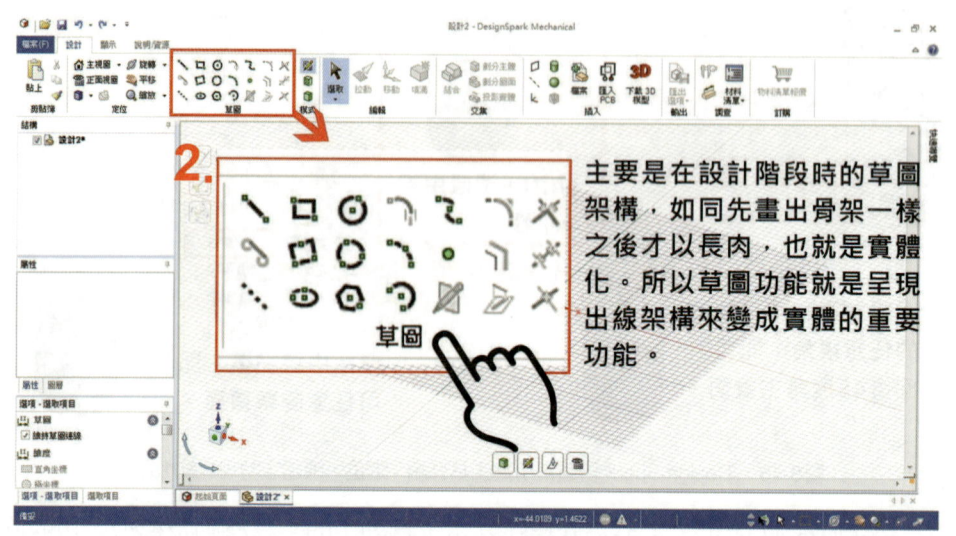

（圖5-48，Design Spark 繪圖常用之工具介紹 - 草圖，陳建志整理，2015）

透過圖5-49 所示，主要是介紹在基本工具列中 - 草圖內的線條工具，也是最常在建構造型外觀的重要工具之一，操作方式如圖5-49 顯示，重點在於圖面上的小藍色區塊，這部分是輸入數值的重要步驟，很多人都會忘記輸入或是輸入到小數點之後，在圖5-49 範例中，能夠輸入整數 20 mm，就不要輸入 20. 多，這樣會比較清楚和完整，而在完成長料動作之後，也請按 esc 鍵，以確定這個動作已經完成，不然會一直停留在這功能的動作，而無法執行下一個動作，請各位操作者一定要注意。

5-36

線條

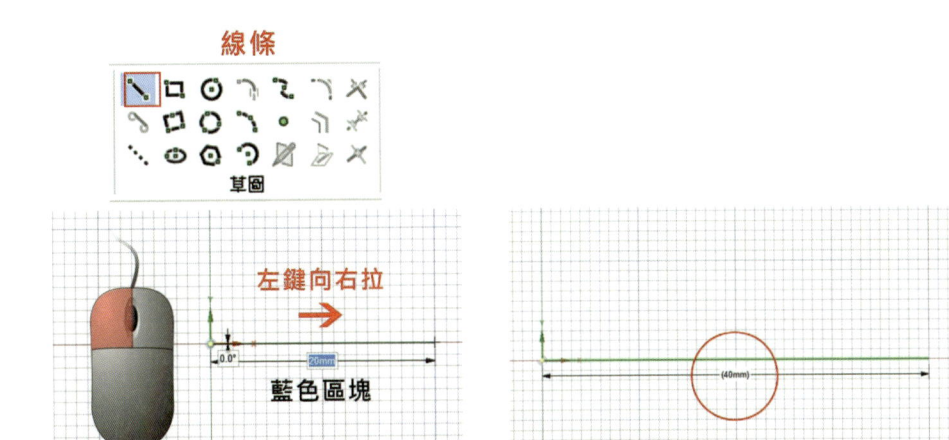

按滑鼠左鍵項右拉出20mm的直線後,藍色區塊就可直接輸入40mm的數值,之後完成數值輸入的動作後,按 esc 鍵,來結束這條線的繪製。

(圖5-49, Design Spark 繪圖常用之工具介紹 - 草圖,陳建志整理,2015)

透過圖5-50所示,主要是介紹在基本工具列中 - 草圖內的三點圓形及三點弧線的工具介紹,在線架構的部分,主要是針對正圓形及圓弧線架構的功能介紹,也請注意在輸入及完成動作後,務必養成習慣按 esc 鍵來結束該動作。

三點圓形

★ 當完成數值輸入的動作後,按 esc 鍵,來結束這動作後

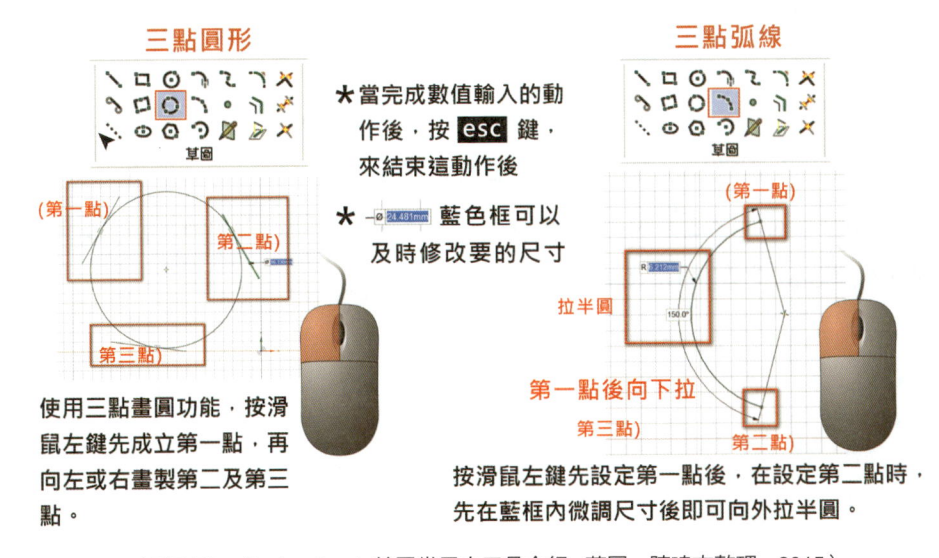

★ 藍色框可以及時修改要的尺寸

使用三點畫圓功能,按滑鼠左鍵先成立第一點,再向左或右畫製第二及第三點。

三點弧線

(第一點)
拉半圓
第一點後向下拉
第三點)
第二點)

按滑鼠左鍵先設定第一點後,在設定第二點時,先在藍框內微調尺寸後即可向外拉半圓。

(圖5-50, Design Spark 繪圖常用之工具介紹 - 草圖,陳建志整理,2015)

5-37

創意實作 ▶ 3D 列印繪圖與操作

透過圖5-51 所示，主要是介紹在基本工具列中 - 草圖內的雲型曲線的工具介紹，在線架構部分，主要是針對較不規則曲線的繪製，這功能初學階段，可能需要多練習，因為畢竟是用滑鼠操作，操作上較不順手，但多練習就習慣用滑鼠來繪製不規則的曲線作業，一樣得注意完成動作後按 esc 鍵結束動作。

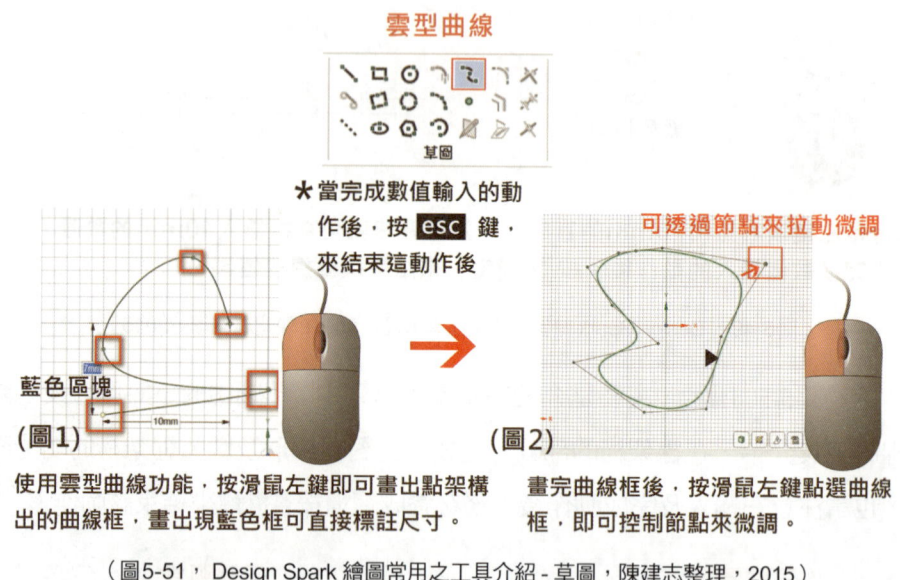

（圖5-51，Design Spark 繪圖常用之工具介紹 - 草圖，陳建志整理，2015）

透過圖5-52 所示，主要是介紹在基本工具列中 - 草圖內的切線及三點矩形的工具介紹，在線架構部分，主要是強調除了用線條工具來畫矩形外，也可透過不一樣的方式來快速繪製出一個矩形，以及兩點之間是否有確切接合到的相切點，如圖5-52 之左圖所示。

切線

★ 當完成數值輸入的動作後，按 esc 鍵，來結束這動作後

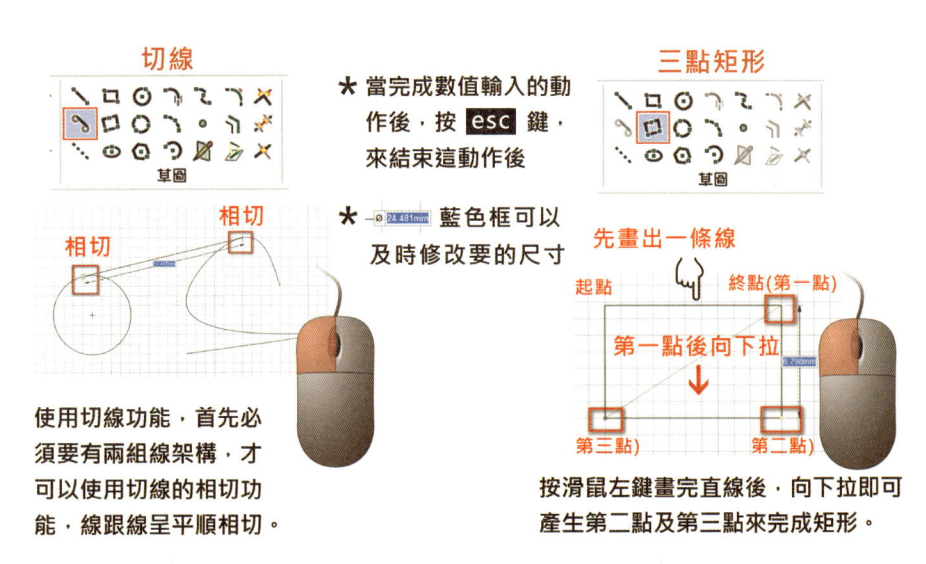

★ 藍色框可以及時修改要的尺寸

相切
相切

使用切線功能，首先必須要有兩組線架構，才可以使用切線的相切功能，線跟線呈平順相切。

三點矩形

先畫出一條線
起點　　終點(第一點)
第一點後向下拉
第三點　　第二點

按滑鼠左鍵畫完直線後，向下拉即可產生第二點及第三點來完成矩形。

（圖5-52，Design Spark 繪圖常用之工具介紹 - 草圖，陳建志整理，2015）

透過圖5-53 所示，主要是介紹在基本工具列中 - 草圖內的建構直線及橢圓的工具介紹，主要是畫出物件的基準虛線，以及透過畫出一條中心線來畫橢圓的功能，記得按 esc 鍵來完成此動作。

建構直線

★ 當完成數值輸入的動作後，按 esc 鍵，來結束這動作後

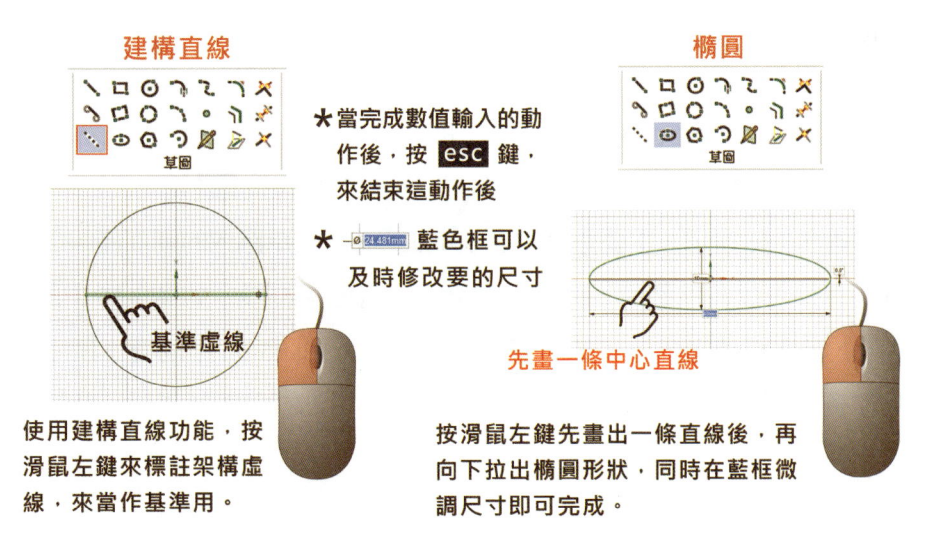

★ 藍色框可以及時修改要的尺寸

基準虛線

使用建構直線功能，按滑鼠左鍵來標註架構虛線，來當作基準用。

橢圓

先畫一條中心直線

按滑鼠左鍵先畫出一條直線後，再向下拉出橢圓形狀，同時在藍框微調尺寸即可完成。

（圖5-53，Design Spark 繪圖常用之工具介紹 - 草圖，陳建志整理，2015）

創意實作 ▶ 3D 列印繪圖與操作

透過圖5-54 所示，主要是介紹在基本工具列中 - 草圖內的多邊形功能，透過滑鼠左鍵來向外拉出想要的直徑大小後，再按鍵盤上的 teb 鍵，及可微調多邊形的角度，完成動作後按 esc 鍵完成多邊形長出的動作。

★ 當完成數值輸入的動作後，按 esc 鍵，來結束這動作後

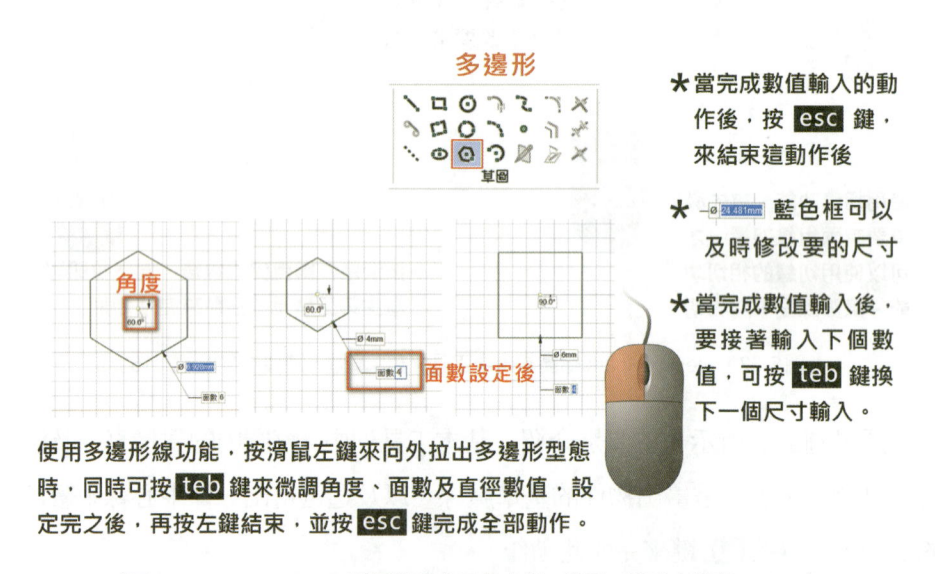

★ 藍色框可以及時修改要的尺寸

★ 當完成數值輸入後，要接著輸入下個數值，可按 teb 鍵換下一個尺寸輸入。

使用多邊形線功能，按滑鼠左鍵來向外拉出多邊形型態時，同時可按 teb 鍵來微調角度、面數及直徑數值，設定完之後，再按左鍵結束，並按 esc 鍵完成全部動作。

（圖5-54，Design Spark 繪圖常用之工具介紹 - 草圖，陳建志整理，2015）

透過圖5-55 所示，主要是介紹在基本工具列中 - 草圖內的掃移弧線工具，透過先設定中心圓點後，再設定半徑及起始點，即可依原畫出對應之弧線，並同時可以透過藍色框來設對應弧線之尺寸，完成動作後按 esc 鍵。

透過圖5-56 所示，主要是介紹在基本工具列中 - 草圖內的圖面區線工具，也就是直接可以在立體面，按滑鼠左鍵先設定好圖框後，如圖5-56 中的圖1 跟2，之後即可透過拉動（長出實體）的動作，如圖5-56 中的圖3 所示，完成動作後按 esc 鍵。

掃移弧線

* 當完成數值輸入的動作後，按 esc 鍵，來結束這動作後

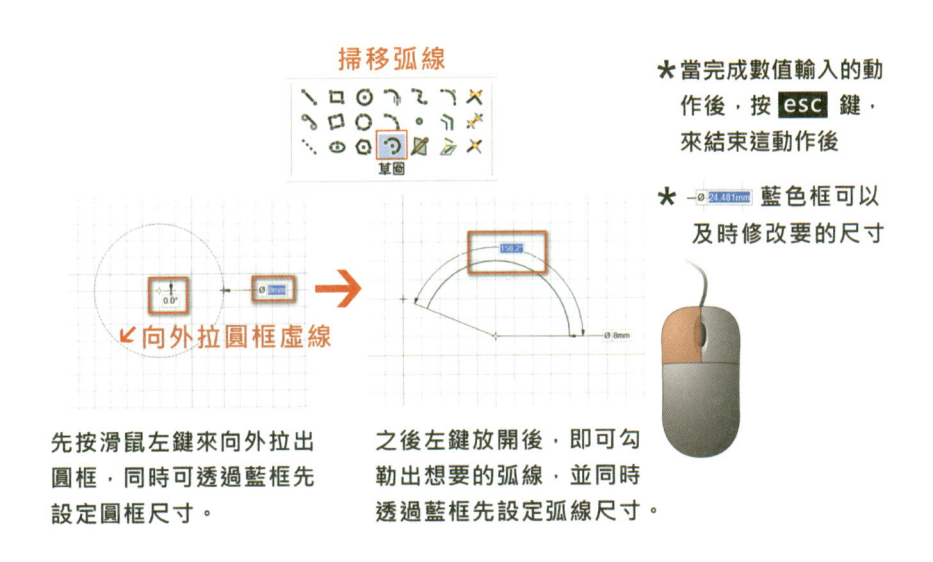

* 藍色框可以及時修改要的尺寸

←向外拉圓框虛線

先按滑鼠左鍵來向外拉出圓框，同時可透過藍框先設定圓框尺寸。

之後左鍵放開後，即可勾勒出想要的弧線，並同時透過藍框先設定弧線尺寸。

（圖5-55，Design Spark 繪圖常用之工具介紹 - 草圖，陳建志整理，2015）

圖面曲線

* 當完成數值輸入的動作後，按 esc 鍵，來結束這動作後

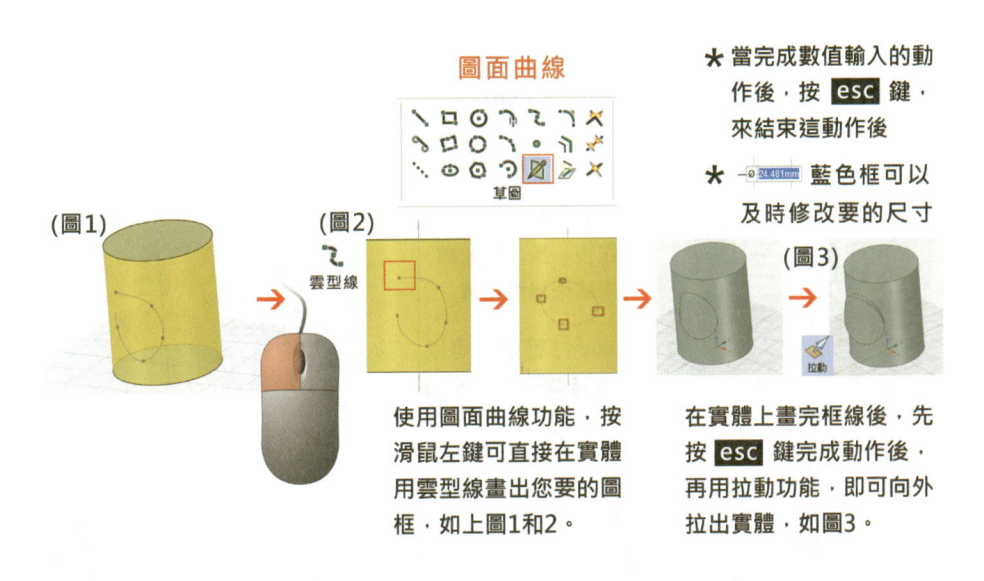

* 藍色框可以及時修改要的尺寸

(圖1)　(圖2)　雲型線　　　　　　　　(圖3)　拉動

使用圖面曲線功能，按滑鼠左鍵可直接在實體用雲型線畫出您要的圖框，如上圖1和2。

在實體上畫完框線後，先按 esc 鍵完成動作後，再用拉動功能，即可向外拉出實體，如圖3。

（圖5-56，Design Spark 繪圖常用之工具介紹 - 草圖，陳建志整理，2015）

創意實作 ▶ 3D 列印繪圖與操作

透過圖5-57所示，主要是介紹在基本工具列中 - 草圖內的建立圓角及平移複製工具，主要是透過兩條線，來進行相切弧線，以及透過平移複製，按滑鼠左鍵及可複製位移曲線，完成動作後按 esc 鍵。

建立圓角

* 當完成數值輸入的動作後，按 esc 鍵，來結束這動作後
* 藍色框可以及時修改要的尺寸

先建立兩條相接線段，即可透過建立圓角功能來產生 R 角，同時透過藍框設定尺寸。

按滑鼠左鍵即可

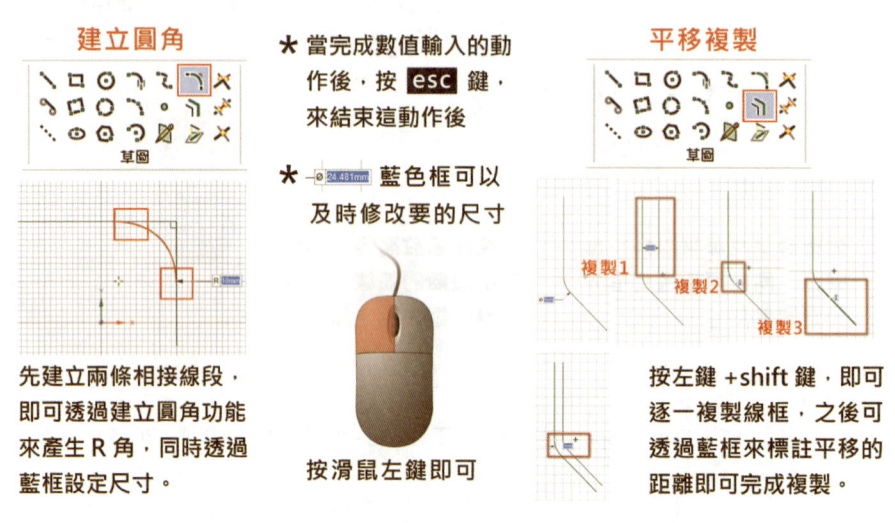

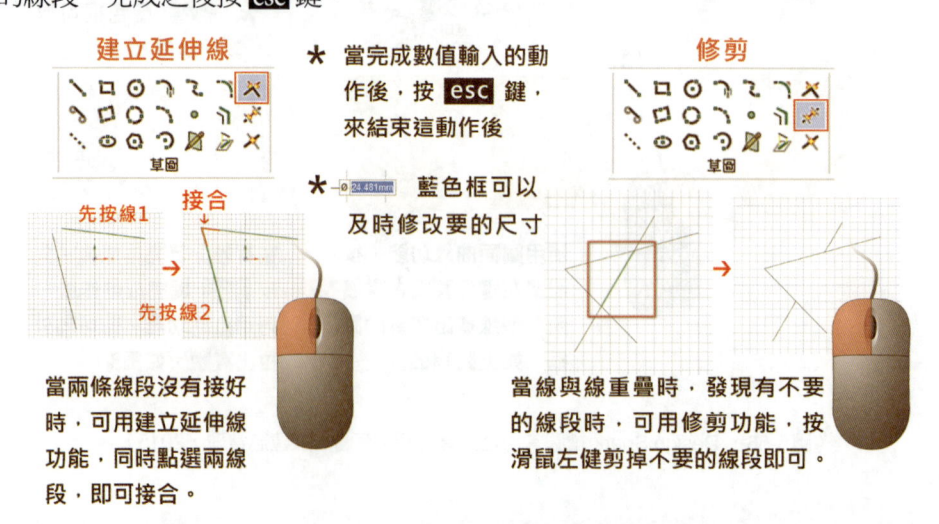

平移複製

複製1
複製2
複製3

按左鍵 +shift 鍵，即可逐一複製線框，之後可透過藍框來標註平移的距離即可完成複製。

（圖5-57，Design Spark 繪圖常用之工具介紹 - 草圖，陳建志整理，2015）

透過上圖5-58所示，主要是介紹在基本工具列中 - 草圖內的建立延伸線及修剪工具，主要是兩條線的相接點延伸相接，及按滑鼠左鍵來點選出想要修剪的線段，完成之後按 esc 鍵。

建立延伸線

先按線1
接合
先按線2

* 當完成數值輸入的動作後，按 esc 鍵，來結束這動作後
* 藍色框可以及時修改要的尺寸

當兩條線段沒有接好時，可用建立延伸線功能，同時點選兩線段，即可接合。

修剪

當線與線重疊時，發現有不要的線段時，可用修剪功能，按滑鼠左健剪掉不要的線段即可。

（圖5-58，Design Spark 繪圖常用之工具介紹 - 草圖，陳建志整理，2015）

透過圖5-59所示，主要是介紹在基本工具列中-草圖內的劃分曲線工具，透過滑鼠左鍵來點選出要修剪的線段，即可修剪掉不要的線段，完成後按 esc 鍵。

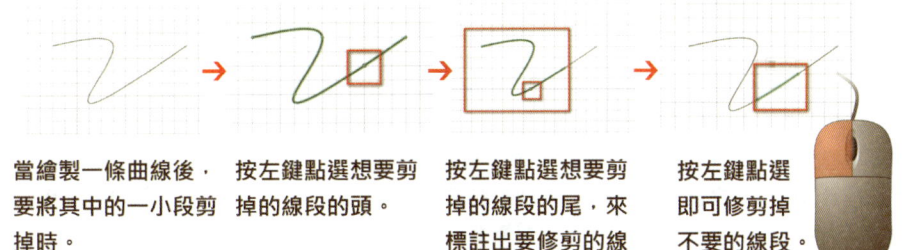

劃分曲線

* 當完成數值輸入的動作後，按 esc 鍵，來結束這動作後

* 藍色框可以及時修改要的尺寸

當繪製一條曲線後，要將其中的一小段剪掉時。

按左鍵點選想要剪掉的線段的頭。

按左鍵點選想要剪掉的線段的尾，來標註出要修剪的線段。

按左鍵點選即可修剪掉不要的線段。

（圖5-59，Design Spark 繪圖常用之工具介紹-草圖，陳建志整理，2015）

透過圖5-60所示，主要是介紹在基本工具列中，第三重要的模式工作區域，主要是在說明草圖、剖面及3D模式，來隨時切換繪圖時的需求模式。

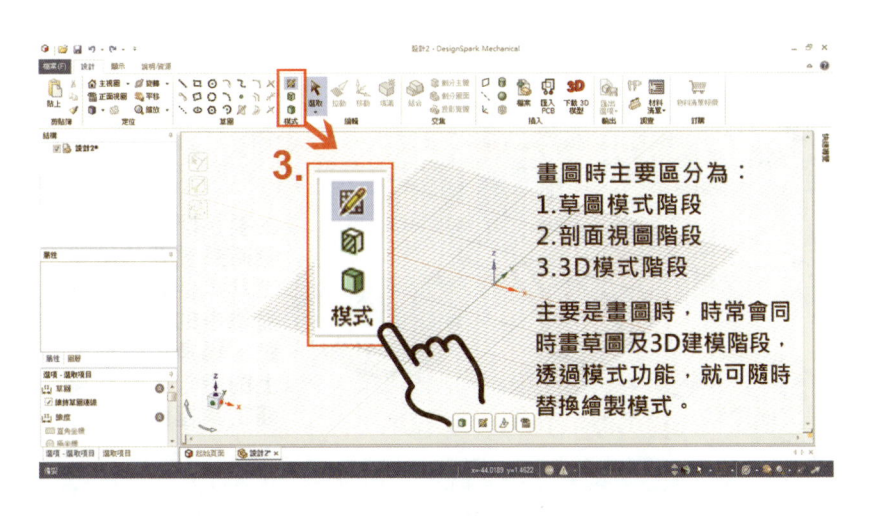

3.

模式

畫圖時主要區分為：
1. 草圖模式階段
2. 剖面視圖階段
3. 3D模式階段

主要是畫圖時，時常會同時畫草圖及3D建模階段，透過模式功能，就可隨時替換繪製模式。

（圖5-60，Design Spark 繪圖常用之工具介紹-模式，陳建志整理，2015）

創意實作 ▶ 3D 列印繪圖與操作

　　透過圖5-61 所示，主要是介紹在基本工具列中，即以 2D 圖檔為繪製框線架構，以及透過框線架構來拉伸長出實體時常用到之工具，而剖面視圖工具，是針對需要詳細看實體內部的結構狀態時，比較會常用到的模式。

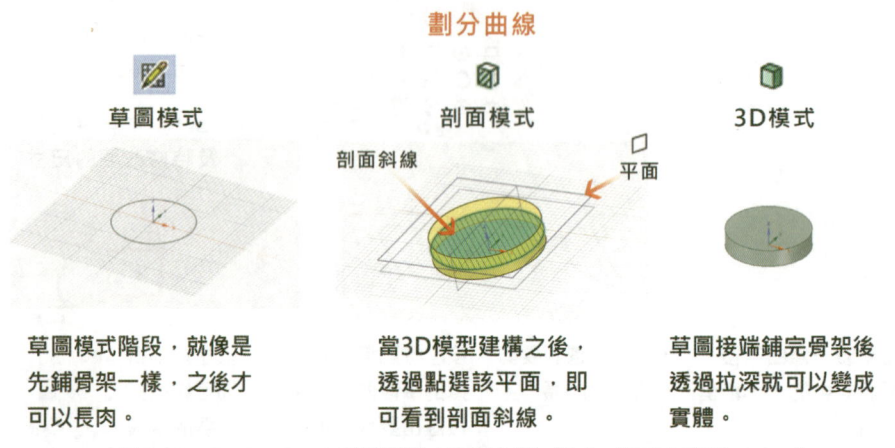

劃分曲線

草圖模式

剖面模式　　剖面斜線　　平面

3D模式

草圖模式階段，就像是先鋪骨架一樣，之後才可以長肉。

當3D模型建構之後，透過點選該平面，即可看到剖面斜線。

草圖接端鋪完骨架後透過拉深就可以變成實體。

（圖5-61，Design Spark 繪圖常用之工具介紹 - 模式，陳建志整理，2015）

　　透過圖5-62，主要是介紹在基本工具列中，實體 2D 繪製及長料中，重要的編輯工具區，主要的四大工具有選取、長料（實體化）、移動（位移物件）及填滿。

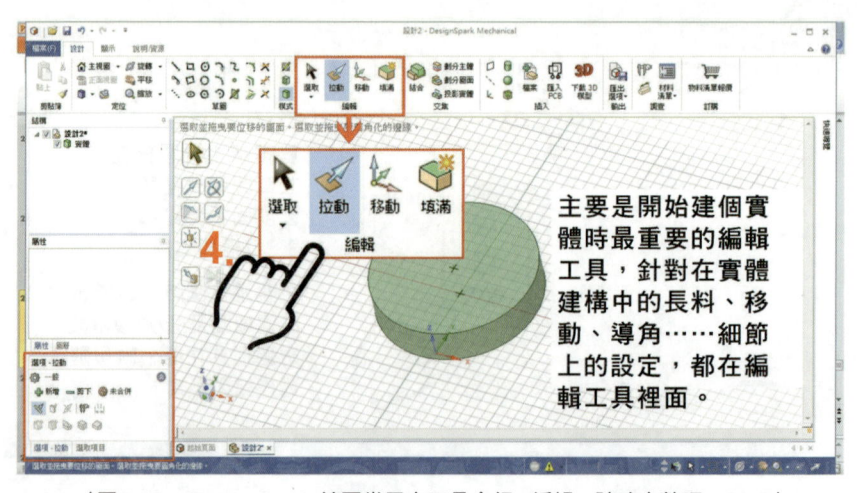

主要是開始建個實體時最重要的編輯工具，針對在實體建構中的長料、移動、導角……細節上的設定，都在編輯工具裡面。

（圖5-62，Design Spark 繪圖常用之工具介紹 - 編輯，陳建志整理，2015）

5-44

透過圖5-63，主要是介紹在基本工具列中編輯 - 拉動工具，要長出實體之前，必須先透過畫出框線草圖，之後再去使用拉動功能，透過上述步驟，來完成造型框線的實體長料作，也可透過藍色小框來設定該圓柱的尺寸，完成之後，要記得按 esc 來完成長料過程的動作。

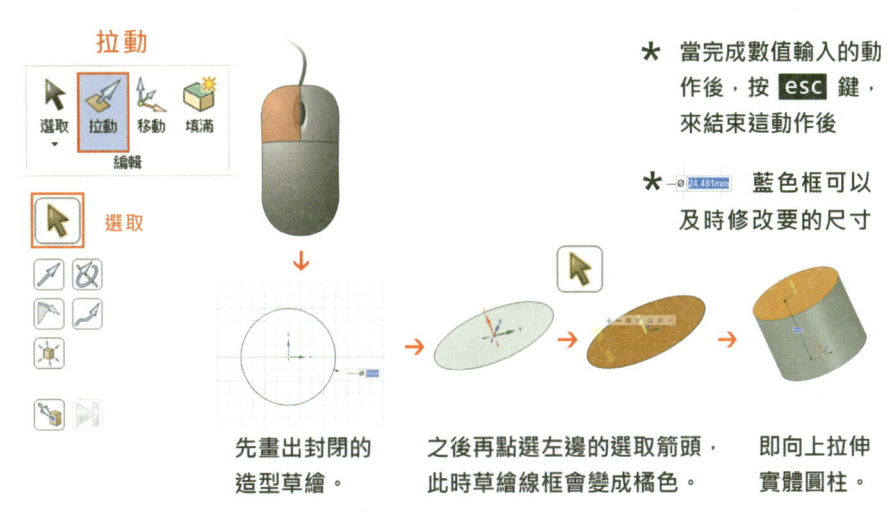

（圖5-63， Design Spark 繪圖常用之工具介紹 - 編輯，陳建志整理，2015）

透過圖5-64，主要是介紹在基本工具列中編輯 - 拔模角工具，透過此圖操作過程，主要是針對日後如有機會要開模製作時，所要考慮到的脫模動作，而因擔心在脫模時會拔不出來，所以大多會在脫模邊緣處，產生約五度左右的拔模角度，以便日後脫模時方便取出物件，對於日後開發商品模具時，是很重要的操作工具。

創意實作 ▶ 3D 列印繪圖與操作

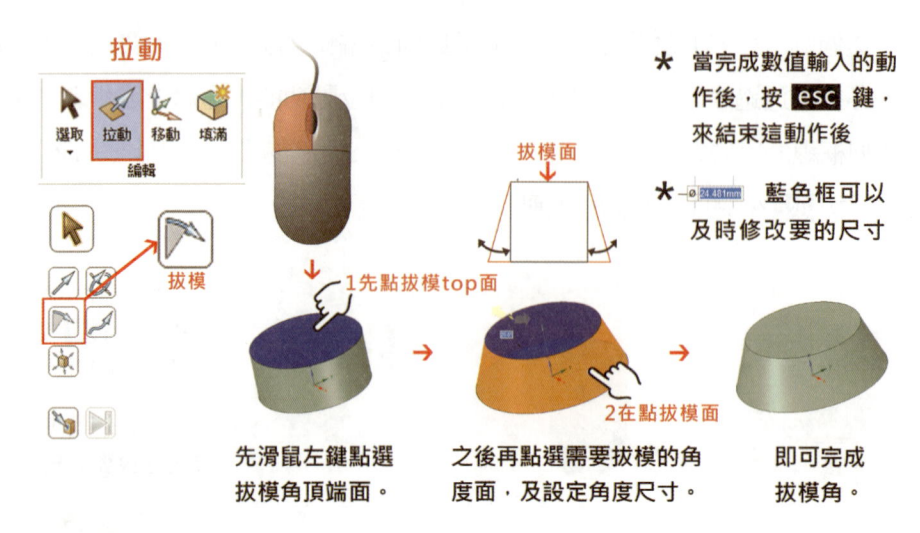

（圖5-64，Design Spark 繪圖常用之工具介紹 - 編輯，陳建志整理，2015）

透過圖5-65，主要是介紹在基本工具列中編輯 - 圓角工具，透過需要被倒圓角的邊框，向下拉伸即可產生圓角，並同時透過色框內設定想的要尺寸。

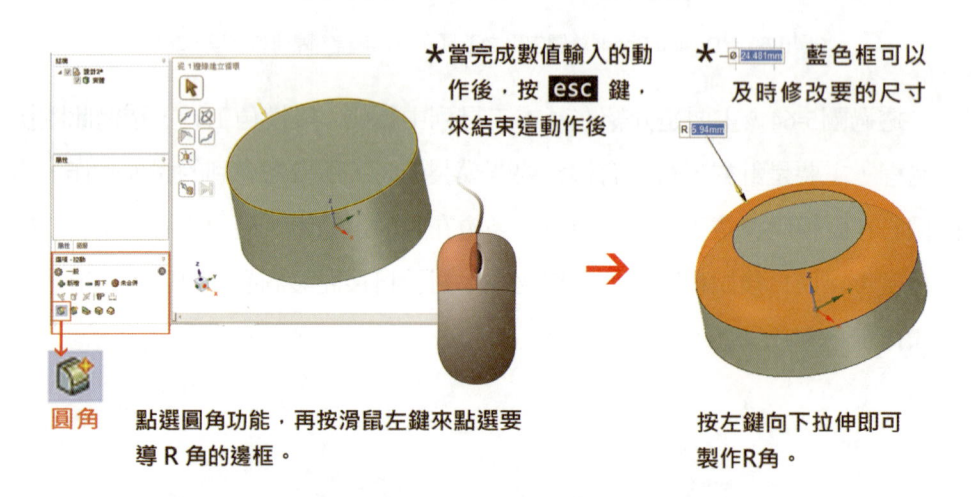

（圖5-65，Design Spark 繪圖常用之工具介紹 - 編輯，陳建志整理，2015）

5-46

透過圖5-66，主要是介紹在基本工具列中編輯 - 倒角工具，也是透過點選需要被倒角的邊框，向下拉伸即可產生倒角，並記得透過藍色色框內設定尺寸。

※ 當完成數值輸入的動作後，按 esc 鍵，來結束這動作後

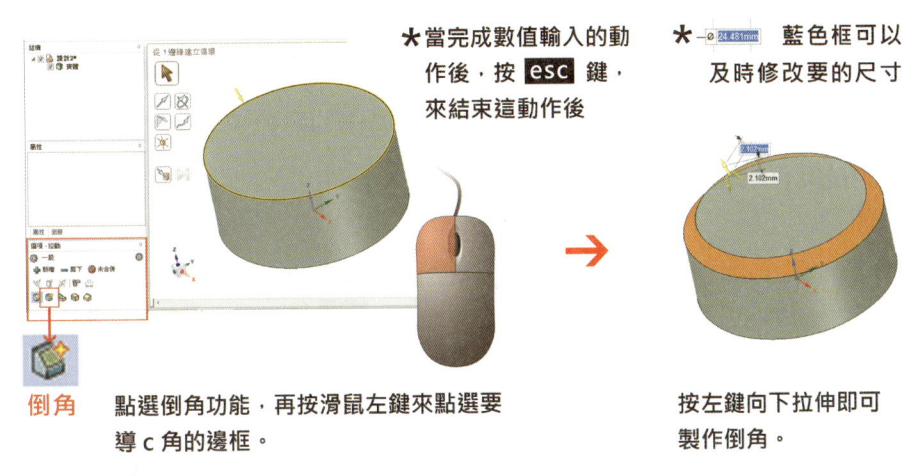

※ 藍色框可以及時修改要的尺寸

倒角　點選倒角功能，再按滑鼠左鍵來點選要導 c 角的邊框。

按左鍵向下拉伸即可製作倒角。

（圖5-66，Design Spark 繪圖常用之工具介紹 - 編輯，陳建志整理，2015）

透過圖5-67，主要是介紹在基本工具列中編輯 - 旋轉工具，這工具在繪圖中佔有很大的功用，透過此圖操作，要先透過雲型線工具來勾勒中心線的半架構圖，點選旋轉工具後再點選中心線，按左方全拉動工具，即可 360 度旋轉。

雲型線功能：先畫架構

草圖

旋轉

中心

※ 當完成數值輸入的動作後，按 esc 鍵，來結束這動作後

※ 藍色框可以及時修改要的尺寸

中心線→　360度

全拉動旋轉

畫出封閉中心線的半架構圖框。

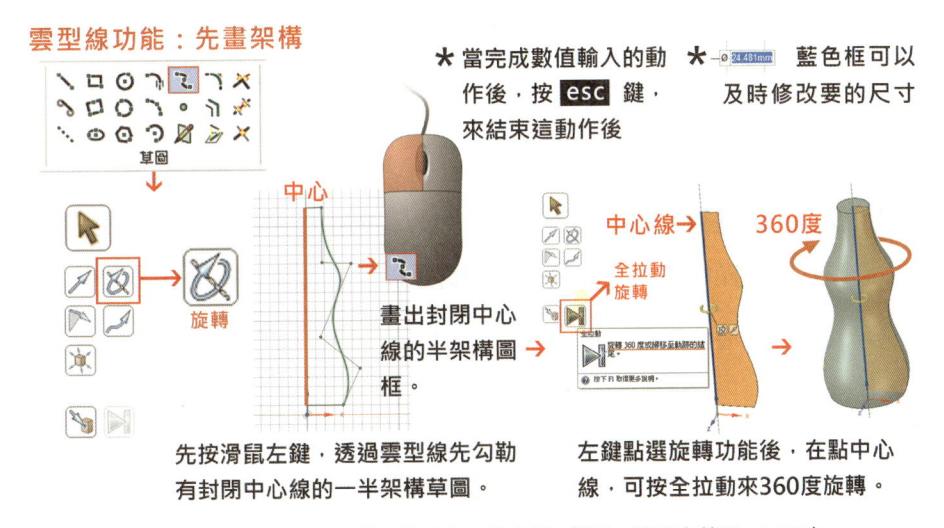

先按滑鼠左鍵，透過雲型線先勾勒有封閉中心線的一半架構草圖。

左鍵點選旋轉功能後，在點中心線，可按全拉動來360度旋轉。

（圖5-67，Design Spark 繪圖常用之工具介紹 - 編輯，陳建志整理，2015）

創意實作 ▶ 3D 列印繪圖與操作

透過圖5-68，主要是介紹在基本工具列中編輯 - 掃掠工具，透過此功能，可以建構區現狀的實體長出，此步驟得先建立一個底圖，再接著使用雲型線功能來畫出掃掠線路線，而後進行實體拉動裡的掃掠工具，可透過全拉動鍵，來自動完成實體掃掠動作，此功能在建構 3D 繪圖時，是非常重要的工具操作，但步驟要透過練習來熟記繪製的手感，這樣畫出的掃掠 3D 圖，就會非常的漂亮，也是挺有成就感的一個功能操作。

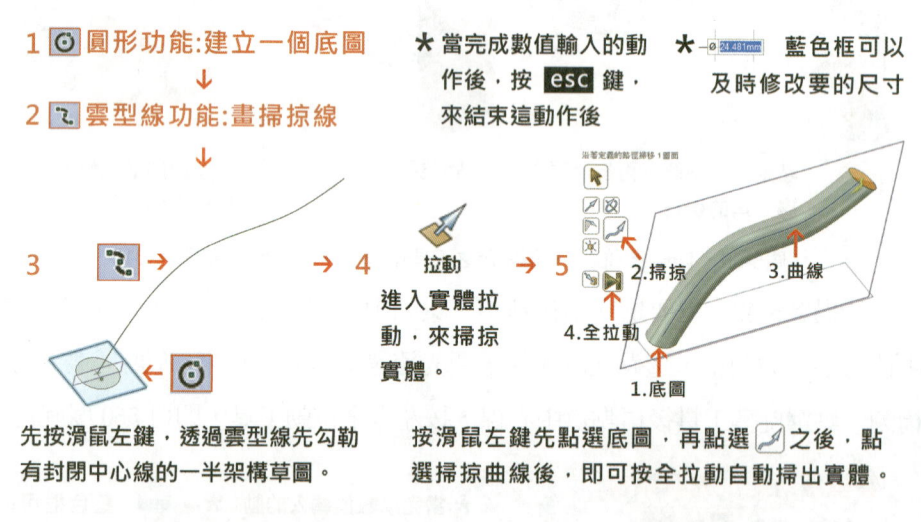

1 ⊙ 圓形功能:建立一個底圖
↓
2 ⌇ 雲型線功能:畫掃掠線
↓
3 ⌇ → 4 拉動 進入實體拉動，來掃掠實體。 → 5

＊ 當完成數值輸入的動作後，按 esc 鍵，來結束這動作後

＊ 藍色框可以及時修改要的尺寸

2.掃掠
3.曲線
4.全拉動
1.底圖

先按滑鼠左鍵，透過雲型線先勾勒有封閉中心線的一半架構草圖。

按滑鼠左鍵先點選底圖，再點選 ⌇ 之後，點選掃掠曲線後，即可按全拉動自動掃出實體。

（圖5-68，Design Spark 繪圖常用之工具介紹 - 編輯，陳建志整理，2015）

透過圖5-69 及 70，主要是介紹在基本工具列中編輯 - 陣列工具，透過此功能即可在圓柱上進行大量的陣列矩形，可以節省很多繪製時間，但操作步驟較多，透過此兩圖操作模式，需要多加的透過練習來習慣這些工具操作。

陣列功能

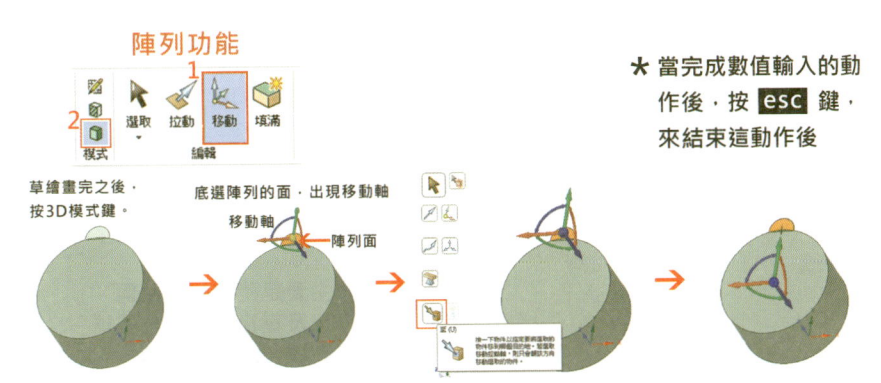

* 當完成數值輸入的動作後，按 esc 鍵，來結束這動作後

草繪畫完之後，按3D模式鍵。

底選陣列的面，出現移動軸

草繪畫完後，先點選移動功能後，再按 3D 模式，點選要陣列的面，之後會出現該陣列面的移動軸。

出現移動軸之後，按至 功能移動軸移動至實體中心，如上圖。

（圖5-69，Design Spark 繪圖常用之工具介紹 - 編輯，陳建志整理，2015）

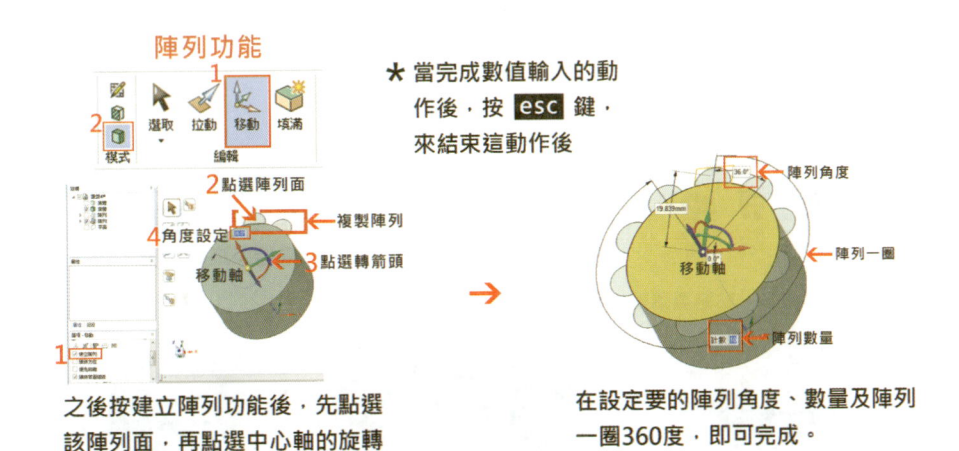

陣列功能

* 當完成數值輸入的動作後，按 esc 鍵，來結束這動作後

2點選陣列面
複製陣列
4角度設定
3點選轉箭頭
移動軸

之後按建立陣列功能後，先點選該陣列面，再點選中心軸的旋轉箭頭，即可設定角度旋轉陣列。

陣列角度
陣列一圈
移動軸
陣列數量

在設定要的陣列角度、數量及陣列一圈360度，即可完成。

（圖5-70，Design Spark 繪圖常用之工具介紹 - 編輯，陳建志整理，2015）

創意實作 ▶ 3D 列印繪圖與操作

　　透過圖5-71，主要是介紹在基本工具列中，實體 2D 繪製及長料完成之後，最後一個步驟，就是要進行薄殼的收尾動作，如圖5-71 所示。

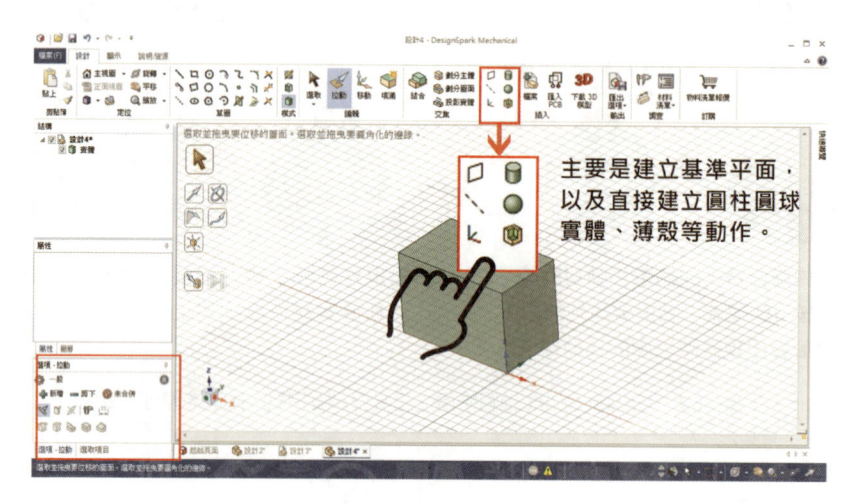

（圖5-71，Design Spark 繪圖常用之工具介紹 - 薄殼動作，陳建志整理，2015）

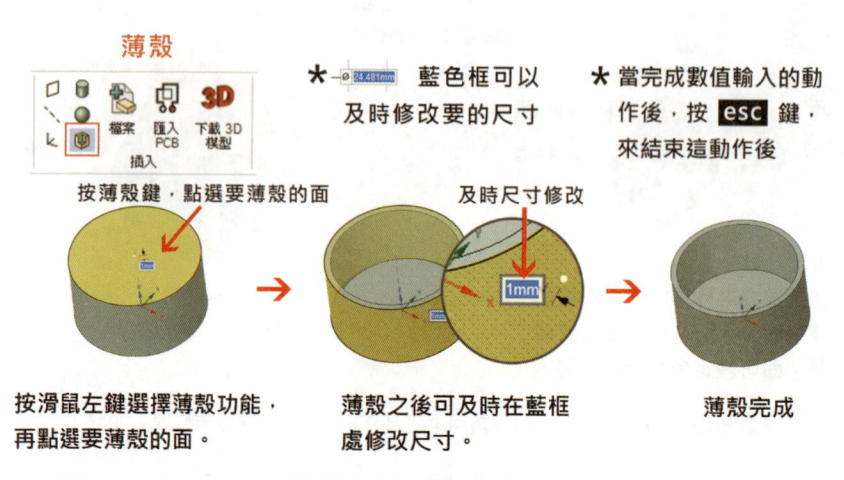

薄殼

按薄殼鍵，點選要薄殼的面
* 藍色框可以及時修改要的尺寸
* 當完成數值輸入的動作後，按 esc 鍵，來結束這動作後

按滑鼠左鍵選擇薄殼功能，再點選要薄殼的面。

薄殼之後可及時在藍框處修改尺寸。

薄殼完成

（圖5-72，Design Spark 繪圖常用之工具介紹 - 薄殼動作，陳建志整理，2015）

5-50

(二) 案例操作──鑰匙圈機械人設計

透過圖5-73所示,以及我們在前一單元所學過的 Design Spark 繪圖軟體之工具之後,這單元我們利用所學到的常用工具,然後再依據案例,來自己設計一個屬於自己的扭蛋機械人鑰匙圈,讓我們透過 3D 列印出來的成品,再加上扭蛋殼件,讓簡單的 3D 成品也能走出屬於自己的小商機,來提高其附加價值。在畫圖的開始,我們先要建立一個空白的設計畫面,藉由設計畫面來進行我們的機械人繪製,如圖5-74、圖5-75 案例所示。

(圖5-73,鑰匙圈機械人扭蛋設計,陳建志整理,2016)

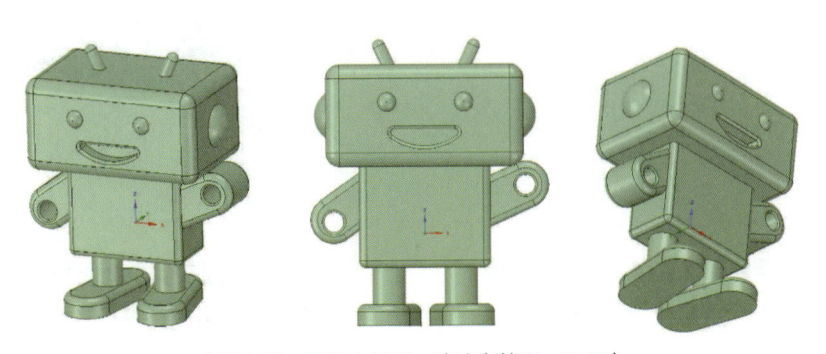

(圖5-74,機械人模型,陳建志整理,2016)

創意實作 ▶ 3D 列印繪圖與操作

　　透過圖5-75 所示，首先，我們要建立一個高六公分、寬六公分的機械人，目的是要放在扭蛋殼件裡面，所以一開始，我們先建立一個機械人的頭，先用草圖模式設定好長寬之後完成框型，之後再透過拉伸功能。長出實體之前，要先將頭的部分鎖定分類，如圖5-76 所示，才算完成機械人頭部矩形。

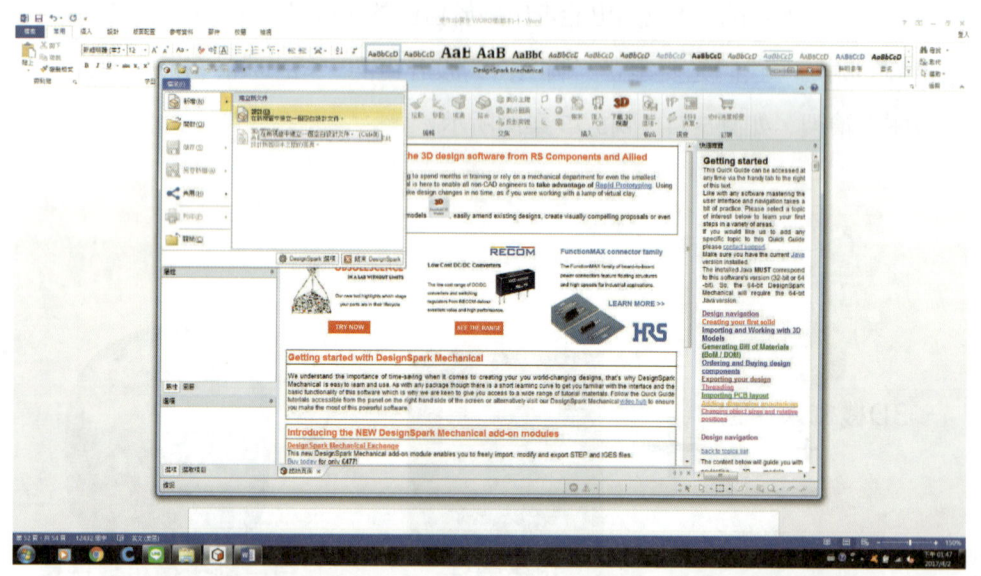

（圖5-75，建立空白的設計畫面，陳建志整理，2016）

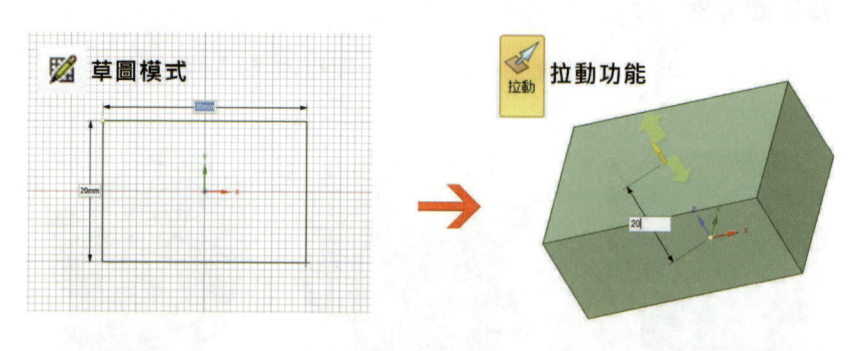

草圖模式

→

拉動功能

在草圖模式，建立一個長30 × 寬20mm的矩形框。

之後再透過拉工具，向上拉伸出 20mm的高度，來長出實體。

（圖5-76，建立機械人頭部，陳建志整理，2016）

5-52

建立完頭部實體後，之後我們就可以繪製一個身體，透過草圖模式在頭的下端部分先繪製出身體的框型，長寬設定為 16 mm 及 12 mm 之後，即可透過拉伸的工具，來將身體拉出 11 mm 的高度，再將身體部分鎖定分類，如圖5-77所示。

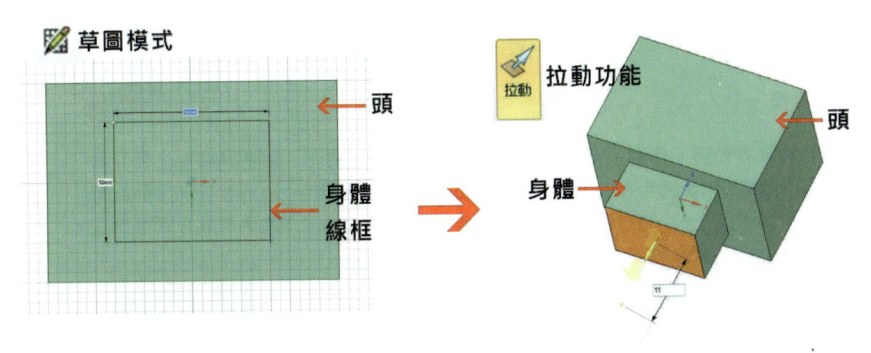

在草圖模式裡頭的下方，建立一個長16mm × 寬12mm的身體矩形框。　　之後再透過拉伸工具，向上拉伸出11mm的高度，來長出機械人的身體。

（圖5-77，建立機械人身體，陳建志整理，2016）

上述所介紹的頭跟身體的部分，都是要分別用鎖定分類，這樣繪製出的機械人，頭跟身體才會是獨立的個體，這部分要請大家多加注意。完成頭部跟身體之後，接下來我們要繪製機械人雙手部分，由於機械人的其中一隻手，會裝上鑰匙環零件，所以手的位置，都要缺口，以便之後方便穿鑰匙圈上去。一開始我們還是先用草繪模式來進行手的輪廓線繪製，之後再進行實體拉伸動作，基本上都是先透過草繪模式，再進行實體以拉伸，如圖5-78 操作所示，簡單的幾個步驟，就差不多完成機械的主要部分了。

創意實作 ▶ 3D 列印繪圖與操作

大致上完成機械人的頭跟身體及手部，如圖5-78，剩下腳的部分，如圖5-79，也是先透過草圖繪製模式，之後進入拉伸動作長出腳的實體。

草圖模式
在草圖模式身體邊，建立一個長16mm×寬6mm的手部矩形框。

拉動功能
之後再透過拉伸工具，向後拉伸出6mm厚度。

移動功能
再透過移動工具，來進行手部角度的旋轉，讓手看起來更自然些。

移動功能
再透過移動工具，來讓手部移動至身體側邊中心。

再透過倒R角工具，將手部尾端倒3mm的R角。

再將手部進行複製。

（圖5-78，建立機械人雙手部分，陳建志整理，2016）

草圖模式
在草圖模式，建立一個直徑3mm的圓圈。

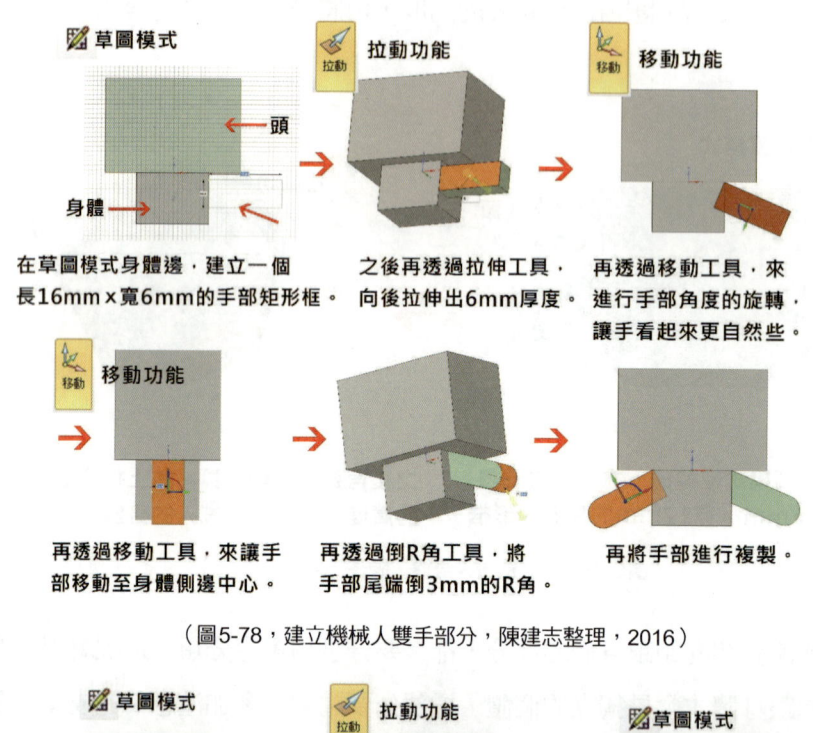

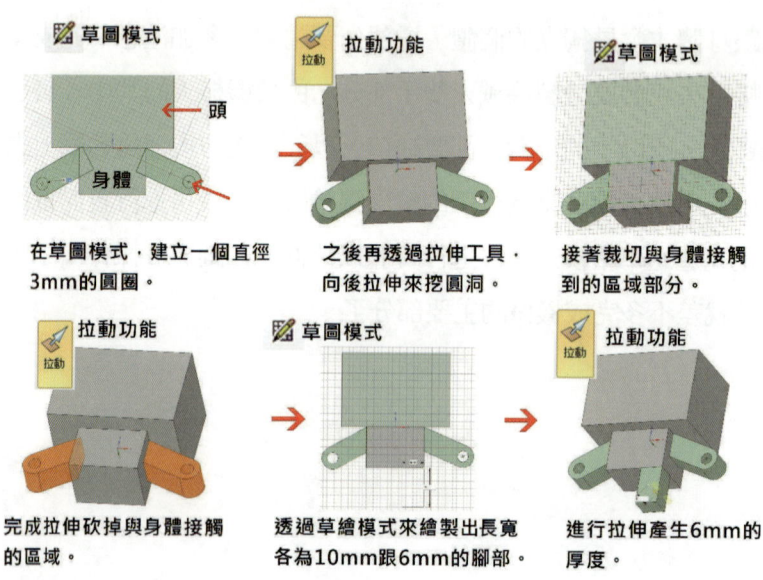

拉動功能
之後再透過拉伸工具，向後拉伸來挖圓洞。

草圖模式
接著裁切與身體接觸到的區域部分。

拉動功能
完成拉伸砍掉與身體接觸的區域。

草圖模式
透過草繪模式來繪製出長寬各為10mm跟6mm的腳部。

拉動功能
進行拉伸產生6mm的厚度。

（圖5-79，建立機械人雙腳部分，陳建志整理，2016）

5-54

腳的實體長出之後，即可進行複製第二隻腳，完成腳的部分之後，再來繪製腳掌的部分，都是先草圖繪製，再拉伸長料及實體移動，最後進行複製，完成兩隻腳掌後，即可進行倒 R 角的動作，如圖5-80 所示。

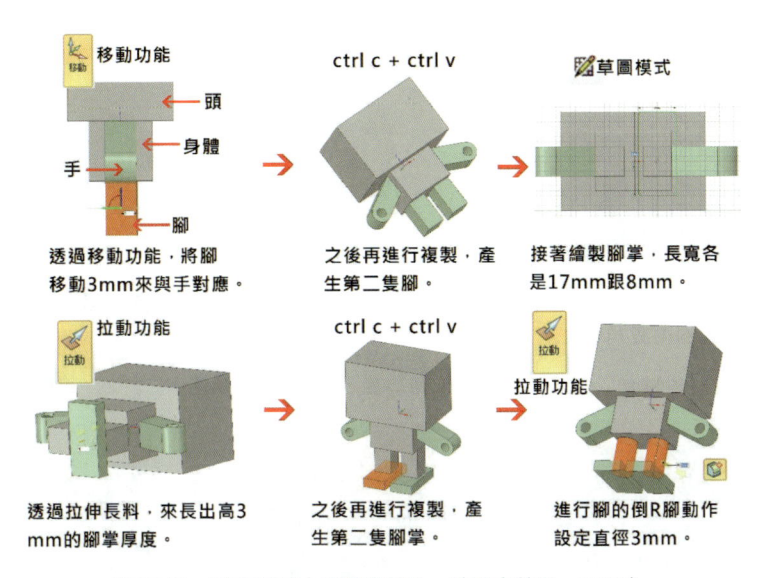

（圖5-80，建立機械人雙腳掌部分，陳建志整理，2016）

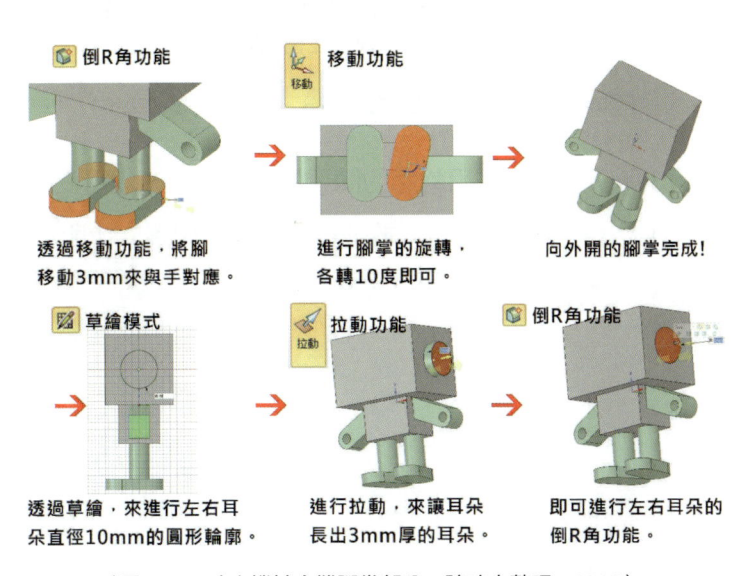

（圖5-81，建立機械人雙腳掌部分，陳建志整理，2016）

創意實作 ▶ 3D 列印繪圖與操作

圖5-81 所示,慢慢的進行腳掌倒 R 角及繪製機械人的耳朵及倒 R 角,所設計的機械人的身體部分,也大致完成得差不多,剩下就是將機械人身上的細節進行處理即可,如圖5-82 開始進行機械人五官的繪製設計。

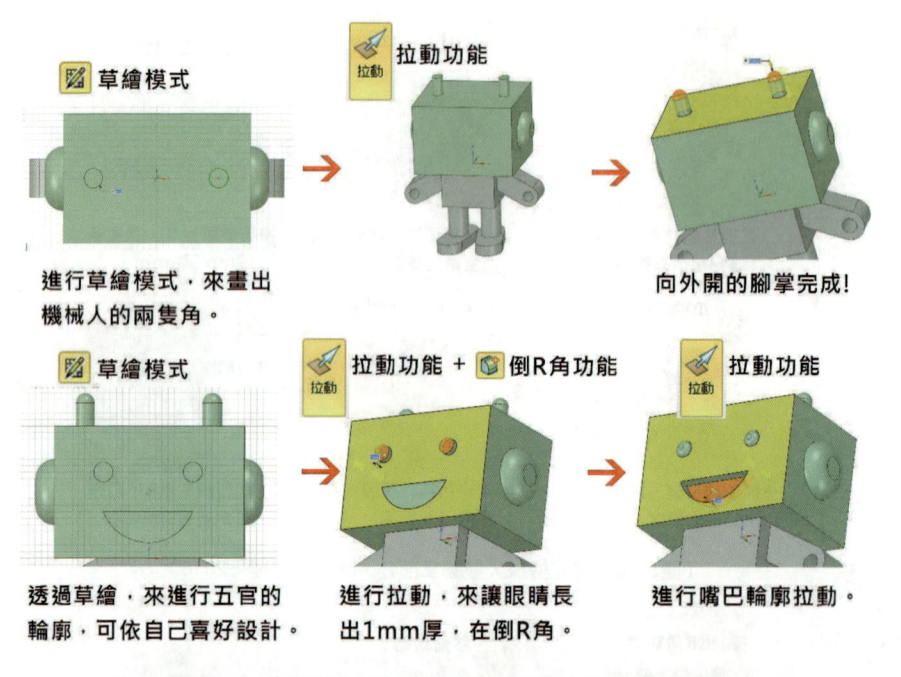

（圖5-82,建立機械人五官設計部分,陳建志整理,2016）

透過圖5-83 所示,利用常用軟體的簡單操作,做出一隻可愛的機械人鑰匙圈公仔設計,且大小控制在剛好可以放進扭蛋殼理,如圖5-84 所示。

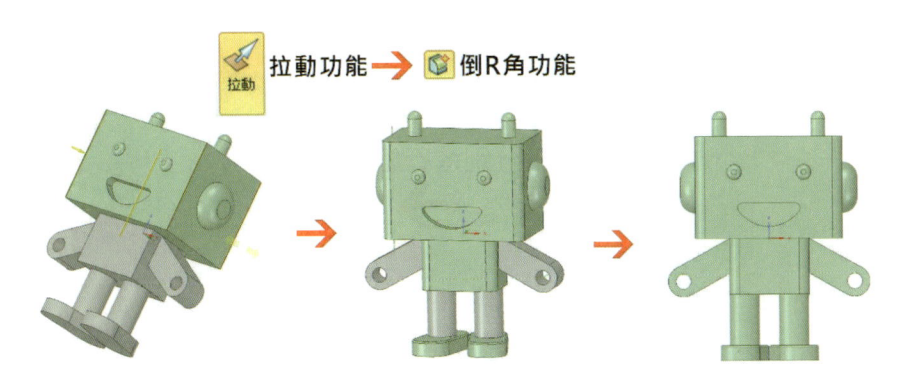

透過倒R角功能，可以慢慢的處理細節的處理，例如倒邊的R角等，依自己喜好進行設計。

機械人造型，大致完成！

（圖5-83，機械人部分完成，陳建志整理，2016）

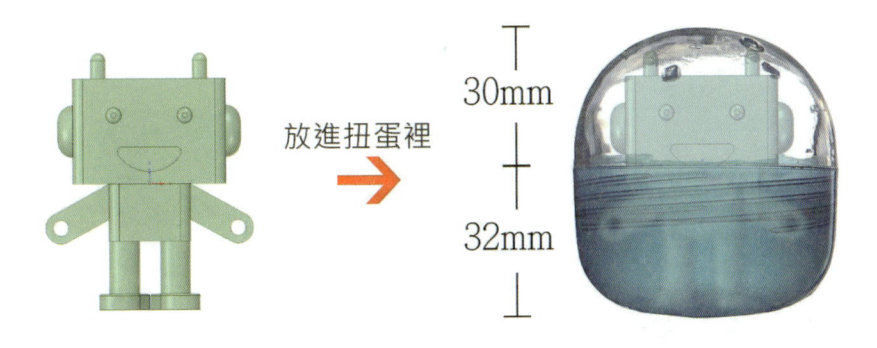

（圖5-84，機械人＋扭蛋殼，陳建志整理，2016）

接下來最重要的最後一個步驟就是要將機械人的各零組件（頭、身體、手、腳）固定在一起，也就是頭跟身體要接在一起，必須繪製出一凹一凸的固定柱才能分別將列印出來的頭和身體，及時固定，透過這樣的組件方式，會讓 3D 實體模型，會有更高的細緻度，透過實際分件的簡單練習，也對於日後更複雜的分件及組裝原理，有更多的實戰經驗，可透過圖5-85 所示。

創意實作 ▶ 3D 列印繪圖與操作

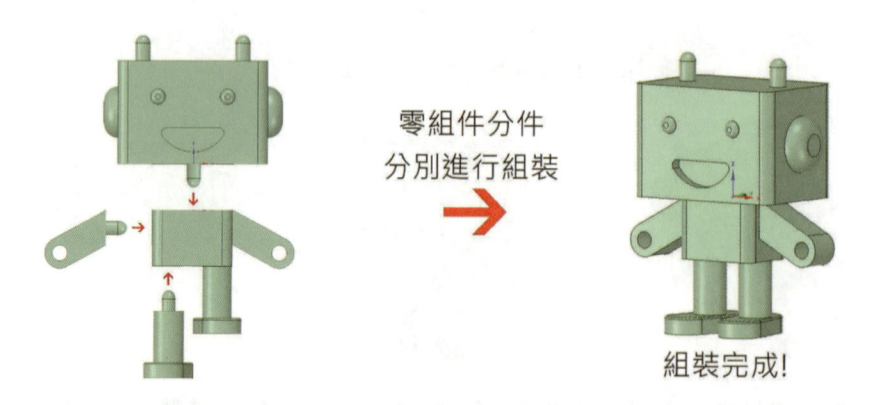

（圖5-85，零組件分件組裝，陳建志整理，2016）

依圖5-86所示，來產生雙手的固定點圓柱及凹槽，以方便組裝跟轉動。

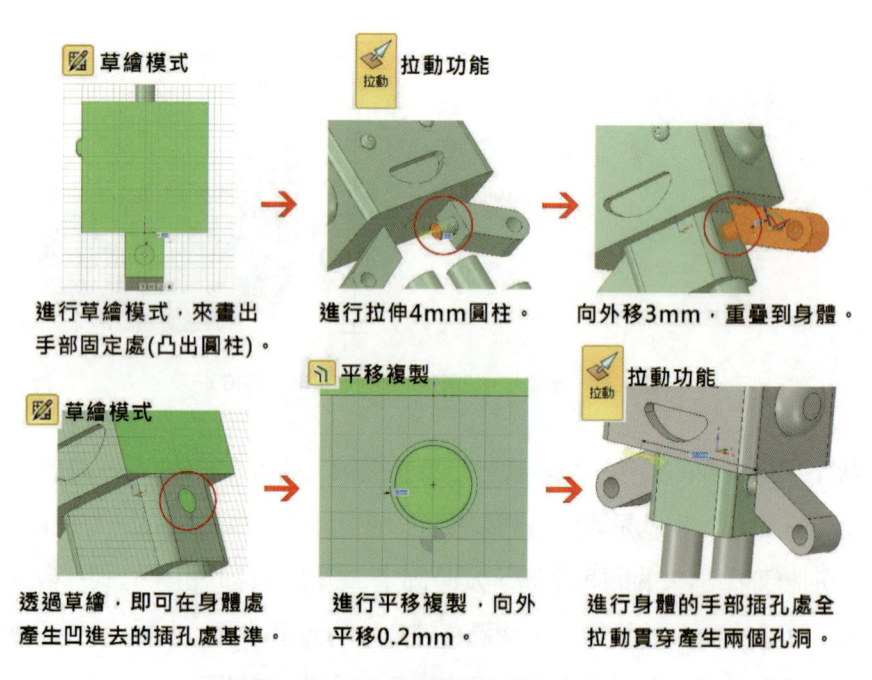

草繪模式　　進行草繪模式，來畫出手部固定處(凸出圓柱)。

拉動功能　　進行拉伸4mm圓柱。

向外移3mm，重疊到身體。

草繪模式　　透過草繪，即可在身體處產生凹進去的插孔處基準。

平移複製　　進行平移複製，向外平移0.2mm。

拉動功能　　進行身體的手部插孔處全拉動貫穿產生兩個孔洞。

（圖5-86，零組件分件組裝，陳建志整理，2016）

5-58

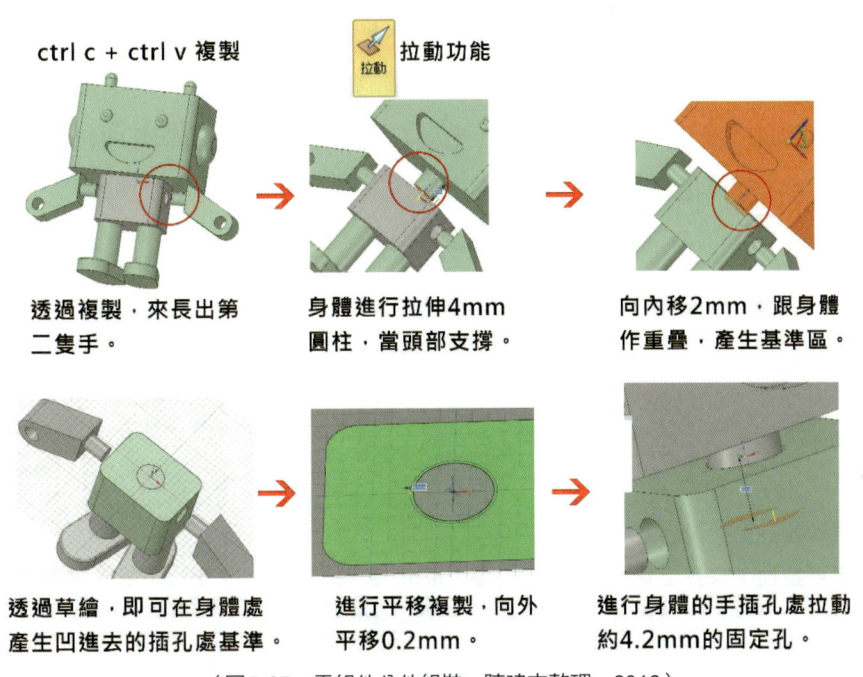

ctrl c + ctrl v 複製　　**拉動功能**

透過複製，來長出第二隻手。　　身體進行拉伸4mm圓柱，當頭部支撐。　　向內移2mm，跟身體作重疊，產生基準區。

透過草繪，即可在身體處產生凹進去的插孔處基準。　　進行平移複製，向外平移0.2mm。　　進行身體的手插孔處拉動約4.2mm的固定孔。

（圖5-87，零組件分件組裝，陳建志整理，2016）

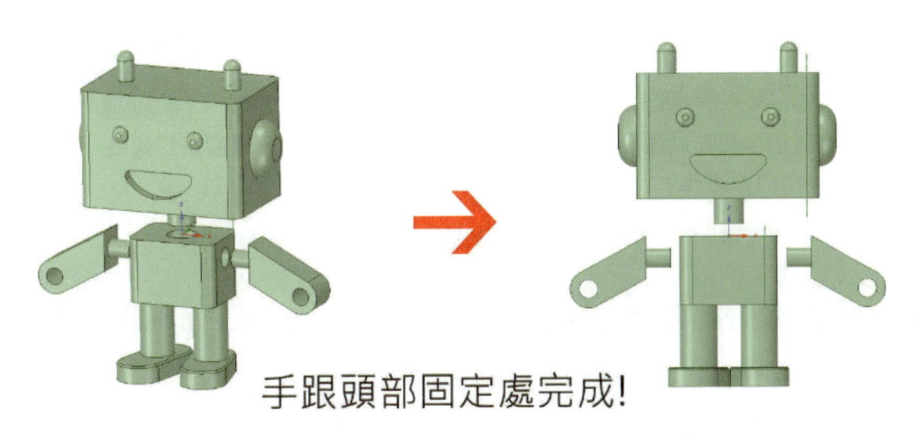

手跟頭部固定處完成！

（圖5-88，零組件分件組裝 - 頭跟手部，陳建志整理，2016）

透過圖 5-89 所示，主要是將腳的部分來與身體作固定圓柱的加工，跟上述所提的身體與手部及頭部的固定方式是一樣的，大致上機械人的組裝也差不多完成，之後即可分別存檔，各零組件皆要存成 STL 檔，才可轉到 CURA 切片軟體來進行模型的列印。

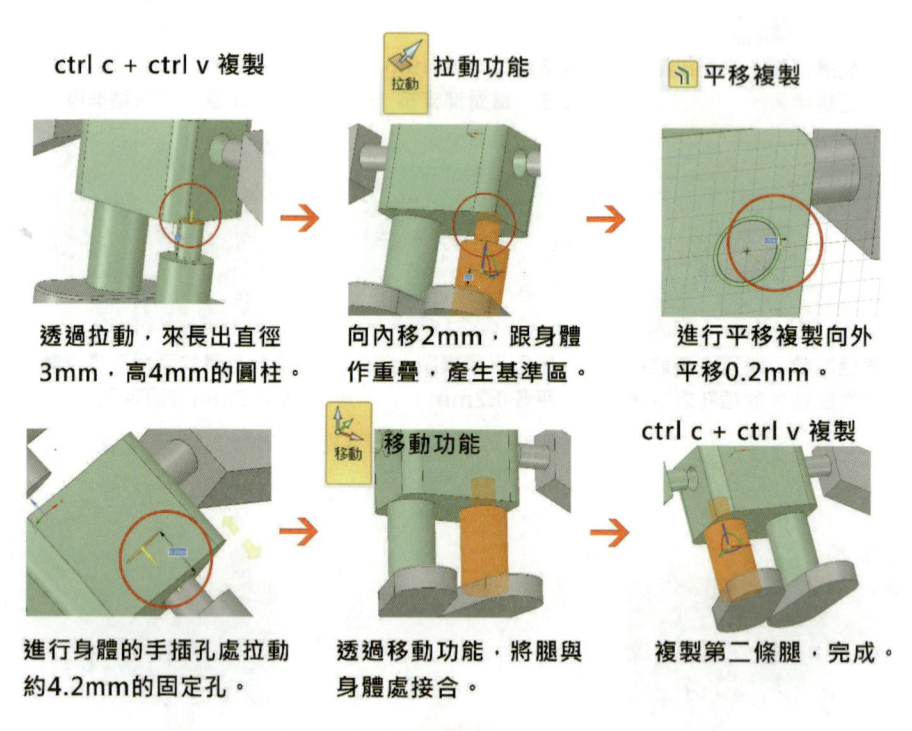

ctrl c + ctrl v 複製　　拉動功能　　平移複製

透過拉動，來長出直徑 3mm，高 4mm 的圓柱。　　向內移 2mm，跟身體作重疊，產生基準區。　　進行平移複製向外平移 0.2mm。

移動功能　　ctrl c + ctrl v 複製

進行身體的手插孔處拉動約 4.2mm 的固定孔。　　透過移動功能，將腿與身體處接合。　　複製第二條腿，完成。

（圖 5-89，零組件分件組裝 - 身體與腳部，陳建志整理，2016）

機械人的所有零組件完成之後如圖 5-90 所示，透過圖 5-91 所示，最後的一個細節的處理，就是頭手腳關節處的固定圓柱，要進行倒角的工作，原因是到時候組裝時，倒過角的圓柱邊緣，會比較好插進身體零件當中，所以倒角的工作，不能不去執行喔，執行完成圓柱倒角，這樣才算完成機械人的列印前工作。

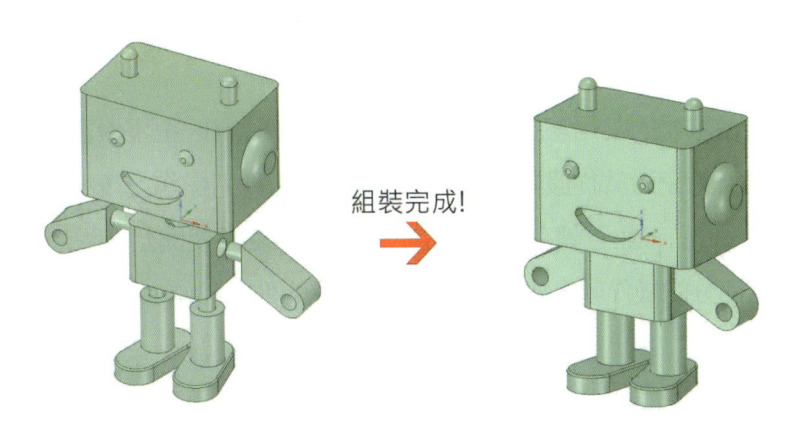

（圖5-90，零組件分件組裝 - 全身，陳建志整理，2016）

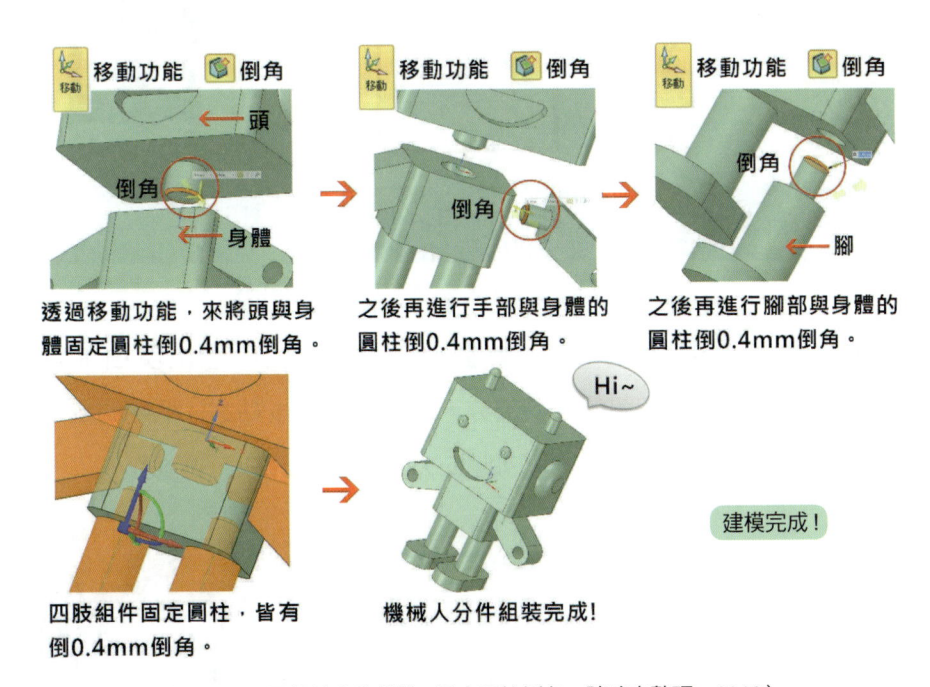

透過移動功能，來將頭與身體固定圓柱倒0.4mm倒角。

之後再進行手部與身體的圓柱倒0.4mm倒角。

之後再進行腳部與身體的圓柱倒0.4mm倒角。

四肢組件固定圓柱，皆有倒0.4mm倒角。

機械人分件組裝完成！

Hi~

建模完成！

（圖5-91，零組件分件組裝 - 固定圓柱倒角，陳建志整理，2016）

5-61

三、CURA 切片軟體示範介紹

透過上個單元的常用功能介紹，以及透過實際案例－扭蛋機器人鑰匙圈設計之後，相信大家對於從設計到 3D 繪圖常用之工具列操作之後，而產出最後的設計 3D 圖實品，並且轉存成 STL 檔，第二階段就是要開始進入到 CURA 切片軟體，這部分的操作就是要進行到 3D 列印機的列印製作，如圖5-92所示。

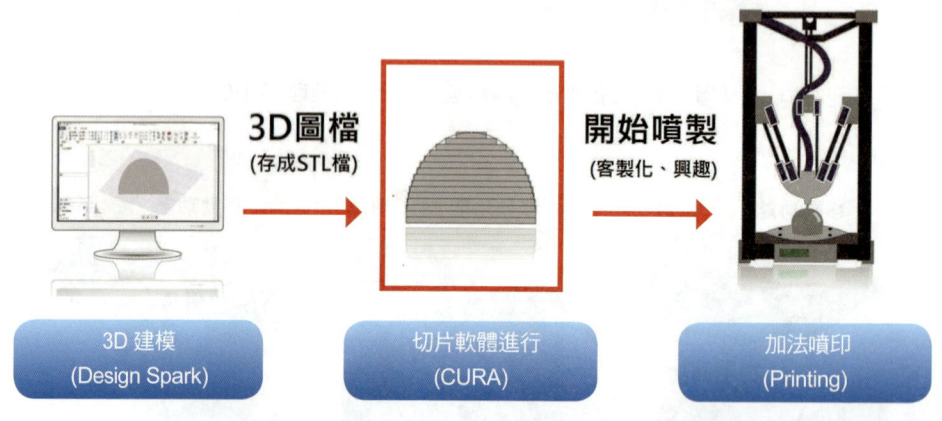

（圖5-92，列印成型過程-2，陳建志整理，2016）

首先，先在 google 搜尋 CURA 軟體，點選進去之後，會出現 CURA 軟體的視窗，此時點選索取資訊的軟體部分，在進入網頁後點選紅框內的按鈕──View all versions（查看所有版本），如圖5-93所示，先完成上述動作。

（圖5-93，CURA 軟體下載，陳建志整理，2016）

上述動作完成之後，下載第 15.04.5 版，下載完畢後，在下載的地方打開檔案，如圖5-94 所示。

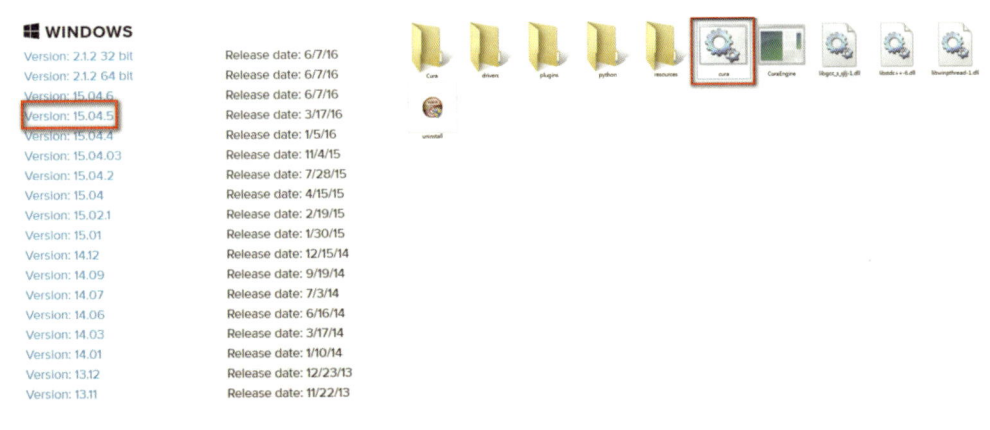

（圖5-94，CURA 軟體下載，陳建志整理，2016）

打開後選擇儲存路徑後按下一步選取 CURA 所能讀取的檔案格式，盡量全部勾選會比較好，勾選完後按下一步，如圖5-95 所示。

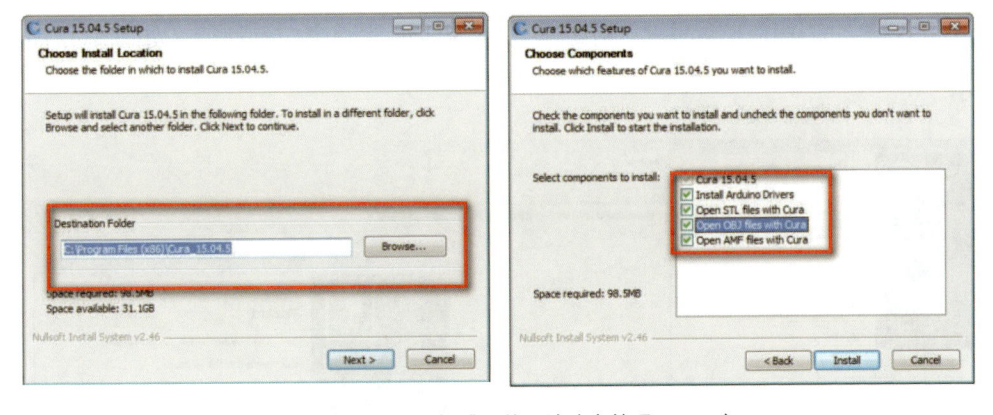

（圖5-95，CURA 軟體下載，陳建志整理，2016）

5-63

創意實作 ▶ 3D 列印繪圖與操作

　　此時就開始安裝，安裝過程中，如果有詢問是否安裝，選擇不要安裝，如圖5-96 所示。

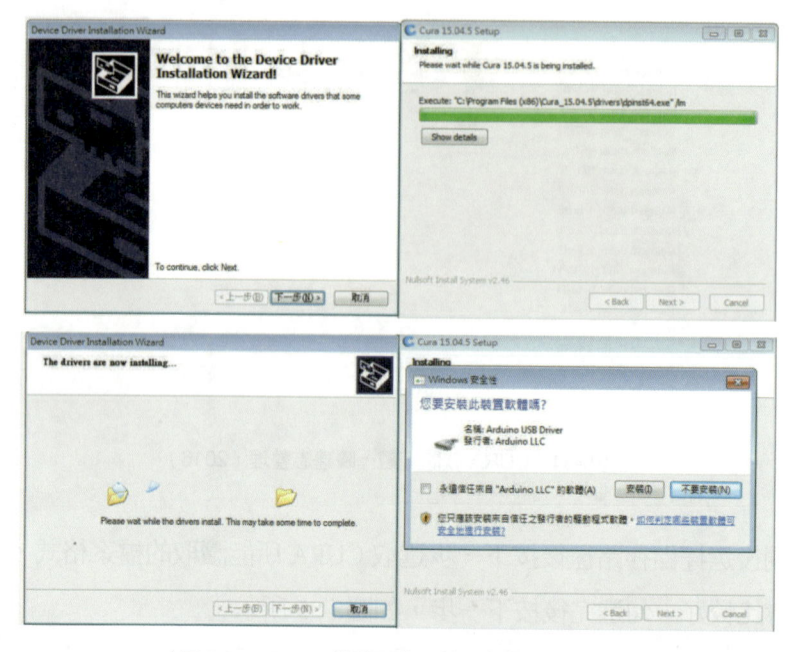

（圖5-96，CURA 軟體下載，陳建志整理，2016）

　　安裝完成後按下完成鍵，此時，按下完成後軟體會自動執行，如圖5-97 所示。

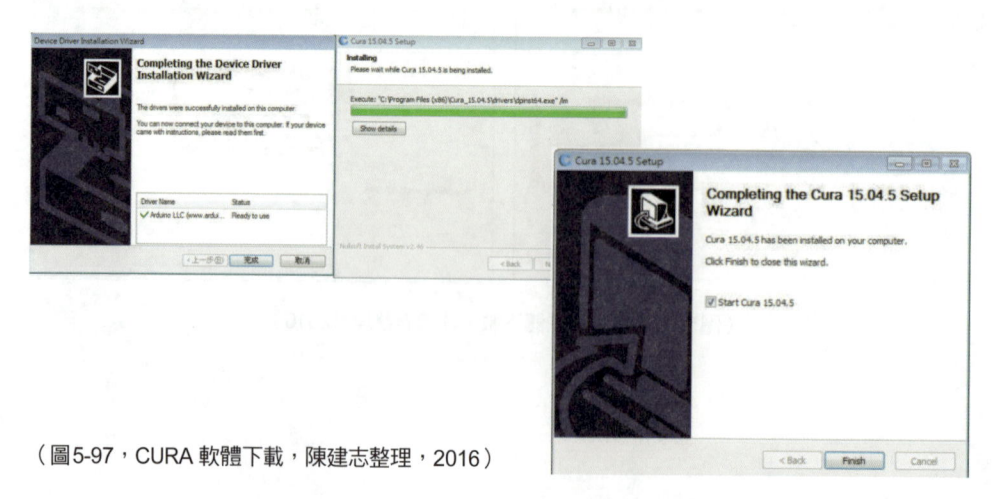

（圖5-97，CURA 軟體下載，陳建志整理，2016）

5-64

至於軟體版本，我們選用英文版，因為官方所提供的軟體沒有中文版本，之後，選擇（其他 -other）類別，如圖5-98 所示。

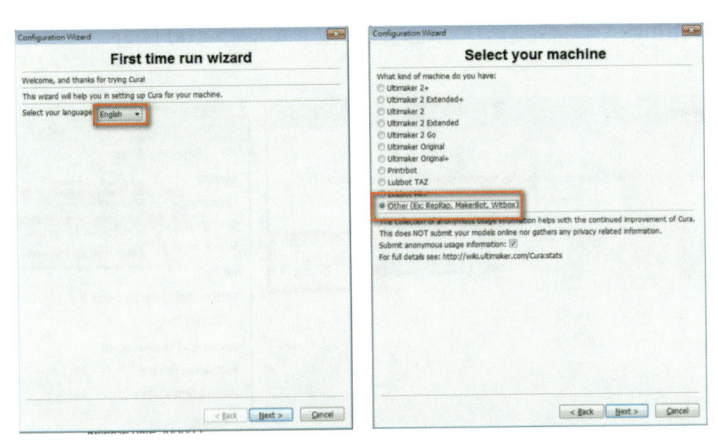

（圖5-98，CURA 軟體下載，陳建志整理，2016）

在選擇機種上，我們選擇客製化的機器，因為是使用 atom 選單上沒有，而右邊的設定圖部分，是設定 ATOM 機台上列印區的長寬高尺寸，會如圖5-99 所示，0.4 mm 是指噴嘴處的直徑，如果是家用版的 CR-7，長寬高的尺寸就不大一樣，長就會是 150 mm，寬 130 mm 及高 100 mm，而噴嘴處直徑一樣會是 0.4 mm，而加熱底板（不勾選），設定中心為正中央設定（Bed Center......）後按下完成，因為各種 3D 列印機的列印區域及大小尺寸及形狀都會不太一樣。

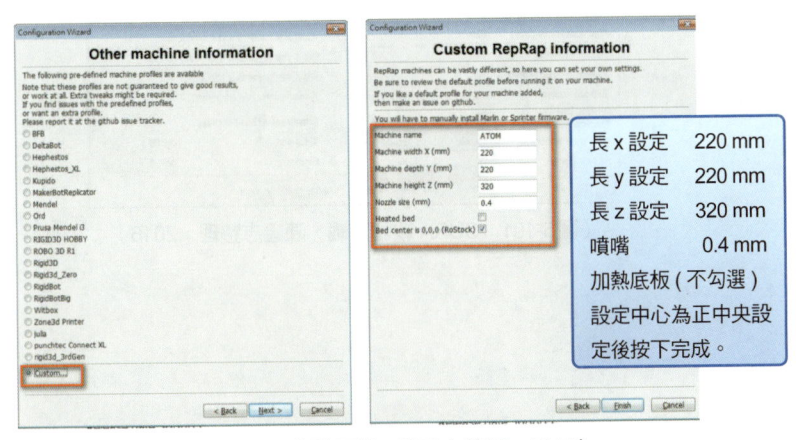

（圖5-99，CURA 軟體下載，陳建志整理，2016）

5-65

開啟 CURA 時，會詢問是否下載最新版本，請按下 - 否（N），接下來我們機台底板是圓形，但是它內部設定為方形，所以我們要點選 Machine 裡的 Machine settings（機器設置）來設定底板，如圖 5-100 所示。

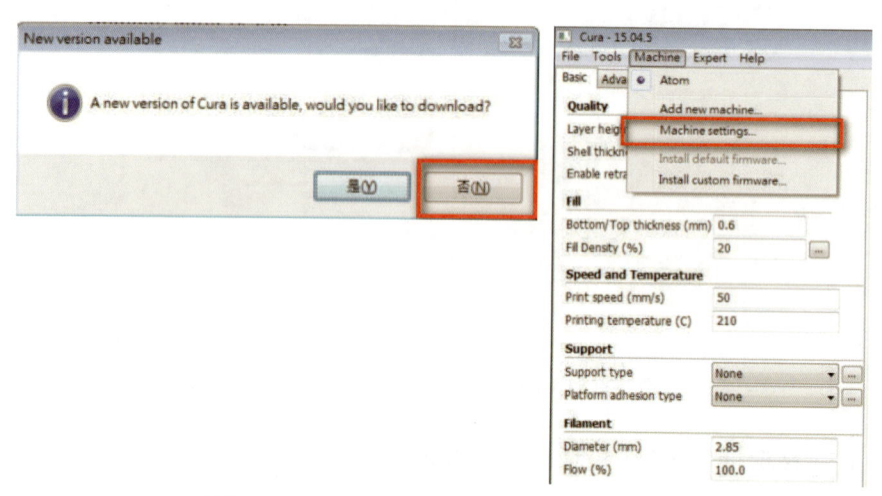

（圖 5-100，CURA 軟體下載，陳建志整理，2016）

透過圖 5-101 所示，將圖面上的 square（方），改為 circular（圓），因為 ATOM 列印機的底盤是圓形的。

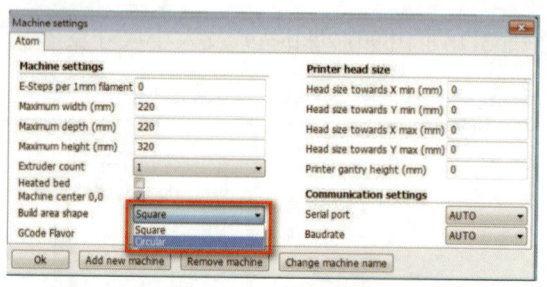

（圖 5-101，CURA 軟體下載，陳建志整理，2016）

透過圖 5-102 所示，參數設定 - 基本設定的部分，請各位對照右圖所示，去進行設定，最常微調設定的是每層列印高度、列印物件的壁厚及內部填充百分比，而列印速度及列印溫度，盡量設定在速度 45，溫度 215 度左右。

Quality -> 品質
    Layer height (mm) -> 每層列印高度
    Shell thickness (mm) -> 列印物件的壁厚
    Enable retraction -> 啟動回抽 (防止牽絲)

Fill -> 填充
    Bottom/Top thickness (mm) -> 頂部與底部的厚度
    Fill Density (%) -> 內部填充百分比

Speed and Temperature -> 列印速度 / 溫度
    print speed(mm/s) -> 列印速度
    Printing temperature (c) -> 列印溫度

Support -> 支撐
    Support Type -> 支撐模式
        1.None -> 不使用支撐
        2.Touching buildplate -> 系統判定是否為開支撐
        3.Everywhere -> 非垂直面都開支撐
    Platform adhesion type -> 底層結合狀態
        1.None -> 直接結合
        2.Brim -> 列印邊緣延伸線
        3.Raft -> 列印底板

Filament -> 塑膠線材
    Diameter (mm) -> 線材直徑
    Flow (%) -> 擠出量微調

Machine -> 機器
    Nozzle size (mm) -> 機器孔徑

（圖5-102，CURA 軟體操作，陳建志整理，2016）

最後，最重要的線材直徑設定，PLA 線材直徑 -Diameter（mm），請設定在 1.75 mm，以及機器口徑 Nozzle size（mm），請設定 0.4 mm，上述設定，會是在操作 CURA 切片軟體時常微調設定的步驟，通常設定好就不會再變動。

創意實作 ▶ 3D 列印繪圖與操作

　　先將 3D 檔案轉存成 STL 檔 之後，再將 STL 檔放置於桌面，以便要將 3D 檔案丟進 CURA 切片軟體裡，如圖5-103 所示。

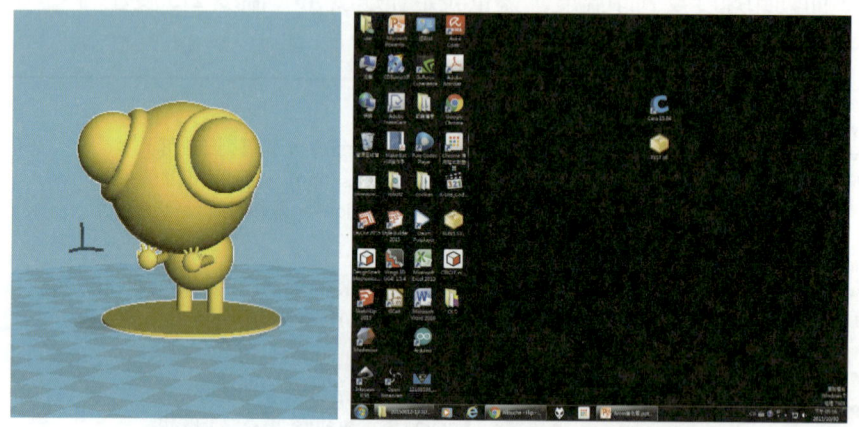

（圖5-103，CURA 軟體操作，陳建志整理，2016）

　　如圖5-104 所示，打開 CURA 切片軟體之後的畫面如右圖，可以看到一個圓形底盤工作區的畫面，模型檔案就是要丟到這工作區裡的。

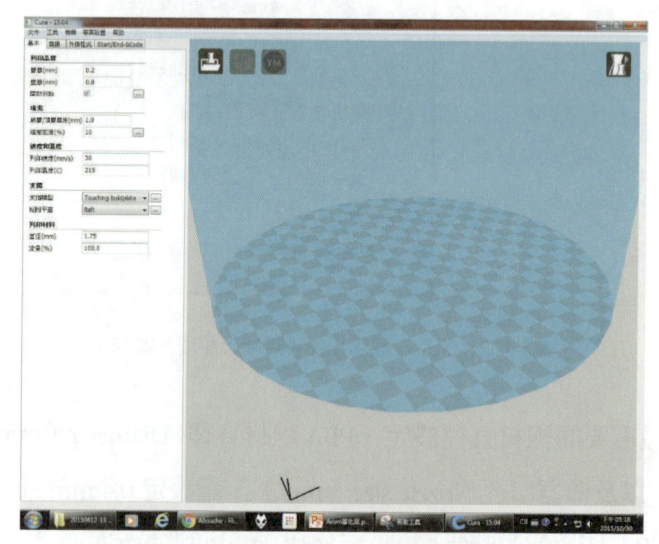

（圖5-104，CURA 軟體操作，陳建志整理，2016）

5-68

透過圖5-105及圖5-106所示，在上方會有一個載入檔案的按鈕（必須存為STL檔），載入後如果圖檔位置不正確，可以點選下方選轉扭，在黃色圈圈內可以手動調整方向。在1的部分，可以讓系統計算，讓它選擇最多接觸面的地方。在2的部分，可以讓列印漸恢復原狀。當角度設定好之後，即可將檔案存入要放進列印機所附的SD Card之中。

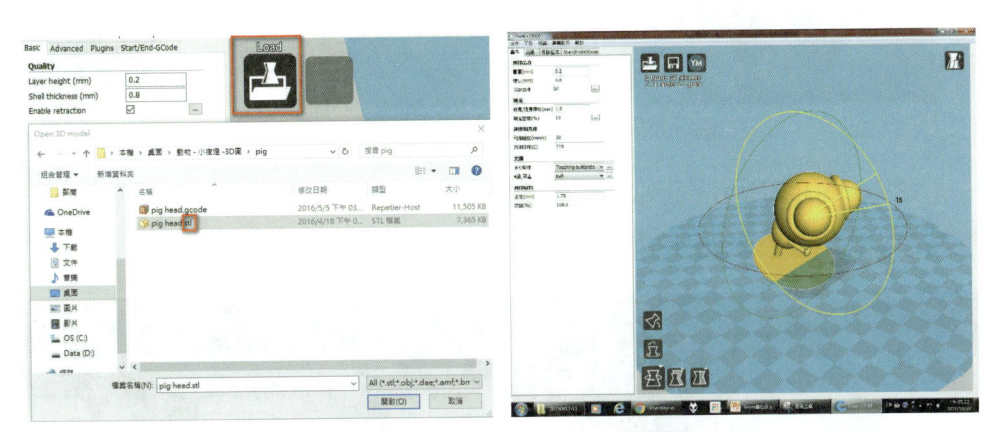

（圖5-105，CURA 軟體操作，陳建志整理，2016）

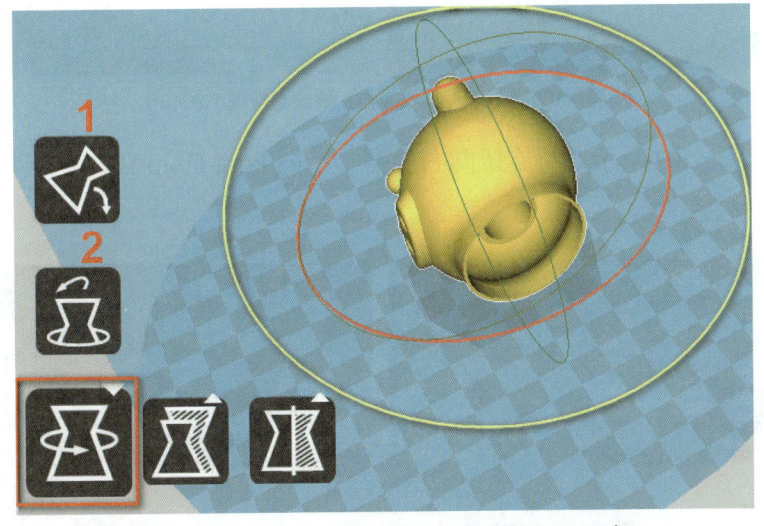

（圖5-106，CURA 軟體操作，陳建志整理，2016）

5-69

創意實作 ▶ 3D 列印繪圖與操作

透過圖5-107所示，先把 SD Card 放進列印機之中，然後打開電源開關。

（圖5-107，CURA 軟體操作，陳建志整理，2016）

透過圖5-108所示，正常開機的待機畫面下面顯示 Atom 2.0 Ready，之後按下左邊小顆的銀色按鈕即可操作面板。

（圖5-108，CURA 軟體操作，陳建志整理，2016）

透過圖5-109所示，將旋鈕向右旋轉，指向 Print From SD，之後按下銀色旋鈕。

（圖5-109，CURA 軟體操作，陳建志整理，2016）

5-70

透過圖5-110所示,當畫面中出現 Heating 就代表已經開始列印了,剩下就是等待列印不要出問題囉!列印過程中,要適時的檢查一下列印過程,因為有可能列印會出問題或是列印過程中卡住停止運作等原因,所以透過圖5-111所示所示,要時時刻刻去注意列印的過程,才算完成最後一刻的列印流程。

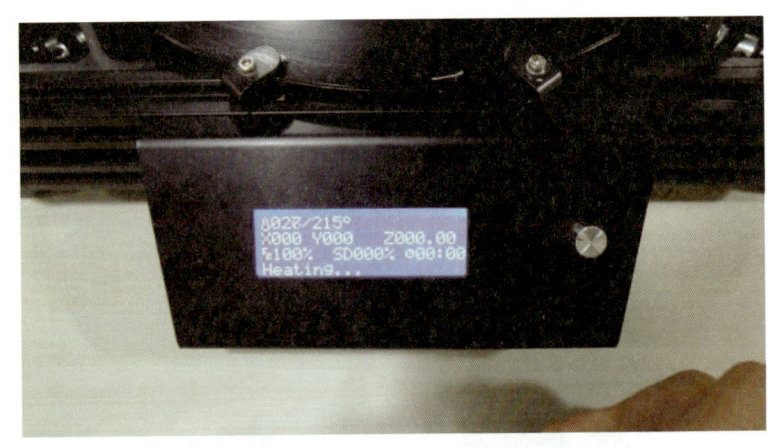

(圖5-110,CURA 軟體操作,陳建志整理,2016)

(圖5-111,CR-7 雛型列印範本,陳建志整理,2016)

5-71

5.3 作品成果呈現

　　透過上述單元所教學的 Design Spark 軟體，以及 3D 列印機的操作，最後完成了一隻很可愛的迷你機械人。透過把機械人放進扭蛋殼裡，如此一來，由 3D 列印出來的作品，也能當作一個屬於自己的小小創業。藉由扭蛋機的附加價值，賦予機械人鑰匙圈一個意義，作為朋友之間的信物或是透過扭蛋機械人傳話給您覺得重要的人，來取代傳統賀卡，進而產生出一個破壞式創新的概念，未來也可以嘗試做出不同造型的列印小物。對於初學者而言，不妨透過這樣的附加價值，來提高自己的成就感跟興趣囉，如圖 5-112 至圖 5-115 所介紹的完成品範例過程。

1.建模完成

組裝完成！

2.進入CURA切片軟體

（圖5-112，完成品範例介紹-1，陳建志整理，2016）

3.實體模型＋鑰匙圈

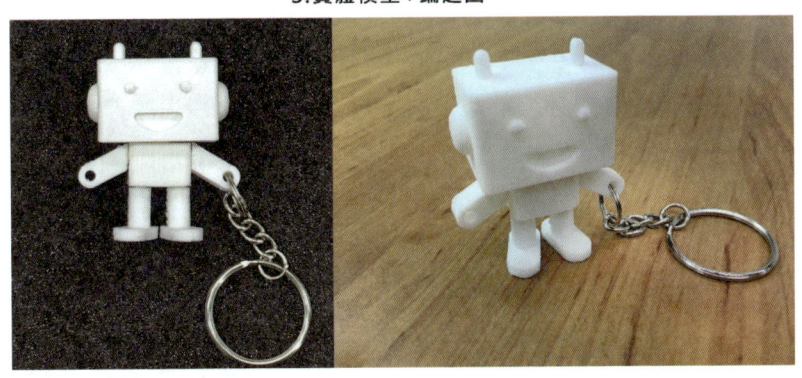

（圖5-113，完成品範例介紹-2，陳建志整理，2016）

4.放入扭蛋中，即可研商日後販賣　5.實用的鑰匙圈設計，可送禮自用

（圖5-114，完成品範例介紹-3，陳建志整理，2016）

透過完全自己動手設計、噴印到完成組裝到可愛扭蛋的呈現

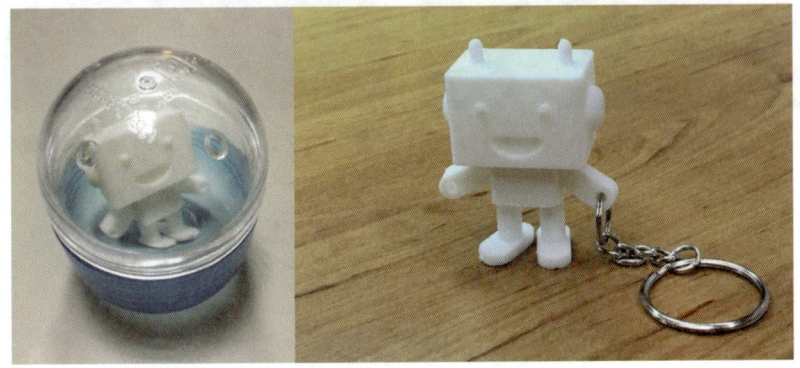

（圖5-115，完成品範例介紹-4，陳建志整理，2016）

創意實作 ▶ 3D 列印繪圖與操作

　　當 3D 模型化之後，即可藉由網路來進行群眾的募資，或是透過做出來的成品，來進行會議討論，這種讓商品快速化的操作流程，可以大幅縮短開發的時間。除了 3D CAD 軟體必須熟悉之外，2D 圖樣設計的想像力，也是非常重要的課題，這樣才可以成為設計與技術並重的專業全才，如圖 5-116 所示。

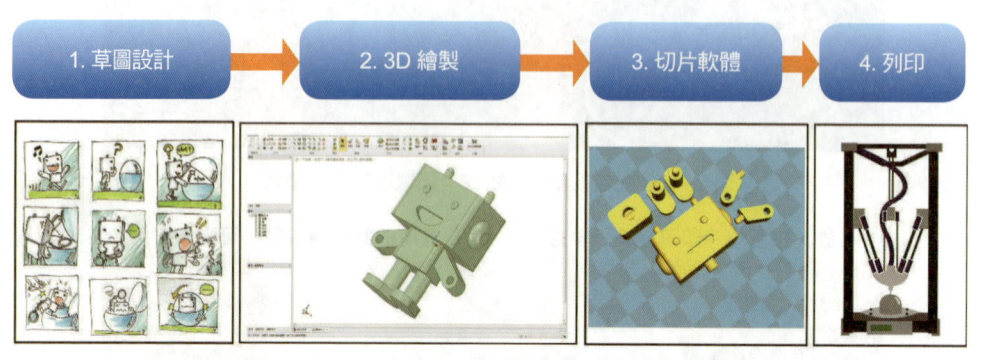

1. 草圖設計 → 2. 3D 繪製 → 3. 切片軟體 → 4. 列印

（圖 5-116，3D 列印操作流程介紹，陳建志整理，2016）

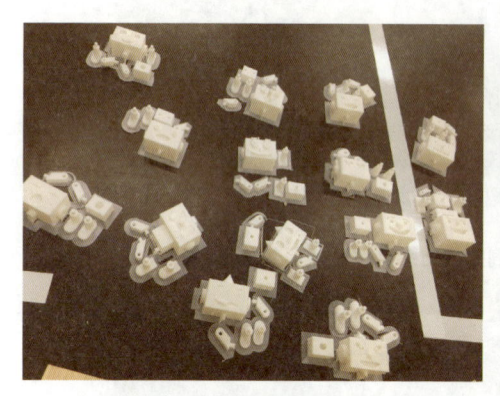

（圖 5-117，陳建志整理，2016）

（圖 5-118，3D 機械人海報 - 馬來，陳建志整理，2016）

5-74

對初學者而言，3D 軟體的繪製，是要進行 3D 列印時最重要的步驟，但也是初學者最害怕的過程之一，所以最後告訴初學者一個小撇步，3D 軟體功能甚多，但不見得全都操作得到，主要的重點可分成長料（建出一個實體）、砍料（裁切實體）、旋轉（柱狀）及薄殼（形成一個殼件），這四大功能要是能夠活用得當，基本上就可以建出很多基本型態的 3D 模型囉，如圖5-119 所示。

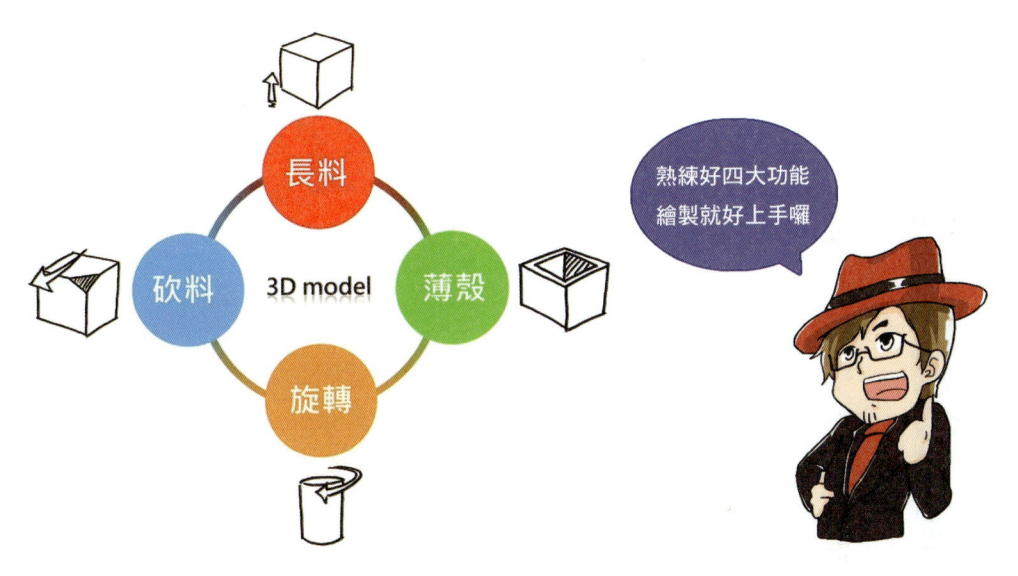

（圖5-119，建模四大功能操作活用，陳建志整理，2016）

　　最後，希望本單元對想進入 3D 列印的初學者而言，能夠對 3D 列印的世界，有基本的了解，但還是得靠自己不斷的練習與摸索，所以，請各位好好加油！

創意實作 ▶ 3D 列印繪圖與操作

養成做筆記的習慣，把生活上觀察的小事情記錄下來！
創意也跟著來囉～

第 6 單元

CNC 控制金屬減法加工

吳宗亮　老師

吳宗亮，現任職於國立高雄第一科技大學機械與自動化工程系助理教授。在擔任第一科大機械與自動化系工廠主任之前，所學所教和製造領域並沒有關聯，但此一機會卻讓我這個待在機械領域 20 年的機械人得以完整地跨足了機械的五大領域——設計、固力、熱流、控制和製造。2008 年，從美國華盛頓大學取得博士後，在工業技術研究院任職五年，歷任研究員、研發經理和經理等職務，現為第一科大機械與自動化工程系助理教授，研究興趣包括：工業機器人應用及開發、動態系統振動量測及分析、IOT 感測器開發。

單元架構

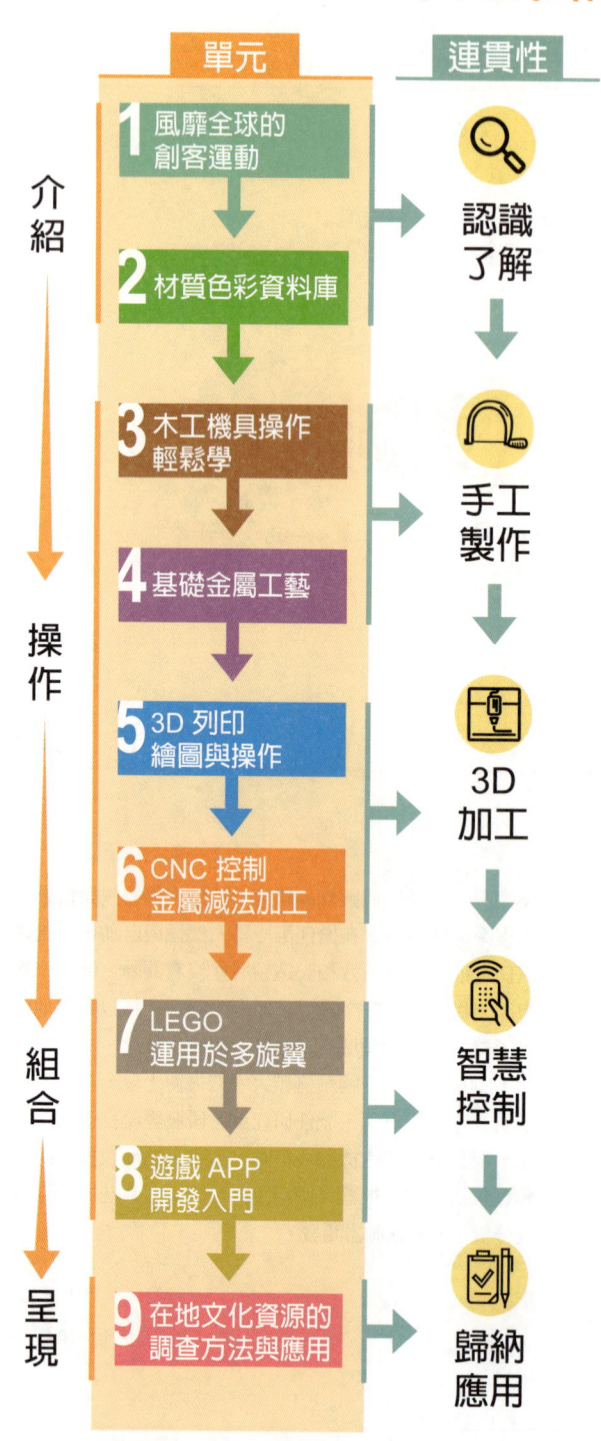

單元	連貫性	內容描述
1 風靡全球的創客運動	認識了解	**先探索發掘** 透過在地資源調查，來了解發掘問題及資料蒐集之重要性；並透過色彩材質的認識，來學習如何應用於提升創意品質及造型美學。
2 材質色彩資料庫		
3 木工機具操作輕鬆學	手工製作	**再動手實作** 了解問題發掘及美學之後，可透過木工常用手工具之操作練習，應用於居家傢俱設計；再認識細微金屬手工具之加工工法及各式金屬，來學習動手實作之重要性。亦會學習 3D 模型繪圖教學之 3D 列印機加法加工，及大型機具雕刻機之減法加工的實際操作設備練習。
4 基礎金屬工藝		
5 3D 列印繪圖與操作	3D 加工	
6 CNC 控制金屬減法加工		
7 LEGO 運用於多旋翼	智慧控制	**於技術應用** 透過動手實作練習之後，即可組裝直昇機樂高組件，來學習馬達動力傳動及主機程式控制。同時透過簡單語法的步驟操作練習，來自己完成簡單的 APP 遊戲開發。
8 遊戲 APP 開發入門		
9 在地文化資源的調查方法與應用	歸納應用	**於在地應用** 透過課程技術的養成，實際應用於在地資源調查，並落實在地文化精神。

介紹 → 操作 → 組合 → 呈現

（圖，單元架構）

緒論

之前第五單元必須學習 3D 繪圖軟體及 3D 列印機設備的加工，而本單元也需透過軟體及設備的操作，且都務必花時間去熟悉操作介面，但 CNC 減法加工製程，則是花更多的時間在機器上的實際操作，相對的安全考量也會比操作 3D 列印時來得更注重，因為不只是操作 CNC 雕刻機而已，還得配合傳統的機器設備手動操作，所以本單元除了注重在 CNC 雕刻機的操作外，更重要的就是尺寸的設定和工程圖的定義。畢竟進入 3D 加工程序的課程，不管是 3D 列印繪圖操作或是 CNC 控制金屬減法加工，在尺寸定義、造型比例及操作，都是要花時間熟悉軟硬體操作，此外，在工廠內的每個人都必須具備充分完整的安全觀念，這也是本單元非常重要的課題。

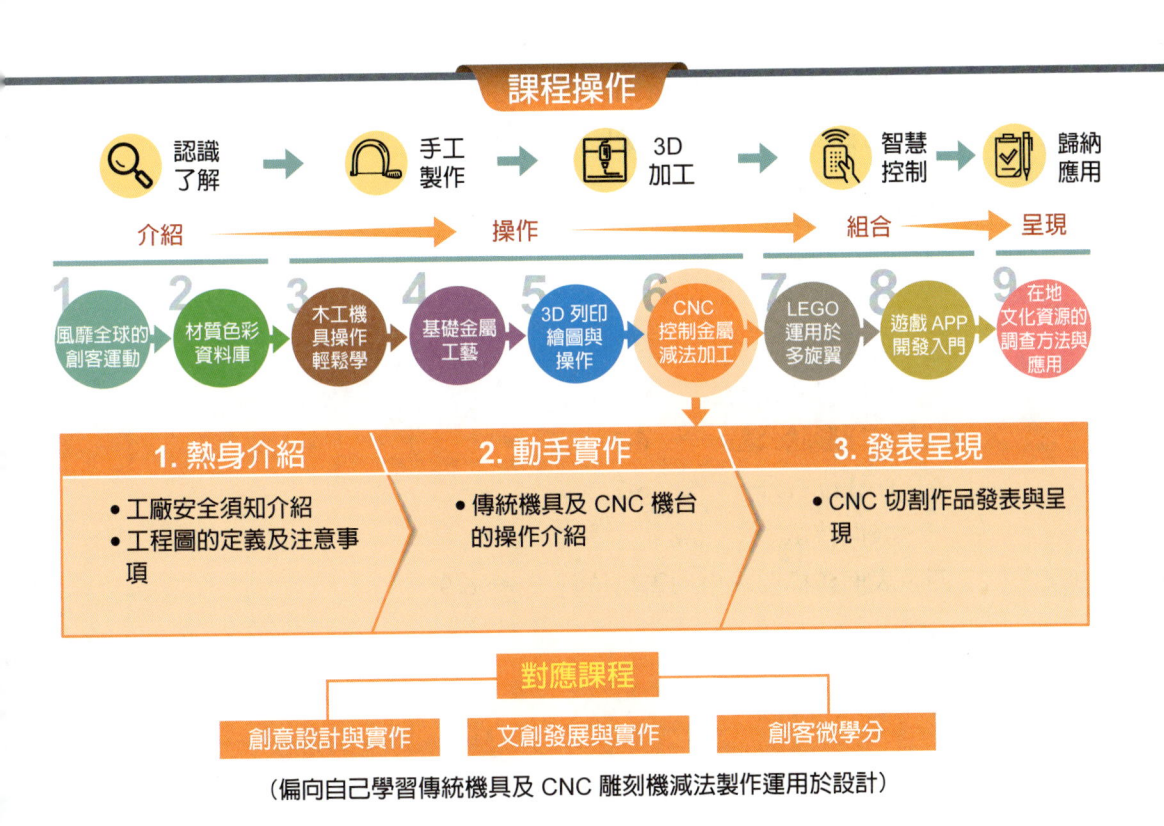

課程操作

認識了解 → 手工製作 → 3D 加工 → 智慧控制 → 歸納應用

介紹　　　　操作　　　　　　　組合　　　呈現

1. 風靡全球的創客運動
2. 材質色彩資料庫
3. 木工機具操作輕鬆學
4. 基礎金屬工藝
5. 3D 列印繪圖與操作
6. CNC 控制金屬減法加工
7. LEGO 運用於多旋翼
8. 遊戲 APP 開發入門
9. 在地文化資源的調查方法與應用

1. 熱身介紹
- 工廠安全須知介紹
- 工程圖的定義及注意事項

2. 動手實作
- 傳統機具及 CNC 機台的操作介紹

3. 發表呈現
- CNC 切割作品發表與呈現

對應課程

創意設計與實作　　文創發展與實作　　創客微學分

（偏向自己學習傳統機具及 CNC 雕刻機減法製作運用於設計）

目錄

司長序
校長序
課程引言
單元架構
緒論

6.1 工廠安全 —— 6-2
　　前言 —— 6-2
　　一、一般安全守則 —— 6-2
　　二、手工具工作安全須知 —— 6-3
　　三、機器設備工作安全須知 —— 6-3
　　四、電氣設備工作安全須知 —— 6-4

6.2 如何看懂工程圖 —— 6-5
　　前言 —— 6-5
　　一、名詞解釋 —— 6-6
　　二、公差種類 —— 6-6
　　　　(一) 尺寸公差 —— 6-6
　　　　(二) 形狀公差 —— 6-7
　　　　(三) 位置公差 —— 6-7
　　三、表面特徵 —— 6-8
　　四、表面織構要求事項書寫位置 —— 6-9

6.3 量測工具 —— 6-9

前言 —— 6-9
　　　一、鋼尺 —— 6-9
　　　二、帶鉤捲尺 —— 6-10
　　　三、游標卡尺 —— 6-10
　　　四、數字顯示型游標卡尺 —— 6-10
　　　五、1/20 游標卡尺原理一 —— 6-11
　　　六、1/50 游標卡尺原理一 —— 6-12

6.4 傳統金屬加工設備 —— 6-13
　　　前言 —— 6-13
　　　一、可替換式碳化物銑刀換刀片 —— 6-14
　　　二、銑刀組裝 —— 6-14

6.5 CNC 雕刻機實作流程 —— 6-16
　　　CNC 雕刻機 —— 6-16
　　　　　(一) 使用注意事項 —— 6-16
　　　　　(二) MDX-40A 如何開機 —— 6-17
　　　　　(三) 雕刻機功能介紹 —— 6-18
　　　　　(四) MDX-40A 緊急按鈕介紹 —— 6-18
　　　　　(五) MDX-40A 按鈕介紹 —— 6-19
　　　　　(六) MDX-40A 刀具安裝 —— 6-19
　　　　　(七) 機械平台 —— 6-20

6.1　工廠安全

前言

　　工廠安全，應該是在操作機器之前就要學習的，一位優良的操作員必須擁有完整的安全觀念，並且確實做好每個安全規則，並且養成良好的工作習慣。

一、一般安全守則

1. 非實習課使用時間，學生不得擅自進入實習工廠。
2. 實習操作時需特別謹慎，細心沈著，以免發生意外。
3. 養成良好的工作習慣，隨時都要謹慎小心，力求安全。
4. 工作場所內，不可跑步，不得打鬥、口角、嬉戲或開玩笑。
5. 注意老師示範教學，並依照指示的方法操作。
6. 除非任課老師有指示可操作使用之機器或器材，否則工廠內所有陳設物均不得任意使用。
7. 學生健康情形不佳或情緒不穩時，嚴禁進入工廠使用危險器材。
8. 工廠內需視需要張貼漫畫式安全標語。
9. 可燃物不可置於陽光下，以免自燃發生危險。
10. 工廠地面需保持清潔，不可留有油脂廢料及汙水。
11. 工廠內之機器操作會產生火花，可能會對眼睛及臉部造成傷害，要戴安全護目鏡。
12. 工廠內噪音高達 70 分貝時要戴耳塞。
13. 工廠內塵埃木屑過多時，須戴口罩並使用集塵器。
14. 工廠內操作時，手會接觸高溫、酸液等危險物，需戴上手套。
15. 工廠內操作時，會弄髒、損傷衣物、身體，需穿上工作服。
16. 使用電氣、瓦斯或有易燃物的工廠，需備有滅火器，並熟悉其使用方法。

17. 瓦斯不使用時，需關閉開關，確定無誤後方可離去。
18. 在戶外上實習課時，若陽光劇烈，令人刺眼，須戴帽子遮蔽陽光。
19. 凡學生使用具危險性器材，任課教師應加強提醒安全操作注意事項，並在旁指導。
20. 在借用具有危險性之器材時，應同時配發防護配備。
21. 具危險性之器材或易爆、易燃等物品應設置專區並加強管制，以防止意外發生。

二、手工具工作安全須知

1. 工廠內各式手工具專供學生實習操作用，嚴禁私自攜出工廠。
2. 手工具在使用前，應檢查其手柄是否有鬆動、刀刃是否銳利、各種配件是否有異常，若一切無誤，方可使用。
3. 銳利的刀具不可置於身上或口袋中。
4. 不得使用已損壞或鈍拙待修之手工具。
5. 工作物須夾持穩固，才可以進行操作工作。
6. 手工具需依照其所設計的用途使用，不可任意變換其他用途使用。
7. 使用板手、螺絲起子、鑿刀、螺絲孔、銼刀等不同規格手工具時，應配合工作物大小使用，以免發生危險或損壞工具。
8. 工具使用完畢後應檢查是否有損壞或鬆動的情形，若有上列情形，應即時修護或送修，並擦拭乾淨，做好保養工作。

三、機器設備工作安全須知

1. 機器在使用前，應做好安全檢查，一切無誤後，方可使用。
2. 未得指導老師許可，嚴禁啟動或操作任何機器。
3. 操作機器時，須專心工作，切勿談笑嬉戲。
4. 操作機器時，不可穿著寬鬆之衣服，非必要時，不戴手套，並提防衣服、

創意實作 ▶ CNC 控制金屬減法加工

    頭髮捲入機器轉動部分。
5. 有人在使用機器時，嚴禁隨意進入危險區內。
6. 靠板、斜角規或導板等輔助器材應適時適當地使用。
7. 機器運轉時，切勿加油、調整速度或修理。
8. 機器在運轉時，發生噪音或故障，應立即關掉電源並通知指導老師處理，不得自行處理。
9. 在操作機器時，偶有機器發生故障，或其他偶發事件，須立即報告指導老師處理。
10. 機器運轉時，如遇停電，應切斷電源，以免恢復供電時，馬達機器等受損害。
11. 修理機器、更換刀具或調整轉速時，應先停止機器之轉動，再行更換。
12. 關閉機械電源之後，須等機器完全停止時，方可離開。
13. 實習完畢，應將機器擦拭乾淨，塗抹機油後，加上防護套，方可離去。

四、電氣設備工作安全須知

1. 通電時，必須通知所有參與工作之人員。
2. 設備通電時，必先查明保護裝置之正確與否。
3. 設備安裝時，必須裝設接地線。
4. 注意電流額定值，勿超載使用。
5. 電線及電器上，絕不可閒置物品。
6. 電器附近不可放置可燃物。
7. 工作時，不得穿潮濕之衣服及釘有鐵釘之鞋子，以防觸電危險。
8. 電氣絕緣物，應避免潮濕及高溫，以免接觸不良。
9. 所有電路開關應採用安全性高之無熔絲開關，閘刀開關不得以銅絲代替保險絲。

10. 工廠內電氣設備發生故障時，非指定人員，一律禁止擅自修理。
11. 檢修電器時，必須查知高壓電之所在，以防觸電。
12. 機器不使用時，應斷其電源。

6.2 如何看懂工程圖

前言

真平度、垂直度、平行度及傾斜度是幾何工差的一部分表示法。幾何尺寸與公差是用來定義幾何形狀的零件和組件，以定義允許偏差可能在形式和規模的個體特點，確定特徵間的允許偏差。標著尺寸規格定義，作為建模或根據預定的幾何形狀。公差規範定義了允許偏差的形式和規模可能是個別的功能，而允許變化的方向和位置與功能。

幾何公差分為形狀公差、方向公差、定位公差與偏轉公差，單一型態的形狀公差如真平度，相關型態的方向公差如垂直度、平行度、傾斜度，真平度、垂直度、平行度及傾斜度之圖示與說明如表 6-1 所示[1]：

表6-1 真平度、垂直度、平行度及傾斜度之圖示與說明

真平度公差		平行度公差	
	公差區域限制在距離為 t 的兩平行平面間		公差區域限制在相距 t，且平行於基準面的兩平面之間
垂直度公差		傾斜度公差	
	公差區域限制在相距 t，且垂直於基準平面的兩平行平面之間		公差區域限制在相距 t，且與基準線表面斜交成標註腳的兩平行平面之間

---

1 Available: https://zh.wikipedia.org/wiki/%E5%B9%BE%E4%BD%95%E5%B0%BA%E5%AF%B8%E5%92%8C%E5%85%AC%E5%B7%AE

一、名詞解釋

1. **公稱尺寸**：工作圖上表示零件（機件）外形標註之數值，稱為公稱尺寸。
2. **實測尺寸**：零件經製造完成後，經測量而得之尺寸稱之。
3. **極限尺寸**：零件製造時允許之最大尺寸與最小尺寸。
4. **公　　差**：零件製造時允許尺寸有一定差異，即最大尺寸與最小尺寸之差。

二、公差種類

可分為尺寸公差、形狀公差、位置公差。

(一) 尺寸公差

　　a. 單向公差
　　b. 雙向公差
　　c. 一般公差

範例：

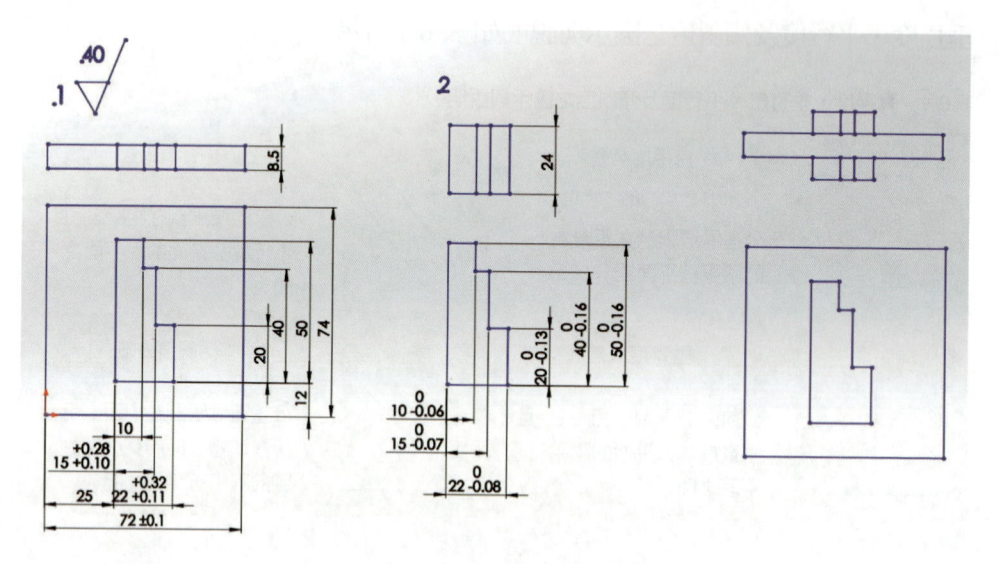

（圖6-1，公差之應用，吳宗亮提供）

圖6-1 上標示之尺寸 72±0.1 mm

公稱尺寸：72 mm。

實測尺寸：經加工完畢量測為 72.06 mm。

極限尺寸：最大極限尺寸 72.1 mm，
　　　　　最小極限尺寸 71.9 mm。

公　　差：0.2 mm。72.1−71.9 ＝ 0.2 mm

單向公差：$15^{+0.28}_{+0.10}$

雙向公差：72±0.1

一般公差：74±0.3

一般公差	
標示長度	公差
0.5 至 3	±0.1
超過 3 至 6	±0.1
超過 6 至 30	±0.2
超過 30 至 120	±0.3

幾何公差依照幾何型態及該公差的標註方式：

1. 一個圓內的面積
2. 兩個同心圓的面積
3. 兩等距離間或兩平行線間的面積
4. 一圓柱體內的空間
5. 兩個同軸線圓柱面間的空間
6. 兩等距平面或兩平行面的空間
7. 一個平行六面體內的空間

(二) 形狀公差

a. 真直度：符號 " ― "

b. 真平面：符號 " ▱ "

c. 真圓度：符號 " ○ "

d. 圓柱度：符號 " ⌭ "

(三) 位置公差

a. 平行度：符號 " ∥ "

b. 垂直度：符號 " ⊥ "

c. 傾斜度：符號 " ∠ "

d. 同心度：符號 " ◎ "

三、表面特徵

當有必要補充說明表面織構特徵時,就得在基本符號和延伸符號之長邊加一水平線。表面織構的完整符號可用以說明表面織構特徵,如表 6-2[2]:

表6-2 表面織構完整符號

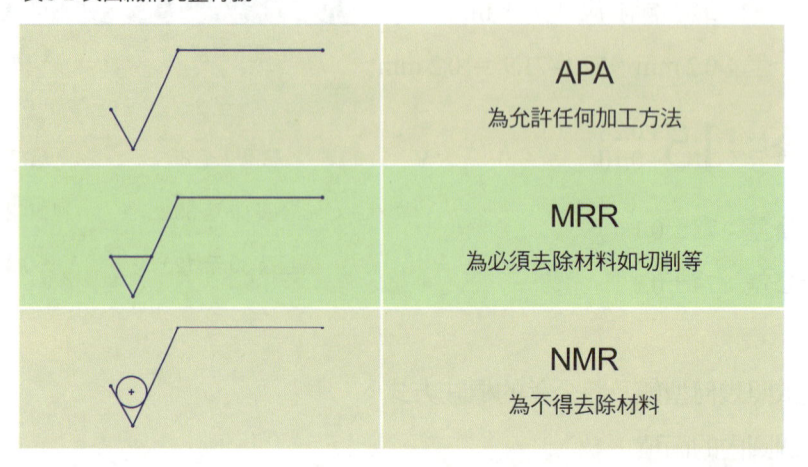

符號	說明
√	APA 為允許任何加工方法
▽	MRR 為必須去除材料如切削等
⊕	NMR 為不得去除材料

當工件輪廓所有表面具有相同的構織的時候,就需要在完整符號中加上一個圓圈,如圖6-2 所示。如果環繞的標註會使任何不清楚時,每個表面都必須個別標註,如圖6-3 所示[3]:

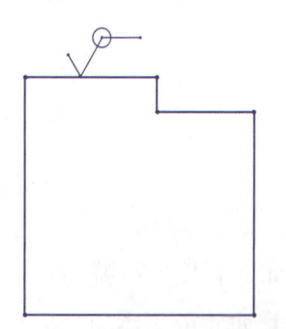

(圖6-2,對所有6個平面之表面織構要求以工件輪廓表示,吳宗亮提供)

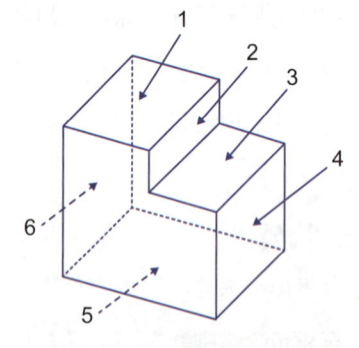

(圖6-3,工件輪廓所有表面有相同織構時之表示,吳宗亮提供)

---

2 Available: http://www.pmai.tnc.edu.tw/df_ufiles/df_pics/10-2.pdf

3 Available: http://home.phy.ntnu.edu.tw/~eureka/contents/elementary/chap%201/1-3.htm

四、表面織構要求事項書寫位置

為了確保對表面織構之要求,除了標註表面織構參數和數值外,必要時應增加特別要求事項,如:傳輸波域、取樣長度、加工方法、表面紋理和方向,及加工裕度等。必須依照規定將其標註於符號中的特定位置,如圖6-4。

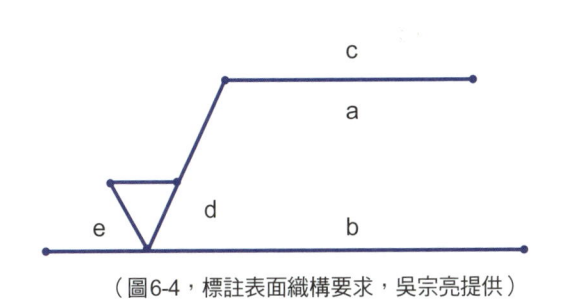

說明:
a:標註單一表面織構的要求
b:標註兩個或更多表面織構的要求
c:標註加工方法或相關資訊
d:標註表面紋理和方向
e:標註加工裕度

(圖6-4,標註表面織構要求,吳宗亮提供)

6.3　量測工具

前言

測量所用的設備可分為兩大類,及測定儀器及量規。量具的選用在測量上是非常的重要。如何選用適當的量具去測量工件的精密度,是機械操作人員必須注意的。而最基本的刻度量具為尺,尺依其形式及用途有鋼尺、鋼捲尺或帶鉤捲尺。

一、鋼尺

不鏽鋼材料,表面精鍍鉻處理,鋼尺上刻有公制、英制二種刻度(圖6-5)。

(圖6-5,鋼尺,吳宗亮提供)

二、帶鈎捲尺

由鋼皮製成，不用時可捲入收藏盒中。最常用者為 3M、5M。常用於大尺寸的測量，或機器的安裝定位 (圖6-6)。

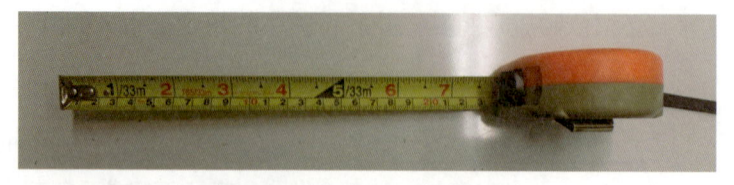

(圖6-6，帶鈎捲尺，吳宗亮提供)

三、游標卡尺

又稱為游標尺或直游標尺，尺上刻有公制、英制二種刻度 (圖6-7)。

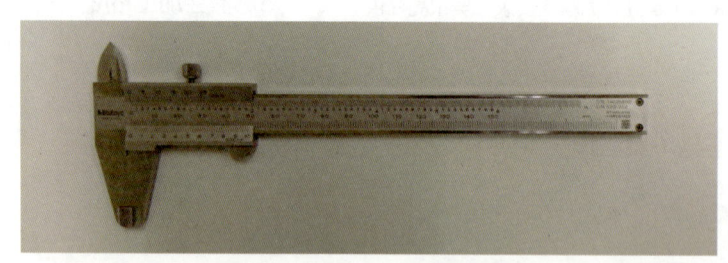

(圖6-7，游標卡尺，吳宗亮提供)

四、數字顯示型游標卡尺

本尺為光學尺，游尺為液晶螢幕所組成，測量時可直接讀出所測量的數值 (圖6-8)。

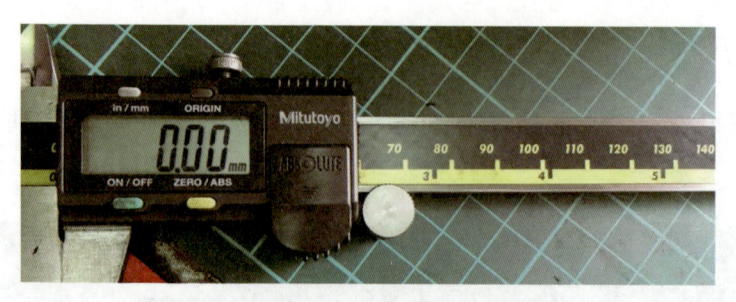

(圖6-8，數字顯示型游標卡尺，吳宗亮提供)

游標卡尺如圖6-9由主尺和附在主尺上能滑動的游標兩部分構成。主尺一般以毫米為單位。根據分格的不同，游標卡尺可分為十分度游標卡尺、二十分度游標卡尺、五十分度格游標卡尺等[4]。

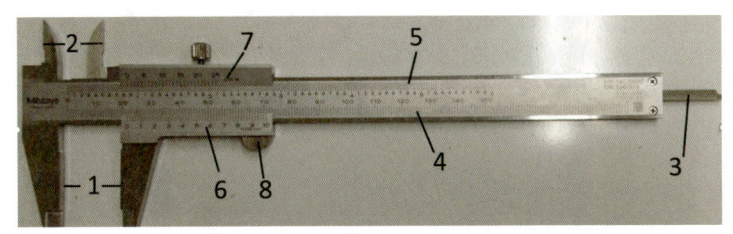

（圖6-9，游標卡尺，吳宗亮提供）

各部位名稱：
1. 外測定面　　2. 內測定面　　3. 深度桿　　4. 主尺（cm）
5. 主尺（in）　6. 副尺（cm）　7. 副尺（in）　8. 推扣

五、1／20 游標卡尺原理一[5]

本尺每分度為 1 mm：游尺取本尺 39 分度長等分為 20 分度，每分度 = 1×39×1/20=39/20=1.95 mm。則本尺 2 分度與游尺 1 分度相差 1×2−1.95= 0.05=1/20 mm（圖 6-10）。

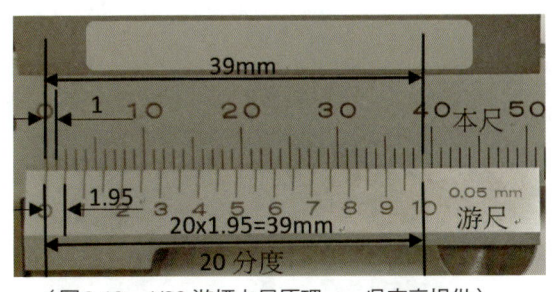

（圖6-10，1/20 游標卡尺原理一，吳宗亮提供）

---

[4] Available: https://zh.wikipedia.org/wiki/%E5%B9%BE%E4%BD%95%E5%B0%BA%E5%AF%B8%E5%92%8C%E5%85%AC%E5%B7%AE

[5] 蔡德藏，《工廠實習 - 機工實習》，頁 47-54, 2013 年。

如圖6-11讀數法為游尺之0分度線對準本尺21～22 mm間，游尺第7格（如●所示）對準本尺某一分度線，則其讀數為21＋0.05×7＝21.35 mm。

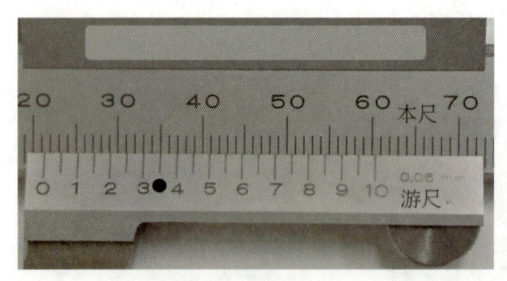

（圖6-11，1/20游標卡尺讀數法之一，吳宗亮提供）

六、1/50游標卡尺原理一[6]

本尺每分度為1 mm；游尺取本尺49分度長等分為50分度，每分度＝1×49×1/50＝49/50＝0.98 mm。本尺與游尺每分度相差1－0.98＝0.02＝1/50 mm（圖6-12）。

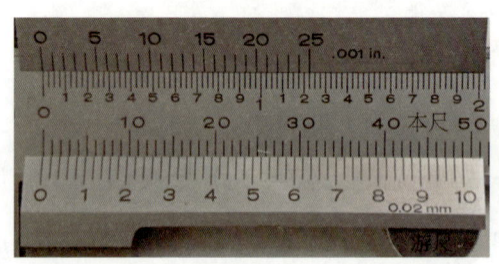

（圖6-12，1/50游標卡尺原理一，吳宗亮提供）

如圖6-13讀數為37.36 mm。

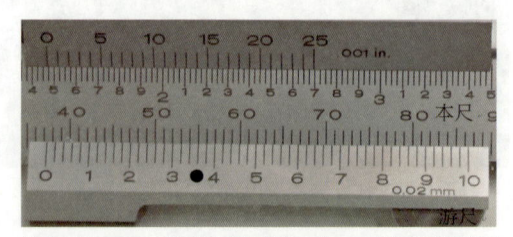

（圖6-13，1/50游標卡尺讀數法之一，吳宗亮提供）

---

[6] 蔡德藏，《工廠實習－機工實習》，頁47-54, 2013年。

常用游標卡尺有 $\frac{1}{20}$ mm、$\frac{1}{50}$ mm，其精度視實際需要而選用。或選用數字顯示型游標卡尺、針盤型游標卡尺。利用游標卡尺可量取內外徑、內外長度、深度測量及階級長度測量等應用。

6.4 傳統金屬加工設備

前言

車床及銑床是利用刀具迴轉對進工件做切削的工具機，可做平面、階級、形狀、曲面、齒形等加工。傳統工具機中，車床、銑床是工作範圍中最廣泛的工具機，切削效率很高，是機械加工廠不可或缺的（圖6-14）。

立式銑床：
1. 煞車
2. 開關（正逆轉）
3. 銑刀
4. X軸移動
5. Y軸移動
6. Z軸移動
7. Z軸固定
8. 虎鉗

（圖6-14，立式銑床，吳宗亮提供）

創意實作 ▶ CNC 控制金屬減法加工

一、可替換式碳化物銑刀換刀片

1. 利用六角板手將刀片鬆開（圖6-15）。
2. 將刀片取出更換新刀片（圖6-16）。
3. 將刀片更換後再鎖固即可。

（圖6-15，鬆開刀片，吳宗亮提供） 　　（圖6-16，更換刀片，吳宗亮提供）

二、銑刀組裝

1. 先將銑刀與襯套組裝起來（圖6-17）。
2. 將襯套鎖在刀桿上（圖6-18）。
3. 利用鉤型板手鎖緊，鎖緊時要拉住煞車，避免轉動（圖6-19）。

（圖6-17，銑刀與襯套組裝，吳宗亮提供） 　　（圖6-18，襯套鎖在刀桿上，吳宗亮提供）

（圖6-19，銑刀鎖緊，吳宗亮提供）　　　（圖6-20，工件夾持方式，吳宗亮提供）

(1) 工件夾持方式：利用平行塊將工件墊高，避免傷害到虎鉗（圖6-20）。
(2) 三爪定心車床（圖6-21）：

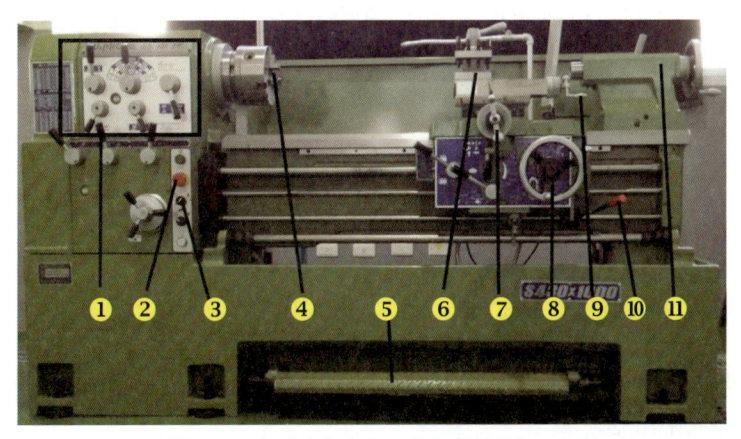

（圖6-21，三爪定心車床，吳宗亮提供）

各部位名稱：
1. 轉速調整　　2. 緊急開關　　3. 電源　　　4. 夾頭
5. 煞車　　　　6. 刀座　　　　7. X 軸移動　8. Z 軸移動
9. 刀座移動　　10. 開關（正逆轉）　11. 尾座

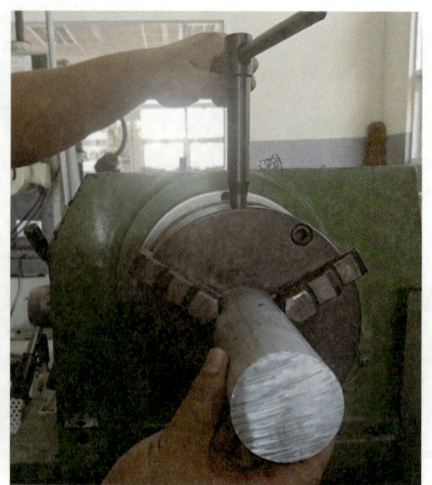

創意實作 ▶ CNC 控制金屬減法加工

（圖6-22，刀具組裝，吳宗亮提供）　　（圖6-23，工件夾持，吳宗亮提供）

(3) 刀具組裝：將刀具放置於刀座上，並將刀具鎖緊（圖6-22）。

(4) 工件夾持：將工件固定後，利用夾頭板手將夾頭鎖緊（圖6-23）。

6.5　CNC 雕刻機實作流程

CNC 雕刻機

(一) 使用注意事項

1. 安全第一，若有任何情況，請按下緊急停機鈕（右上角紅色按鈕）或求助技工和專業人員。
2. 工作中請確定安全蓋（門）要關上。
3. 三軸雕刻機以加工塑膠件為主，請勿加工鋁等金屬材料，若有需要，請事先申請並請技工評估是否合宜。
4. 加工時，務必在工件材料底部墊一塊底板（木板或塑膠板）以避免傷及機械平台。

（圖6-24，CNC 雕刻機，吳宗亮提供）

5. 機械運轉中，請勿使用刷子清理工件和量測工件尺寸。
6. 加工刀軌若未完成執行就加工完成，完畢之後要確實將加工機內的程式移除，以免又誤觸開始鍵造成危險。
7. 使用完畢後，請將加工切屑清理乾淨，工具物歸原處，以便後續同學使用。

（二）MDX-40A 如何開機

1. 先將安全外蓋蓋上如圖6-25（因外蓋裝有感應器，若外蓋沒蓋上，機台是不會運作的）。

（圖6-25，蓋上安全外蓋，吳宗亮提供）

6-17

創意實作 ▶ CNC 控制金屬減法加工

2. 將機械後方電源打開，並等待 POWER 燈亮起（圖6-26）。
3. 按下總開關並等待機械回歸機械原點方可使用（圖6-27）。

（圖6-26，打開電源，吳宗亮提供） 　（圖6-27，按下開機鍵，吳宗亮提供）

(三) 雕刻機功能介紹（圖6-28）

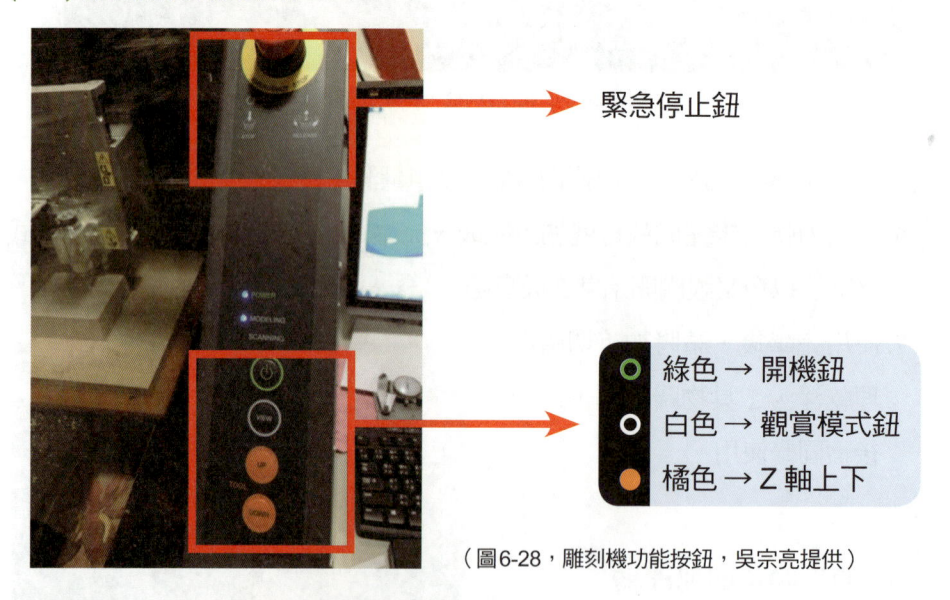

緊急停止鈕

綠色 → 開機鈕
白色 → 觀賞模式鈕
橘色 → Z 軸上下

（圖6-28，雕刻機功能按鈕，吳宗亮提供）

(四) MDX-40A 緊急按鈕介紹

緊急停機鈕：加工時，若發生緊急意外，或機台出現異常，立即用緊急停機鈕關閉機台（圖6-29）。

1. 發生緊急事故時，直接按壓機台右上方的紅色緊急停機鈕，可立即停止機台。
2. 若要解除緊急停機狀態，須先關閉機台後方總電源後，再將緊急停機鈕以順時針方向旋開，再重新開機即可。

(五) MDX-40A 按鈕介紹

1. 暫停鍵用法：在加工途中按下 VIEW 鍵會停止加工，並自動將機械平台移動到外蓋以便加工者觀察加工狀況，再按住 VIEW 鍵 2～3 秒，就會繼續回到加工程序。

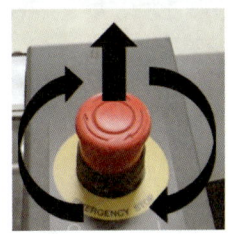

（圖 6-29，緊急停機鈕，吳宗亮提供）

2. 清除程式：若加工發生問題，需要重新輸入加工參數，或修改程式時，同時並長按 UP 和 DOWN 鍵五秒以上，可清除當前的機台程式。
3. 加工刀軌若未完成執行就加工，完畢時，務必使用清除程式功能將加工機內的程式清掉，避免又誤觸開始鍵，造成危險。
4. 加工途中，若是發現工件異狀或加工異常，可以使用 VIEW 鍵功能，先暫時停止加工，並檢查是否有誤，因為如果使用緊急停機鈕將會重新開機，並將目前程式和進度記錄全部洗掉，造成加工困擾。

(六) MDX-40A 刀具安裝

1. 將刀具裝入適當尺寸的夾套中，夾套尺寸以該刀具刀柄尺寸為主，實習使用直徑 3 mm 或 4 mm，長為 50 mm 的端銑刀，凸出適當長度，3 mm 刀具凸出約 15 mm，4 mm 刀具凸出約 20 mm，並因工件厚度而有調整（圖6-30）。

（圖6-30，MDX-40A 刀具安裝，吳宗亮提供）

創意實作 ▶ CNC 控制金屬減法加工

（圖6-31，鎖上主軸，吳宗亮提供） 　　（圖6-32，利用板手鎖上主軸，吳宗亮提供）

2. 將裝有刀具的夾套，先用手稍微鎖上主軸如圖6-31，並注意刀具凸出長度是否改變。

3. 利用兩支板手如圖6-32，上方是 17 號板手，以順時針旋轉，下方是 10 號板手，以逆時針旋轉，將夾套鎖上主軸。

(七) 機械平台（圖6-33）

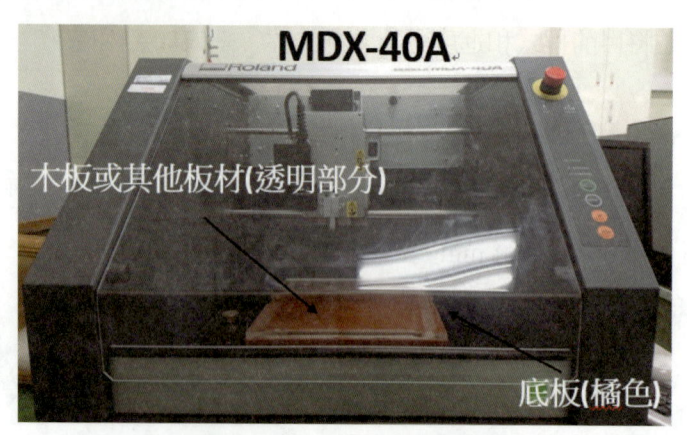

（圖6-33，機械平台，吳宗亮提供）

1. Roland VP 介面功能介紹（圖6-34）：

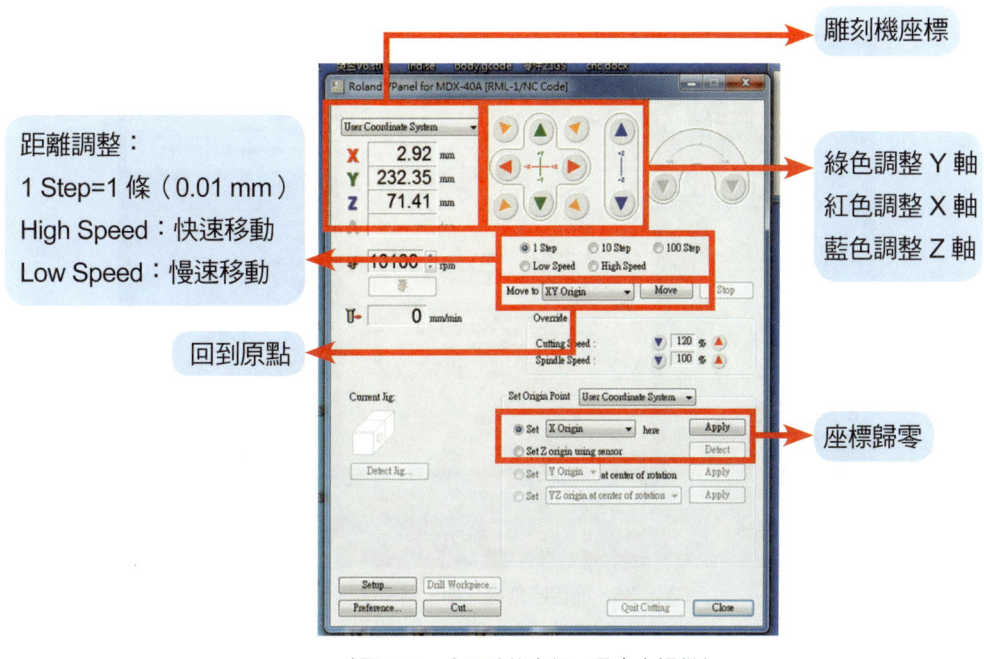

雕刻機座標

距離調整：
1 Step=1 條（0.01 mm）
High Speed：快速移動
Low Speed：慢速移動

綠色調整 Y 軸
紅色調整 X 軸
藍色調整 Z 軸

回到原點

座標歸零

（圖6-34，介面功能介紹，吳宗亮提供）

2. 操作步驟：

(1) SolidWorks 輸出格式為 STL, Dxf, IGES（圖6-35）。

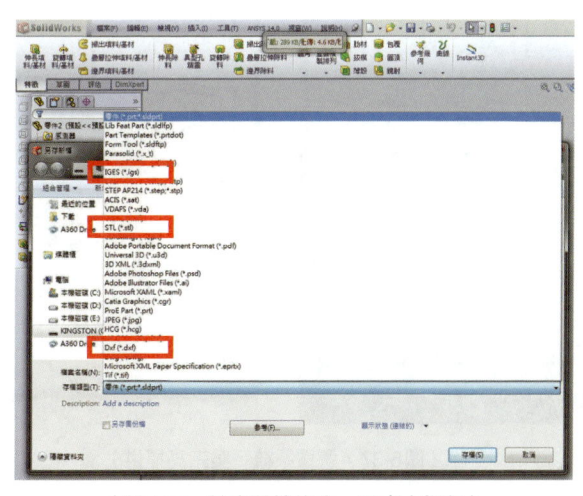

（圖6-35，輸出圖檔格式，吳宗亮提供）

6-21

創意實作 ▶ CNC 控制金屬減法加工

(2) 開啟雕刻機介面（圖6-36）。

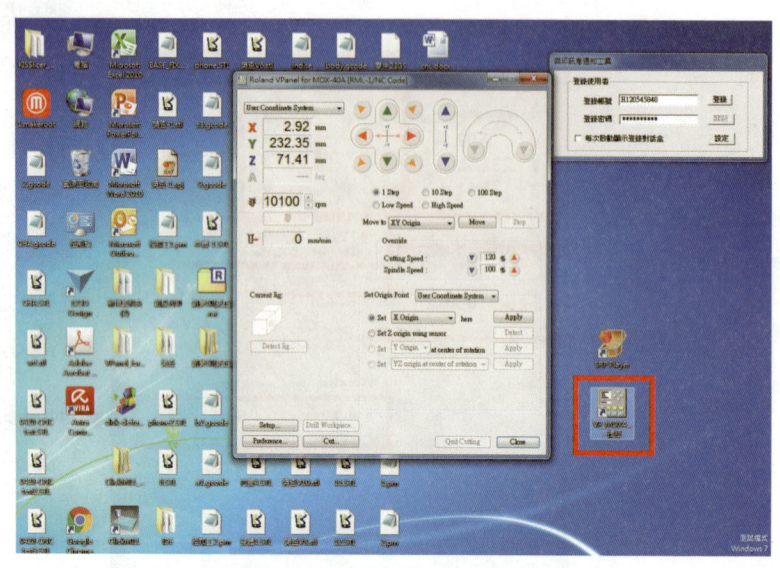

（圖6-36，開啟雕刻機介面，吳宗亮提供）

(3) 選擇使用者座標系統，選擇 User Coordinate System（圖6-37）。

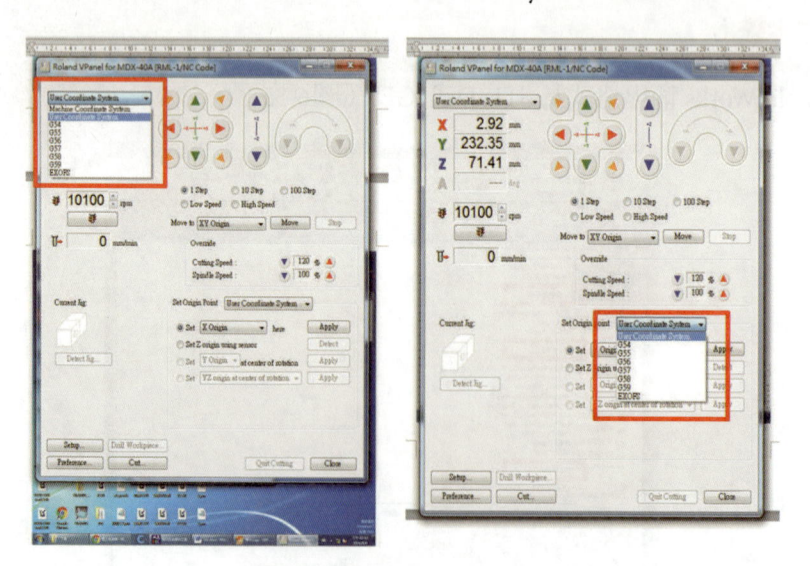

（圖6-37，選擇系統，吳宗亮提供）

6-22

(4) 工件正面畫叉，找出中心點（圖6-38）。

（圖6-38，找中心點，吳宗亮提供）

(5) 工件後面貼上雙面膠固定（圖6-39）。

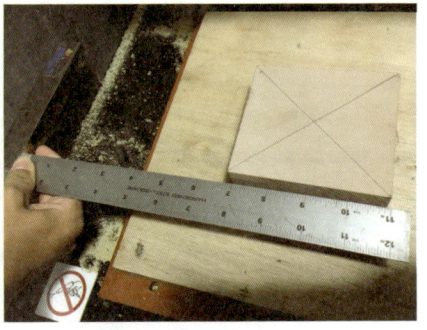

背面黏上雙面膠　　　　　　　　　與雕刻機平行

（圖6-39，固定工件，吳宗亮提供）

(6) 用 Roland VP 介面校正零點（X、Z、Y 零點，刀具起始位置）（圖6-40）。

（圖6-40，歸零點位置，吳宗亮提供）

6-23

創意實作 ▶ CNC 控制金屬減法加工

● X、Y 軸歸零：

調整 X、Y 到交叉點後，設定 XY Origin 按 Apply，讓 X、Y 變成零（圖6-41、圖6-42）。

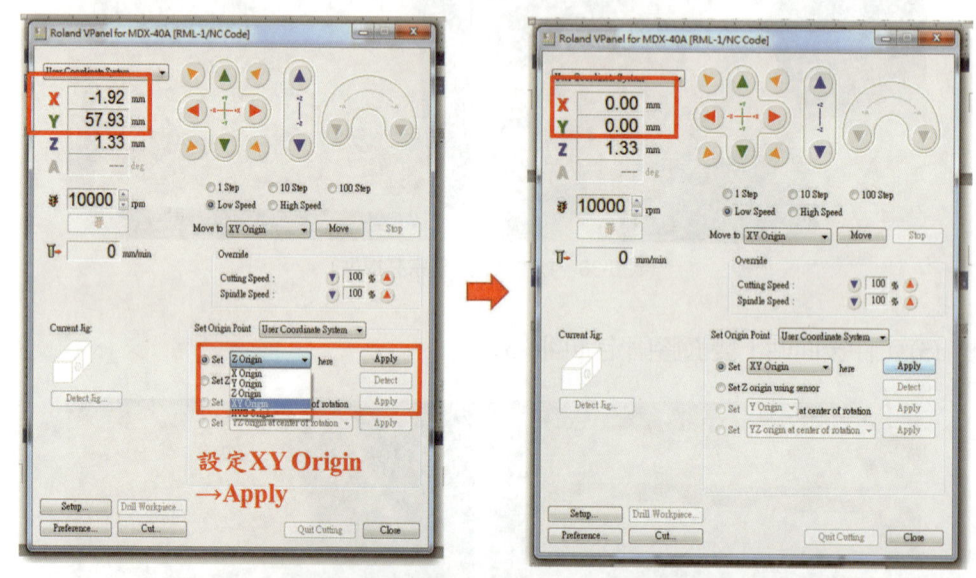

（圖6-41，設定 X、Y 軸歸零，吳宗亮提供）

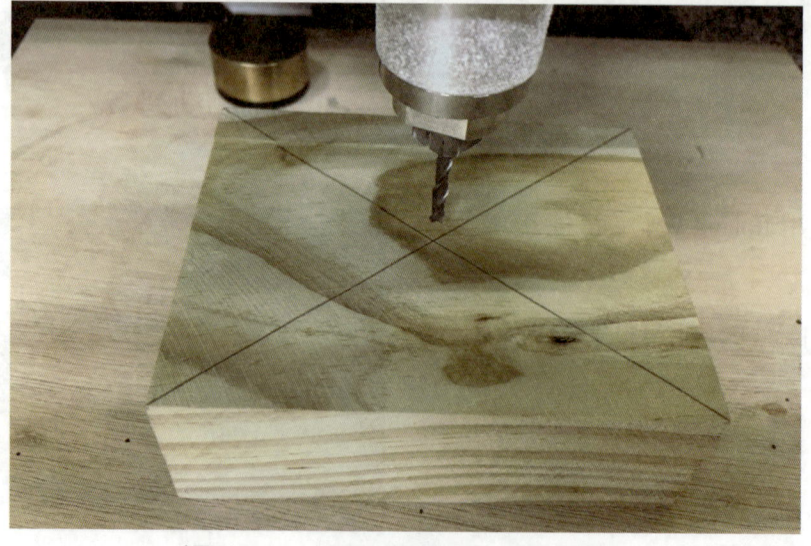

（圖6-42，X、Y 歸零雕刻機圖示，吳宗亮提供）

6-24

● Z 軸歸零：

選擇 using sensor 之後按 Detect 完成 Z 軸歸零（圖6-43、圖6-44）。

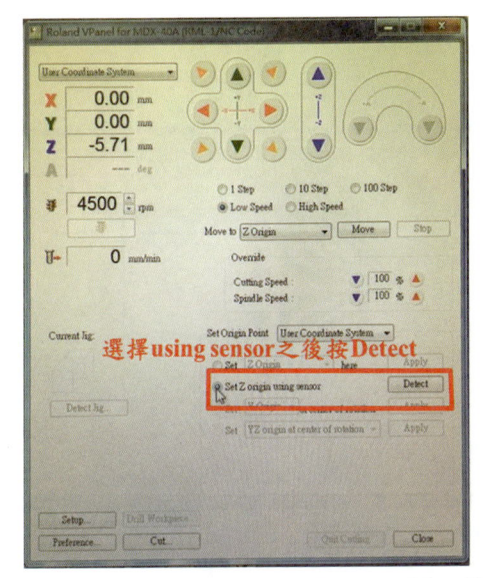

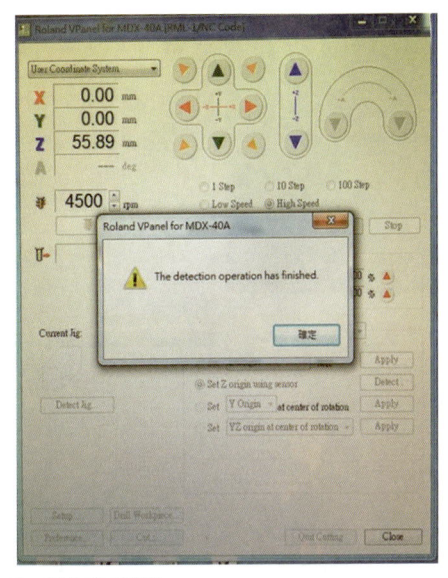

（圖6-43，設定 Z 軸歸零，吳宗亮提供）

（圖6-44，Z 歸零雕刻機圖示，吳宗亮提供）

創意實作 ▶ CNC 控制金屬減法加工

(7) 設定完成後打開 SRP Player& 開啟設計圖檔案（圖6-45）。

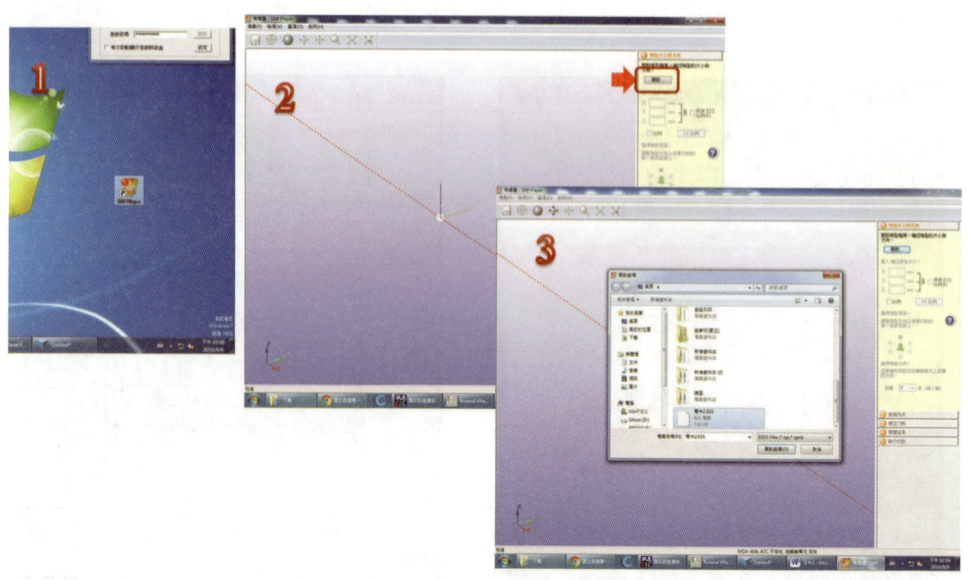

（圖6-45，開啟設計圖，吳宗亮提供）

(8) 設定欲切割模型大小與方角（圖6-46）。

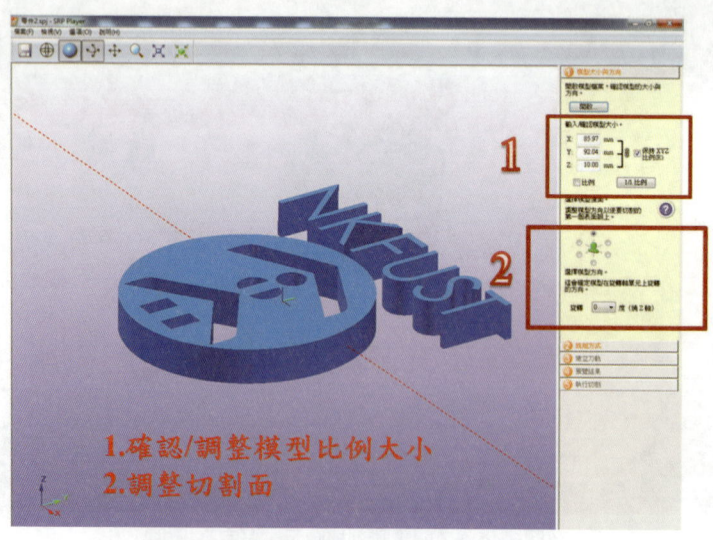

（圖6-46，設定模型大小及方角，吳宗亮提供）

6-26

(9) 設定加工方式＆工件材料＆建立刀軌（圖6-47）。

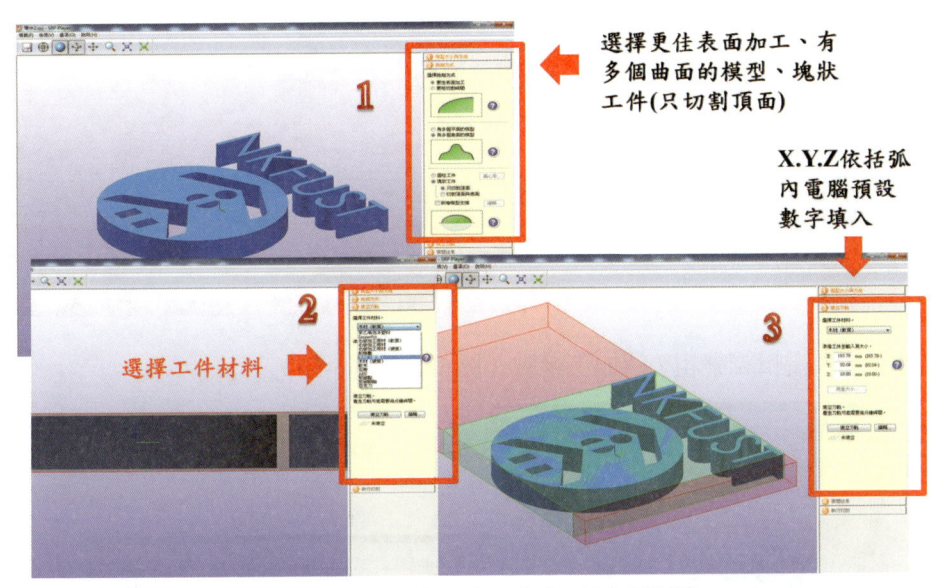

選擇更佳表面加工、有多個曲面的模型、塊狀工件(只切割頂面)

X.Y.Z依括弧內電腦預設數字填入

選擇工件材料

（圖6-47，設定材料以及加工方式，吳宗亮提供）

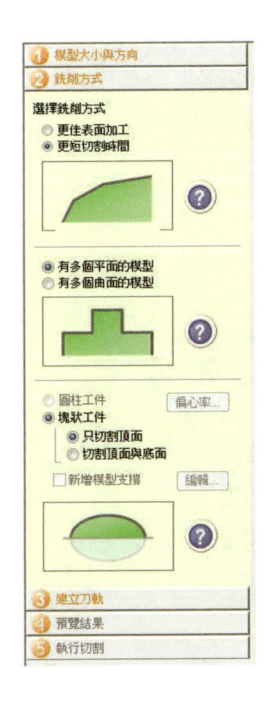

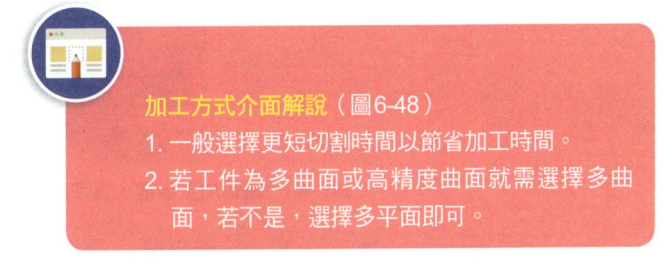

加工方式介面解說（圖6-48）
1. 一般選擇更短切割時間以節省加工時間。
2. 若工件為多曲面或高精度曲面就需選擇多曲面，若不是，選擇多平面即可。

（圖6-48，加工方式介面，吳宗亮提供）

創意實作 ▶ CNC 控制金屬減法加工

建立刀軌介面解說
1. 依照實際的材料選擇材料，工件材料不能有纖維。
2. 此區顯示板材的尺寸為加工時最小的加工原料尺寸。
  • SRP 中，X、Y 軸原點預設在工件中間（不能更改），所以 Vpanel 設定 X、Y 軸原點時，需盡量與 SRP 一致，否則加工路徑會偏移，甚至跑出工件外！
  • SRP 中，Z 軸原點在工件的正中央（如圖6-49），而 Vpanel 設定的 Z 軸原點在工件上表面，這差異在雕刻機內部會自行判斷，不需額外調整。

(10) 進入編輯調整粗 / 精加工參數（圖6-49、圖6-50）。

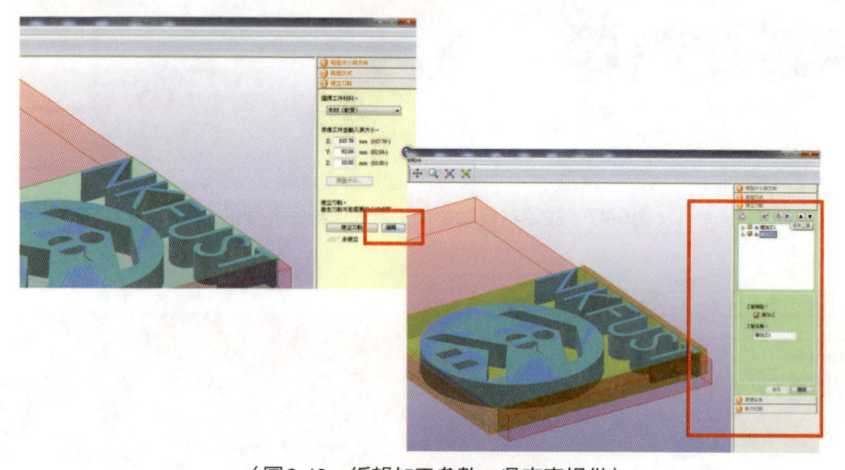

（圖6-49，編輯加工參數，吳宗亮提供）

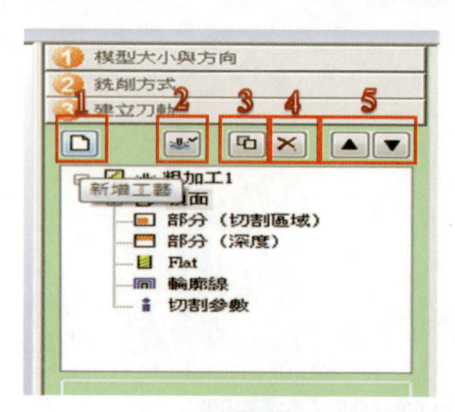

1. 新增粗 / 精加工
2. 選擇是否切割
3. 複製加工
4. 刪除加工
5. 調整加工順序

（圖6-50，加工順序設定，吳宗亮提供）

(11) 調整參數

● 粗加工是用於原料尺寸遠大於工件尺寸時，大量快速除料的方法，在三軸雕刻裡，若原料厚度遠大於工件厚度時，就可用粗加工快速的將原料加工成接近工件厚度的尺寸。例如，原料板為 6 mm 厚，但是工件為 4 mm 厚，這時就可以利用粗加工將這 2 mm 的原料整面移除，加快加工速度。

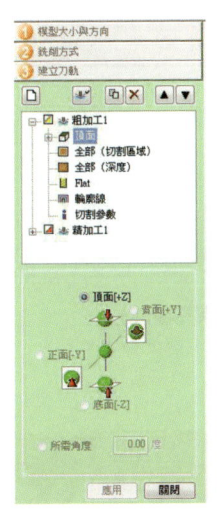

頂面（圖6-51）
因為沒加裝第四軸，所以選擇切割頂面。
注意：板材若與工件同厚度，就不需粗加工，只用精加工去切割即可，可節省時間。

（圖6-51，頂面加工設定，吳宗亮提供）

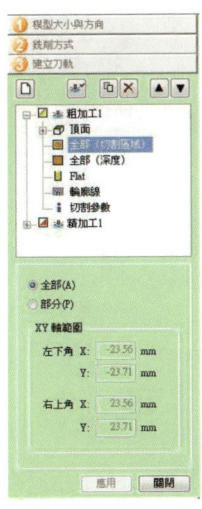

切割區域（圖6-52）
因為要將整面移除，所以選擇「全部」，也可以利用「部分」將特定區域原料除去。

（圖6-52，設定切割區域，吳宗亮提供）

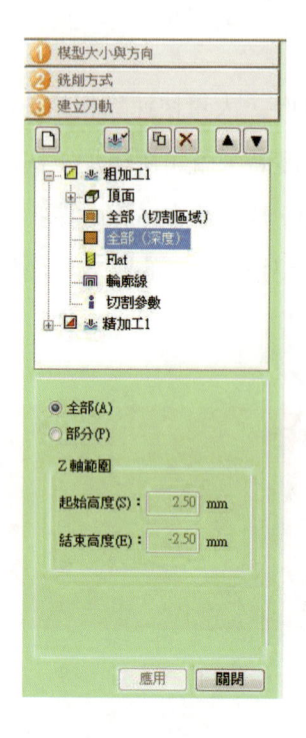

創意實作 ▶ CNC 控制金屬減法加工

切割深度（圖6-53）

在加工時，可利用 Z 軸範圍調整切割深度，一般會在 SRP 內設定留大概 0.15 mm 的厚度不全切（如圖6-54），因為當接近切穿時，會產生很大的振動，而造成工件剝離噴飛，或是刀具損壞，所以留下此底厚，雕刻完成，再利用其他手工具移除多餘的材料即可。

（圖6-53，設定切割深度，吳宗亮提供）

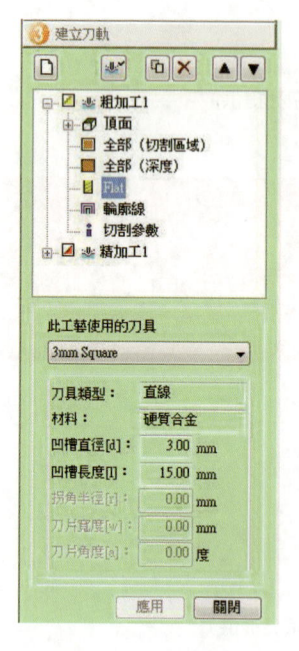

Flat（圖6-54）

選擇刀具，工廠的應都為 2 mm 和 3 mm 的 Square 刀（端銑刀）以及 R1.5 mm 球銑刀，所以在使用前請確認。

（圖6-54，設定刀具，吳宗亮提供）

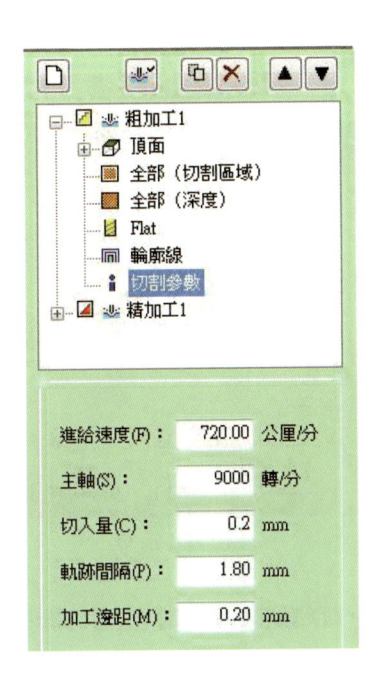

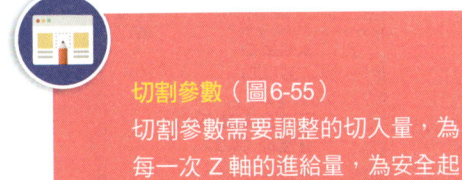

切割參數（圖6-55）
切割參數需要調整的切入量，為每一次 Z 軸的進給量，為安全起見，雕刻機切入量限制為：≤ 0.2 mm，其他數值不要調整。

（圖6-55，設定切割參數，吳宗亮提供）

● 精加工為加工成工件的最後步驟，是精度最高的部分。

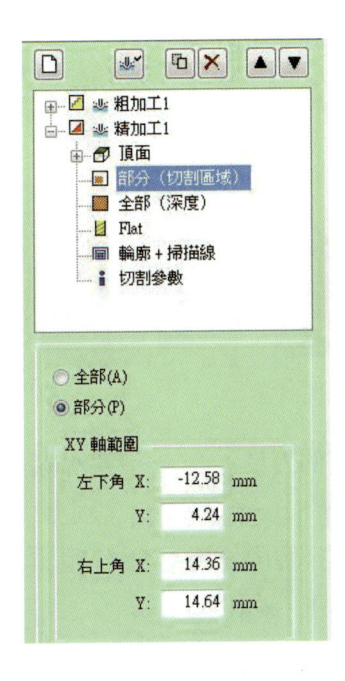

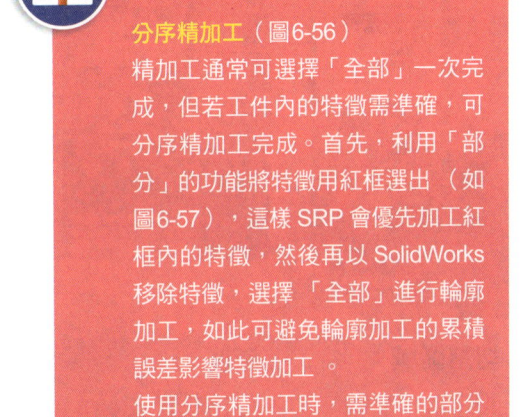

分序精加工（圖6-56）
精加工通常可選擇「全部」一次完成，但若工件內的特徵需準確，可分序精加工完成。首先，利用「部分」的功能將特徵用紅框選出（如圖6-57），這樣 SRP 會優先加工紅框內的特徵，然後再以 SolidWorks 移除特徵，選擇「全部」進行輪廓加工，如此可避免輪廓加工的累積誤差影響特徵加工。
使用分序精加工時，需準確的部分在前，較不需準確部的部分在後。

（圖6-56，設定精加工，吳宗亮提供）

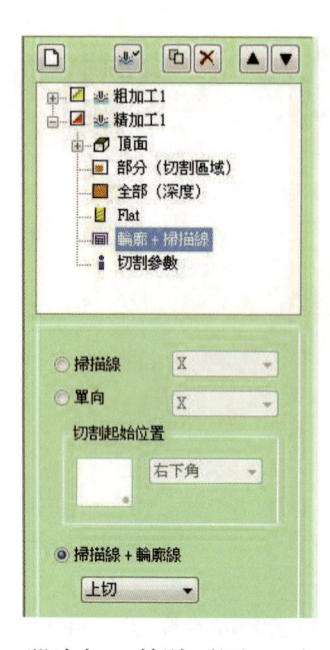

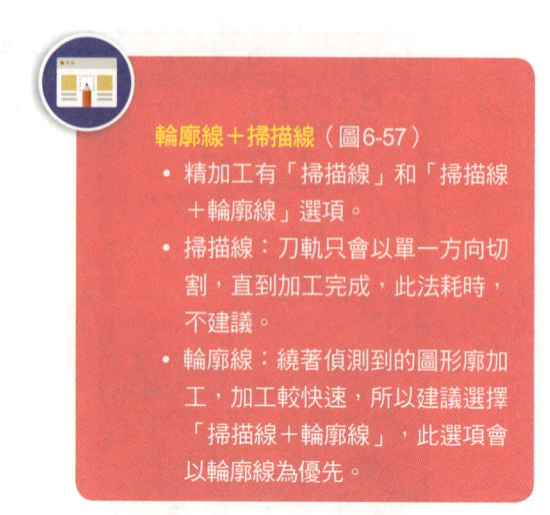

創意實作 ▶ CNC 控制金屬減法加工

輪廓線＋掃描線（圖6-57）
- 精加工有「掃描線」和「掃描線＋輪廓線」選項。
- 掃描線：刀軌只會以單一方向切割，直到加工完成，此法耗時，不建議。
- 輪廓線：繞著偵測到的圖形廓加工，加工較快速，所以建議選擇「掃描線＋輪廓線」，此選項會以輪廓線為優先。

（圖6-57，設定輪廓線及掃描線，吳宗亮提供）

● 設定加工軌跡（圖6-58）

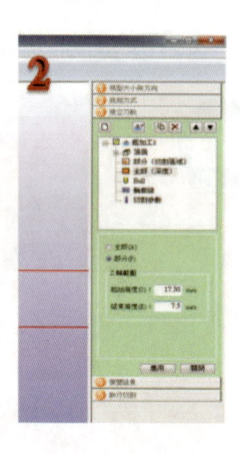

切割區域：	深度：	使用的刀具：	輪廓線：
設定 X、Y 軸（照軟體設定）	設定物件起始、結束高度	3 mm Square（選擇實際使用刀具）	設定使用上切（順加工）

（圖6-58，設定加工軌跡，吳宗亮提供）

6-32

(12) 關閉編輯 & 建立刀軌（圖6-59）。

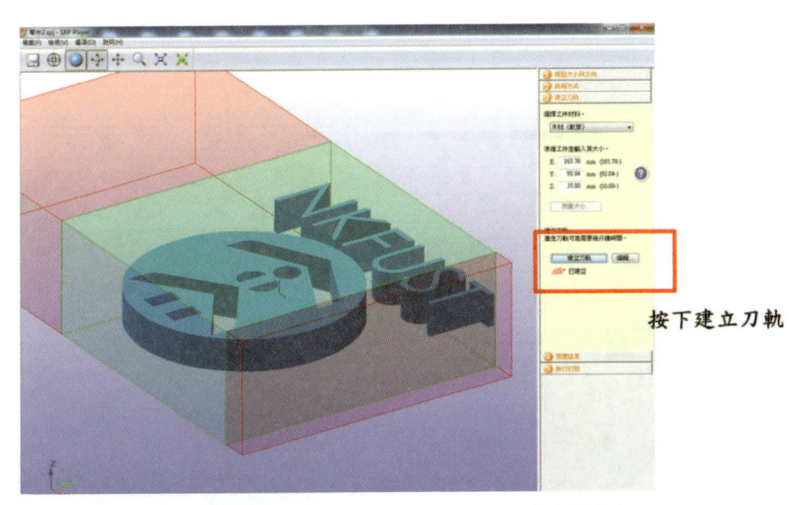

（圖6-59，設定結束並建立刀軌，吳宗亮提供）

(13) 顯示模型（預覽結果圖樣圖6-60）。

當設定都完成後，就跳出編輯，按下建立刀軌，接下來預覽結果，利用預覽切割功能來看成品模擬狀況。可藉此方法檢查加工的正確性以及時間，確定無誤即可開始加工。

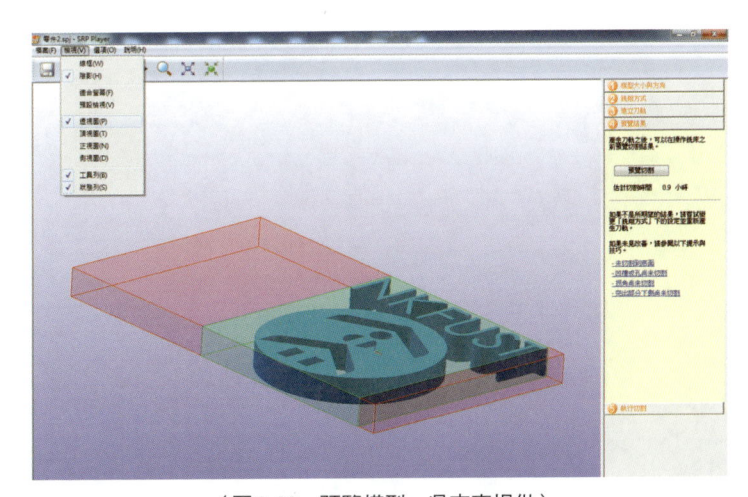

（圖6-60，預覽模型，吳宗亮提供）

創意實作 ▶ CNC 控制金屬減法加工

(14) 確認刀具並開始切割（圖6-61）。

(15) 切割完畢用吸塵器把木屑清除。

(16) 完成（圖6-62 完成工件）。

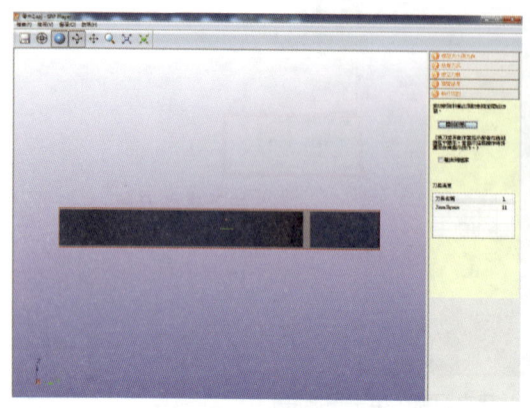

（圖6-61，刀具確認並開始切割，吳宗亮提供）　（圖6-62，完成工件，吳宗亮提供）

第 7 單元

LEGO 運用於多旋翼

姚武松　老師

姚武松，現任職於國立高雄第一科技大學機械與自動化系助理教授，專長為馬達設計、運動控制、數位訊號處理，及著力於機電傳動控制技術開發，總計近五年實務性產學合作計畫經費超過七百多萬元，學術性成果共發表將近 20 篇國際學術期刊論文，及累積超過 10 件國內外專利等成果，證明研究的可行性，將累積之知識有效轉換成產業界需求。另也相當致力於創新創業教材開發及創業團隊的建立，參與多次創新創業教學，積極指導學生與國內外各項科技創新與創業競賽獲獎，並輔導實質公司創立。

單元架構

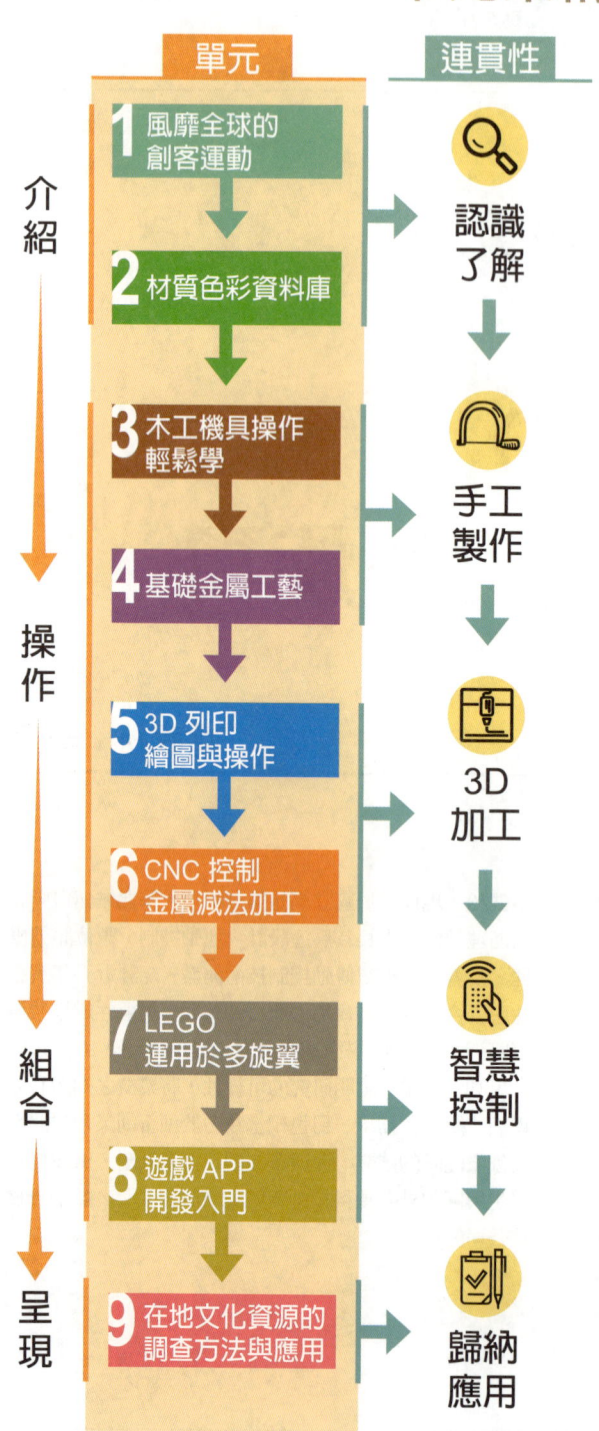

單元

1. 風靡全球的創客運動
2. 材質色彩資料庫
3. 木工機具操作輕鬆學
4. 基礎金屬工藝
5. 3D 列印繪圖與操作
6. CNC 控制金屬減法加工
7. LEGO 運用於多旋翼
8. 遊戲 APP 開發入門
9. 在地文化資源的調查方法與應用

流程階段：介紹 → 操作 → 組合 → 呈現

連貫性

- 認識了解
- 手工製作
- 3D 加工
- 智慧控制
- 歸納應用

內容描述

先探索發掘
透過在地資源調查，來了解發掘問題及資料蒐集之重要性；並透過色彩材質的認識，來學習如何應用於提升創意品質及造型美學。

再動手實作
了解問題發掘及美學之後，可透過木工常用手工具之操作練習，應用於居家傢俱設計；再認識細微金屬手工具之加工工法及各式金屬，來學習動手實作之重要性。亦會學習 3D 模型繪圖教學之 3D 列印機加法加工，及大型機具雕刻機之減法加工的實際操作設備練習。

於技術應用
透過動手實作練習之後，即可組裝直昇機樂高組件，來學習馬達動力傳動及主機程式控制。同時透過簡單語法的步驟操作練習，來自己完成簡單的 APP 遊戲開發。

於在地應用
透過課程技術的養成，實際應用於在地資源調查，並落實在地文化精神。

（圖，單元架構）

緒論

前面幾個單元著重在手工製作及 3D 加工製作的課程單元，而第七單元則除了包含之前的手工組裝加工及 3D 加工製程之外，也介紹如何啟動的方法，因此如何啟動動力的來源，就成了本單元所要強調的重點，同時還搭配 LEGO 積木的組裝，讓 LEGO 積木變成可控制式的動力積木。所以本單元一開始是結合前面單元的課程經驗累積，從型態、組裝、到程式控制的撰寫，再配合 LEGO 積木組合的靈活度與變化性，藉由動力馬達的帶動，以及來自於 EV3 微型電腦程式所撰寫執行的智慧型控制，進入 LEGO 的世界，以期培養學生在結構、機構、邏輯上的能力。

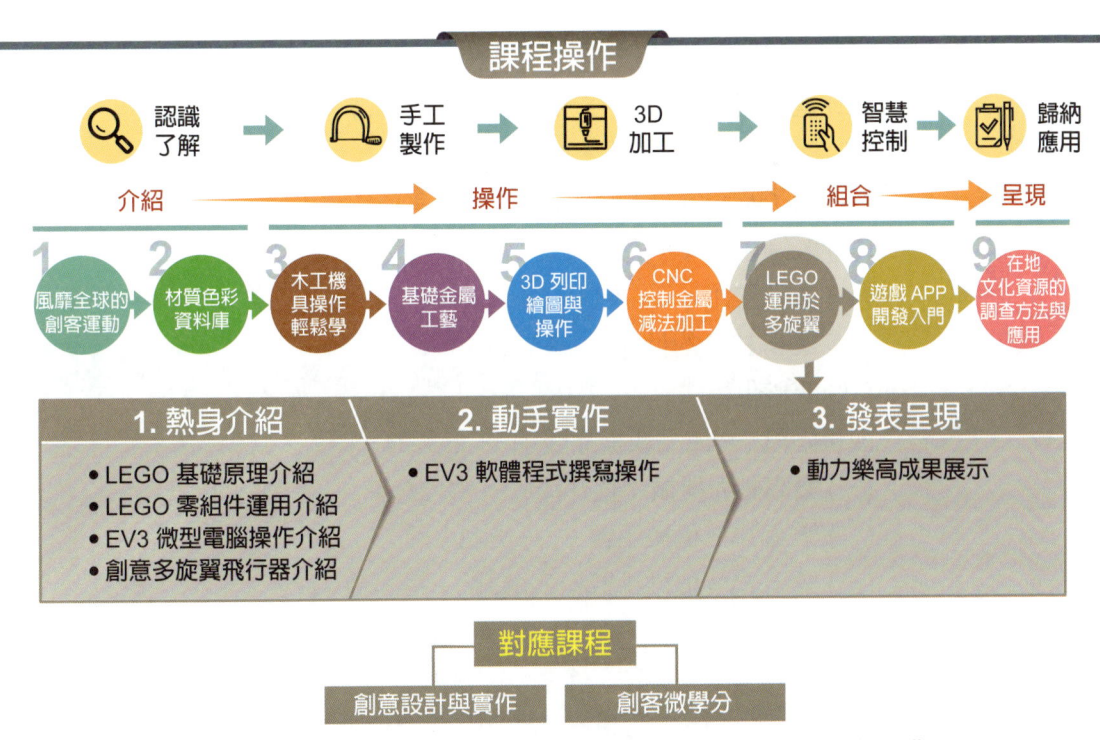

課程操作

認識了解 → 手工製作 → 3D 加工 → 智慧控制 → 歸納應用

介紹　　　　　操作　　　　　　組合　　　呈現

1. 風靡全球的創客運動
2. 材質色彩資料庫
3. 木工機具操作輕鬆學
4. 基礎金屬工藝
5. 3D 列印繪圖與操作
6. CNC 控制金屬減法加工
7. LEGO 運用於多旋翼
8. 遊戲 APP 開發入門
9. 在地文化資源的調查方法與應用

1. 熱身介紹
- LEGO 基礎原理介紹
- LEGO 零組件運用介紹
- EV3 微型電腦操作介紹
- 創意多旋翼飛行器介紹

2. 動手實作
- EV3 軟體程式撰寫操作

3. 發表呈現
- 動力樂高成果展示

對應課程：創意設計與實作、創客微學分

(偏向 LEGO 組裝、動力馬達、EV3 微型電腦程式撰寫於 LEGO 機械結構)

目錄

司長序
校長序
課程引言
單元架構
緒論

7.1 LEGO —— 7-2

　一、熱身階段──基礎原理簡介 —— 7-2

　二、發展階段──設備及操作步驟 —— 7-6

　　(一) 平板積木 —— 7-6

　　(二) 長桿積木 —— 7-6

　　(三) 連接器 —— 7-8

　　(四) 齒輪 —— 7-11

　　(五) 輪子及履帶 —— 7-12

　　(六) 裝飾類零件 —— 7-13

　　(七) 電子零件 —— 7-13

　　　　樂高 EV3 的世界 —— 7-14

　　(八) 圖形化程式 —— 7-18

　三、成果階段──成品或樣品展示 —— 7-24

　　(一) 樂高動力機械：直升機 —— 7-24

　　(二) 樂高 EV3 機械手臂 —— 7-28

　　(三) 樂高 EV3 機械手臂程式撰寫 —— 7-32

7.2　創意多旋翼飛行器 ── 7-35
　一、無人機簡介 ── 7-35
　　　(一) 遙控器 ── 7-38
　　　(二) 接收機 ── 7-38
　　　(三) 飛控板 ── 7-38
　　　(四) 電池 ── 7-39
　　　(五) 電子調速器 ── 7-39
　　　(六) 無刷馬達 ── 7-40
　　　(七) 槳 ── 7-40
　　　(八) 其他 ── 7-40
　二、Faze 基礎認識 ── 7-43
　　　(一) Faze 初步認識 ── 7-43
　　　(二) 飛行教安 ── 7-45

7.1　LEGO

一、熱身階段──基礎原理簡介

　　樂高積木以是否有馬達動力傳動以及主機程式控制，大致分為三類，第一類是幼兒型樂高積木，如圖7-1所示，積木的體積比一般的樂高積木大，大部分為結構的組合零件為主，少數的動力傳動零件，例如：齒輪。這種較大型的樂高積木多為幼兒園中，作為啟發幼兒智力發展的教具。

（圖7-1，幼兒型樂高積木，姚武松整理，2016）

　　第二類是動力機械積木，如圖7-2所示，積木零件較小，有多種結構組件及動力傳動零件，例如：平板、連接器、齒輪、皮帶輪等，與幼兒型樂高積木最大的差別除了零件大小以外，就是具有電動馬達的動力組件，接上動力馬達就像賦予樂高積木一個靈魂，自己就會動了，因此，積木組合的靈活度與變化性相當大，甚至可以模擬出真實汽車的內部動力及傳動系統，引擎汽缸、變速箱及轉向差速器等，會利用到機械齒輪傳動的原理，但困難度也相對提升許多。這種積木大多用於中小學學童的社團課程，或者是民間也有樂高補習班/才藝班，可以訓練小朋友邏輯組織的能力，也可作為學習第三類樂高積木的先修班。

第三類是樂高機器人EV3，如圖7-3所示，積木零件大小與動力機械相同，但是零件組成較不一樣，沒有平板這種結構組件，而大部分的結構組件都是由長桿所擔任，可以說是與動力機械的組合方式完全不同，從動力機械進階到樂高機器人EV3時，還真的是有點轉不過來，因為動力機械積木所用的結構零件上都有所謂的「豆豆」，在組合上較為直覺，只要由下往上一層一層的往上疊加即可，而動力機械EV3的結構組件就沒有「豆豆」這玩意，在組立機構時必須要有3D的概念，並以「由裡而外」的組合方式來思考。

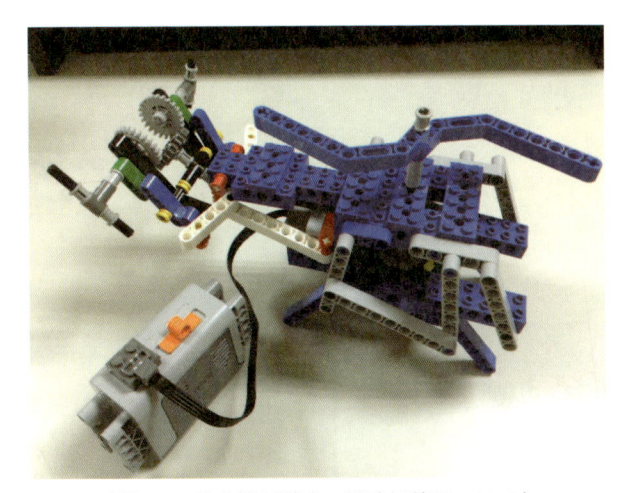

（圖7-2，動力機械積木，姚武松整理，2016）

（圖7-3，樂高機器人EV3，姚武松整理，2016）

　　而樂高機器人顧名思義，就是用來組合出機器人所專用的積木，一個機器人跟一個只會動的機器最大的差異就是「可程式控制」，也就是說樂高機器人必須有一個主機來執行程式，並結合馬達、感測器及整體的機構，構成一個機器人所需要的功能。樂高機器人的程式是以圖形化的方式撰寫，選用需要的功能圖塊並排列組合，就可以達到程式控制的目的，如圖7-4，但若機器人所要達

創意實作 ▶ LEGO 運用於多旋翼

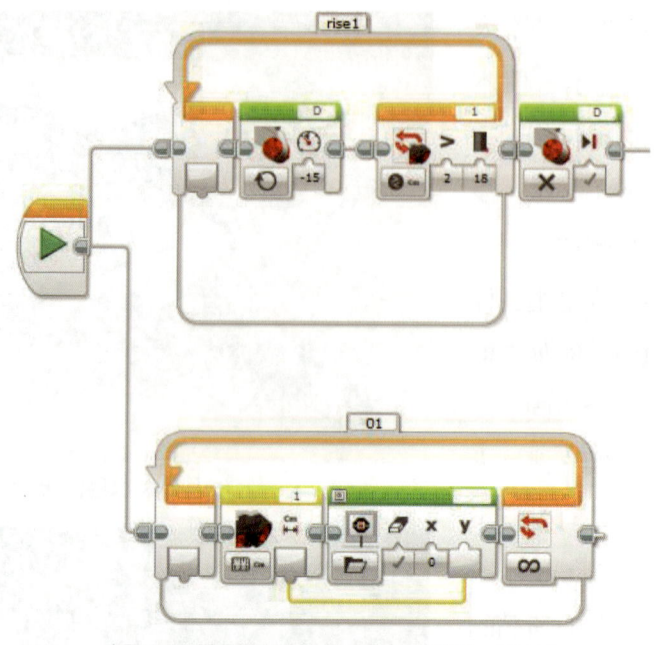

（圖7-4，樂高圖形化程式，姚武松整理，2016）

　　成的目標較複雜，則程式撰寫的難度及複雜度相對提高，必須有一定程度的邏輯能力。樂高機器人較適合國、高中，甚至是大學的學生來學習，在國內也有樂高機器人的相關競賽。

　　一般而言，雖然動力機械與樂高機器人在零件配置上有些不同，但其實這兩種樂高的零件都是通用的！所以如果讀者同時擁有這兩種樂高的零件，那就可以發揮創意結合這兩種樂高，組合出屬於你的機器人吧！

　　樂高積木是一個高度系統化且十分精密的一種積木零件，也因此，樂高積木的價格相當昂貴，以下我們將介紹動力機械與樂高機器人的主要零件，讀者將會發現，樂高真的是相當有組織，不只是拿來給小朋友玩的玩具而已。

　　介紹各種零件之前，我們必須先認識樂高積木的基本長度單位，如圖7-5，是由一個長 × 寬 × 高為 0.8 cm × 0.8 cm × 0.96 cm 的單位積木所組成，一個單位積木稱為 1 L，五個單位長度的樂高積木則稱為 5 L。

7-4

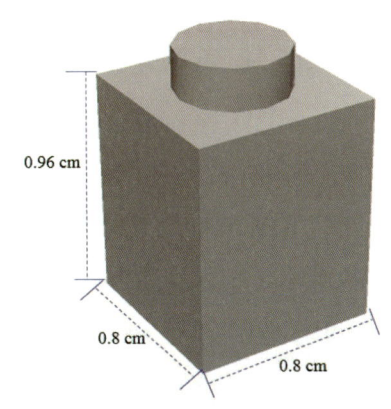

（圖7-5，樂高長度的基本單位，姚武松整理，2016）

◆ **樂高積木的零件可以區分為以下幾種分類：**

1. **平板類（plate）**：包含平板積木（plate）、圓孔平板積木（technic plate）、方塊積木（brick）。

2. **長桿類（beam）**：包括直桿（straight beam）、凸點橫桿（technic brick）、角桿（angular beam）、框架（frame）、連桿（link）、薄桿（thin beam）。

3. **連接器類（connector）**：包括插銷（pin）、十字軸與軸承（axle and bush）、插銷連接器（pin connector）、跨接零件（cross block）。

4. **齒輪類（gear）**：包括正齒輪（spur gear）、斜齒輪（bevel gear）、蝸桿與渦輪（worm gear）、齒條（rack）。

5. **輪子與履帶類（wheel and tread）**：包括輪子（wheel）、履帶（tread）、輪胎（tire）。

6. **裝飾類（decorative）**：包括面板（panel）、尖牙（teeth）、劍（sword）等等。

7. **其他類（miscellaneous）**：包括球（ball）、球彈匣（ball magazine）、球發射器（ball shooter）、橡皮筋（rubber band）。

8. **電子類（electronic）**：包括EV3主機（EV3 intelligent brick）、馬達（motor）、電池（battery）、感測器（sensor）、線材（cable）。

二、發展階段──設備及操作步驟

(一) 平板積木

平板是動力機械積木必要的結構零件，每個平板上都有凸點，也就是俗稱的「豆豆」，每一個豆豆所表示的意思即是一個樂高的基本單位，如圖7-6為一個 2×4L 的平板與圓孔平板積木，利用這種平板可以很直覺的利用堆疊的方式來組合樂高，是一種很好利用的組合零件。其中，圓孔平板積木當中的圓孔可以使軸穿過，進而使軸達到傳動的目的，如圖7-7，若巧妙的運用平板上的豆豆，將平板以交叉重疊的方式堆疊，也可以有效的增加結構的剛性喔！

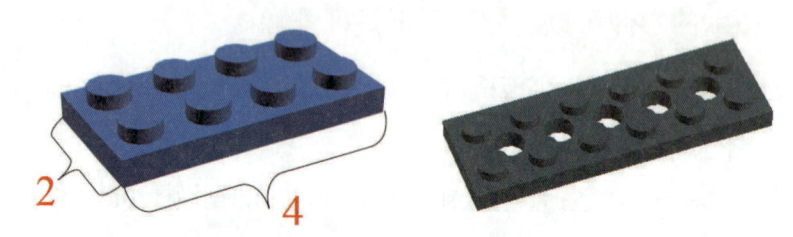

（圖7-6，2 × 4L 的平板零件與圓孔平板積木，姚武松整理，2016）

（圖7-7，圓孔平板積木搭配傳動與交叉堆疊的平板積木，姚武松整理，2016）

(二) 長桿積木

同樣作為結構零件的還有長桿積木，動力機械積木中才有的凸點橫桿以及樂高機器人都會有的平滑橫桿，如圖7-8，這邊要注意的是，凸點橫桿是以凸點作為長度的衡量，而平滑橫桿則是以圓孔作為長度的衡量。凸點橫桿因為同時擁有凸點以及圓孔，可以一次搭配兩個方向的零件組合，而平滑橫桿達成水平方向的連接，如圖7-9。

（圖7-8，凸點橫桿與平滑橫桿，姚武松整理，2016）

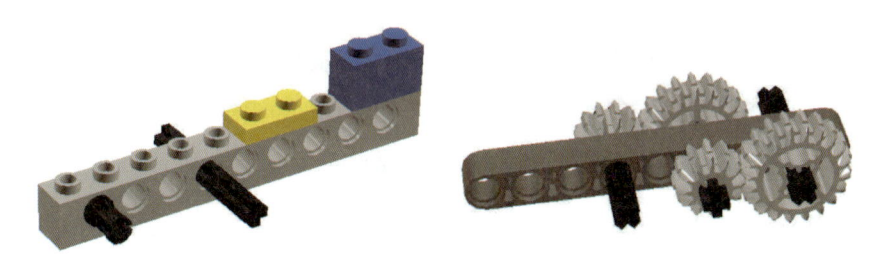

（圖7-9，凸點橫桿雙方向結合與平滑橫桿水平方向連接，姚武松整理，2016）

除了平滑橫桿以外，還有幾種不同圓孔數的角桿，分別扮演積木組合中不同的功能與角色，如圖7-10。

（圖7-10，各種不同角度及長度的角桿，姚武松整理，2016）

創意實作 ▶ LEGO 運用於多旋翼

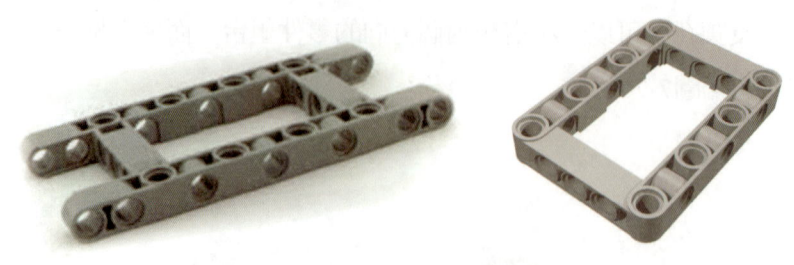

（圖7-11，H 型框與 O 型框，姚武松整理，2016）

　　框架也是製作結構的零件中非常重要的零件之一，分為 H 型框與 O 型框兩種，如圖7-11，若要製作出十分牢靠的堅固結構，一定要好好認識這些重要的零組件呀！

(三) 連接器

　　樂高零件中數量最多的就是連接器，連接器類似於現實生活中的螺絲、螺帽、墊圈、釘子等等這類的零件，用來連結兩個不同的組件，而在樂高的組件，也有各式各樣的連結器來擔任這樣的角色，像是十字軸、插銷、套筒等。

　　插銷依功能可以分為十字軸插銷、緊插銷、鬆插銷、球型插銷、3 L 平滑插銷等，如圖7-12，(a)～(d) 顏色較深的是各類緊插銷，依序分別是十字緊插銷、緊插銷、3 L 緊插銷跟 3 L 軸承插銷，而 (e)～(g) 顏色較淡的是鬆插銷，依序分別是 3 L 鬆插銷、鬆插銷跟十字鬆插銷。十字插銷多用來搭配齒輪或輪胎使用，使齒輪或輪胎自由的轉動，而緊插銷與鬆插銷的差別在於緊插銷上有小小的隆起狀設計，使它在圓孔中比較不容易轉動，可以使組件在連結時有比

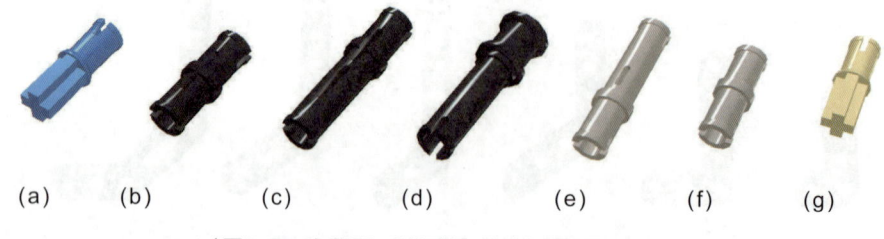

(a)　　(b)　　(c)　　(d)　　(e)　　(f)　　(g)

（圖7-12，各類緊、鬆插銷，姚武松整理，2016）

較穩固的效果，適合用於結構件的連結，而鬆插銷的表面較圓滑，連結組件時雖然有結合，但間隙較大使得組件間有一個撓度，較適合用於活動件的組合。

十字軸與套筒經常用於傳遞旋轉動力的地方，例如從馬達軸到輪子之間的動力傳遞、齒輪與齒輪之間的動力傳遞等，於長距離的結構連接與支撐，也能以十字軸取代長桿類的零件；套筒則用於十字軸上，阻擋十字軸的軸向移動，也可以使套在十字軸上零件能透過套筒與其他零組件保持一段距離，避免在旋轉時候的摩擦。十字軸跟長桿一樣有各種不同的長度，你可以找到跟十字軸一樣的長桿，算算看長桿上的圓孔，就知道十字軸的長度是多少單位了，如圖7-13，可以發現淺灰色的都是單數長度，黑色的都是雙數長度，值得注意的是，有特殊長度的且中間有阻隔物的十字軸，這種十字軸在特定長度的組合中可以被利用，且中間的阻隔物可以代替套筒的功能來使用。

（圖7-13，各種長度的十字軸與特殊十字軸，姚武松整理，2016）

套筒則分為兩種，一種是灰色的厚套筒，一種是黃色的薄套筒，如圖7-14，黃色的套筒厚度是基本單位長度的一半，也就是 0.5 L，而灰色的套筒厚度為 1 L，這兩種套筒都是為了要阻擋十字軸與其組件的軸向移動，按照組立零件的不同，選用適用的套筒。

（圖7-14，套筒，姚武松整理，2016）

創意實作 ▶ LEGO 運用於多旋翼

　　當你在組合一台非常大的機器人或者是長度很長的機器人，需要將旋轉動力傳遞到很遠的地方，角度連結器是你最佳的選擇，如圖7-15 有各種不同的角度選擇，可用於十字軸的延長、也可以用於組合結構件，如圖7-16 左側是以角度連結器組成的正八邊形結構。

（圖7-15，各種角度連接器，姚武松整理，2016）

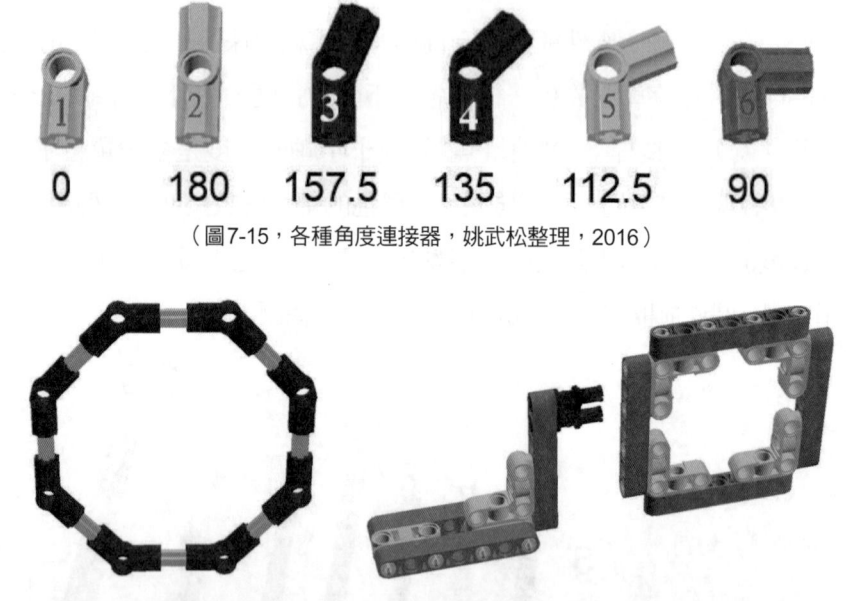

（圖7-16，角度連接器構成的結構與 H 型連結器構成的結構，姚武松整理，2016）

　　圖7-17 是 H 型連結器，專用於組裝水平、垂直結構的延伸，可省去使用大量的插銷及角度連接器，如圖7-17 右側可用於垂直方向的結構組合。

（圖7-17，H 型連結器，姚武松整理，2016）

當然在組合相當複雜的機器人，例如機器人、機器手臂時，所組合到的機構會有許多不同零件的需求，再多不同的零件都不夠用！所以除了以上的連結器，還有許多不同功能的連結器，如圖7-18，若是要做出動作精準、輕巧的機器人，搭配組合各式的連結器是必須的，然而各式連結器的排列組合可以說是千變萬化，想要列出所有連結器的排列組合是不可能的，所以只能多花點時間研究這些連結器的用法，如圖7-19是連結器的運用範例。

（圖7-18，其他連結器，姚武松整理，2016）

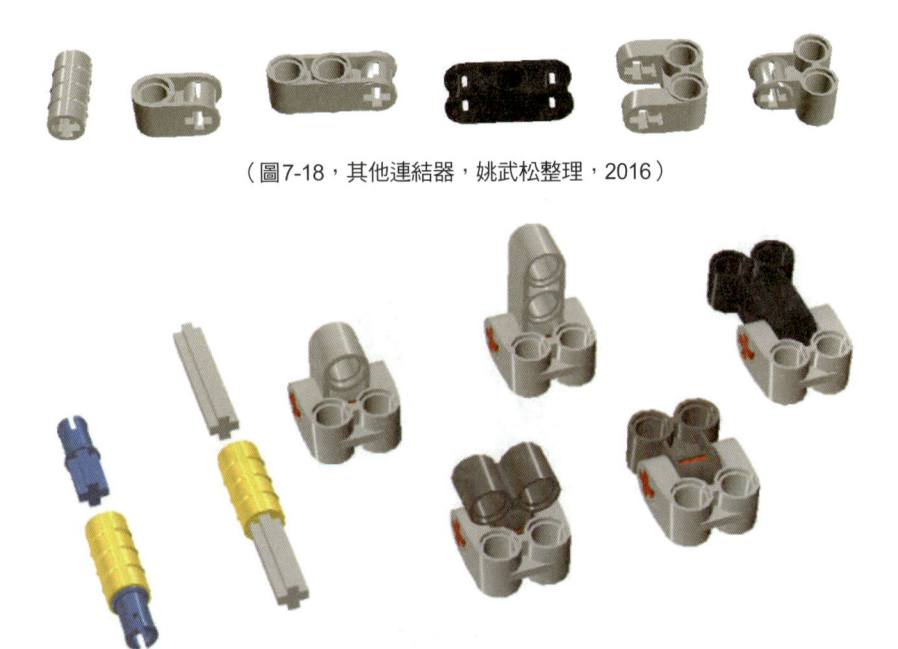

（圖7-19，連結器的運用範例，姚武松整理，2016）

（四）齒輪

　　齒輪可以說是動力傳遞的靈魂組件，齒輪有正齒輪、冠狀齒輪、渦桿與渦輪及尺條，可以使速度、扭力的傳遞依照不同的大小齒輪搭配來改變，也可以利用冠狀齒輪達成垂直方向動力傳遞，如圖7-20 左側為各種齒輪，右側是樂高機器人 EV3 專有的齒輪座，在下個章節的應用例中會有實用的說明。

（圖7-20，各種齒輪與齒輪座，姚武松整理，2016）

　　渦桿在樂高中有個特別的應用，可以達成相當高的減速比，並改變傳動的方向，如圖7-21 是利用齒輪與渦桿及連結器所構成的減速齒輪箱。

（圖7-21，減速齒輪箱，姚武松整理，2016）

(五) 輪子及履帶

　　非步行的機器人中，若要四處移動，絕大部分都是利用輪子或是履帶來達成，可以依據機器人的大小、使用的需求，來搭配輪胎的大小，有時甚至不使用輪胎皮罩，只使用輪框來作為車子的輔助輪；履帶可以用來克服地形較艱困的場合，如較需摩擦力前進的泥土地等，或也可以拿來使用在輸送帶上，模擬一個工廠的生產線，如圖7-22 是車輪與履帶。

（圖7-22，車輪與履帶，姚武松整理，2016）

(六) 裝飾類零件

　　樂高零件套組裡有許多裝飾用的零件，在組合樂高時不僅只有考慮性能方面，讓組合起來的機器人威風凜凜也是一門學問，圖7-23是樂高常見的裝飾零件，像是長得像鋼彈盾牌的各尺寸面板以及頭盔的裝飾零件。

（圖7-23，各種裝飾零件，姚武松整理，2016）

(七) 電子零件

　　除了上述這些基本的樂高零件外，最後要介紹的就是讓樂高機器人 EV3 組件可以成為機器人的核心──電子零件。EV3 樂高機器人的電子零件包括主機、伺服馬達、各式感測元件及連接線材，以下將有詳細的介紹，讓讀者可以快速進入樂高機器人的世界裡。

創意實作 ▶ LEGO 運用於多旋翼

樂高 EV3 的世界

I. EV3 主機

　　EV3 主機其實就是一台執行程式命令的微型電腦，在機器人中扮演大腦的角色。在撰寫程式時，它可以透過 USB 連接埠與電腦連接，將撰寫完成的程式燒錄於 EV3 主機中，或者是利用 SD 卡來插槽以讀取記憶卡的內容，並可以藉由主機上的螢幕來操作及執行程式，並分別有四個輸入與輸出端的插槽，輸入端以數字 1～4 來表示，輸出端則以英文字 A～D 表示，如圖7-24 為 EV3 主機各部位功能示意圖。

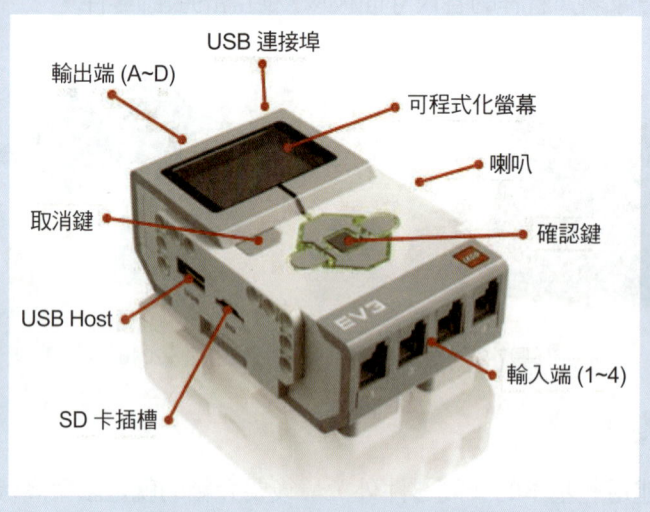

（圖7-24，EV3 主機各部位功能示意圖，姚武松整理，2016）

　　將撰寫好的程式燒入進 EV3 主機後，在操作方面就必須要仰賴主機上的螢幕顯示，圖7-25 為 EV3 主機螢幕上基本的的資訊內容，如電池電量、程式一覽、主機設定等，除此之外，可在主機上撰寫簡易的程式，即時查看連接的感測器所測得的數值，甚至可以進一步將感測器所測得的數據儲存起來，再回傳至電腦，可使程式的參數調正更加的精確。

7-14

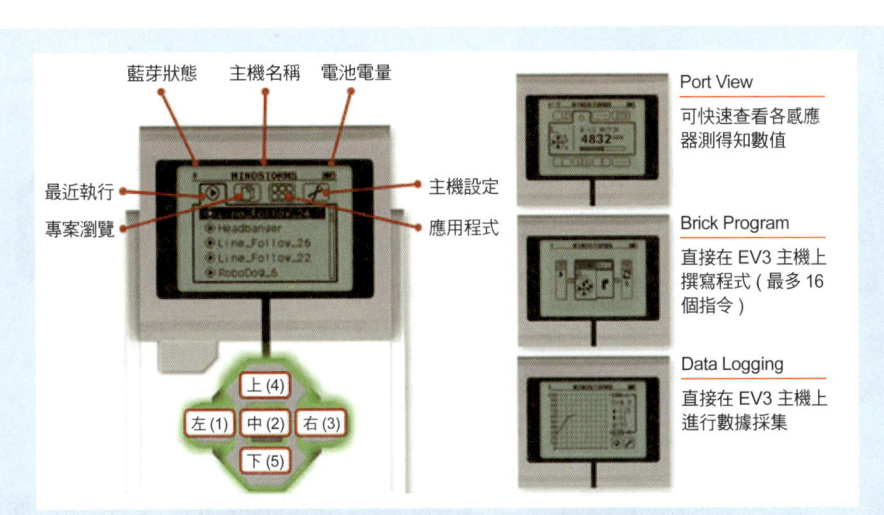

（圖7-25，EV3 主機螢幕顯示資訊，姚武松整理，2016）

II. 伺服馬達

樂高機器人套件中，共有兩個大型伺服馬達，如圖7-26 左側，及一個中型伺服馬達，如圖7-26 右側，同時組裝時，總共可控制三個自由度的運動。

大型及中型的伺服馬達都有內建的編碼器，可以判別馬達運轉的角度，其精度皆為一度，可以實現相當精準地控制，而大型的伺服馬達適合作為機器人的動力源，中型的伺服馬達適合用於較低負載的動力控制，例如機械手臂中的夾爪。

（圖7-26，大型伺服馬達與中型伺服馬達，姚武松整理，2016）

創意實作 ▶ LEGO 運用於多旋翼

III. 各式感測元件

A. 顏色感測器

顏色感測器如圖7-27，有三種功能，分別是顏色感測、反射光強度感測、環境光強度感測。在顏色感測模式中，顏色感測器可以判別七種顏色，分別是黑色、藍色、綠色、黃色、白色、棕色及無顏色，機器人可以利用顏色感測器偵測顏色的不同來進行程式邏輯的判斷。

（圖7-27，顏色感測器，姚武松整理，2016）

在反射光強度感測模式中，顏色感測器可以量測由發光燈反射回來的光強度，以數字 0～100 來反映光的強度，這種模式大多用於機器人循跡中，針對不同的底部表面，偵測到不同的光感測強度來辨識機器人行經的路線。

在環境光強度感測模式中，可以量測周圍環境的光源強度，也以數字 0～100 來表達光源的強度，這個功能可以應用於掃地機器人中，在燈滅的時候即開始工作而燈亮時則停止。

B. 陀螺儀感測器

陀螺儀感測器如圖7-28 所示，這種感測器可以偵測到旋轉運動的角度，也可以偵測出瞬時的角速度，其可以測量出的最大角速度為 440 度/秒而誤差為 3 度，這種感測器多用於輔助情況使用，例如可以用來偵測機器人摔倒的情況。

（圖7-28，陀螺儀感測器，姚武松整理，2016）

C. 按壓感測器

按壓感測器如圖7-29，前端有一處紅色三角型的突起，可以藉由按壓這個突起來判斷機器人所遇到的情況及環境，就像盲人以手觸摸的方式來觀察世界，而這種感測器大量用於掃地機器人中的環境判斷，當機器人碰撞到物體時則轉往其他方向進行移動，以克服複雜環境的因素，也能達到避開障礙物的功能。

（圖7-29，按壓感測器，姚武松整理，2016）（圖 7-30，超音波感測器，姚武松整理，2016）

D. 超音波感測器

　　超音波感測器就像機器人的眼睛，如圖7-30 就像一個眼睛的造型，一端發出超音波訊號，另一端則接收反射回來的超音波，可以用來測量與前面物體相隔的距離。測量的距離可以以英寸或釐米來表示，量測的範圍是 3 ～ 250 mm ± 1 mm 及 1 ～ 99 inch ± 0.394 inch，過近或過遠都無法量測，且較難量測不規則平面的物體，如與窗簾布相隔的距離，因為不規則表面的物體會使超音波反射的角度不正確，導致無法正確接收到反射回來的超音波，而難以量測出距離。

　　這種感測器可以用來量測與物體相隔的距離，並將量測所得的資訊回授至馬達，例如：機械手臂與待夾取物體的距離。

　　有關樂高積木與樂高機器人的介紹到此告一個段落，雖然已經介紹了相當多種類的樂高積木，但由於樂高積木的種類實在相當繁多，無法一一介紹，卻也留給了讀者對於未知的樂高零件一個探索的空間，這也使大家組合出來的樂高機器都是獨一無二的作品，蘊含了自己的創意及巧思、結合了機械原理及 3D 概念所組合出來的心血結晶。

　　下一章節將進入樂高機器人自動控制的核心「圖形化程式」的撰寫。

(八) 圖形化程式

樂高機器人 EV3 之圖形化程式的撰寫必須仰賴 EV3 軟體，運用 EV3 軟體是個最簡單、最快上手，也是最容易能撰寫程式的方式，並能與樂高主機作傳輸程式及執行。EV3 軟體的主介面如圖7-31，在主介面中可以從副選單來選擇所要需要的功能，一般專寫程式可以直接選擇"Programming"進入程式撰寫介面，若是已經有撰寫好程式，可以由主選單的地方選擇"File"來開啟舊檔，有許多功能既不概述，讀者可以多方嘗試各種功能。

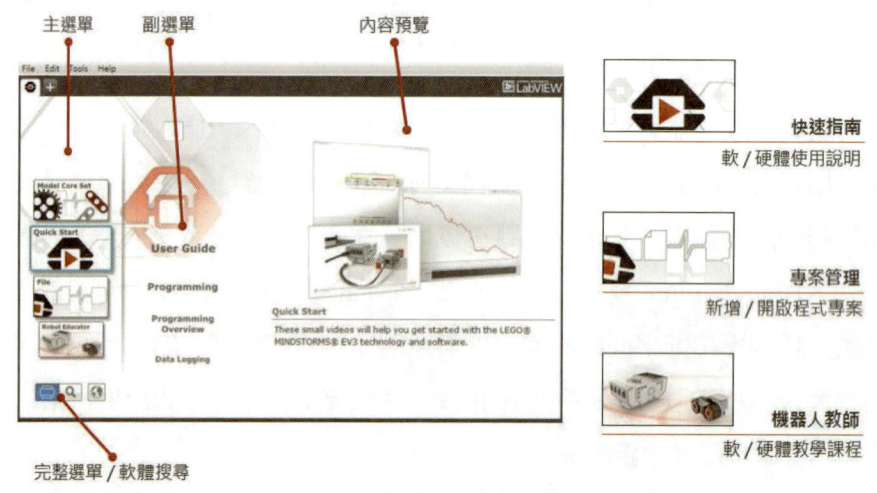

（圖7-31，EV3 軟體主介面，姚武松整理，2016）

在進入"Programming"進入程式撰寫介面後，可以看到如圖7-32的介面功能說明，中間空白處即是程式撰寫區，將左下方的指令面板中的各種不同功能的程式，以拖曳的方式將所需要功能拖曳至程式撰寫區，並與「播放」功能連結，這時會發現，拖曳進入程式撰寫區的功能圖塊由暗變亮，代表該功能圖塊有正常連結並開啟功能，此時即可以針對該功能圖塊輸入參數設定。

初步將所需要的圖塊及功能參數設定完畢後，即算完成簡易的程式撰寫，此時必須將 EV3 樂高機器人主機與電腦進行連接，連接後在程式撰寫介面的右下角的主機管理面板處，會顯示主機即時的資訊，確認主機與電腦成功連接後，

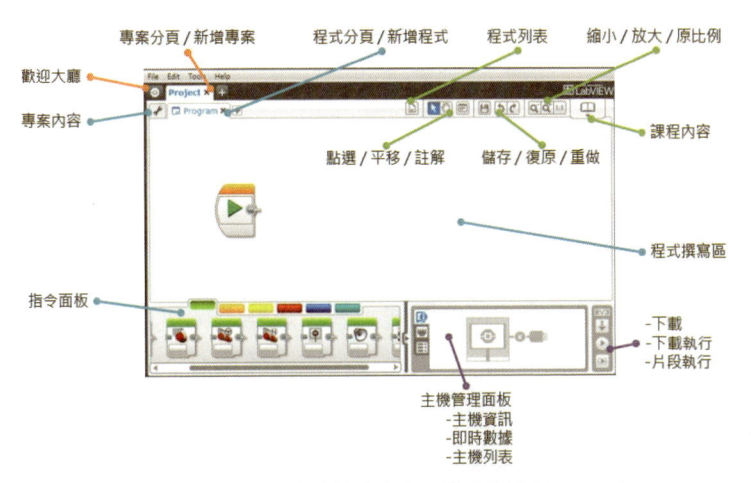

（圖7-32，程式撰寫介面，姚武松整理，2016）

即可選擇主機管理面板右方的下載、下載執行或片段執行的功能，此三種功能分別是將撰寫好的程式燒入至主機中但不執行、將撰寫好的程式燒入至主機中並執行或燒入程式後以步階執行，特別的是，當樂高機器人在執行程式時，若與撰寫人所想不同，則可利用第三種執行的功能來偵錯，藉此來找出交錯複雜的程式中，參數或功能設定有問題的圖塊，解決程式中執行的錯誤問題。

樂高 EV3 軟體的功能圖塊分為五大類，分別是動作、流程、感應器、數據及進階，如圖7-33。

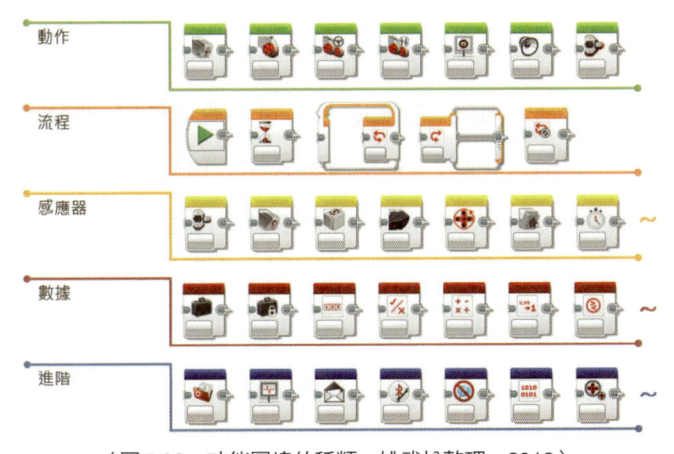

（圖7-33，功能圖塊的種類，姚武松整理，2016）

創意實作 ▶ LEGO 運用於多旋翼

- 第一類功能皆是樂高機器人的動作命令圖塊，利用動作圖塊可以分別針對連接的馬達下達控制的命令。
- 第二類功能是程式撰寫中很重要的流程功能圖塊，扮演著程式中邏輯切換的角色，所謂邏輯則是需要判斷跟選擇的地方，可以控制馬達在什麼時候需要轉動，在什麼時候停止。
- 第三類功能是各式感測元件的接收圖塊，利用這些圖塊可以即時獲得感測器所偵測的數據，並可將數據回授至馬達當作馬達的控制命令，或者是結合第二類的流程功能，作為判斷及選擇的依據。
- 第四類功能圖塊則是可以針對數據進行運算以及類似第二類圖塊的判斷功能，結合感測器功能將感測器所量測到的多筆數據進行比較或放大縮小，比方來說，可以用在兩顆伺服馬達的同動控制，用比較的方式比較兩顆馬達實際行進的距離與內部編碼器的角度比較，使兩顆馬達能夠同步運轉，才能夠讓機器人筆直的前進。
- 第五類功能是進階功能，這類功能較少在使用，像是藍芽連結、訊息傳遞這類的，不過若是結合手機 APP 程式的話，這類功能就可以派上用場囉。

在第一類的動作功能中，有兩個比較特別需要注意的功能，一個叫作"move steering"，另一個叫作"move tank"，這兩種功能都是可以同時驅動兩顆伺服馬達，不一樣的地方在於參數的設定方面，前者是以導向性來調整左右兩輪的速度來改變行進的方向，如圖7-34，而後者是直接調整兩顆馬達的電力大小來改變行進的方向，如圖7-35，一般來說兩者的功能相似，但可以依據程式設計者所使用的回授訊號源的特性，來選擇哪一種驅動方式比較適合進行控制。

第二類的流程功能主要分為兩種，一種是迴圈（loop）如圖7-36，一種是分岔（switch）如圖7-37，一般而言，若一個程式中只有動作、感測器這種功能圖塊，當 EV3 機器人執行程式時，就只會執行一次就結束了，並不會持續

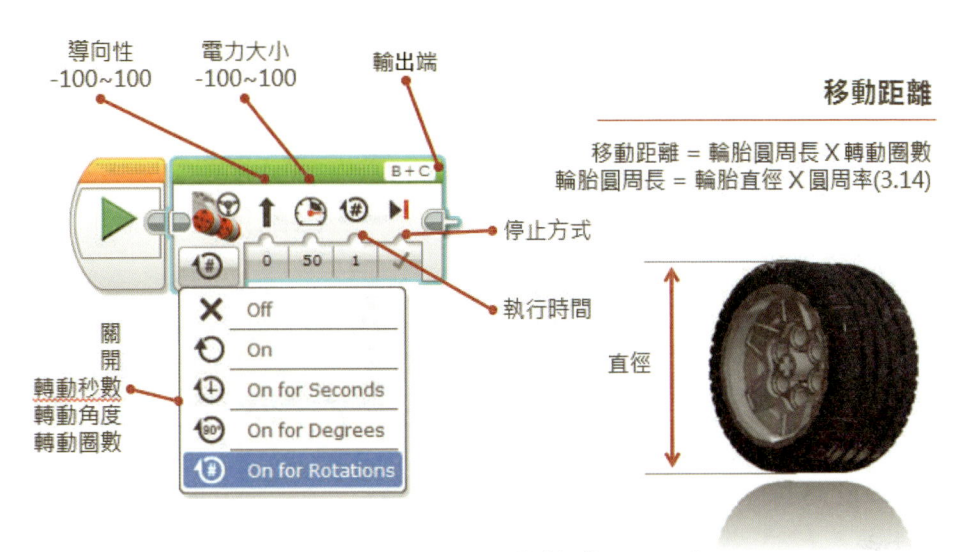

導向性 -100~100
電力大小 -100~100
輸出端
停止方式
執行時間

關
開
轉動秒數
轉動角度
轉動圈數

- Off
- On
- On for Seconds
- On for Degrees
- On for Rotations

移動距離

移動距離 = 輪胎圓周長 X 轉動圈數
輪胎圓周長 = 輪胎直徑 X 圓周率(3.14)

直徑

（圖7-34，move steering，姚武松整理，2016）

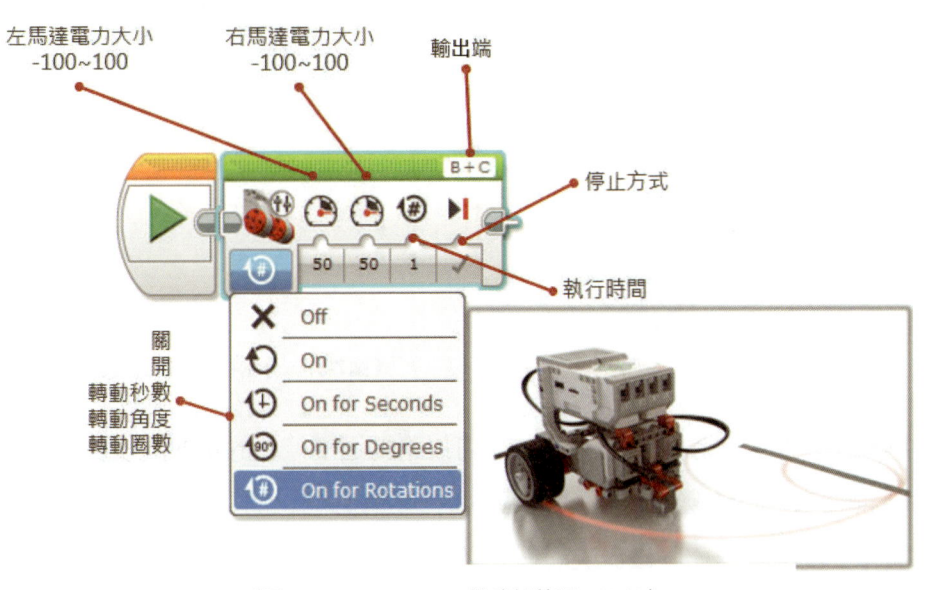

左馬達電力大小 -100~100
右馬達電力大小 -100~100
輸出端
停止方式
執行時間

關
開
轉動秒數
轉動角度
轉動圈數

- Off
- On
- On for Seconds
- On for Degrees
- On for Rotations

（圖7-35，move tank，姚武松整理，2016）

執行直到達成目的為止，因此我們必須利用迴圈指令，將我們的那些動作、感測器的功能圖塊「包在迴圈裡面」，就可以持續地執行程式了。但是當樂高機器人有很多複雜的程式且不只一個迴圈時，就需要有停止迴圈的功能，在迴圈

7-21

創意實作 ▶ LEGO 運用於多旋翼

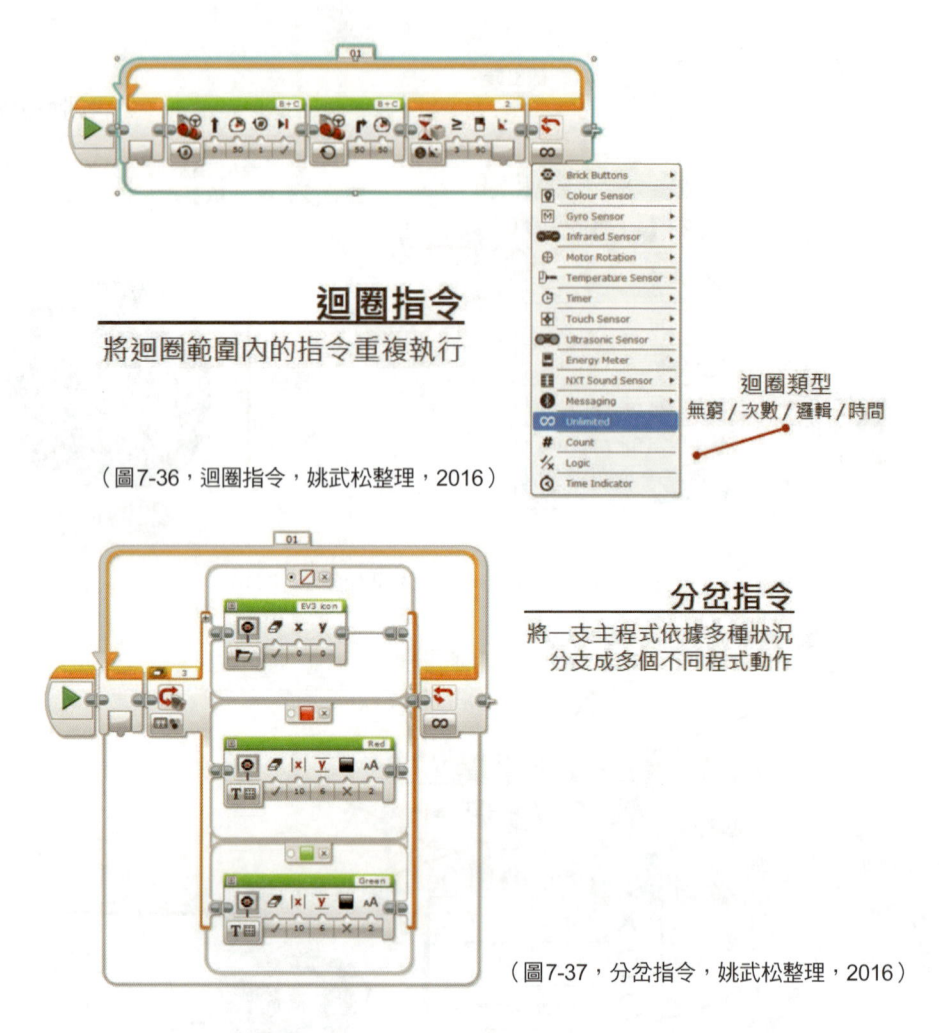

迴圈指令
將迴圈範圍內的指令重複執行

迴圈類型
無窮/次數/邏輯/時間

（圖7-36，迴圈指令，姚武松整理，2016）

分岔指令
將一支主程式依據多種狀況
分支成多個不同程式動作

（圖7-37，分岔指令，姚武松整理，2016）

的尾端有一個「無限」符號的地方，可以選擇迴圈停止的基準，沒錯！就是利用感測器來判斷什麼時候停止這個迴圈，或者跳到其他的迴圈中，因此，迴圈（loop）根本就是一個機器人的程式必備品！必須非常熟悉迴圈的使用方式才能寫出精簡的程式！

　　分岔（switch）相當類似迴圈功能，只是在迴圈當中又多了判斷的功能，所以是一種「不斷在執行判斷及判斷後的程式」的功能，舉例來說，若一個樂高機器人的任務是沿著白線右邊走，若顏色感測器照到不是白色的線即左轉，否則只要一直前進就可以了，這種必須一直執行判斷的程式就需要用到分岔！這兩種功能都可以互相包覆混用的，也就是迴圈裡可以有分岔，分岔裡也可以有迴圈。

由上面的功能介紹，我們可以知道由感測器回授訊號的重要性，要是沒有這個功能，樂高機器人根本無法自己運作！因此，若能把感測器的回授訊號加以利用的話，則讀者對於樂高機器人的掌握性就更高了，以下將介紹第四類的數據運算功能。

運算功能（如圖7-38所示）可針對不只一筆回授資訊來做運算，可使用的運算動作包括加減乘除、絕對值及開根號甚至是代入自然指數，算是相當齊全，若再搭配數據功能中的亂數產生器，可以寫出強健度相當不錯的演算法，使機器人在環境的適應力更上一層樓了！

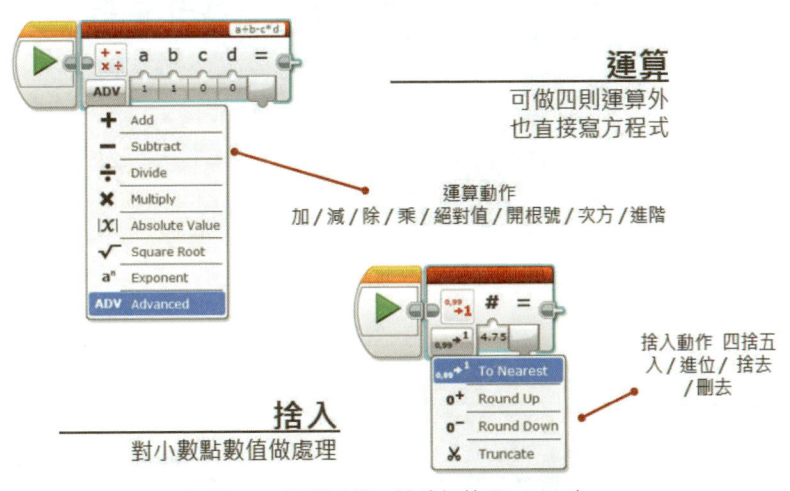

（圖7-38，運算功能，姚武松整理，2016）

以上對於樂高零件及樂高 EV3 機器人的程式介紹告一段落，相信各位讀者已經對樂高的基本功能有了初步的認識與了解，迫不及待的想要自己動手做看看樂高了吧！接下來，將帶來樂高動力機械與樂高機器人的機構組合及程式撰寫範例。

7-23

三、成果階段——成品或樣品展示

(一) 樂高動力機械：直升機

以下由圖片取代文字說明，只要跟著步驟做就能做出一模一樣的直升機囉，當然讀者也可以發揮想像力來改編屬於自己的樂高積木！

步驟一：找出直升機所需要的所有零件

（圖7-39，姚武松整理）

步驟二：組裝直升機基座

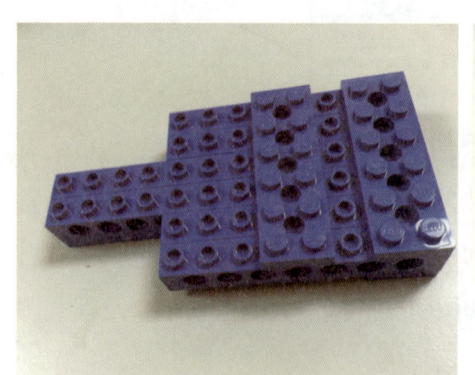

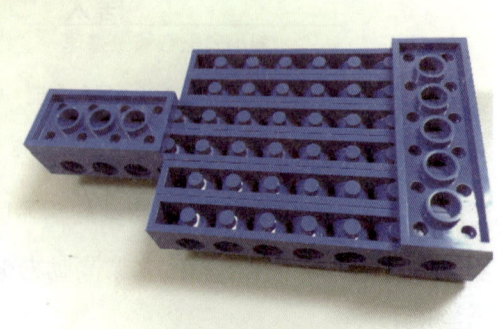

（圖7-40，姚武松整理）

步驟三：組立馬達與冠狀齒輪

（圖7-41，姚武松整理）

步驟四：加入立架並製作直升機基座上蓋

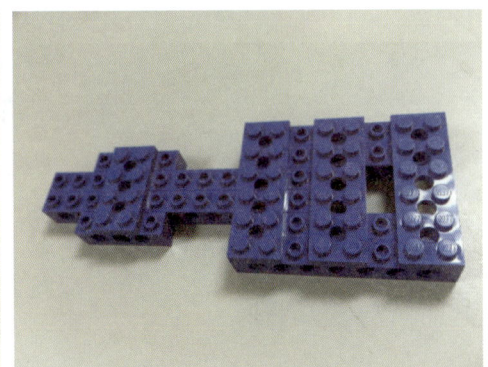

（圖7-42，姚武松整理）

步驟五：蓋上上蓋及前座

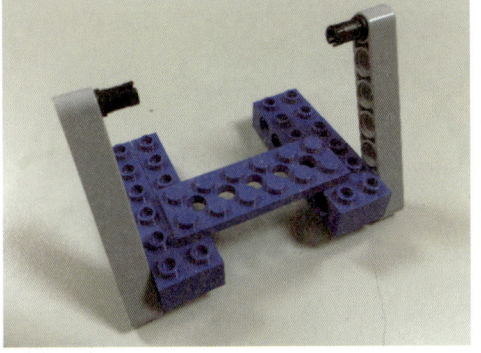

（圖7-43，姚武松整理）

創意實作 ▶ LEGO 運用於多旋翼

步驟六:將上蓋及前座與本體結合

(圖7-44,姚武松整理)

步驟七:以長桿積木墊高上蓋與馬達並製作連結器

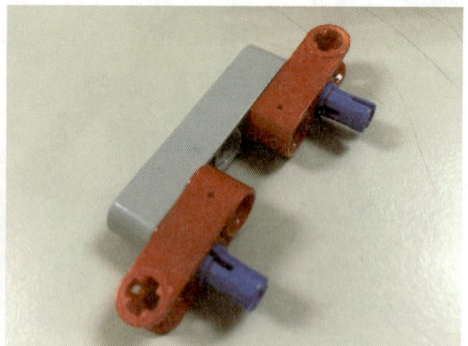

(圖7-45,姚武松整理)

步驟八:裝上連結器並與本體連接以加強剛性

(圖7-46,姚武松整理)

步驟九：裝上尾翼架並穿過十字軸並透過萬象接頭與馬達動力接合

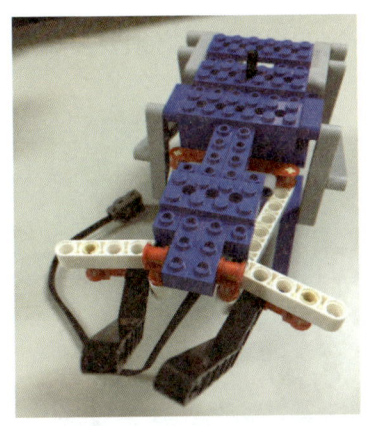

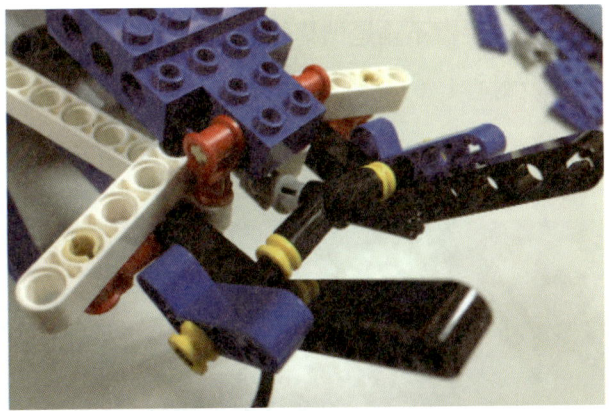

（圖7-47，姚武松整理）

步驟十：裝上冠狀齒輪及尾翼並製作螺旋槳

（圖7-48，姚武松整理）

步驟十一：結合電池與螺旋槳就大功告成了！

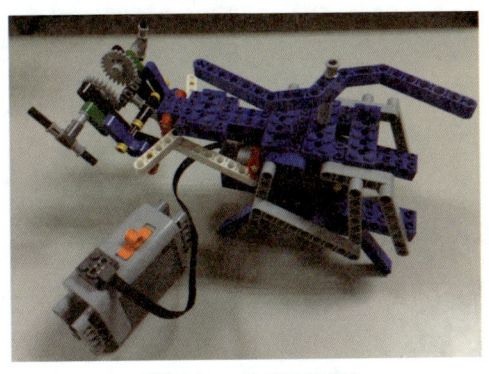

（圖7-49，姚武松整理）

創意實作 ▶ LEGO 運用於多旋翼

(二) 樂高 EV3 機械手臂

機械手臂不論是機構組裝還是程式撰寫都有一定的複雜度,必須要多花點心思及耐心!

步驟一:組裝夾爪

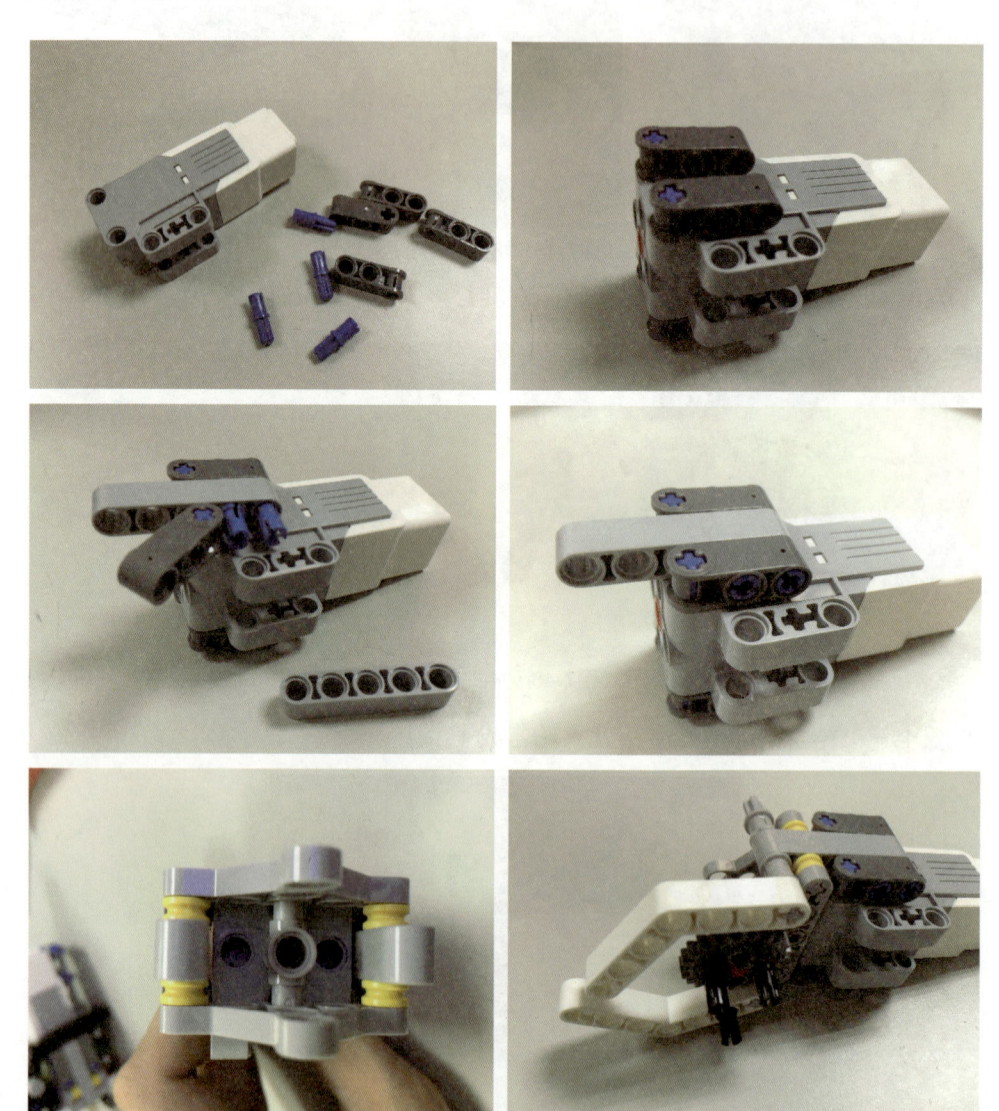

(圖7-50,姚武松整理)

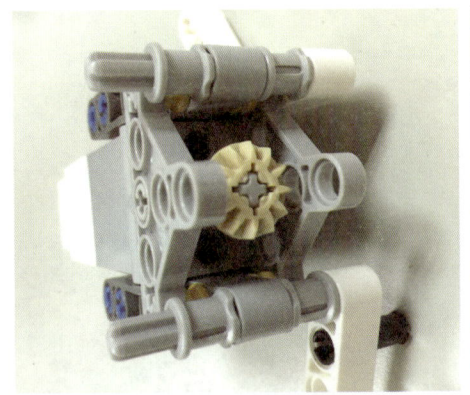

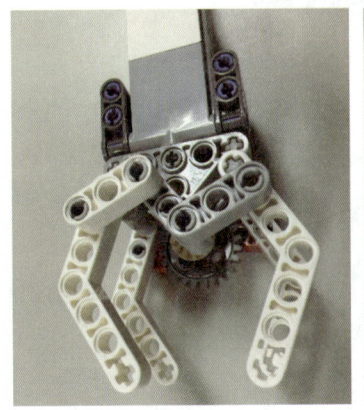

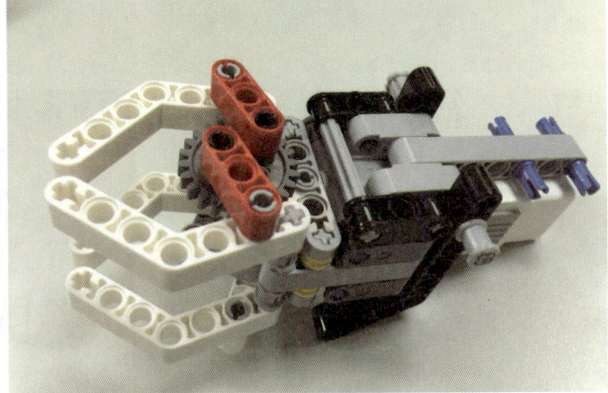

（圖7-51，姚武松整理）

步驟二：裝上超音波感測器

（圖7-52，姚武松整理）

7-29

創意實作 ▶ LEGO 運用於多旋翼

步驟三：組裝懸臂

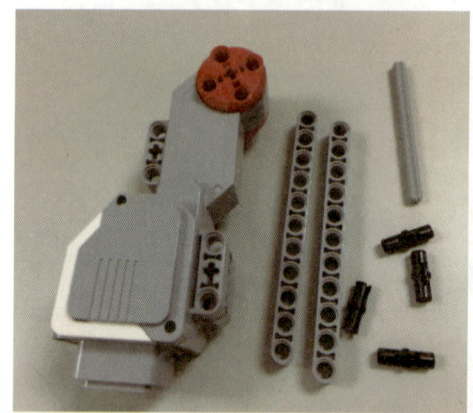

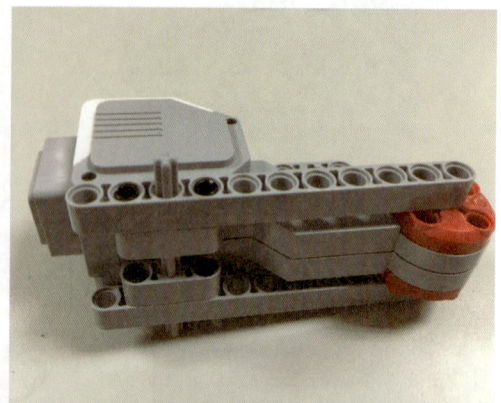

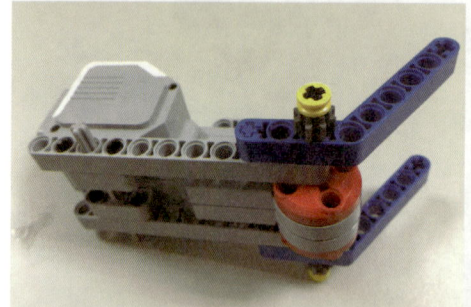

（圖7-53，姚武松整理）

步驟四：基座組立

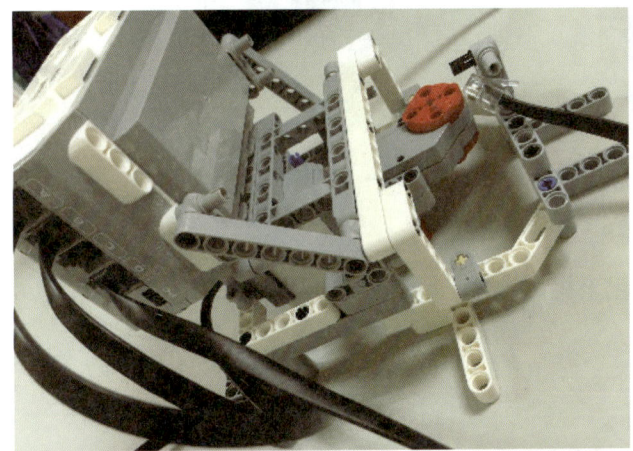

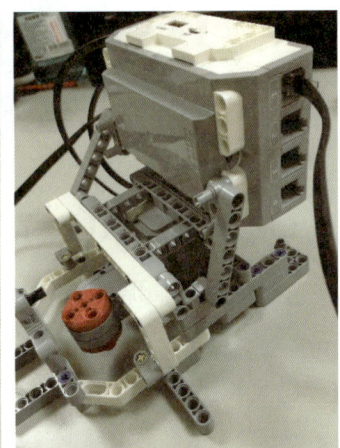

（圖7-54，姚武松整理）

7-31

創意實作 ▶ LEGO 運用於多旋翼

步驟五：組合各部分即完成機構部分的組合

（圖7-55，姚武松整理）

(三) 樂高 EV3 機械手臂程式撰寫

整體程式概略如下，看起來相當複雜，因此將分成四個部分來介紹。

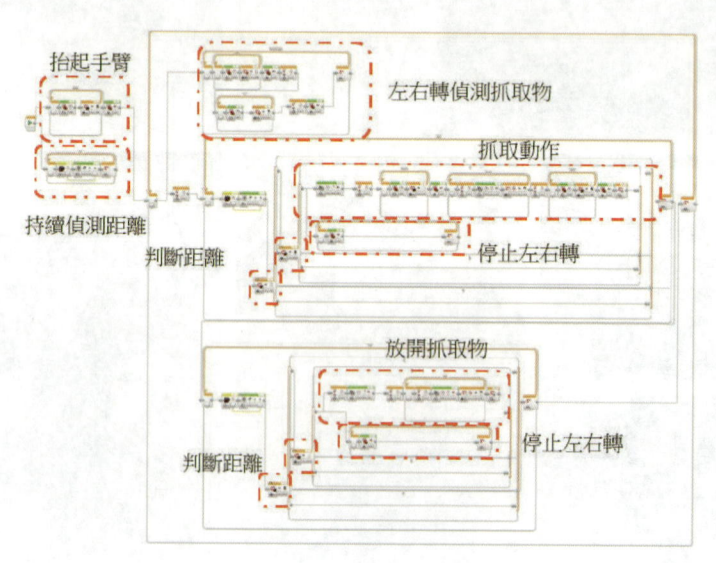

（圖7-56，姚武松整理）

7-32

1. 抬起手臂

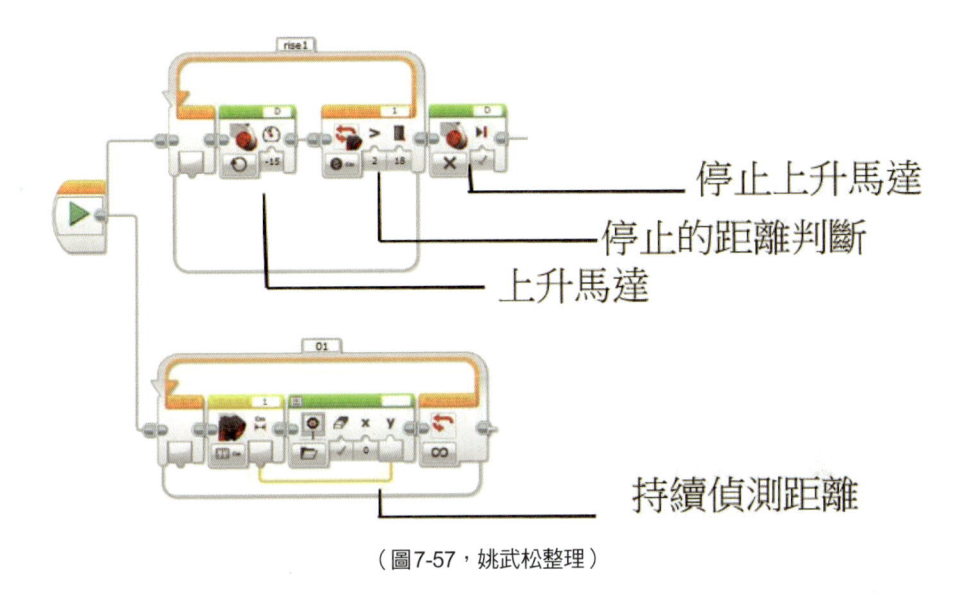

— 停止上升馬達
— 停止的距離判斷
— 上升馬達

— 持續偵測距離

（圖7-57，姚武松整理）

2. 左右旋轉並偵測距離以抓取物體

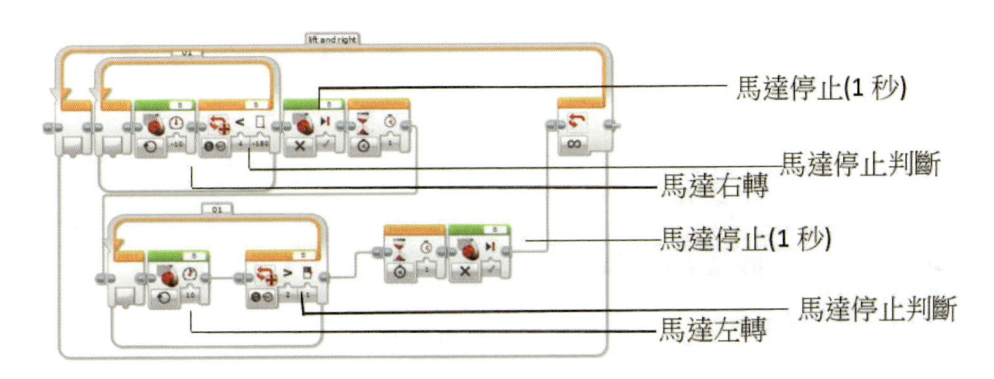

— 馬達停止(1 秒)
— 馬達停止判斷
— 馬達右轉
— 馬達停止(1 秒)
— 馬達停止判斷
— 馬達左轉

（圖7-58，姚武松整理）

3. 抓取動作（停止底部馬達旋轉）

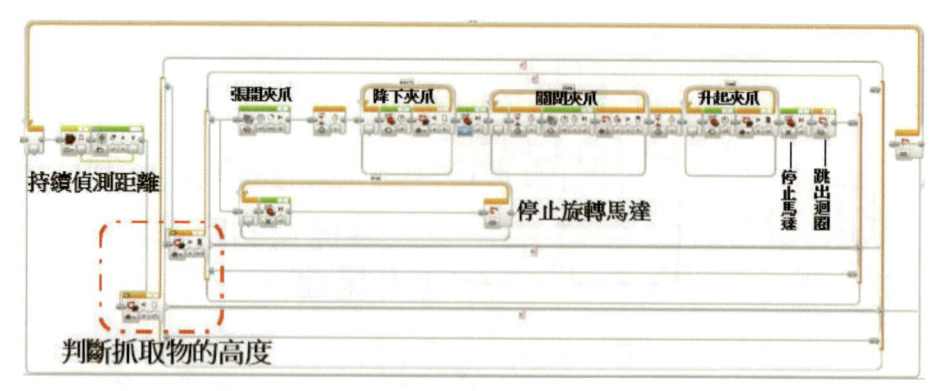

（圖7-59，姚武松整理）

4. 放開抓取物體

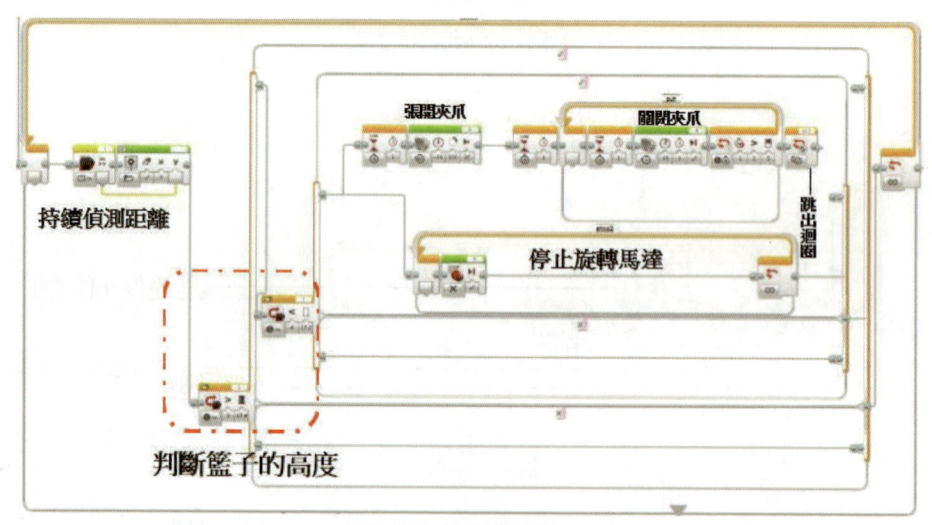

（圖7-60，姚武松整理）

　　以上四個部分即是機械手臂完成一次任務的週期，因此，若是要不斷地執行任務，就是利用迴圈把這四個部分包起來就可以囉！

7.2 創意多旋翼飛行器

一、無人機簡介

　　無人機分為固定翼與多旋翼，如圖7-61左側為固定翼無人機而右側為多旋翼無人機，固定翼主要以滯空時間與負載重量重為其主要特色，多旋翼主要以高機動和可停旋滯空的特色在近年來應用層面迅速擴張，許多科學研究開始圍繞著多旋翼研究。

（圖7-61，固定翼無人機與多旋翼無人機，資料源自：https://www.aliexpress.com，姚武松整理，2016）

　　其中多旋翼分為四旋翼、六旋翼、八旋翼、X型八旋翼；目前最廣泛普及被運用的是四旋翼，以高機動性與攜帶性高為其特色。旋翼機可以算是無人機的應用的其中一，其中的應用包含：拍攝、救災、救難、氣象探測、電影特效；目前也有許多地區開始舉辦由多旋翼進行飛行競賽的 FPV Racing。因此高機動以及飛行速度的提升成為了多旋翼未來的趨勢。

　　目前空拍旋翼機最為普遍，由旋翼機搭載裝置著攝影機的穩定器進行空拍攝影，為了拍攝完美的影像與提供安全的攝影環境，旋翼機的穩定性成為了眾人關注的議題(圖7-62)。

　　多旋翼的飛行系統主要由機體、飛行控制卡、GPS 接收器、馬達驅動器、

創意實作 ▶ LEGO 運用於多旋翼

（圖7-62，商業空拍機，資料源自：https://www.dji.com，姚武松整理，2016）

馬達、訊號接收機、狀態傳輸器以及地面站等裝置組成，其中飛行控制卡中又包含陀螺儀、加速規、運算處理器等微機電裝置 (如圖7-63)。

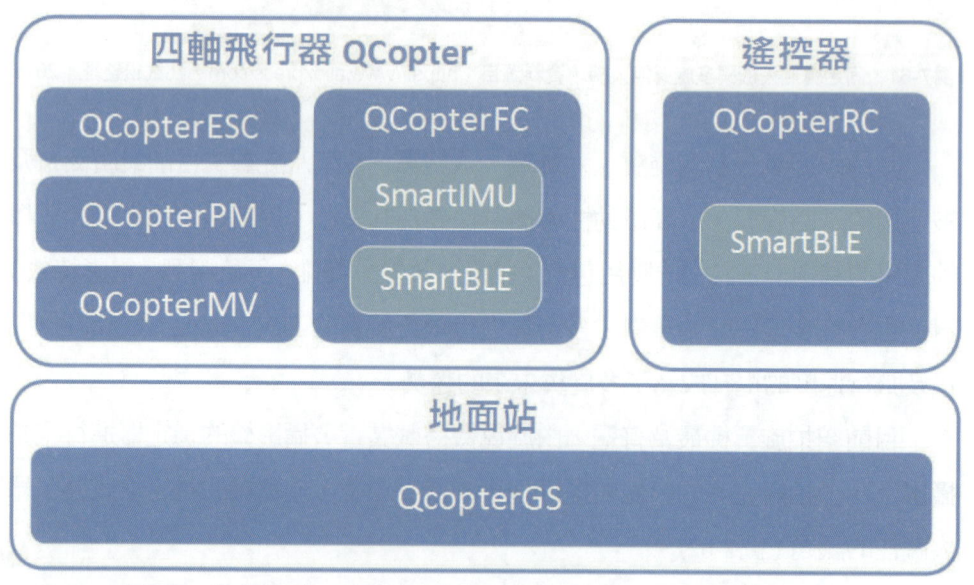

四軸飛行器 QCopter
- QCopterESC
- QCopterPM
- QCopterMV
- QCopterFC
  - SmartIMU
  - SmartBLE

遙控器
- QCopterRC
  - SmartBLE

地面站
- QcopterGS

（圖7-63，無人機系統，資料源自：http://3drobotics.com，姚武松整理，2016）

7-36

其中由地面站與遙控器下達命令給無人機，藉此操作無人機的動作；同時無人機會將目前的機上資訊如：姿態、高度、電力、信號強度……等等資訊回傳給地面人員，如圖7-64 所示。

（圖7-64，無人自主飛行系統，資料源自：http://3drobotics.com ，姚武松整理，2016）

多旋翼由許多微機電零件與硬體設備組成（圖7-65）：

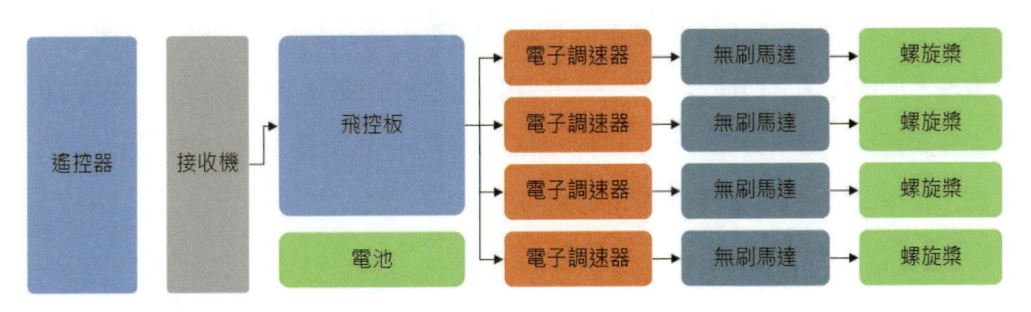

（圖7-65，四軸飛行器接線圖，資料源自：http://arklab.tw ，姚武松整理，2016）

7-37

(一) 遙控器

　　遙控器提供飛行員更靈活的操作無人機，能夠更迅速的對無人機下達指令，分為主要操作區、次要操作區與遙控器顯示器，主要操作區提供飛行員即時操控無人機的操縱桿，其中包含：油門、旋轉、俯仰、滾轉；主要操作區也是最優先送出命令的開關位置，當無人機在空中發生意外故障或失控時需要關閉自動駕駛由飛行員接手操作時，主要操作區會變得非常的關鍵。次要操作區通常會將許多需要即時操作的開關以及旋鈕設定在遙控器上，例如：起落架、自動駕駛、電量回報、WP 進入點定位、影像穩定器移動、飛行模式切換……以及許多無人機系統開關。遙控器顯示器通常會顯示目前操作的無人機編號、訊號強度、遙控器開關目前位置、無人機電量、無人機飛行時間。

(二) 接收機

　　接收遙控器的命令訊號，將訊號整理之後再傳給飛控板。

(三) 飛控板

　　飛控板就如無人機的頭腦，其中包含陀螺儀、慣性測量儀、微處理器以及許多微機電裝置，其主要功能是處理無人機飛行的姿態與修正，它能決定無人機飛行的姿態並發出命令控制無人機的飛行表現。目前許多飛控板將許多微機電零件整合，除了控制無人機飛行，在自動駕駛的部分開始會自動計算電子圍籬，避開禁航區與障礙物，甚至能避開人員與安全保護。在競速無人機部分，處理器的運算速度與命令的發送速度會變得更快，即時反應與抗電壓震盪的能力在競速無人機中會比一般空拍機的能力更好，也因此競速無人機目前也常被應用在拍攝部分極限運動或賽車運動的項目。

(四) 電池

電池為多旋翼的動力來源，部分無人機會使用汽油或油精當動力源；目前多旋翼上使用的電池通常為 LiPo 離聚合物電池，一般會標示：串連數 × 安時數 × 放電能力，另會標示充電能力；例如：4s 1800mAh 65C Max130C, 5C charge，意味著最大放電電壓為 4.2×4=16.8 伏特，截止放電電壓 3.7×4=14.8 伏特，電池容量 1.8 安時，最大穩定放電電流 1.8×65=117 安培，極限瞬間放電電流 1.8×130=234 安培，一般僅承受 10 秒或更短的瞬間放電，超過時可能會造成電池內部結構損毀或高溫燃燒，部分電池甚至沒有瞬間放電能力，過度放電也會可能造成危險；因此製造者在挑選電池時要考量安全並注意電池放電能力。

(五) 電子調速器

正名應為「直流無刷馬達驅動器」，主要工作驅動多旋翼馬達旋轉，調整馬達旋轉速度；有些早期驅動器會將信號電流回傳提供給無人機，現在多數新版驅動器都取消這項功能了。大型旋翼機與空拍機的驅動器在啟動馬達與推動馬達時一般會較為平順，推升時不會因瞬間施力過大造成機架損壞，同時降低瞬間電流過強的危險；目前大型旋翼機與空拍機的電子調速器與飛行控制卡的通訊一般接收 PWM 訊號，脈波寬在 1000 μs～2000 μs，也是最普遍的通訊方式。在 FPV Racing 的競速旋翼機的通訊，為了追求速度與響應時間縮短，目前根據韌體與硬體響應開始出現 OneShot 125 與 OneShot 50 等等通訊，把脈波寬減到 25 μs～125 μs 與 0 μs～25 μs 的波寬，增加時間內能讀取到的訊號量，大幅提升旋翼機反應能力。

(六) 無刷馬達

全稱為 BLDC 外轉子直流無刷馬達，多旋翼無人機使用此馬達主要在其最大特色：散熱效果佳。現在隨著此趨勢，許多廠商開始設計零件容易更換且抗軸向衝擊受力，有效提升馬達壽命與提升多旋翼的飛行速度。

(七) 槳

目前市面上的槳多分為纖維槳與塑膠槳，纖維槳又分為玻璃纖維與碳纖維，玻璃纖維硬度高，在推力非常重的負載下不會有嚴重變形而影響推升能力，但破裂時容易變成許多細小且銳利的碎片。市面上軸距超過一米的旋翼機最普遍使用的為碳纖維槳，高硬度且不易碎是比玻璃纖維更具優點，但價格相對塑膠槳昂貴。一般標示會以：「槳距 × 螺距 × 葉片數」標示；例如 50453 就意味著槳距 5.0 吋，螺距為 4.5 吋的 3 葉槳；80502 為槳距 8.0 吋，5.0 螺距的 2 葉槳。槳距意味著槳的大小；螺距一般稱作 Pitch，Pitch 愈大，推力愈強，相對的，對於馬達的負載就會愈高，很容易造成馬達過熱；葉片數愈多，也同時能提高推力，並同時會造成馬達的負載。

(八) 其他

包含 GPS 定位系統、BEC 電源分壓模組、圖形傳輸模組、OSD 影像疊加器等模組。其中 GPS 定位系統與圖形傳輸模組目前在空拍機中為標準配備，搭配可以執行如定點拍攝、循跡拍攝、跟隨拍攝等等功能。

除了碳纖維材料機架，現在也有許多多旋翼開始使用 3D 列印材料打造機架，如圖 7-66 所示使用 3D 列印成型的塑料機架結構輕具備韌性，相對一般的碳纖維機架其優點為價格便宜、製造容易、隨手可以取得，製造者僅需要擁有一台 3D 列印機即可自行製作機架，非常適合初學者練習飛行或實驗耗材使用。

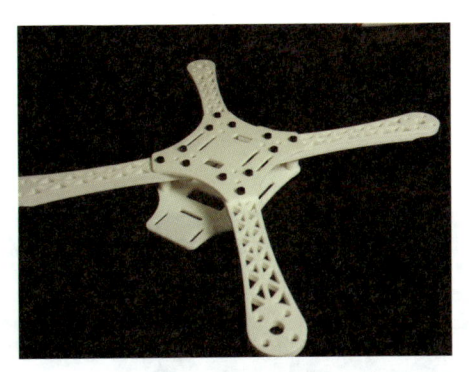

（圖7-66，3D 列印飛行器結構，姚武松整理，2016）

　　四軸多旋翼的飛行方法如圖7-67 所示，與對角軸的旋轉方向相同，由順時鐘旋轉與逆時鐘旋轉的螺旋槳組成。隨著變更動力的位置來使多旋翼產生動作。飛行器的螺旋槳配置，對角螺旋槳轉向相反，互相抵銷旋轉上的力矩在已經平衡的情況下，同時增加或減少四旋翼的推力，可做出上升與下降的動作，同時增加或減少相鄰兩旋翼的推力，可做出前後左右運動的動作，若同時增加或減少對角旋翼的推力時，可做出順逆時針旋轉，而任何的飛行運動都可以由上升、下降、前後左右、順逆時針旋轉的運動所組成。

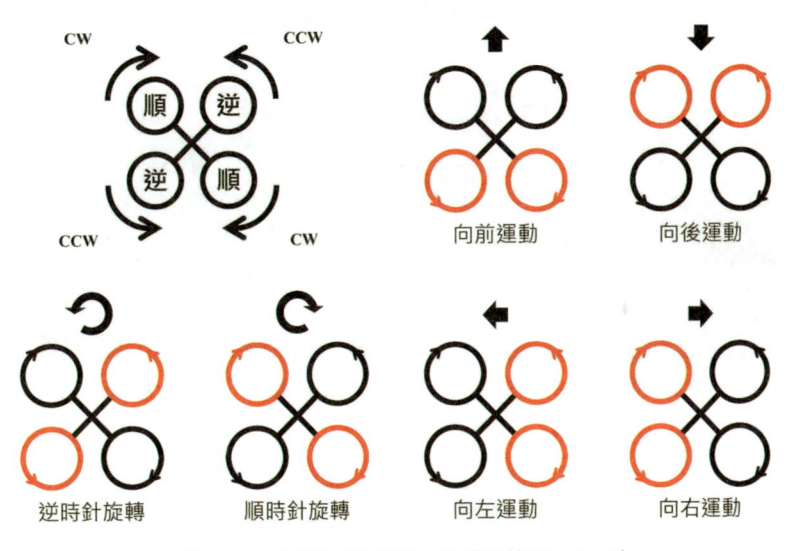

（圖7-67，飛行器運動原理，姚武松整理，2016）

7-41

創意實作 ▶ LEGO 運用於多旋翼

　　近期 3D 列印愈來愈成熟,許多設計機架零件開始可以自己設計、自己製造 (圖7-68),利用列印機把零件列印出來,安裝上馬達與驅動器零組件後就成為一組動力系統,如圖7-69 所示。

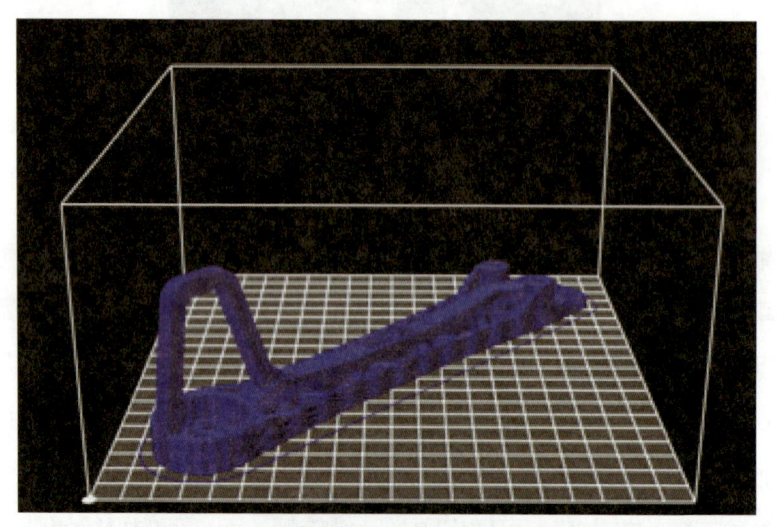

(圖7-68,3D 設計飛行器結構件,姚武松整理,2016)

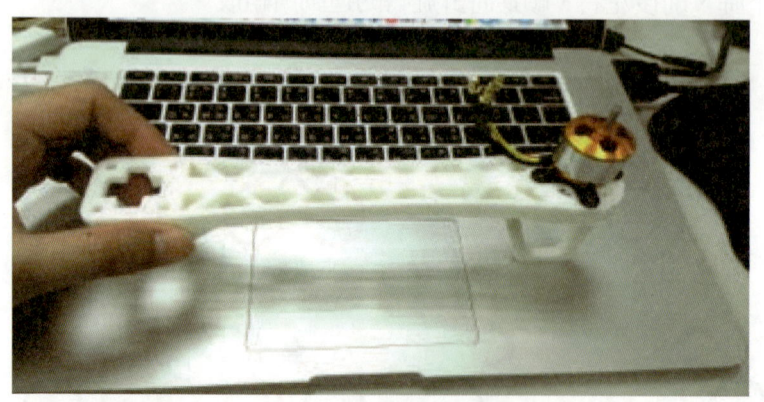

(圖7-69,3D 列印飛行器結構,姚武松整理,2016)

隨著飛行控制卡的發展 (圖7-70)，多旋翼的發展開始趨向體積更小、速度更快、時間更久；許多微機電系統微小化，抗高溫與抗高電壓能力加強。隨著 FPV Racing 的競速機發展與無人機飛行員的要求增加，多旋翼的危險性大幅度增加。因此，飛行安全觀念必須深根於每一位無論玩家、飛行員、一般民眾。

（圖7-70，飛行控制卡，姚武松整理，2016）

二、Faze 基礎認識

(一) Faze 初步認識

（圖7-71，Faze 小型四軸飛行器，姚武松整理，2016）

7-43

創意實作 ▶ LEGO 運用於多旋翼

Faze，小型四旋翼 (圖7-71)，隨插即用的特色與價格便宜又容易操作，適合第一次接觸多旋翼無人機的民眾與玩家，可繞曲的螺旋槳有效降低傷害到人員的危險性。讓操作多旋翼的民眾能在安全的環境中學習。

Faze 由三層電路板一體成型的電路板組成機架，安裝上 DC 直流有刷馬達與 LiPo 鋰聚合物電池，構成一架四旋翼機 (圖7-72)。

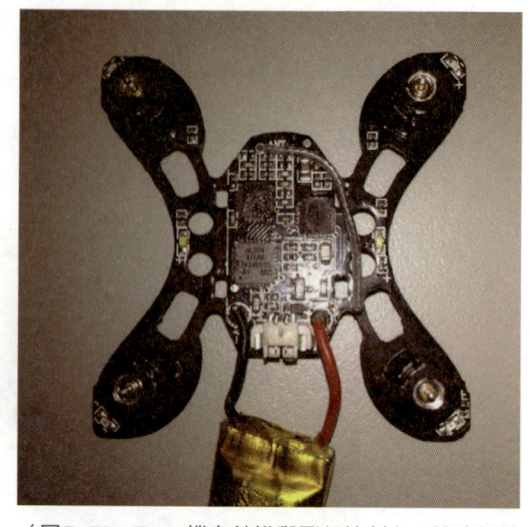

（圖7-72，Faze 機身結構與飛行控制卡，姚武松整理，2016）

圖7-73 所示為 Faze 的組成，僅配備了遙控器、接收器、陀螺儀、姿態控制器、馬達驅動器、直流有刷馬達、鋰聚合物電池。黑線下為一般空拍機需要配備的模組。

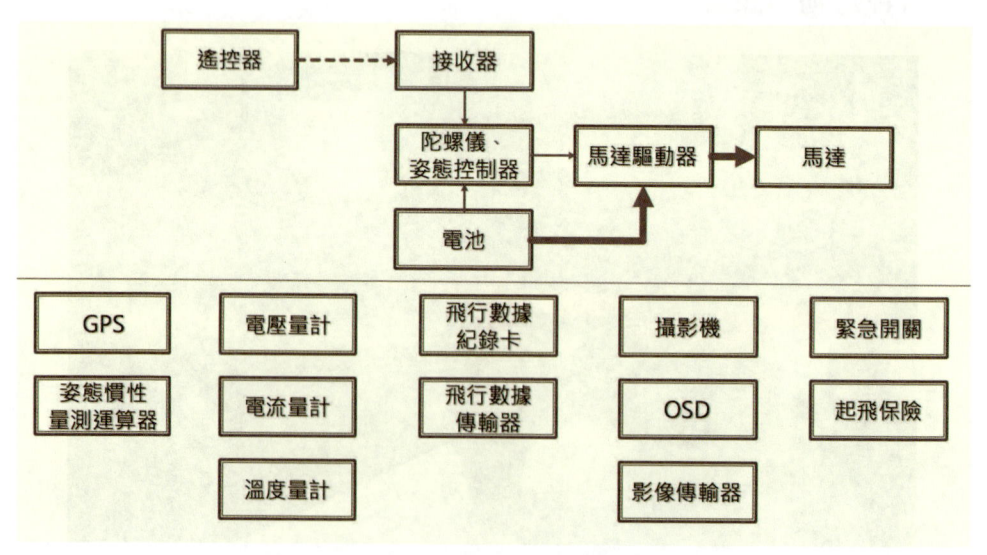

（圖7-73，Faze 包含的飛行系統，姚武松整理，2016）

7-44

左側天線裸露，在飛行時容易造成被槳打到的風險；因此安裝時必須將天線收在保護殼之內 (圖7-74)。

（圖7-74，Faze 充電方法與天線收納方式，姚武松整理，2016）

(二) 飛行教安

「先啟動遙控器，再啟動飛機」。在過去傳統遙控器輸出訊號都是類比的時代，並沒有數位密碼鎖，常常會造成啟動時輸出雜訊影響飛機，因此無論是空拍機或是大型旋翼機，維修人員或飛行員在學習基礎教育時，都會被要求養成此基本觀念。許多競速無人機會場更會要求所有遙控器頻道由大會統一發布固定頻道，因此先開遙控器成為一位合格飛行員的基礎習慣。但隨著現在許多飛行控制器都有設計複雜的安全保險開關，再加上 Faze 主要提供給第一次面對多旋翼的民眾，不論是先啟動飛機，再啟動遙控器；或是先啟動遙控器，再啟動飛機，都不會造成危險 (圖7-75)。

（圖7-75，先啟動飛機再啟動遙控）

7-45

創意實作 ▶ LEGO 運用於多旋翼

　　Faze 是浮動頻道，因此在一位民眾開啟遙控器在對頻道時，其他人必須將遙控器與旋翼機關閉，避免一人操作多架飛機或多人操作一架飛機的危險（圖 7-76）。

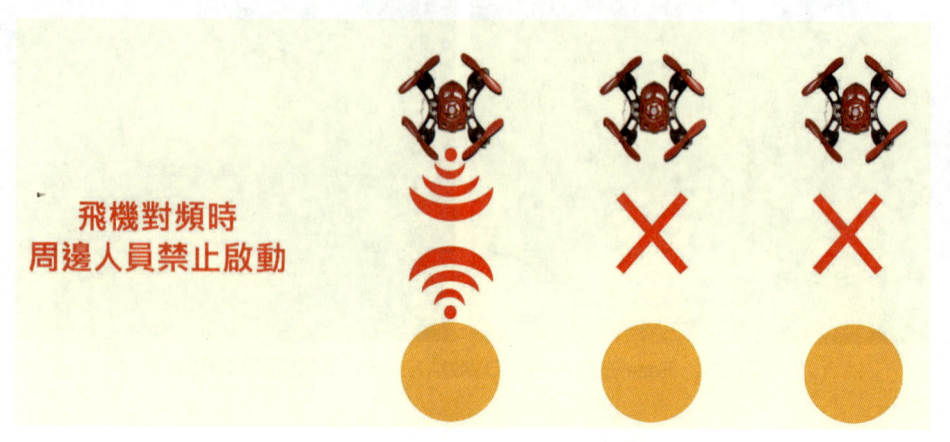

（圖7-76，飛機對頻時，周邊人員禁止啟動）

　　關閉時，將飛機關閉是避免遙控器關閉後無人機失控，在啟動遙控器時無法對上頻道對其操作造成危險。因此必須先將飛機關機，再將遙控器關機（圖 7-77）。

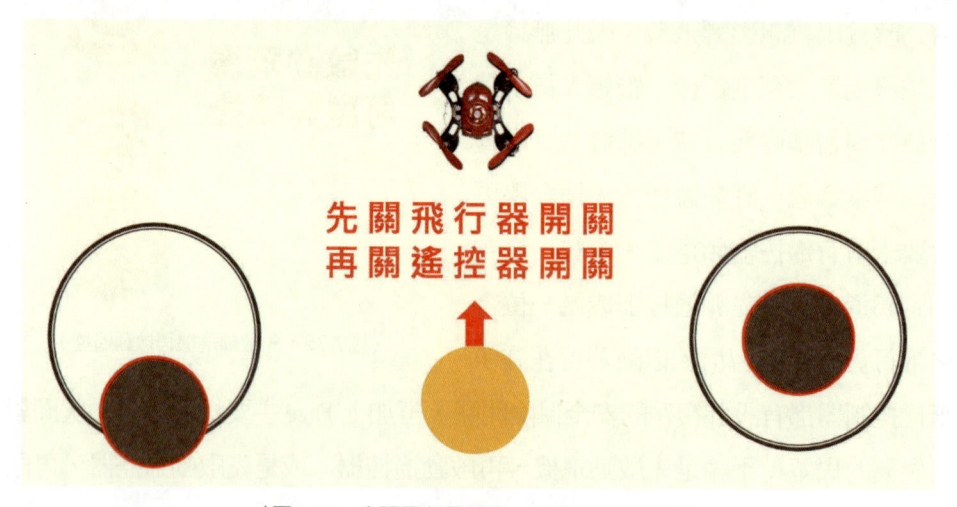

（圖7-77，先關飛行器開關，再關遙控器開關）

7-46

第一次接觸飛行時，為了使操作者能有直覺的反應，會要求將飛機朝向的方向與操作者的方向保持相同，讓操作者養成習慣(圖7-78)。隨著操作者的經驗增加，操作動作增加，會開始有逆向飛行與逆向翻滾的飛行動作。但此項動作是操作多旋翼時的基礎動作，許多迷失方向的操作者都會習慣調整飛機回到這個動作後，再繼續其他動作。

飛機與人　保持同方向

（圖7-78，飛機與人保持同方向）

　　無論是有一定基礎的操作者或豐富飛行經驗的飛行員，在沒有十足把握的環境下，空域內禁止有人員是一項不可打破的規則(圖7-79)。

嚴禁空域內有人員

（圖7-79，嚴禁空域內有人員）

跟飛機與人保持同方向觀念相同，同樣是為了降低危險發生時造成更多傷害(圖7-80)。

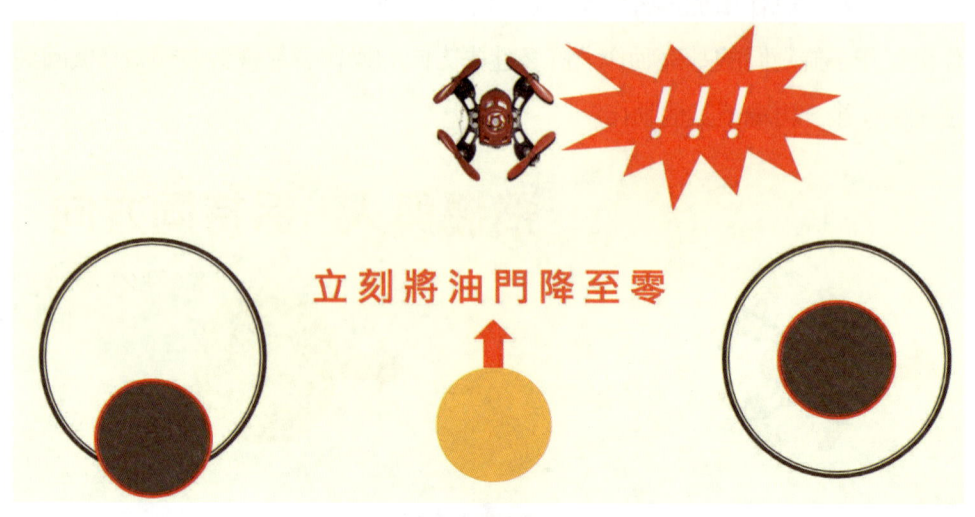

（圖7-80，立刻將油門降至零）

第 8 單元

遊戲 APP 開發入門

朱彥銘　老師

朱彥銘，國立清華大學通訊工程博士，目前任教於國立高雄第一科技大學資訊管理系。專長於資通訊技術之開發與整合，在產、官、學界服務多年，擅長將各種科技技術應用於不同領域之中。對於教育之觀念強調動手做、做中學，思考與動手並重的原則，因此對於如何能夠讓莘莘學子透過實作來增強其學習效果與提高其學習意願，進而朝向更深入之研究領域鑽研，是其一貫的信念與持續追求的。

單元架構

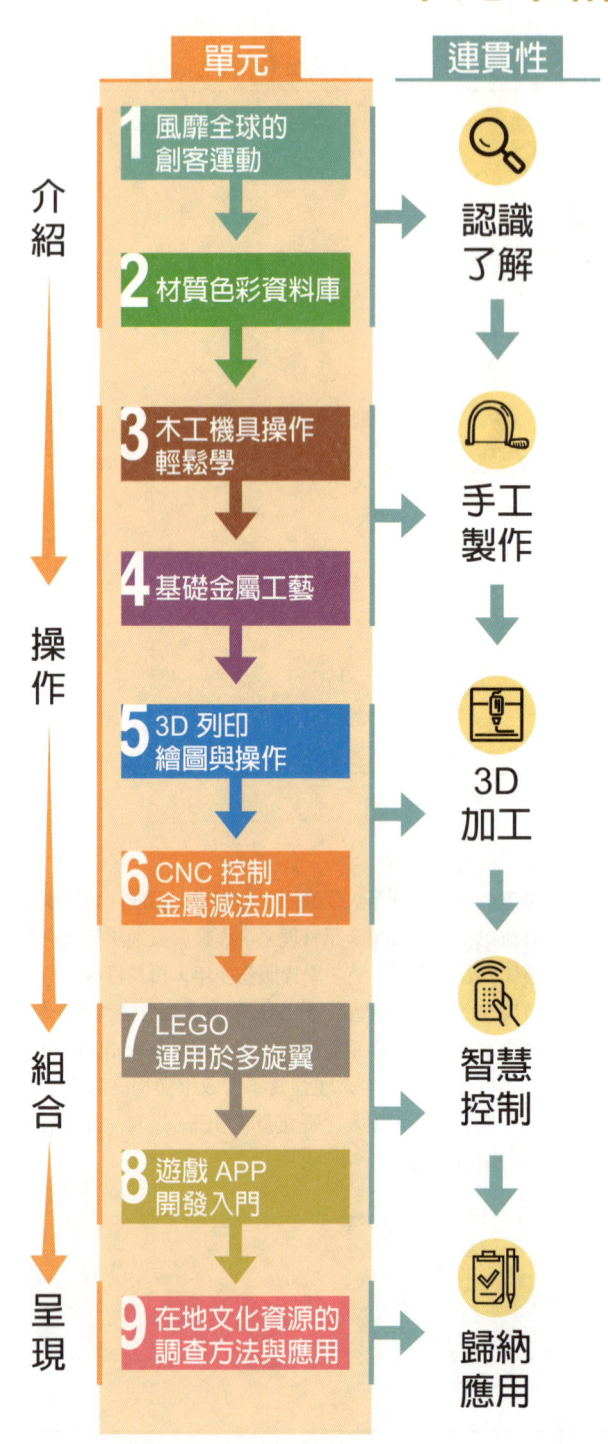

單元	連貫性	內容描述
1 風靡全球的創客運動	認識了解	**先探索發掘** 透過在地資源調查，來了解發掘問題及資料蒐集之重要性；並透過色彩材質的認識，來學習如何應用於提升創意品質及造型美學。
2 材質色彩資料庫		
3 木工機具操作輕鬆學	手工製作	**再動手實作** 了解問題發掘及美學之後，可透過木工常用手工具之操作練習，應用於居家傢俱設計；再認識細微金屬手工具之加工工法及各式金屬，來學習動手實作之重要性。亦會學習 3D 模型繪圖教學之 3D 列印機加法加工，及大型機具雕刻機之減法加工的實際操作設備練習。
4 基礎金屬工藝		
5 3D 列印繪圖與操作	3D 加工	
6 CNC 控制金屬減法加工		
7 LEGO 運用於多旋翼	智慧控制	**於技術應用** 透過動手實作練習之後，即可組裝直昇機樂高組件，來學習馬達動力傳動及主機程式控制。同時透過簡單語法的步驟操作練習，來自己完成簡單的 APP 遊戲開發。
8 遊戲 APP 開發入門		
9 在地文化資源的調查方法與應用	歸納應用	**於在地應用** 透過課程技術的養成，實際應用於在地資源調查，並落實在地文化精神。

介紹 → 操作 → 組合 → 呈現

（圖，單元架構）

緒論

在前七個單元中,設計了一系列從造型、結構、機構、邏輯、組裝等動手實作練習,而第八個單元則不管是造型、結構、邏輯、組裝幾乎都涵蓋到了,可以說是個寓教於樂的應用體驗。本單元隨著 APP 市場爆炸性的發展,如何快速開發出高品質的 APP 遊戲,也成為一個重要的議題,本單元將介紹一款使用容易學習的腳本語言 Lua,作為開發基礎的跨平台的軟體開發工具——Corona SDK,透過本單元學習及了解 Corona SDK 的運作方式,以及其對遊戲方面的支援,讓學生親自設計屬於自己的太空設計遊戲,進而學習遊戲物件,從中體驗了解、製作、設計、加工、遊戲等製作過程,達到做中學、學中玩的教育翻轉。

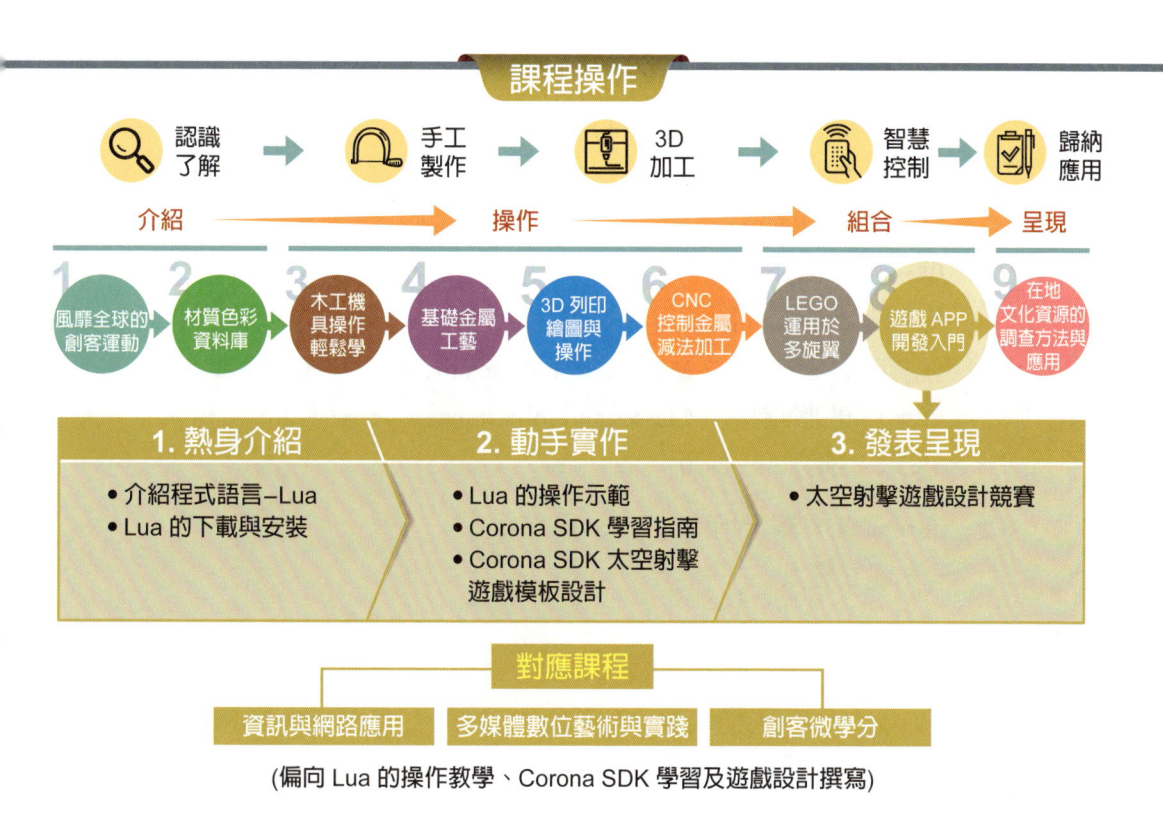

課程操作

認識了解 → 手工製作 → 3D 加工 → 智慧控制 → 歸納應用

介紹 → 操作 → 組合 → 呈現

1. 風靡全球的創客運動
2. 材質色彩資料庫
3. 木工機具操作輕鬆學
4. 基礎金屬工藝
5. 3D 列印繪圖與操作
6. CNC 控制金屬減法加工
7. LEGO 運用於多旋翼
8. 遊戲 APP 開發入門
9. 在地文化資源的調查方法與應用

1. 熱身介紹
- 介紹程式語言–Lua
- Lua 的下載與安裝

2. 動手實作
- Lua 的操作示範
- Corona SDK 學習指南
- Corona SDK 太空射擊遊戲模板設計

3. 發表呈現
- 太空射擊遊戲設計競賽

對應課程
資訊與網路應用　多媒體數位藝術與實踐　創客微學分

(偏向 Lua 的操作教學、Corona SDK 學習及遊戲設計撰寫)

目錄

司長序
校長序
課程引言
單元架構
緒論

8.1 Lua Basic ── 8-2

一、Run Lua ── 8-2

二、註解（Comment）── 8-4

三、變數（Variable）── 8-5

四、運算子（Operators）── 8-6

五、流程控制（Flow control）── 8-7

六、函式（Functions）── 8-14

七、遞迴（Recursive）── 8-15

八、表格（Table）── 8-18

九、模塊（Modules）── 8-23

十、元表與元方法（Metatables and metamethods）── 8-24

十一、類別與繼承（Classes and inheritance）── 8-28

十二、結語 ── 8-30

8.2 Corona SDK 學習指南 ── 8-31

一、建立專案 ── 8-31

二、座標系統 —— 8-36
三、顯示物件（Display object）—— 8-41
四、聲音（Audio）—— 8-46
五、小試身手 —— 8-50

8.3 Corona SDK 太空射擊遊戲模板 —— 8-55
一、關於專案 —— 8-55
二、遊戲方式 —— 8-56
三、場景（Scenes）—— 8-58
四、美術（Art）—— 8-61
五、關卡（Levels）—— 8-61
六、位置（Position）—— 8-65
七、移動（Move）—— 8-67
八、敵人（Enemy）—— 8-75
九、子彈（Bullet）—— 8-100
十、道具（Item）—— 8-103
十一、特效（Effect）—— 8-108
十二、物理（Physics）—— 8-110
十三、裝備（Gear）—— 8-113

8.1　Lua Basic

　　Lua 是一個腳本語言，在 1993 年作為擴展既有軟體的用途而誕生。Lua 跨平台、輕量、語法簡單的特性，讓它成為一個優秀的插件開發語言。著名的 Corona SDK 與魔獸世界插件都是使用 Lua 開發。本書以深入淺出的範例，讓讀者學習 Lua 的基礎。

一、Run Lua

1. Insatall Lua

- Mac OS X

    開啟 Terminal，使用 brew 安裝 Lua：

    ```
    brew install lua
    ```

    如果你沒有安裝 brew，請用以下指令安裝：

    ```
    /usr/bin/ruby -e "$(curl -fsSL
    https://raw.githubusercontent.com/Homebrew/install/master/install)"
    ```

- Windows

    在 Windows，你可以直接透過以下的安裝程式直接安裝：

    https://code.google.com/archive/p/luaforwindows/downloads

2. hello world!

- 建立檔案 hello.lua

    ```
    print("hello world!")
    ```

- 執行

    1. 使用 Terminal 執行 Lua

        開啟 terminal，執行以下指令：

        ```
        lua hello.lua
        ```

你會在 terminal 看到執行結果：

（圖8-1，執行結果，朱彥銘提供）

2. 使用 Atom 執行 Lua

(1) 安裝套件按下組合鍵 Cmd +，，開起設定視窗，並點選 Inatall 選單：

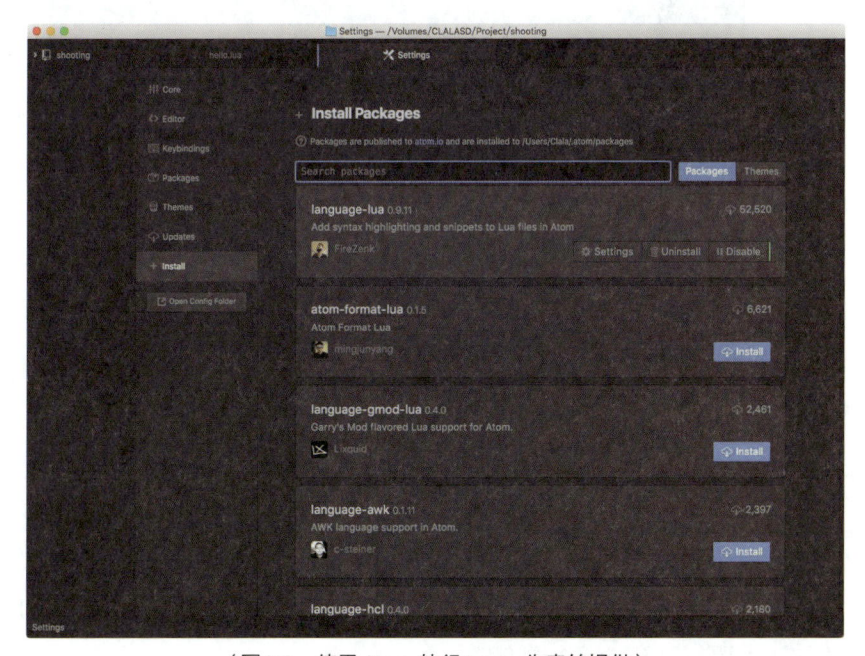

（圖8-2，使用 Atom 執行 Lua，朱彥銘提供）

(2) 安裝 script

script 讓你可以直接在 Atom 內執行程式碼，使用 Cmd + i 執行後的結果會在下方視窗內。

(3) 安裝 autocomplete-corona

autocomplete-corona 是 Corona 推出的 Atom 套件，它能幫助 Corona 開發者快速地尋找與 Corona SDK 有關的函式庫。安裝此套件也會自動安裝相依套件：language-lua，此套件能讓 lua 程式碼上色，方便開發者閱讀與撰寫。

(4) 使用快捷鍵 cmd + i 執行，或是從 Script 選單選擇 Run Script。

(5) 執行結果位於下方欄位，這個範例中，會印出字串：hello world!。

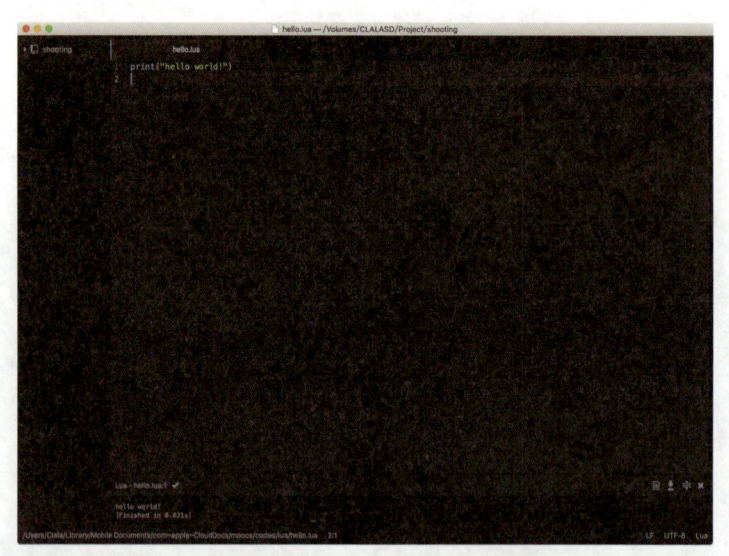

（圖8-3，執行結果，朱彥銘提供）

二、註解（Comment）

註解並不會被作為程式的一部分執行，它的作用在於將程式碼文件化：提醒開發者本人未來要在程式內完成的工作，或幫助他人理解程式碼。Lua 支援兩種註解：單行註解、多行註解。

(一)單行註解(Single line comment)

```
-- Two dashes make the rest of the line a comment
```

(二)多行註解(Multiline comment)

```
--[[
Two square brackets in a row after two dashes make
a multi-line comment.
—]]
```

三、變數(Variable)

　　變數是儲存數據的主要手段,它可以是數字(number)、字串(string)、表格(table)、布林(boolean)或是函式(function),與C和JAVA語言不同,宣告Lua變數時,並不需要指定型態,Lua透過被指定數值來辨認該變數的類型。

```
myNumber = 12
myBoolean = true  -- or false
aString = "Hello World"
anotherString = 'single quotes work too'
bigString = [[
    Two square brackets begin and end a multi-
    line string.
    This is similar to multi-line comments but
    without the
  dashes.]]
```

　　此外Lua的數字型態,除了指派整數之外,也可以指派浮點數。然而不管你指派的是數字或是浮點數,在Lua底層的運算中,所有的數字(number)型態都是使用 64 位元數據的雙倍浮點數（double float）表示。但開發者不會感覺到差異，當你試著印出整數的時候，並不會以浮點數的型態表示。

myNumber = 12
PI = 3.1415962

變數（Variable）內容可以透過設置成 nil 被清除。這會告知 Lua 的垃圾回收器（Garbage collector）去釋放被該變數佔用的記憶體。

myNumber = nil

四、運算子（Operators）

Lua 支援數學與邏輯運算子（operators），如下表所示：

運算子	說明
+	加法（addition）
-	減法（subtraction）
*	乘法（multiplication）
/	除法（division）
^	次方（power）
%	取餘數（modulus）
..	組合兩個字串（concatenate）
==	等於（equal to）
~=	不等於（not equal to）
<	小於（less than）
<=	小於或等於（less than or equal to）
>	大於（greater than）
>=	大於或等於（greater than or equal to）
and	用連接兩個操作以作邏輯運算，當兩者皆為真，整體才為真
or	用連接兩個操作以作邏輯運算，只要其中一者為真，整體為真
not	反轉值，大部分的情況是布林（Boolean）值 i.e. not true = false, not false = true, not nil = True

五、流程控制（Flow control）

　　有些時候你希望程式碼在滿足某些條件下才可以執行，或是你想反覆的執行某一段程式碼。這樣的行為稱之為流程控制（Flow control）。有五個主要的方式可以讓你改變程式的流程。

- if – then – else statements
- while loops
- repeat loops
- for loops
- function

(一) if - then - else

　　if - then - else 描述讓你的程式碼藉由對邏輯條件的操作，而有條件地被執行：

```
myNumber = 12

if myNumber > 10 then
    print( "Number is greater than 10" )
else
    print( "Number is less than or equal to 10")
end
```

　　在這個例子裡，myNumber 為 12，它大於 10，所以 if 內的條件為真，且在其中的程式碼被執行。反之，如果 myNumber 為 5，大於 10 的條件不成立，則會執行 else 區塊內的程式碼。注意：if 描述都必須以關鍵字 end 做結尾。

if 描述不一定需要 else 搭配：

```
if myNumber > 10 then
    print( "Number is greater than 10" )
end
```

但可以搭配 elseif 做多條件的判斷：

```
if myNumber > 10 then
    print( "Number is greater than 10" )
elseif myNumber < 10 then
    print( "Number is less than 10" )
else
    print( "Number is exactly 10" )
end
```

你也可以透過連接多個條件，組合成更複雜邏輯內容：

```
if myNumber > 10 and myNumber < 20 then
    print( "myNumber is in range" )
end
```

為了讓 print() 被執行，and 所連接的兩個條件都必須為真。在 Lua 中，你不需要在 if 內特別加上括號，除非你希望改變判斷的優先順序。

```
myNumber = 12

if myNumber < 10 or myNumber > 20 then
    print( "myNumber is out of range" )
end
```

or 連接的其中一個條件只要為真，則 print() 會被執行。在上面的例子中，由於 myNumber 為 12，落在 10 ~ 20 之間，所以不會透過 print() 輸出任何字串。

　　和其他程式語言不同的是，只要 Lua 一旦發現整體條件的真假之後，就不會去判斷剩餘的條件。

```
if player and player.x < 0 then
    print( "player is off screen" )
end
```

　　在這個例子裡，如果 player 不存在（其值為 false 或 nil），不管剩餘的條件是什麼，整體條件一定為假，剩餘的條件顯得無關緊要，也因此不會被檢查。

(二) 迴圈 (Loop)

　　你可以在以下三種迴圈形式中，選擇其中一種，讓一段程式碼區塊重複被執行。

　　while 會在執行前先測試執行條件，如果執行條件為 false，則會中斷，反之，若執行條件為 true，則繼續執行：

```
myNumber = 1

while myNumber < 10 do
    print( myNumber )
    myNumber = myNumber + 1
end
```

　　repeat 會在每一次執行後才去判斷要不要繼續執行：

```
myNumber = 1
```

```
repeat
    print( myNumber )
    myNumber = myNumber + 1
until myNumber == 10
```

for 透過對數值的操作：像是累加或遞減，以決定要如何重複執行一段程式碼，程式碼將執行到該數值到達設定的限制為止：

```
for myValue = 1, 10 do
    print( myValue )
end
```

這個 loop 會印出數字 1～10，你也可以指定第三個參數，讓該值每次以非 1 的差距累加或遞減：

```
for myValue = 10, 1, -1 do
    print( myValue )
end
```

這段程式碼會依序將 10～1 印出，每次以 1 的差距遞減。當然你也可以根據其他值去遞減，像是 –12 或是 0.75。

接著我們來看看下面的狀況：

```
myValue = 100

for myValue = 1, 10 do
    print( myValue )
end
print( myValue )
```

當你去執行這段程式碼，可能會覺得很奇怪。首先 for 迴圈中的 print() 會依序印出 1~10，但是最後的 print() 卻會印出 100。這是由於 scope 的特性與 for 迴圈中發生的特殊現象導致的。定義在 for 迴圈中，作為累加器的變數對為本地（local）變數，只有在 for 迴圈內的程式碼區塊存取得到。當離開 for 迴圈時，存取的自然就是原始版本的變數了（第一行定義的變數）。

(三) 範圍（Scope）

每個變數都有範圍（Scope）與可見性（Visibility），所謂的可見性是指：該變數能否被看見，而所謂的範圍是指該變數「在哪裡能被看見」。在 Lua 中，根據變數的範圍，可以將變數分為兩種類型：全域（Global）與區域（Local）變數。

1. 沒有前綴詞定義的變數皆為全域（Global）變數：

```
myNumber = 12
```

全域變數可以在程式碼的任何地方。

(1) 較低的效率

相較於區域變數，它們沒辦法有效率的被處理，這是因為全域變數會被加入到一個名為 _G 的表格裡，存取全域變數都需要額外的步驟去操作這張表格。

(2) 容易導致難以追蹤的臭蟲（Bug）

因為全域變數可以在程式的任何地方被使用，你的夥伴可以在程式的任何一個複寫你之前宣告的全域變數。當臭蟲發生的時候，也因為全域變數可以在任何地方被看見的特性，很難去追蹤全域變數隨著程式運作的變化。

(3) 記憶體洩漏（Memory leak）

記憶體洩漏 (圖8-4) 是由於程式撰寫不當，參考已經沒有在使用的物件，

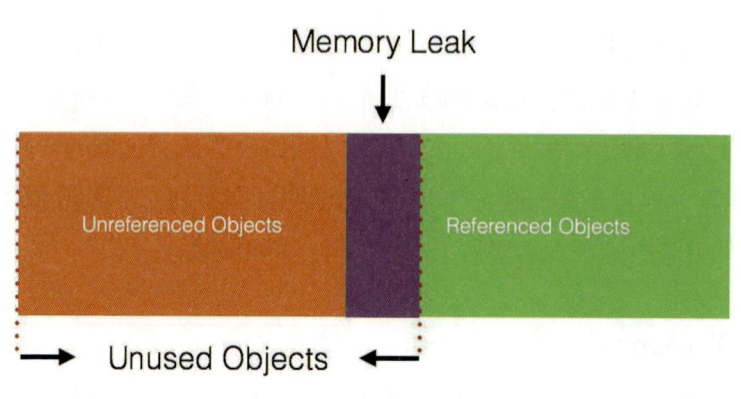

(圖8-4,記憶體洩漏,朱彥銘提供)

導致垃圾回收器(gabage collector)無法回收沒有在使用的記憶體,讓可用記憶體越來越少的現象。由於全域變數會被 _G 這個表格參考,它沒辦法隨著一個區域的結束而被回收。能夠回收全域變數的方法就只有將它設置為 nil,然而這個步驟是多數開發者容易疏忽的,也因此容易導致記憶體洩漏。

2. 另一個變數種類則是區域(Local)變數,區域變數定義時會被前綴詞 local 所修飾:

```
local myNumber = 12
```

與全域變數不同,區域變數只在部分程式區塊,或是其區塊內的子區塊內具有可見性,讓我們實際看看一個例子:

```
local myNumber = 1

while myNumber < 10 do
    if myNumber == 5 then
        local isFive = true
        print( myNumber, isFive )
    end
```

```
        print( isFive )
        myNumber = myNumber + 1
end
print( myNumber, isFive )
```

輸出：

```
nil
nil
nil
nil
5       true
nil
nil
nil
nil
nil
nil
```

當 myNumber 遞增至 5，我們定義一個新的區域變數 isFive，將它設置為 true 並透過 print() 印出。一旦離開了 if 判斷式，第 8 行的 print() 卻是印出 nil，這是因為 isFive 是定義在 if 區塊內的區域變數，當離開了 if 區塊，isFive 便消失了。

然而由於 myNumber 是定義在最 while 迴圈之外，所以它能被 while 迴圈與 if 判斷式看見，正常的進行累加的操作，才能在第 11 行透過 print() 印出 10。

六、函式（Functions）

　　有時候你需要在程式中重複執行一段程式碼。函式（Function）可以幫助你將這段程式碼模組化，減少重複的工作。

　　函式以 function 關鍵字為開頭，然後是函式的名字，接著在括號內定義該函式的參數。函式可以被宣告為區域或是全域，但就像之前所提的，盡可能地宣告為區域變數。

```lua
function addNumbers( number1, number2) --Global function
    local result = number1 + number2
    return result
end

local function subtractNumbers( number1, number2) --Local function
local result = number1 - number2
 return result9
end
```

　　在 Lua 中，函式可以回傳不只一個值：

```lua
local function divideWholeNumbers( number1, number2 )
    local result = math.floor( number1 / number2 )
    local remainder = number1 % number2
    return result, remainder
end
print( divideWholeNumbers( 10, 7 ) )
```

輸出：

1   3

　　Lua 也支援匿名函式，對於定義暫時性用途的函式非常有幫助，像是將函式當成參數傳遞，或是你希望在定義前就使用它：

```lua
local appendString
local function mergeStrings( first, second )
  return appendString( first, second, " " )
end
appendString = function( sourceString, additionalString, delimiter )
  local delim = delimiter
  if delim == nil then
    delim = " "
  end
  return sourceString .. delim .. additionalString
end
-- or a temporary function:
timer.performWithDelay( 1000, function()
 appendString( "hello", "world");)
end )
```

七、遞迴（Recursive）

　　遞迴是透過函式呼叫自己來達成目的的一種程式編成技巧，以下這個例子就是利用遞迴來實現累加的功能，如果將遞迴式展開就會是：sum(n) = n + (n–1) + (n-2) …… + 1。

```
local function sum(n)
  if n == 1 then
    return 1
  end
  return n + sum(n-1)
end

print(sum(10))
```

注意遞迴必須設立終止條件，否則遞迴將會無法停止，進而導致程式無法繼續執行或是堆疊溢位（stack overflow）的發生。在以上累加例子中，停止條件發生在 n = 1 時，此時不須 n–1 之前的累加結果，便直接回傳 1。

(一) 尾調用（Tail call）

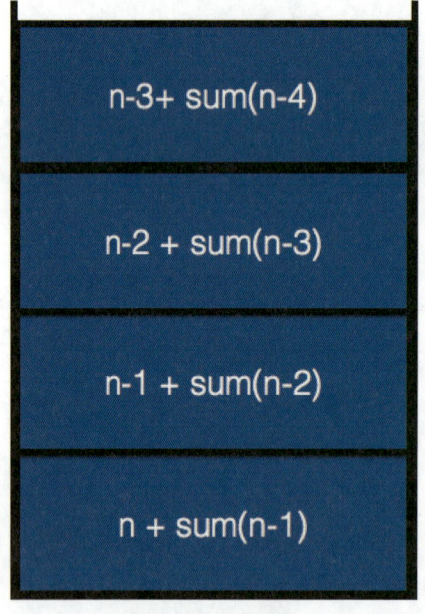

| n-3 + sum(n-4) |
| n-2 + sum(n-3) |
| n-1 + sum(n-2) |
| n + sum(n-1) |

（圖 8-5，朱彥銘提供）

recursive 的過程中可能會不斷堆疊記憶體，如果處理不當，就會造成 Stack Overflow，導致程式崩潰。一個新手常見的錯誤：只要是使用遞迴寫法，當遞迴的次數夠多，就一定會造成 Stack Overflow。其實只要遞迴符合 tail call 的規範，就可以避免使用過量記憶體的情況發生。

什麼是 tail call？簡單來說，當我們在目前的函式呼叫下一個函式時，只要不會再使用到目前函式的資源，這樣的呼叫方式就稱為 tail call。以下三個呼叫 g(x) 的方法，都不符合 tail call 規範，因為都還必須使用到當前函式的資源，因此當前函式並不會從記憶體堆疊中移除。

```
return g(x) + 1     -- must do the addition
return x or g(x)    -- must adjust to 1 result
return (g(x))       -- must adjust to 1 result
```

以下的函式也不符合 tail call，因為 g(x) 執行完還需要執行 return：

```
function f (x)
   g(x)
   return
end
```

在 lua 中，只有 return g(...) 才符合 Tail Call 的定義，注意新手常犯的錯誤：沒有 return 是不符合的。符合 tail call 的遞迴累加函式寫法：

```
local function tailed_sum(n, result)
   --collectgarbage()
   --print(collectgarbage("count"))
   if n == 1 then
     return result + 1
   end
   result = result + n
   return tailed_sum(n-1, result)
end

print(sum(10))
print(tailed_sum(10, 0))
```

八、表格（Table）

table 是 Lua 的資料型態，用來將相似或有關聯的資料整理在一起。Lua 支援兩種表格類型。

以數字（number）作為索引的表格，類似傳統的一維陣列。 以字串（string）作為索引的表格，類似其他語言中的 hash table 或是 dictionary。

(一) 數字索引表格（Numerically indexed table）

以下的 table 便是以數字作為索引：

```lua
local myTable = {}  -- An empty table
local myTable = { 1, 3, 5, 7, 9 }  -- A table of numbers
local cityList = { "Palo Alto", "Austin", "Raleigh", "Topeka" }  -- A table of strings
local mixedList = { "Cat", 4, "Dog", 5, "Iquana", 12 }  -- A mixed list of strings and numbers

print( myTable[ 3 ] )  -- prints 5

myTable[ 3 ] = 100  -- You can set a table cell's value via its index number
print( myTable[ 3 ] )  -- prints 100
```

你可以透過 '#' 得知該表格有多少成員。

```lua
1 print( #cityList )  -- prints 4
2 cityList[ #cityList + 1 ] = "Moscow"  -- Add a new entry at the end of the list
```

注意數字索引表格的第一個成員是用 1 去存取而非 0。

(二) 關鍵字索引表格（Key indexed table）

透過關鍵字作為索引的表格透過類似的方式運作，不同的是，你必須使用 key-value pairs：

```lua
local myCar = {
  brand="Toyota",
  model="Prius",
  year=2013,
  color="Red",
  trimPackage="Four",
  ["body-style"]="Hatchback"
}
```

你可以透過'.'或是中括弧指定 Key 去存取表格成員，如果 Key 中包含特殊字元例如 body-style，那你只能使用中括弧（[ ]）去存取或定義：

```lua
print( myCar.brand )
print( myCar[ "year" ] )
print( myCar[ "body-style" ] )
```

Lua 並不支援多維陣列，但你可以讓表格成為表格的成員之一，以模擬多維陣列：

```lua
local grid = {}
grid[ 1 ] = {}
grid[ 1 ][ 1 ] = "O"
grid[ 1 ][ 2 ] = "X"
grid[ 1 ][ 3 ] = " "
```

```
grid[ 2 ] = {}
grid[ 2 ][ 1 ] = "X"
grid[ 2 ][ 2 ] = "X"
grid[ 2 ][ 3 ] = "O"
grid[ 3 ] = {}
grid[ 3 ][ 1 ] = " "
grid[ 3 ][ 2 ] = "X"
grid[ 3 ][ 3 ] = "O"
```

表格也可包含使用關鍵字索引的表格：

```
local carInventory = {}
carInventory[1] = {
  brand="Toyota",
  model="Prius",
  year=2013,
  color="Red",
  trimPackage="four",
  ["body-style"]="Hatchback"
}

carInventory[2] = {
  brand="Ford",
  model="Expedition",
  year=1995,
  color="Black",
  trimPackage="XLT",
```

```
    ["body-style"]="wagon"
}

for i = 1, #carInventory do
    print( carInventory[i].year, carInventory[i].brand, carInventory[i].model )
end
```

數字索引的表格可透過一般的 for 迴圈遍歷每一個成員，然而關鍵字索引表格則需要搭配 piar，才可以遍歷其中的每一個成員：

```
for key, value in pairs( myCar ) do
    print( key, value )
end
```

(三) 表格內的函式 (Functions in table)

function 內的成員可以是函式，以下的範例在 person 表格內建立新成員 getAge()，獲得該表格的屬性：age。

```
local person = {}
person.age = 18
person.getAge = function()
    return person.age
end
print(person.getAge())
```

在 lua 的開發過程中，為了將相似的功能存放在同一張表格，我們常常會需要在表格內建立能夠存取該表格的方法。除了用 . 定義成員函式，也可以用 : ：

```
function person:getSelfAge()
  return self.age
end
```

使用 : 定義的成員函式,可以透過 self 存取定義自己的表格,也讓程式比較漂亮,更容易閱讀。此外要注意使用 : 定義的函式,也必須使用 : 呼叫。

```
print(person:getSelfAge())
```

其實使用 : 定義的函式,在 lua 內會解釋成多帶一個名為 self 參數的函式:

```
function person:getSelfAge()
  return self.age
end
--is equal to
person.getSelfAge = fucntion(self)
  return self.age
end
```

而使用 : 呼叫函式時,lua 會將第一個參數自動帶入定義該函式的表格:

```
person:getSelfAge()
--is equal to
person.getSelfAge(person)
```

九、模塊 (Modules)

為了讓程式碼更容易維護，我們常會將關聯的函式或資料一起放在一個獨立的 .lua 檔，這一個 lua 檔案就被稱為模塊 (modules)。舉例來說，你可以在檔案 do-math.lua 建立一個與數學運算相關的模塊。

```lua
-----------------
-- do-math.lua
-----------------

local M = {} -- Empty table; "M" can be any variable name you like, but most people use "M" for "module"

function M.addNumbers( number1, number2 )  --Add a function to the module
    return number1 + number2
end

return M
```

存取模塊時，必須使用 require()，接著便可以使用模塊內定義的功能，調用時不須指定 .lua 副檔名。

```lua
-----------------
-- call-math.lua
-----------------

local do_math = require( "do_math" ) -- Omit the .lua extension here
print( do_math.addNumbers( 10, 15 ) ) -- prints 25
```

模塊的運作原理其實很簡單，當第一次調用 require()，被 require 的檔案會被從頭被執行一次，以 do_math.lua 為例：第一次被調用時，會先建立一個表格 M，接著在 M 建立方法 addNumber，最後將 M 回傳。因此 call-math.lua 中的 do_math 變數就會是 do_math.lua 中的 M，也因此可以透過 do_math 變數調用 do_math.lua 中的方法。

必須特別注意的是：當再次調用 require() 引用相同模塊後，該模塊檔案就不會被執行了。那麼這時候 require() 會回傳什麼呢？答案不是 nil，而是第一次調用該模塊時的回傳值。換句話說，模塊只要被加載一次，只要程式結束前都會一直存在於記憶體，不需要再重複加載。lua 這樣的行為可以增加程式運作的效率，但相對的會消耗較多的記憶體，也因此要記得移除程式中不再被使用的模塊。

十、元表與元方法（Metatables and metamethods）

元表 (metatable) 只是普通的 Lua 表格，它包含許多可以覆寫既有操作的方法。舉例來說，你可以自己定義乘法，讓它可以相加兩張表格，這種聽起來很直觀的操作大部分都可以透過元表達成。以下的例子裡會將兩個玩家合併，得到兩者最高分的總和。

```lua
local playerOneInfo = { highScore = 10 }
local playerTwoInfo = { highScore = 10 }

local metatable = {
  __add = function( table1, table2 )
    return {
        highScore = table1.highScore + table2.highScore
    }
  end
}
```

```
setmetatable( playerOneInfo, metatable )

local combinedPlayerInfo = playerOneInfo + playerOneInfo
print( combinedPlayerInfo.highScore )  --prints 20

local combinePlayerInfo = playerOneInfo + playerTwoInfo  --Error; we
never added the metatable to "playerTwoInfo"
```

下表的操作可以透過定義不同的元方法（metamethod）被覆寫：

\+	__add
\-	__sub
*	__mul
/	__div
%	__mod
^	__pow
\-	__unm — unary operator, i.e. variable = -variable
..	__concat — concatenate strings
\#	__len — length operator
==	__eq — equality operator
<	__lt — less than operator
<=	__le — less than or equal to operator

當 Lua 找不到表格成員的時候，會根據 __index 運算子定義的內容進行後續的處理。如果你嘗試去存取一個在表格內不存在的關鍵 (key)，預設會回傳 nil。藉由 __index 元方法 (metamethod)，你可以定義當透過關鍵 (key) 存取不到成員時，應該回傳的預設值。

```
myTable = { x=160, y=80 }
myMetaTable = {
  __index = {
    width=100,
    height=100
  }
}
setmetatable( myTable, myMetaTable )
```

更簡潔的寫法：

```
myTable = setmetatable(
  {
    x=160,
    y=80
  },
  {
    __index =
    {
      width=100,
      height=100
    }
  }
)
```

現在當你存取 myTable.width，你會獲得預設值：100，即使你沒有在該表格設置 width 的值。然而，當你試著存取 myTable.alpha，它會回傳 nil。因為你沒有在表格內定義它，也沒有在 __index 方法內指定它的預設值。

__index 也可以是一個函式：

```lua
myTable = setmetatable( { x=160, y=80 }, {
    __index = function( myTable, key )
        if key == "width" then
            return 100
        elseif key == "height" then
            return 100
        else
            return myTable[ key ]
        end
    end
})
```

我們透過 __index 定義「取得表格內未定義變數」時的行為,那麼有沒有方法可以定義「設定值」的行為?答案是元方法 (metamethod) __newIndex,它和 __index 類似,可以設置成表格或函式:

```lua
myTable = setmetatable( { x=160, y=80 }, {
  __newindex = function( myTable, key, value )
    if key == "width" then
      rawset( myTable, "height", value * 1.5 )
      rawset( myTable, key, value )
    elseif key == "height" then
      rawset( myTable, "width", value / 1.5 )
      rawset( myTable, key, value )
    else
      rawset( myTable, key, value )
    end
  end
end
```

```
})
myTable.width = 10
print( myTable.height )  -- prints 15
myTable.height = 20
print( myTable.width )  -- prints 10
```

等等，為什麼最後一個 print() 不是印出 13.333??? 這是因為 __index 只在設置新的關鍵 (key) 時，才有作用，而 myTable.height 卻已經在你設置 .width 時設置過了 (第 4 行)，所以對 __newIndex 來說，它不是一個新的關鍵，也就不會處理了。你可以試著移除設置 .width 的程式碼 (第 17 行)，就會得到輸出值 13.333。

有一點必須特別注意，如果你沒有透過 rawset() 設置關鍵，程式可能會不斷的執行在元表內 (metatable) 的同一段程式碼，導致無法終止的遞迴（recursive loop）發生。使用 rewset() 與 rawget() 設置或存取值不會被元表（metatable）所偵測。

十一、類別與繼承（Classes and inheritance）

試著想像一個情境，如果我們要實作一個 RPG 遊戲，我們該如何設計其中的角色呢？ RPG 遊戲中的角色有許多職業，例如戰士與法師。也有路上隨處可見的 NPC，他們沒有職業，但也屬於角色的一部分。這些角色都有一樣的屬性像是：職業、力量、武器、名字等等。

為了減少程式碼與讓程式碼容易被維護與修改，我們會讓所有的角色去共用一份通用的程式碼，讓他們很快的可以擁有角色的基本屬性而不必再重新定義，這個動作就被稱為繼承（inheritance）。而那份被共用的程式碼就被稱為類別（class）。相關的編程技巧就被稱為物件導向：object-oriented

```
                    Character
              ↙        ↓        ↘
        Warrior       Mage       Kevin
        ↙    ↘       ↙    ↘
    Paladin  Steve  Mary   Mary
       ↓
     Edison
```

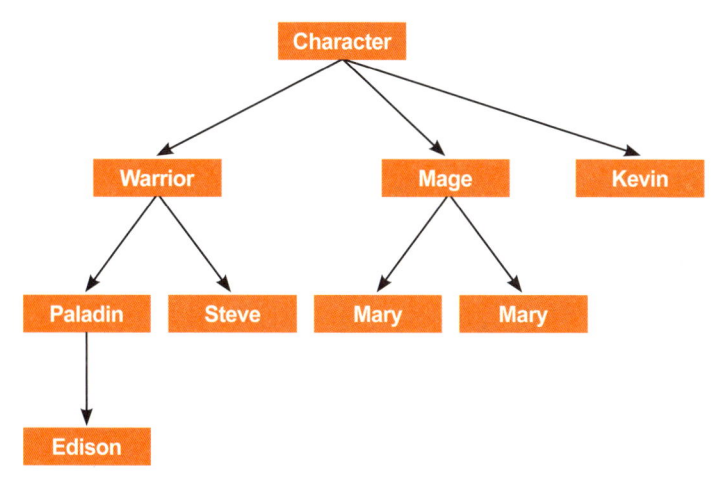

（圖8-6，類別與繼承，朱彥銘提供）

programming（OOP）。

　　然而 Lua 並不直接支援物件導向，但是我們可以透過一些方法模擬。最簡單的方法是直接透過對表格（Table）的操作，而另一種比較複雜的方式則是透過元表（metatable）、元方法（metamethod）搭配表格（table）、方法（method）、屬性（attribute）達成類似的效果。

　　以下的兩個例子我們建立四個類別：角色（Character）、戰士（Warrior）、法師（Mage）、聖騎士（Paladin）。戰士（Warrior.lua）、法師（Mage.lua）類別繼承角色類別，而聖騎士（Paladin.lua）繼承戰士類別。最後產生 5 位角色：普通人 Kevin、聖騎士 Edison、戰士 Steve、法師 Mary 及法師 Mark。

（一）簡單的方法

　　我們可以用一種簡單的方式來達到 OOP 的模擬，這個方法中，我們只會用到對表格的操作。以角色類別舉例：Character 只包含一個函式 new，透過在 new 中宣告的區域變數 character 建立一個新的實體，並在 new 之中將 character 的成員定義好，最後將它回傳。繼承的方式是在新類別的 new 方法直接使用被繼承類別的 new 方法，直接取得被繼承類別的新物件，並直接在該物件添加新法法與新屬性。這樣的方式在使用上相當直觀，而且很好理解，但缺點就是你必須將類別成員都在 new 中定義好，無法在外部定義。

範例詳見東華書局網站：第一章 /1-11/ 簡單的方法。

(二) 複雜的方法

如果你希望能在外部定義類別的成員，可以參考以下的例子。以 Character.lua 為例子，表格 Character 定義了基本的屬性，__index 則被用來定義預設值。繼承的方式是在新類別使用被繼承類別的 new 方法，使其能使用被繼承類別的元表 (Metatable)，並在最外層定義新的屬性與方法。

範例詳見東華書局網站：第一章 /1-11/ 複雜的方法。

(三) 輸出

兩種方法的輸出都是相同的，如下：

```
Homeless Kevin use fist with power 4 to attack
Mage Mary use stick with power 5 to attack
Mage Mary use ice art
Mage Mark use stick with power 4 to attack
Mage Mark use fire art
Warrior Steve use sword with power 100 to attack
Warrior Steve use shield bash
Paladin Edison use sword with power 200 to attack
Paladin Edison use shield bash
Paladin Edison use heal art
```

十二、結語

Lua 的語法相當簡潔，也因此它的學習曲線很短，相信你很快就能上手了。

8.2　Corona SDK 學習指南

Corona SDK 是一個採用 Lua 語言開發的 2D 遊戲引擎。與 Unity 3D 不同，Corona SDK 專案不會有複雜的場景或物件檔案。你可以使用任何熟悉的文字編輯器開發，也適用任何的版本控制系統。這樣的特性讓 Corona SDK 專案非常便於協同作業，搭配 Corona 提供的多種函式庫，開發速度會是使用 Unity 3D 開發 2D 遊戲速度的 5 倍以上。

一、建立專案

這個章節示範如何建立 Corona SDK 專案。

(一) 安裝 Corona SDK

1. 首先到 Corona SDK 官網下載 Corona SDK：

https://coronalabs.com/corona-sdk/

第一次下載會需要提供 email 註冊。

（圖8-7，註冊，朱彥銘提供）

按下 Download 後會進入一連串的註冊帳號過程，當然如果你已經有申請過 Corona SDK 帳號，可以在左方的 Sign In 區塊登入。

（圖8-8，註冊帳號過程，朱彥銘提供）

2. 註冊完畢後，下載 Corona SDK。

（圖8-9，下載 Corona SDK，朱彥銘提供）

3. 安裝 Corona SDK。

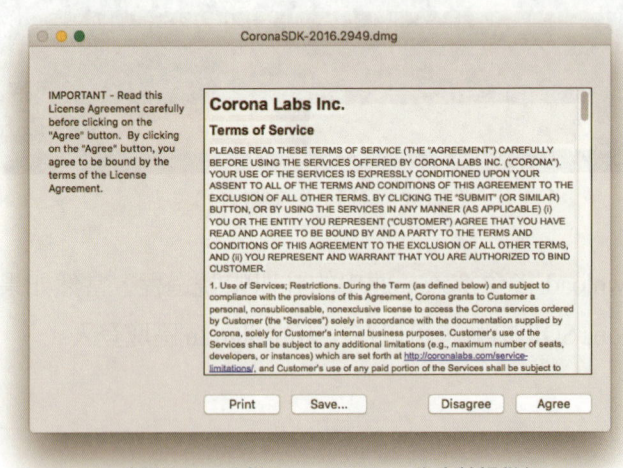

（圖8-10，安裝 Corona SDK，朱彥銘提供）

4. 安裝完畢後，開啟 Corona Simulator。

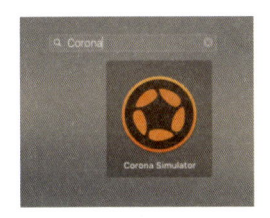

（圖8-11，開啟 Corona Simulator，朱彥銘提供）

5. 在第一次執行時，會要求開發者登入。

（圖8-12，要求開發者登入，朱彥銘提供）

登入成功後即可運行模擬器，之後便不用再輸入帳號密碼。

（圖8-13，登入成功，朱彥銘提供）

6. 模擬器的歡迎頁面。

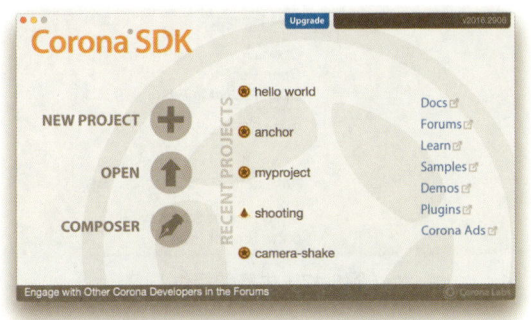

（圖8-14，歡迎頁面，朱彥銘提供）

8-33

(二) Hello World！

這裡示範如何建立一個最簡單的 Corona 專案：Hello World!

1. 建立專案資料夾

（圖8-15，朱彥銘提供）

2. 在專案資料夾內建立 Corona SDK 進入點檔案：main.lua，並撰寫程式碼，這裡的編輯器使用的是 Atom.io，你可以選擇你喜歡的編輯器。

```
print("hello, world!")
```

（圖8-16，朱彥銘提供）

3. 打開模擬器，開啟專案資料夾內的 main.lua：

（圖8-17，朱彥銘提供）

8-34

（圖8-18，朱彥銘提供）

4. 順利運行後，就會在輸出視窗內看到 hello world!

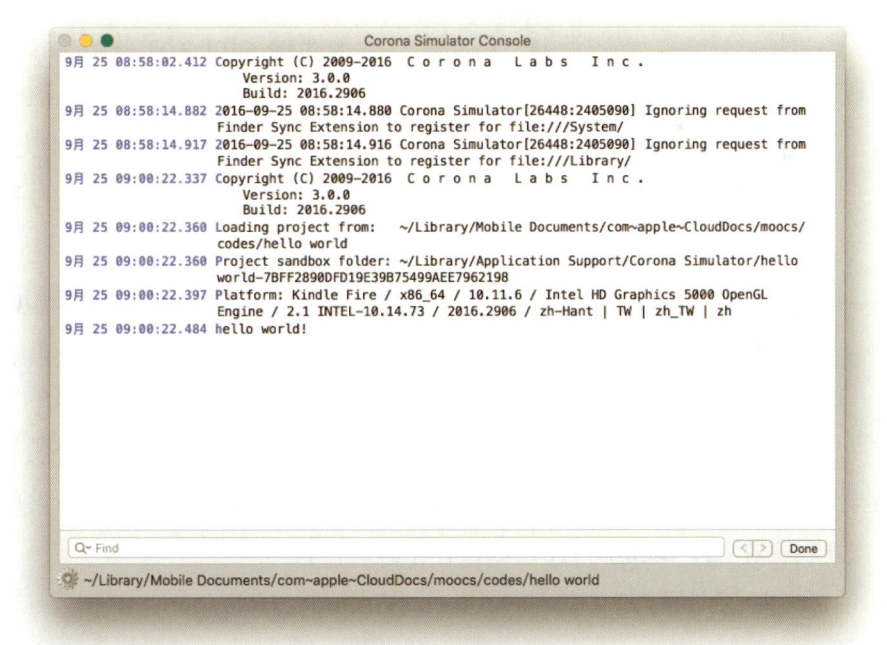

（圖8-19，朱彥銘提供）

二、座標系統

在開發 Corona SDK 的過程中，新手常會有物件顯示在錯誤位置上的問題。這樣的問題通常來自於對 Corona SDK 座標系統的不了解。座標系統決定物件在螢幕出現的位置，直接影響玩家遊玩的體驗。開發的過程中，開發者也必須隨時注意物件在不同解析度的呈現情形。座標系統可以說是 Corona SDK 基礎中的基礎，讓我們一起來看看吧。

(一) 螢幕座標系統

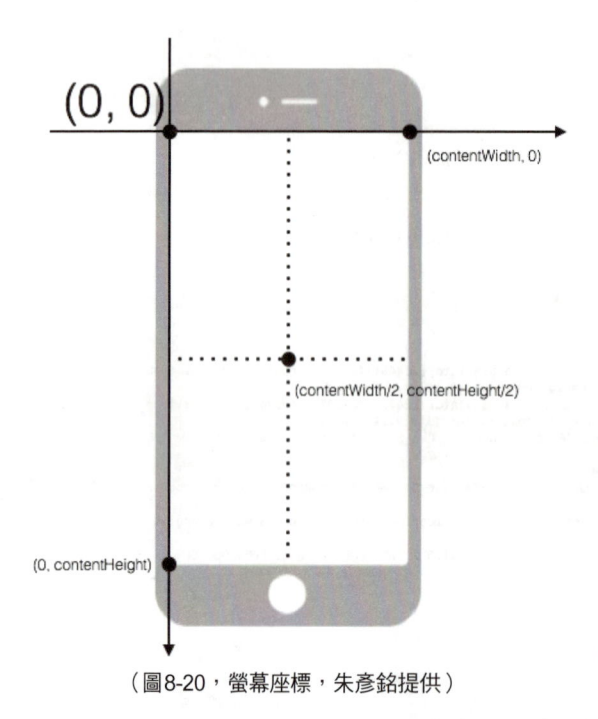

Corona 螢幕座標系統的原點在左上角，其單位為像素，越往向右方，x 座標遞增，越往下方，y 座標遞增；反之，則遞減。x, y 座標皆可為負數，當 x 座標 < 0，表示該座標位於螢幕外的左方，當 y 座標 < 0，表示該座標位於螢幕外的上方。

要怎麼取得螢幕的長寬呢？在 Corona SDK 裡，可以使用 display.contentWidth 取得螢幕的長，以及 display.contentHeight 取得螢幕的寬，其單位皆為像素。取得螢幕長寬是非常重要的，遊戲中我們需要根據不同螢幕解析度加載不同解析度的圖片、縮放遊戲物件、或是將 HUD 放置在正確的位置上。

（圖 8-20，螢幕座標，朱彥銘提供）

螢幕的中心點座標為（display.contentWidth/2, display.contentHeight/2），或是可以更精簡的寫法（display.contentCenterX, display.contentCenterY）。

(二) 顯示物件座標系（Display object coordinate system）

顯示物件座標系的座標方向與螢幕座標系相同，x, y 座標往右下方遞增，左上方遞減，然而原點與螢幕座標系不同，顯示物件座標系預設的原點在畫面正中央。

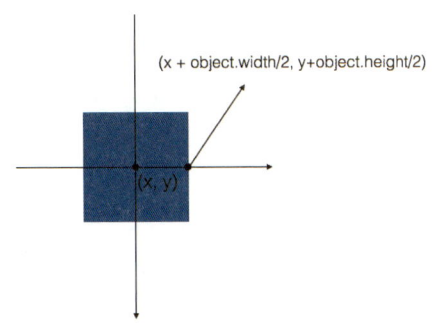

（圖8-21，顯示物件座標系，朱彥銘提供）

以下程式碼示範如何將物件置於畫面中心：

```
blueRect.x = display.contentWidth/2
blueRect.y = display.contentHeight/2
```

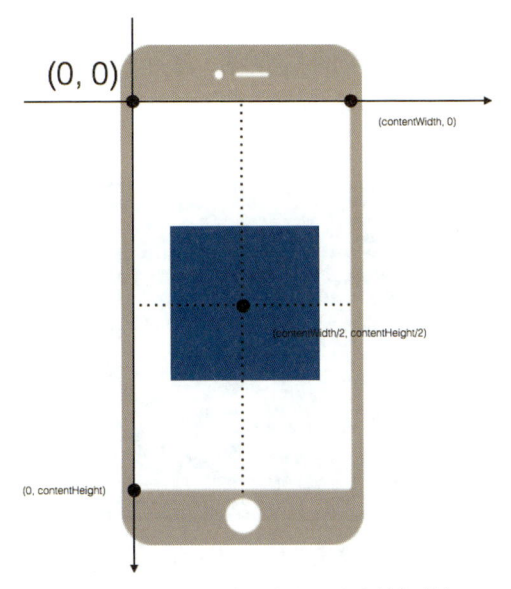

（圖8-22，物件置於畫面中心，朱彥銘提供）

(三) 顯示物件定位錨 (Anchor of display object)

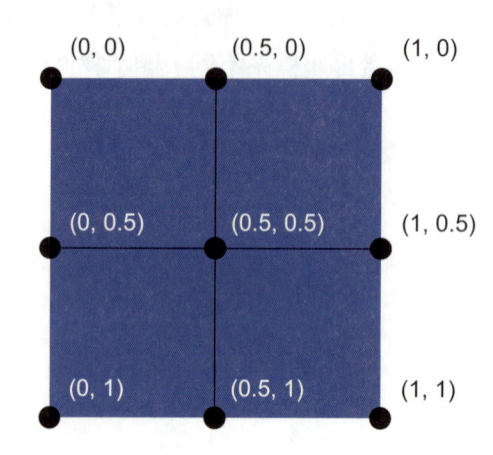

(圖8-23，顯示物件定位錨，朱彥銘提供)

　　預設的顯示物件原點在中心，你可以透過設定 anchor 來改變物件的原點。anchor 座標系的原點在左上角，與其他座標系相同，x, y 座標往右下方遞增。與螢幕座標系與顯示物件座標系不同的是：anchor 中的 x, y 座標值只會介於 0 到 1 之間。

　　anchor 座標會對齊到原本物件的原點，顯示物件預設的 anchor 座標為 (0.5, 0.5)，即是將顯示座標原點置於物件中心。

(圖8-24，座標原點置於物件中心，朱彥銘提供)

改變 anchor 便可以改變顯示物件的原點，你可以透過 anchorX 與 anchorY 改變 anchor 屬性，舉例來說，當 anchor：

● 為 (0, 0) 時，原點位於左上角：

```
myBox.anchorX = 0
myBox.anchorY = 0
```

（圖8-25，左上角，朱彥銘提供）

● 為 (1, 1) 時，原點位於右下角：

```
myBox.anchorX = 1
myBox.anchorY = 1
```

（圖8-26，右下角，朱彥銘提供）

● 為 (0, 1) 時，原點位於左下角：

```
myBox.anchorX = 0
myBox.anchorY = 1
```

（圖8-27，左下角，朱彥銘提供）

● 為 (1, 0) 時，原點位於右上角：

```
myBox.anchorX = 1
myBox.anchorY = 0
```

（圖8-28，右上角，朱彥銘提供）

當然你也可以指定 anchor 座標為其他值，只要介於 0 到 1 就行。在敝人的開發經驗中，並不常用到 anchor，理由是因為當遊戲專案越來越大，顯示物件越來越多的時候，不同的 anchor 座標會讓定位變得複雜，偵錯也會變得困難。如果讀者有夠好的空間概念，可以嘗試使用 anchor，否則就讓原點保持在物件中心吧！

三、顯示物件（Display object）

在 Corona SDK 中，所謂的顯示物件泛指繼承 Display object 類別的物件，這些物件通常能出現在螢幕上，擁有跟顯示相關的屬性，例如：座標、透明度、定位錨、長寬與縮放值等等。

顯示物件包括文字（Text）、矩形（Rectangle）、圓形（Circle）、多邊形（Polygon）、線條（Line）、Sprite、圖像（Image）、群組（Group），接下的章節中會依序介紹。

（一）文字（Text）

使用 display.newText() 可以新增顯示文字，這裡建議使用表格作為參數的建構方法，日後修改會較有彈性。參數表格中，text 為欲顯示的字，font 為字體，fontSize 為字體大小，x 和 y 則為顯示在螢幕的位置。

```lua
local text = display.newText({
    text = "Hello World",
    font = native.systemFontBold,
    fontSize = 32,
    x = display.contentCenterX,
    y = display.contentCenterY,
})
text.fill = {0, 0, 1}
```

(二) 形狀物件 (Shape object)

在 Corona SDK 中,形狀物件 (Shap object) 是指有幾何邊界的顯示物件 (Display object),這包含了:矩形 (Rectangle)、圓滑矩形 (Rounded Retanle)、圓形 (Circle)、多邊形 (Polygon)。這些物件都擁有 fill 與 stroke 屬性,分別改變形狀物件的填滿與邊線狀態。

- 矩形 (Rectangle)

透過 display.newRect() 建立矩形。

以下的例子創建一個矩形,長寬皆為 100,並透過 fill 將其顏色填滿為半透明的藍色。前兩個參數為座標,最後兩個參數依序為長與寬,而 fill 則為一個陣列,陣列內容依序為 {R, G, B, A}。fill 中的 R, G, B, A 介於 0~1 之間,R, G, B 為紅、綠、藍,A 則為透明度,當為 0 時物件將會消失。RGB 可透過色碼表查詢,並將得到的數值除以 255 獲得。

```
local rect = display.newRect(display.contentCenterX, display.contentCenterY, 100, 100)
rect.fill = {0, 0, 1, 0.5}
```

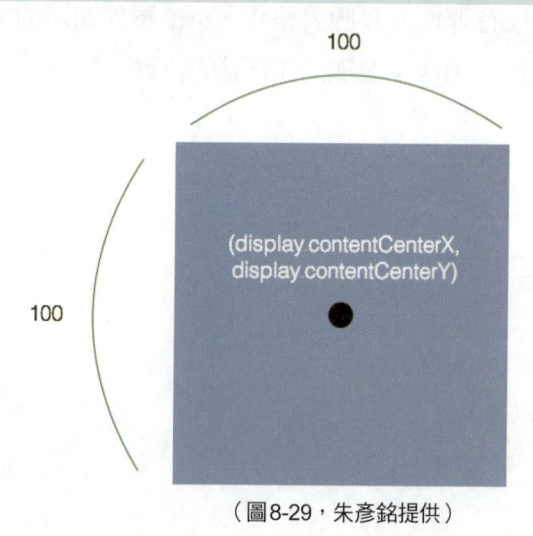

(圖8-29,朱彥銘提供)

- 圓形（Circle）

以下的例子建立一個位於物件中央，半徑為 50 的半透明圓形。

```
local circle = display.newCircle(display.contentCenterX, display.contentCenterY, 50)
circle.fill = {0, 0, 1, 0.5}
```

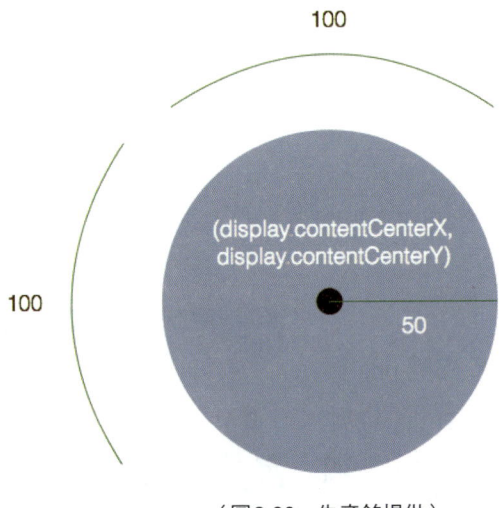

（圖8-30，朱彥銘提供）

- 線條（Line）

基本的線條透過兩個座標建立，但你也可以指定多個座標畫出折線。以下的例子裡便是使用多個點畫出五芒星：

```
local star = display.newLine( 200, 90, 227, 165 )
star:append( 305,165, 243,216, 265,290, 200,245, 135,290, 157,215, 95,165, 173,165, 200,90 )
star.stroke = { 1, 0, 0, 1 }
star.strokeWidth = 8
```

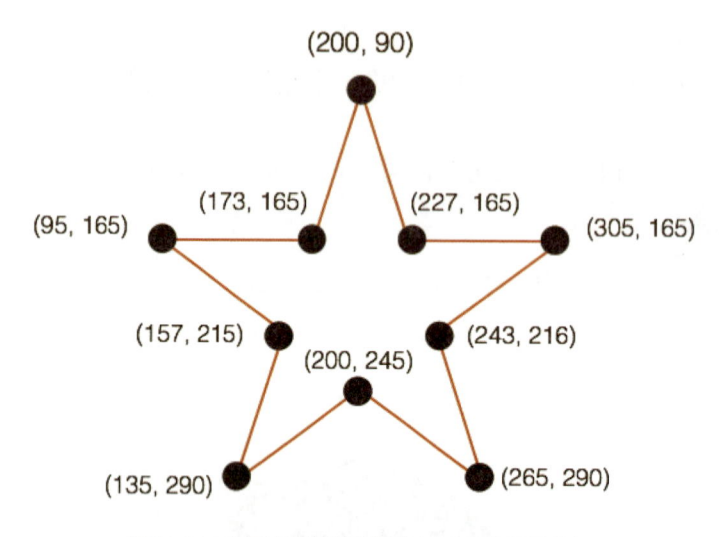

（圖8-31，使用多個點畫出五芒星，朱彥銘提供）

（三）圖片（Image）

圖片方面，Corona SDK 支援 png 與 jpg 格式，並使用 display.newImage() 建立圖片顯示物件。圖片通常被用於顯示遊戲背景，大部分的情況我們會使用 Sprite 來顯示遊戲圖像。

（圖8-32，圖片，朱彥銘提供）

```
local background = display.newImage("imgs/full-background.png")
background.x = display.contentCenterX
background.y = display.contentCenterY
```

（四）Sprite

在電腦圖學中，Sprite 泛指遊戲場景中所有的二維的圖像，例如：角色、敵人、道具等等，如果我們一一將這些圖用 Image 的方式加載近來，遊戲會花非常多時間在讀取，因為 Sprite 的數量實在太多了。由於這些圖像通常都不大，我們可以將這些圖像集合起來，成為一張大圖，減少讀取的次數，而這張圖就被稱作 Sprite sheet。

在 Corona SDK 中，Image 與 Sprite 函式庫都支持從 Sprite sheet 中抽取單張圖像並顯示出來的功能。不同的是，Sprite 函式庫除了支持顯示靜態圖片，還包含了動畫的處理。舉例來說，一張 Sprite sheet 內包含角色所有走路的 Sprite，使用 Sprite 函式庫可以將這些圖從 Sprite 抽取出來，變成一個連續的動畫。

（圖8-33，Sprite，朱彥銘提供）

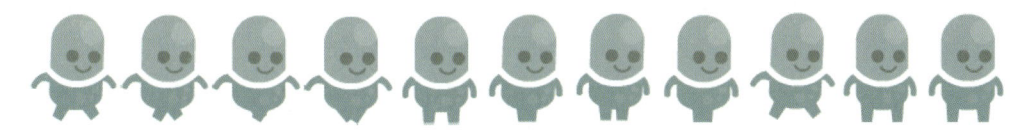

（圖8-34，Sprite，朱彥銘提供）

為了要從 Sprite sheet 抽取圖像，我們必須要先有 Sprite sheet 的定義檔。定義檔必須明確的表示每個 Sprite 在 Sprite sheet 中的位置，以下範例中即定義了每個走路動畫影格在 Sprite sheet 中的位置：

範例詳見東華書局網站：第二章 /2-3/corona-basic.lua

為了方便程式碼的維護，這邊建議讀者讓每個 Sprite sheet 都有自己的定義檔，而不是將它們都寫在同一份檔案。而透過這樣的定義檔，我們才可以用少量且易讀的程式碼顯示遊戲動畫：

範例詳見東華書局網站：第二章 /2-3/main.lua

定義檔可以手動產生，也可以使用一些自動化方案，例如提供的範例便是使用 Texture Packer 產生的。

四、聲音（Audio）

遊戲中的聲音包括背景音樂與特效音，背景音樂會循環播放，而且會根據關卡的不同切換，舉例來說：當玩家遭遇 Boss 戰的時候，會切換到比緊張的音樂，當 Boss 戰結束後，又會切換回原本的音樂。特效音就不同了，特效音的播放時間很短而且通常不會重複，像是物體碰撞、爆炸、閃光等等的聲音都是屬於特效音。

(一) 播放（Play）

播放的聲音檔必須先通過 loadStream() 或是 loadStream() 加載進來，取得一個聲音 handle。然後再用 play 與先前取得的 handle 播放。成功播放後會取得一個 channel number，這個 channel number 會被用在後續該聲音的停止、暫停、恢復行為上。當然你也可以指定 channel，讓該聲音在指定的 channel 播放，舉例來說，我們可以讓背景音樂都在相同的頻道播放，而遊戲設定的頁面就可以透過調整指定頻道的聲音大小，來達到調整背景音樂的聲音大小的功能。

如果是背景音樂，你可能需要將 loops 設定為 -1，讓它循環播放。而背景音樂開始時，你也可以指定 fadein，讓聲音是漸強（從小聲變大聲）地播放，這樣的好處是在音樂切換時比較不會讓玩家覺得：奇怪，怎麼音樂就突然出來了。

```
local bgmHandle = audio.loadStream("sounds/bg1.mp3")
local backgroundMusicChannel = audio.play( bgmHandle, {
    channel=1,
    loops=-1,
    fadein=5000
})
```

注意 Corona SDK 目前只支援 32 個 channel，如果全部的 channel 都被佔用，就沒辦法播放新的聲音了。

(二) loadStream() 與 loadSound() 的異同

loadStream() 與 loadSound() 都能將聲音加載到記憶體，那麼它們兩者有什麼不同或相同之處呢？

1. 記憶體與 CPU

loadStream() 不會將完整的聲音檔載入記憶體，而是會將聲音加載進一段 buffer，試著去最小化該聲音的記憶體使用量，所以 loadStream() 一般用於播放較大較長的聲音檔，像是背景音樂和演講。而 loadSound() 則會將整個音樂檔案加載進記憶體，由於不需要像 loadStream() 一樣操作 buffer，loadSound() 會佔用較少的 CPU。如果你的聲音檔很小而且很常被播放：像是射擊遊戲中的子彈聲音，就會建議使用 loadSound()。

2. 多 channel 同時播放

此外被 loadStream() 加載的聲音實體沒辦法同時在不同的 channel 播放。如果你希望多個 channel 同時播放被 loadStream() 加載的聲音，就必須用 loadStream() 加載多次。但是被 loadSound() 加載的聲音卻沒有這樣的限制，loadSound() 加載的聲音只需要要加載一次，就可以同時在不同的 channel 播放。

3. 重新播放

重新播放的意思是指：先使用 audio.stop() 停止聲音，之後再使用 audio.play() 播放剛才被停止的聲音。重新播放的時候，會發生什麼事情呢？

如果你的聲音是透過 loadStream 加載，就會從上次停止的地方繼續播放。反之，如果是 loadSound 加載的聲音，則會從頭播放。如果 loadStream 加載的聲音再次從頭播放，就必須使用 audio.rewind()。

4. 倒帶 (rewind)

audio.rewind() 可以讓聲音從頭播放。其中參數可以接受 channel 或是 handle。而要帶入什麼樣的參數，則是跟聲音當初被怎樣加載有關的。如果聲音是透過 loadSound() 加載，由於當初 loadSound 的設計就是為了能在多個 channel 有效率的同時播放同一個 handle，所以 loadSound() 的聲音要倒帶只能帶入 channel 參數。反正 loadStream() 加載的聲音可以透過 channel 或是 handle 倒帶。有趣的是，如果在被 loadStream 加載的聲音正在播放的時候，倒帶該聲音，你會發現聲音會持續一段時間，將 buffer 內的聲音播完，才會從頭播放。如果你希望在 loadStream() 的機制下做到馬上從頭播放的效果，你可以先透過 audio.pause() 暫停，然後再倒帶。

5. 回收機制

不管你使用的是 loadStream() 或是 loadSound()，將聲音透過 audio.dispose() 回收，是開發者的責任，Corona SDK 並不會幫你回收沒有在使用的聲音。

透過 audio.dispose() 回收後，可以釋放該聲音佔用的 handle 與記憶體。然而在大部分的用途上，開發者也許會希望聲音資源在遊戲結束前都能一直存在，因為遊戲聲音佔用的記憶體很小，完全不必擔心記憶體超量的問題。在這種情況下，開發者當然就不需要煩惱如何回收聲音資源了。

(三) 暫停

1. 暫停全部聲音

```
audio.pause(0)
```

2. 暫停指定頻道的聲音

```
audio.pause( backgroundMusicChannel )
```

(四) 停止

1. 停止全部聲音

```
audio.stop()
```

2. 停止指定頻道的聲音

audio.pause(backgroundMusicChannel)

(五) 恢復

1. 恢復全部聲音

audio.resume(0)

2. 暫停指定頻道的聲音

audio.resume(backgroundMusicChannel)

(六) 倒帶 (Rewind)

audio.rewind({ channel = backgroundMusicChannel})
audio.rewind(bgmHandle)

　　成功會回傳 true，反之則回傳 false。

(七) sfx.lua

　　內容豐富的遊戲通常伴隨著豐富的音樂，這些音樂檔案就和 sprites 一樣，需要一個 module 集中管理，這樣做的好處除了讓程式碼維護容易外，也能避免頻繁加載音樂造成的效能低落問題。這裡提供讀者一個能集中管理聲音檔案的 module：sfx.lua。

　　sfx.lua 會先透過 loadSound() 將聲音預載，並且在 init() 初始化保留的 channel 和音量。

　　範例詳見東華書局網站：第二章 /2-4/sfx.lua

　　此外讀者可以將 gameConfig 取代成自己遊戲內的設定檔，gameConfig 內的 soundOn 可以決定聲音是否要播出，這在實作靜音功能的時候非常有用。

```
--
-- gameConfig.lua
--
local config = {}
config.soundOn = true
return config
```

五、小試身手

(一) 利用 Corona 做時鐘

這邊使用 windows 介面來做示範。

1. 新增專案

File – New Project 並預設畫面 320×480。

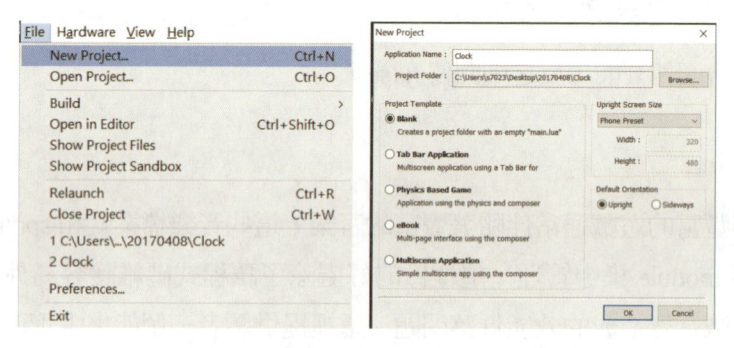

（圖8-35，預設畫面 320×480，朱彥銘提供）

2. 新增背景

尋找背景圖。

（圖8-36，背景圖，朱彥銘提供）

3. 撰寫 main.lua

　　local background = display.newImage("圖片", X 軸中點 , Y 軸中點)

```
local background = display.newImage("purple.png",160,240)
```

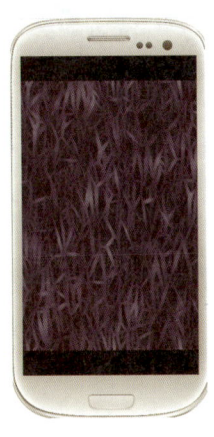

（圖8-37，撰寫 main.lua，朱彥銘提供）

4. 新增時間標籤

　　local label = display.newText("文字", X 軸中點 , Y 軸中點, 字型, 大小)

5. 文字加上顏色，依照 RGB 順序

　　Label:setFillColor(131/255, 1, 131/255)

```
local hourLabel = display.newText (clock,"hours",220,100,native.systemFont,40)
hourLabel:setFillColor( 131/255, 1, 131/255 )
local minuteLabel = display.newText (clock,"minutes",220,250,native.systemFont,40)
minuteLabel:setFillColor( 131/255, 1, 131/255 )
local secondLabel = display.newText (clock,"seconds",220,400,native.systemFont,40)
secondLabel:setFillColor( 131/255, 1, 131/255 )
```

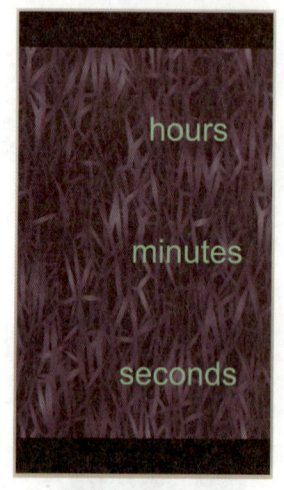

（圖8-38，新增時間標籤，朱彥銘提供）

6. 新增時間

　　local textField = display.newText("文字" , X 軸中點 , Y 軸中點 , 字型 , 大小)

7. 文字加上顏色，依照 RGB 順序，第四個參數透明度

　　hourField:setFillColor(1, 1, 1, 70/255)

```
local hourField = display.newText ("hours",100,90,native.
systemFontBold,180)
hourField:setFillColor( 1, 1, 1, 70/255 )
local minuteField = display.newText ("minutes",100,240,native.
systemFontBold,180)
minuteField:setFillColor( 1, 1, 1, 70/255 )
local secondField = display.newText ("seconds",100,240,native.
systemFontBold,180)
secondLabel:setFillColor( 1, 1, 1, 70/255 )
```

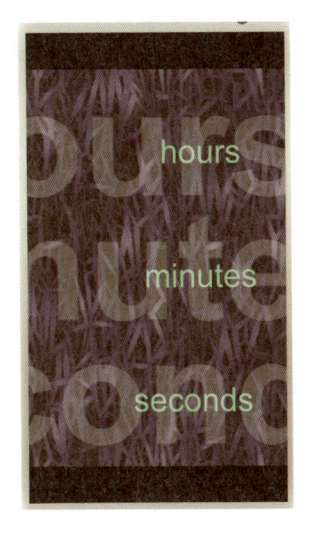

（圖8-39，利用函式來更新時間，朱彥銘提供）

8. 新增時間上的字

需要利用函式來更新時間：

```
local funcrion updateTime()
  local time = os.date("*t") -- 抓取系統目前時間

  local hourText = time.hour -- 設定小時的字串
  if (houtText < 10) then hourText = "0" .. hourText end -- 如只有個位數則補 0
  hourField.text = hourText -- 將時間加上去

  local minuteText = time.min -- 設定分鐘的字串
  if (minuteText < 10) then minuteText = "0" .. minuteText end -- 如只有個位數則補 0
  minuteField.text = minuteText -- 將時間加上去
```

```
  local secondText = time.sec -- 設定秒鐘的字串
  if (secondText < 10) then secondText = "0" .. secondText end -- 如只有個位數則補 0
  secondField.text = secondText -- 將時間加上去
end

updateTime -- 修正當前時間
```

9. 讓時間動起來

設定時間延遲 timer.performWithDelay（間格毫秒 , 函式 , 執行次數）

```
local clockTimer = timer.performWithDelay( 1000, updateTime, -1 )
```

執行次數 -1 為無限次 。

10. 匯出 APK 檔

File – Build - Android。

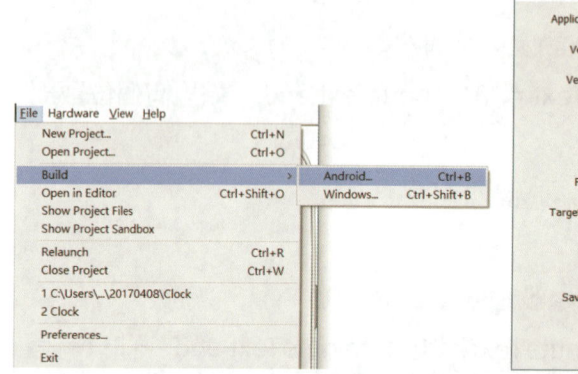

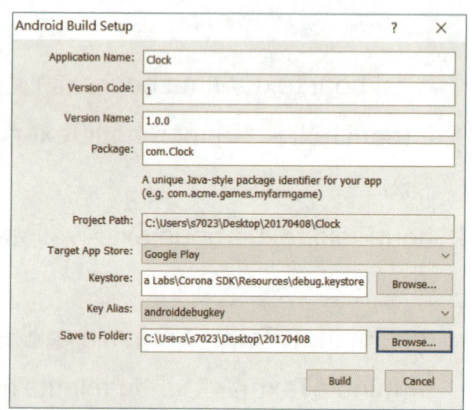

（圖 8-40，匯出 APK 檔，朱彥銘提供）

11. 即可安裝在 android 手機上執行囉！

8.3　Corona SDK 太空射擊遊戲模板

　　經典太空射擊遊戲源自於 1962 年 SpaceWar! (https://www.youtube.com/watch?v=Rmvb4Hktv7U)，由於遊玩方式簡單，遊戲物件也不多，是學習遊戲設計很好的開始。從太空射擊遊戲延伸出來許多 STG (Shoot'em Up Game)，像是經典的雷電、蟲姬、Sky Force 等等。這裡我們提供一個太空射擊遊戲的模板，除了透過它學習程式設計外，也可以創造自己的遊戲。

　　這個遊戲模板，spaceshooter，預設的遊玩模式是無止盡的，只有當玩家死亡才能結束，玩家的目的是獲得更高的分數，將分數與自己的名稱留在排行榜上。當然你也可以修改此模板，讓遊戲可以真正的結束。

一、關於專案

(一) 取得專案

　　你可以透過 git 取得專案，或是直接進入 github 的頁面下載 zip 檔。

```
git clone https://github.com/keviner2004/shoot-em-up
```

(二) 更新專案

　　你可以直接 git pull 來取得最新的版本，如果你對不熟悉 git，可以從 github 頁面下載 zip 檔，並自己手動進行程式碼的合併。

```
git pull
```

(三) 開啟遊戲專案

　　開啟此專案前你必須先安裝 Corona SDK，並以 Corona Simulator 開啟 main.lua。

二、遊戲方式

遊戲的一開始必須先輸入遊戲 ID，遊戲 ID 會顯示在得分板上，玩家可以隨時更改自己的遊戲 ID。

（圖8-41，輸入遊戲 ID，朱彥銘提供）

玩家操控一架不斷發射子彈的飛機，擊落迎面而來的敵人，透過取得道具與操作技巧，想辦法生存到最後，無限模式中每隔一段時間會遭遇魔王（Boss），魔王擁有多變的攻擊模式，與非常多的血量。

（圖8-42，遭遇魔王，朱彥銘提供）

遊戲結束後會統計玩家得分並將結果記錄在得分板。得分板分為本機得分板與全球得分板，本機得分板只會顯示記錄在該台裝置上的分數。每當完成遊戲，記錄會傳送至全球得分板上，全球得分板會顯示世界各地玩家的最高分數。

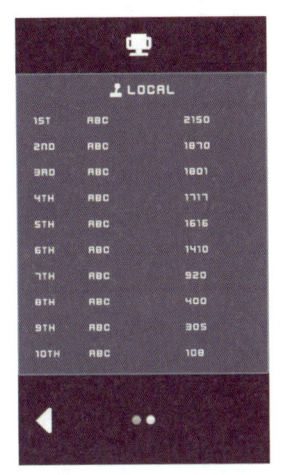

（圖8-43，得分板，朱彥銘提供）

　　本模板支援雙人模式，雙人模式下，玩家共用同一個生命槽，即是任一個玩家被消滅都會減少生命數量，所以必須要有默契的兩個人才能在多人模式獲得較高的分數。

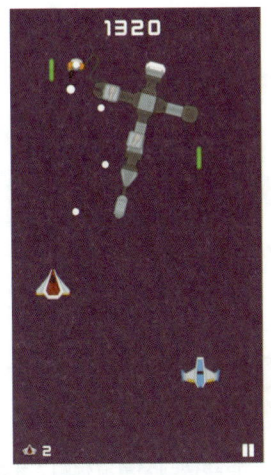

（圖8-44，雙人模式，朱彥銘提供）

在預設遊玩模式下,當玩家生命值消耗殆盡,遊戲便會結束,結束後玩家可以選擇重新開始或是回到主選單。

(圖8-45,遊戲結束,朱彥銘提供)

三、場景(Scenes)

spaceshooter 的場景管理是使用 Corona 官方發布的 composer 函式庫。場景檔案位於 scenes 目錄下,以下是場景轉換的簡單流程圖:

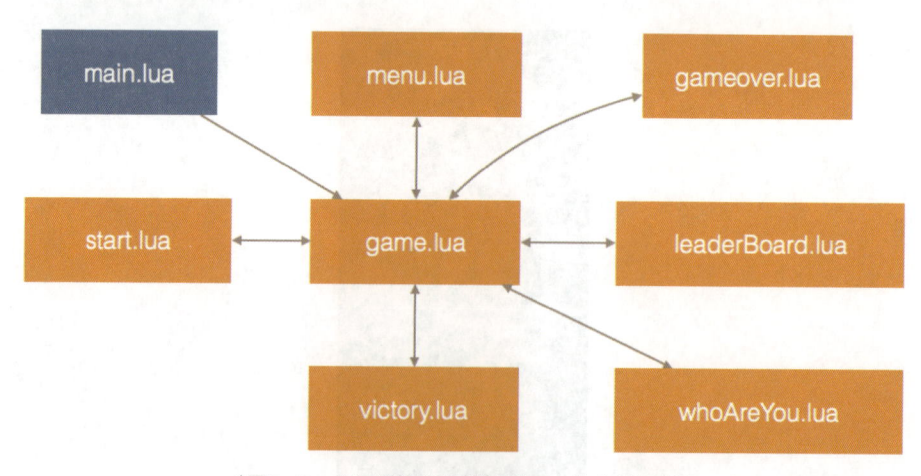

(圖8-46,場景轉換的簡單流程圖,朱彥銘提供)

（一）main.lua

　　main.lua 並非場景檔案，而是程式的進入點，在這裡會完成與裝置相關的系統設置與部分功能的初始化。與大部分遊戲不同的是，main.lua 不會直接進入負責開始畫面的場景：start.lua。這是因為此模板除了 game.lua 之外的場景，都是被設計成覆蓋（overlay）選單，所以 main.lua 會直接進入場景 game.lua，而 game.lua 再帶出覆蓋選單 start.lua。

　　注意，在 Corona composer 場景管理函式庫中，所有場景都可以使用 composer.showOverlay() 將該場景覆蓋在目前的場景上，或使用 composer.gotoScene() 直接進入該場景。

（二）game.lua

　　game.lua 是遊戲進行的地方，是所有場景之中最複雜的。它提供了可以控制遊戲進度的方法：開始遊戲 startGame()、暫停遊戲 pauseGame()、恢復遊戲 resumeGame()，以及清除遊戲 clearGame()。

　　當進入 game.lua，game:create() 會先進行部分遊戲物件的初始化。接著 game:show() 則會根據帶入場景的參數而有不同的行為：當遊戲為第一次進行或玩家按下回到開始選單的按鈕時，會帶出 start.lua 場景，而當玩家按下開始遊戲按鈕與重新開始按鈕時，則會開始遊戲。當玩家試圖離開或重新進入 game.lua：像是重新開始遊戲與回到開始畫面，函式 game:hide() 會進行遊戲的重置，回收過時的遊戲物件，以進行下一輪遊戲。

（三）start.lua

　　start.lua 是遊戲的開始畫面，它包含遊戲 Logo、版號、還有一個讓玩家進入遊戲的按鈕。

(四) menu.lua

menu.lua 是當遊戲進行到一半時，玩家按下暫停出現的選單。它讓玩家可以調整系統設定、恢復、重新開始或是離開遊戲。

(五) gameover.lua、victory.lua

當玩家消耗完生命值，無法繼續遊戲時，便會出現遊戲結束的場景 gameover.lua；反之，玩家如果完成了全部的關卡，便會出現完成遊戲的場景 victory.lua。這兩個場景都提供可以離開遊戲、重新開始遊戲的按鈕。

(六) newHighScore.lua

不管玩家在遊戲中勝利或是失敗，當玩家獲得了更高的分數，都會進入場景 newHighScore.lua。newHighScore.lua 包含一個簡單的文字輸入框，讓玩家輸入在排行榜出現的名稱。按下確認後，分數會被記錄下來，並視情況上傳至排名伺服器。

(七) leaderBoard.lua

leaderBoard.lua 是顯示排行榜的場景，排行榜分為兩種：本地排行，與全球排行。本地排行是根據該裝置的儲存紀錄排名，而全球排行是根據排名伺服器的資料排名。

(八) whoAreYou.lua

whoAreYou 是讓玩家輸入自己暱稱的場景，輸入的名字會被儲存在資料庫，顯示在得分板上。

四、美術（Art）

遊戲美術是採用 Kenny Asset，http://kenney.nl/assets ，它是 CC0 License，可以免費使用在個人或是商用專案。如果你很喜歡 Kenny 的美術，也別吝嗇到 Kenny 商店贊助：http://kenney.nl/shop 。讓好的創作者有動力創作更好的作品。

五、關卡（Levels）

關卡是透過 Level.lua 管理。Level.lua 會根據 gameConfig.gameLevels 調整關卡內容。關卡分類如下：

(一) 魔王關卡（Boss level）

被標記為 Boss Level 的關卡，開始前會先出現警告。Boss Level 會有一個魔王 (Boss)，在無限模式中，玩家必須要打倒魔王才能繼續前進。

(二) 普通關卡（Normal level）

除了 Boss level 外的關卡皆為 Normal level，Normal level 可以有很多種變化，像是消滅一定數量的敵人、解救人質、閃避隕石等等。

(三) 新增一般關卡

新增一般關卡的方式非常簡單：

新增關卡檔

關卡必須繼承 Sublevel.lua，這裡提供一個簡單的範例：level_simplest_example.lua，示範如何用最少的程式碼實作一個關卡。這個例子裡，我們指定 duration 為 30,000 毫秒 (30 秒)，這代表如果玩家在此關卡開始後，過了 30 秒依然存活的話，便會結束目前關卡，接著進行下一關。也由於沒有新增任何遊戲物件的關係，遊戲開始後的畫面只會出現玩家。9999999-015 是關卡的 id，每個關卡都必須有一個獨一無二的 level id，這會被用來區分每個關卡單獨執行時的得分。由於 level id 最長 20 碼，而且必須獨一無二。

當關卡檔案完成後，我們必須要將它放在 levels 資料夾裡。關於放置的方法：你可以直接將檔案放進去，這時候關卡路徑會是 levels/level_simplest_example.lua；或是放進建立的子目錄內：levels/myLevel/level_simplest_example.lua。這邊為了方便管理，採用的是後者的方法。

(四) 設定 gameConfig.lua：

無限模式設定方式

不論你選擇如何放置你的關卡檔案，都要在 gameLevels 設定關卡位置，這樣一來，模板才能順利將指定的關卡顯示出來：

修改後：

```
config.gameLevels = {
    "default.level_boss_1",
    "default.level_1",
    "default.level_2",
    "default.level_3",
    "default.level_4",
    "default.level_5",
    "default.level_bonus",
    "myLevel.level_simplest_example" --added level
}
```

修改之後，遊戲便會隨機執行設定檔內的這 9 個關卡檔案，當然為了方便測試，你也可以只留下你所設計的關卡，這樣遊戲便會重複執行同一關。

(五) 在關卡內新增敵人

這裡我們利用模板中已經建立好的遊戲物件：Enemy.EnemyPlane，來示範如何用最少的程式碼在關卡內新增敵人。

範例詳見專案：levels/myLevel/level_single_enemy.lua

這個關卡會出現一架由上往下飛行的飛機。首先我們先新增敵人物件（第 8 行），並記得透過方法 insert 加入關卡之中。加入關卡的物件才能順利地被遊戲功能所套用，像是暫停、恢復、重新開始。

注意遊戲物件在關卡結束前必須適當的回收，否則遊戲會因為不斷增加的物件而崩潰。所以這裡我們調用方法 autoDestroyWhenInTheScreen，會在物件進入遊戲畫面時，開始自動回收，所謂的自動回收是指：當物件離開遊戲畫面時，會被系統所回收。

如果你希望你的遊戲物件可以反覆地進出遊戲畫面，那麼 autoDestroyWhenInTheScreen 就不適合，因為你會發現當你的遊戲物件離開遊戲畫面後，它就會消失了。這時候你必須自己呼叫遊戲物件中的方法 clear() 來回收。

(六) 自訂關卡結束條件

要自訂關卡結束的條件，你必須先移除 duration 設定，並且覆寫判斷關卡結束的方法 Sublevel:isFinish()。關卡管理器會在每幀檢查這個方法的回傳值，如果回傳的是 True，則會結束此關；反之，則會繼續讓關卡執行。注意，所謂的結束關卡並不代表遊戲會自動回收目前遊戲畫面上的所有物件，而是會接著進行下一關。你必須善盡回收遊戲物件的責任。

範例詳見專案：levels/myLevel/level_custom_finish.lua

以上的例子使用 util.isExist 判斷遊戲物件是否消失，如果物件消失了，便結束關卡。而且為了讓 myLevel:isFinish() 能順利取得 enemy 物件，我們在第 17 行將它設定為此關卡的屬性。

(七) 動態關卡 (Dynamic level)

在這個遊戲模板中，遊戲模式可以分為無限模式 (Infinite mode) 與單一關卡模式 (Single level mode)，無限模式如之前所提，開始遊玩後關卡間會不斷循環，直到玩家死亡。而在單一關卡模式中 (如圖8-47) 玩家可以從多個關卡中選擇一關遊玩。

（圖8-47，多個關卡中選擇一關遊玩，朱彥銘提供）

單一關卡的關卡檔案與無限模式並無不同，但是必須在 gameConfig.lua 中的 config.seperateLevels 註冊：

```
config.seperateLevels = {
    "default.level_1",
    "default.level_2",
    "default.level_3",
    "default.level_4",
    "default.level_5",
    "myLevel.level_dynamic",
}
```

那麼什麼是動態關卡呢？動態關卡的意思即是：將同一個關卡檔案運用在不同的遊戲模式中。

你可以透過 sublevel 中的 gameMode 屬性取得當前的遊戲模式，如果 gameMode 為 GameConfig.MODE_SINGLE_LEVEL，則代表玩家目前正在遊玩單一關卡模式；如果是 GameConfig.MODE_INFINITE_LEVEL，則代表目前正在遊玩無限模式。

下面的例子即是透過這樣的技巧，讓同一個關卡的敵人在不同模式中有不同的行為，在單一關卡模式中，該敵人會往下飛行，而在無限模式中，則會往右下方飛行：

範例詳見專案：/levels/myLevel/level_dynamic.lua

六、位置 (Position)

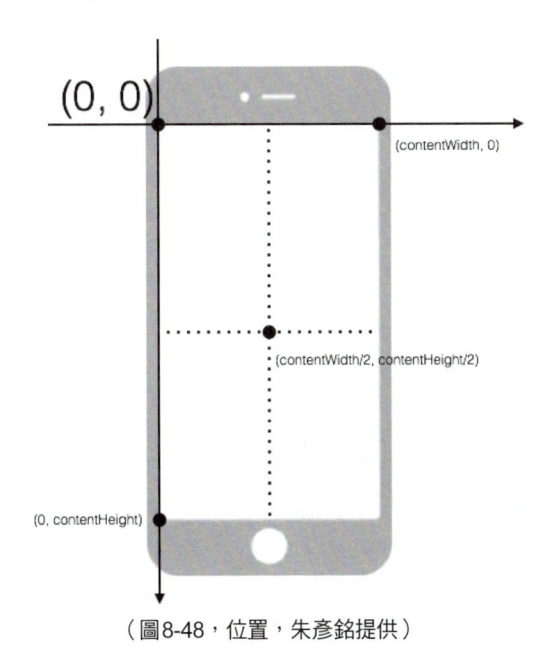

（圖8-48，位置，朱彥銘提供）

8-65

在 Corona 中,螢幕的原點在左上角,越往右,x 座標越大;越往下,y 軸座標越大;反之,則越小。contentWidth 為螢幕的寬、contentHeight 為螢幕的長,也因此螢幕的中心點為 (contentWidth/2, contentHeight/2)。

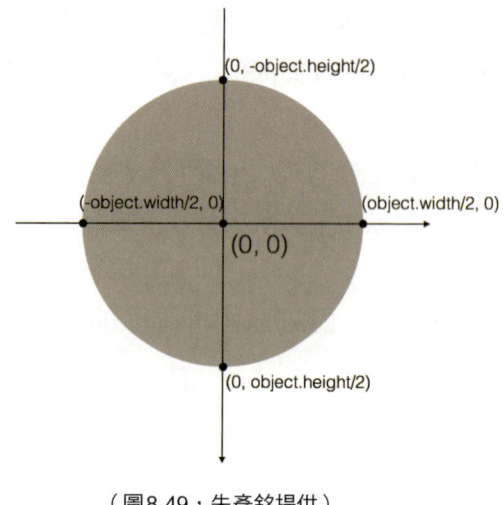

```
                    (0, -object.height/2)




(-object.width/2, 0)                    (object.width/2, 0)
                         (0, 0)





                     (0, object.height/2)
```

(圖8-49,朱彥銘提供)

但是顯示物件(Display Object)就不是這麼回事了,顯示物件預設的座標原點並非在左上角,而是在物體中心。讓我們看看以下這段程式碼就會更清楚:

```lua
--position/main.lua
local circle = display.newCircle(0, 0, 200 )
circle.fill = {1,0,0} --red circle

local circle2 = display.newCircle(display.contentWidth/2,
display.contentHeight/2, 200 )
circle2.fill = {0,1,0} --green circle

local circle3 = display.newCircle(display.contentWidth, display.contentHeight, 200 )
circle3.fill = {0,0,1} --blue circle
```

輸出結果：

紅色的圓圈（circle）設置在螢幕原點 (0, 0) 的位置，但由於物件的原點是在正中間，所以只會顯示出右下角 1/4 的圓。同理，藍色圓圈（circle 3）因為是設置在右下角 (display.contentWidth, display.contentHeight)，只會顯示左上角的部分。而綠色的圓圈（circle 2）設置在螢幕正中央 (display.contentWidth/2, display.contentHeight/2) 的緣故，則會顯示出完整的圓。

（圖8-50，輸出結果，朱彥銘提供）

練習：

試著在自己的關卡中新增三個敵人，並將他們擺放到不同的位置。

七、移動（Move）

移動遊戲物件大致上分成兩種方法：物理（physics）與非物理（non-physics）移動。在新增敵人一節中，我們使用 setLinearVelocity 方法來移動敵人物件，這就是物理的方式。

(一) 物理移動（Physical move）

1. 線性移動（Linear move）

物理的移動是依賴 Corona 物理引擎達成的，物理移動具有 Physics body 的物件有效。其中最基礎的移動方式是使用 setLinearVelocity() 設定物體線性速度，讓物體直線移動。setLinearVelocity 有兩個參數，分別是 xVelocity 與 yVelocity，各自代表水平與垂直方向的速度。

8-67

Syntax

object:setLinearVelocity(xVelocity, yVelocity)

xVelocity, yVelocity (required)

Numbers. 速率值，單位為像素 / 秒。

xVelocity 為水平方向速度，yVelocity 則為垂直方向速度。當 xVelocity > 0，物體會向右移動；反之，則向左移動。當 yVelocity < 0，物體會向上移動；反之，則會向下移動。若 xVelocity 與 yVelocity 皆為 0。舉例來說，object:setLinearVelocity(300, 300) 即是使物體每秒向下、向右移動 300 個像素。

2. 追蹤 (Seeking)

我們可以利用 setLinearVelocity 來實作追蹤的功能。為了實作追蹤功能，我們需要三個數值：追蹤者目前的速度：velocity、追向目標的理想速度：desired velocity，以及轉向力： steering。

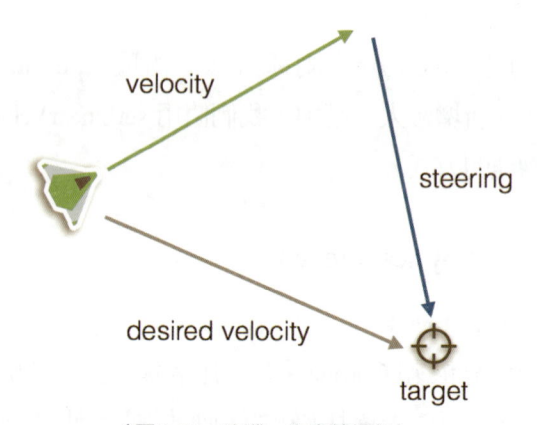

（圖8-51，追蹤，朱彥銘提供）

desired velocity 是朝向目標（Target）的速度，它的方向透過將目標與物體相減取得，大小則是根據追蹤的效果而定，越大的 desired velocity 會讓物體更快速地追蹤到物體。

有了 desired velocity，我們就可以取得轉向力：steering。轉向力會在遊戲每禎施加在追蹤者上，讓它漸漸的朝目標移動，進而達到追蹤的效果。steering 除了影響 desired velocity，也影響**轉向**的速度，steering 越大，追蹤者會越快轉向目標。

順帶一提，move 函式庫已經提供了追蹤物體的方法，你不用特別花力氣去實作追蹤的功能，這裡我們會示範它的使用方式：

範例詳見專案：levels/myLevel/level_seek_1.lua

以上的例子裡，我們先設置敵人的速度，然後我們使用 move.seek 方法去追蹤對象。move.seek 的第一個參數是追蹤者，第二個參數則是目標，第三個參數則是可以調整 seek 行為的選項。maxForce 代表轉向力的大小，當轉向力越大，追蹤者會越快轉向目標；反之，越慢。

3. 重力場（Gravity field）

當你放置重力場到場上，啟用物理運算的物體可能被它吸引，你可以藉由放置重力場改變物體軌跡。以下的範例中放置了一個重力場（第 10 行）。並且將敵人免疫重力場的屬性設定為 false（第 15 行）。如果沒有將遊戲物件中的 immuneGravityField 設定為 false，該物件是不會被重力場影響的。當然你也可以放置多個重力場，觀察物體的移動變化。如果你想看到重力場的大小，可以將 gameConfig.debugPhysics 設為 True。

範例詳見專案：levels/myLevel/level_custom_gravity_hole.lua

(二) 非物理移動（Non-physical move）

非物理的移動方式依賴 Corona SDK 提供的 transition.to 方法或是開發者自己在每禎將物件移動到對應的位置。非物理的移動不需仰賴被移動對象啟用物理運算，只要是顯示物件都可以使用非物理的移動方式。

1. transition.to

範例詳見專案：levels/myLevel/level_transition_1.lua

我們可以在參數內添加 onComplete，定義 transition 結束時的行為，它會在 transition 結束時被呼叫。透過這樣的技巧，我們可以將多段的 transition 串連起來，達到多段的線性移動。以下的例子即是透過這樣的技巧，讓物體先往右上角移動，當物體達到右上角的位置時，再往左下角移動，最後移出螢幕外被回收。

範例詳見專案：levels/myLevel/level_transition_2.lua

2. 指定路徑（Path）

如果你希望物件以不規則的方式移動，你必須提供路徑。所謂的路徑，是指一連串的點，當你提供越多的點，移動上會精確，但也會消耗越多效能，所以在效能與流暢度之間取得平衡是很重要的。這裡示範如何使用 move.followN 讓物體在提供的路徑上移動。

move.followN，顧名思義，是讓物體隨著 N 個點移動，第一個參數是帶入被移動的物體，第二個參數則是路徑，第三個則是作為改變移動行為的選項。首先我們先指定物體的起始位置 (0, 0)（第 12，13 行）。

接著指定路徑：(gameConfig.contentWidth, gameConfig.contentHeight/2) 與 (enemy.width, gameConfig.contentHeight)（第 15 ~ 18 行）。最後在第 21 行調用 move.followN 移動物體。如此一來，物體便會從螢幕左上角，移動到螢幕右側中央，再移動到螢幕左下角。

這個例子指定了第三個參數調整移動的行為，透過指定 speed 決定物體移動的速度，單位為像素 / 秒。並指定 autoRotation 讓物體隨著移動方向自動轉向。回收物件的部分也做了小變化，透過指定 onComplete，讓物體移動到最後一個點時回收自己。

範例詳見專案：levels/myLevel/level_path.lua

3. 曲線移動（Curved move）

要怎樣讓物體進行曲線移動呢？我們當然可以用物理的方式達成，例如放置重力井，但這樣的作法會很難讓我們預估實際上產生的軌跡。

另一個作法是：其實我們可以先產生曲線路徑，再讓物體沿著路徑上的點移動。那麼要如何產生曲線呢？你可以透過人工的方式一個一個點指定，或是採用本模板提供的曲線產生方法：move.getCurve。

move.getCurve 有兩個參數，第一個參數為參考點，第二個則為採樣點數。透過這兩個參數，我們可以產生貝茲曲線 (Bezier curve)。貝茲曲線在遊戲內被運用得相當廣泛，它可以作為路徑，也可以作為動畫參考數值，舉例來說，消失的動畫效果可以是線性的消失，透過在每禎降低固定的 alpha 數值達成。但如果我們希望它會隨著時間的增加，而消失得更快，就可以使用貝茲曲線定義每禎應該調降的 alpha 幅度，達到非線性的動畫效果。(http://www.css3beziercurve.net)

在本模板中，我們只將貝茲曲線用來描繪路徑。如圖8-52，貝茲曲線是由 4 個參考點產生的，你可以透過運行：CurveDrawing (https://gitlab.com/keviner2004/CurveDrawing) 專案取得這四個參考點，並套用在 move.getCurve 上。

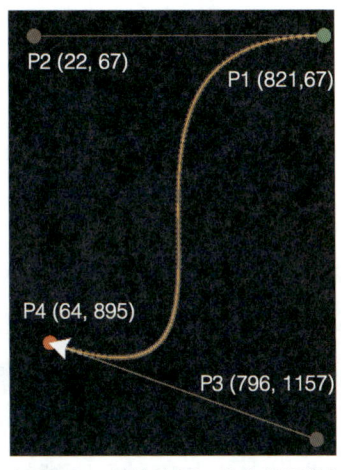

（圖8-52，曲線路徑，朱彥銘提供）

我們直接看一下實際的例子，在以下的程式碼中，我們先在 11~18 行產生曲線路徑，取樣的點數為 100，這代表我們會用 100 個點描繪曲線，這在大部分的情況已經很夠用了。並在 20~21 行將物體的起始點設定為路線的起點，最後將路徑帶入 move.followN（第 24 行），物體便會沿著路徑上的每個點進行「直線移動」，只有取樣的點夠多，就會看起來像是曲線移動了。也一如先前所提的，太多的取樣點會造成效能負擔，這部分就有待開發者自行取捨了。

範例詳見專案：levels/myLevel/level_curve.lua

4. 繞物移動（Rotated move）

有時候我們只是很單純的希望一個物體環繞另一個物體，最簡單的方式就是使用如下圖的三角函數，在每禎隨著被繞物體的移動而更新位置。

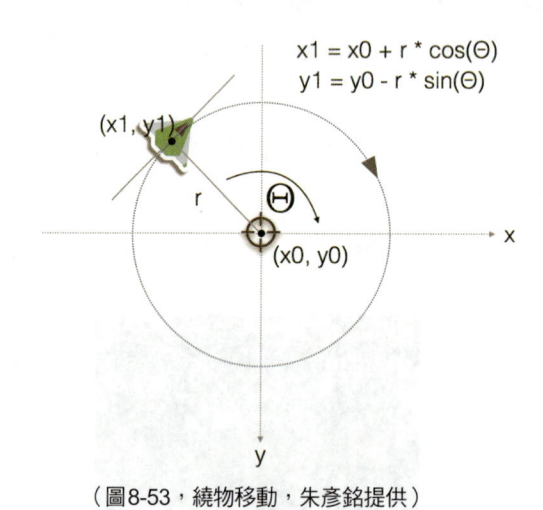

$$x1 = x0 + r * \cos(\Theta)$$
$$y1 = y0 - r * \sin(\Theta)$$

（圖8-53，繞物移動，朱彥銘提供）

move.rotateAround 就是提供這樣的功能。這裡我們便用 move.rotateAround 來實作繞物移動：讓隕石會圍繞著飛機不斷旋轉。move.rotateAround 一共接受兩個參數，第一個是要圍繞的物體，第二個則是圍繞的行為設定。圍繞的選項中，最重要的是 target，它是被圍繞的對象，在以下的例子中即為敵人，接著我們用 speed 調整速度，speed 為每禎要圍繞的角度差。而 distance 則是圍繞的半徑、startDegree 則為物體在圓上的起始的角度。值得注意的是，我們也設置了 onMissTarget，這個方法會在被圍繞的目標消失的時候被呼叫。當被圍繞的目標消失，我們透過三角函數，讓隕石隨著切線移動，也由於設定了 autoDestroyWhenInTheScreen 的關係，當隕石離開螢幕便會消失。

範例詳見專案：levels/myLevel/level_rotate_around.lua

5. 旋轉、座標系與三角函數

這裡必須提醒開發者：三角函數所用的座標系與 Corona 的座標系是不同的。也因此在旋轉物件時必須特別小心。三角函數座標系中，y 軸往上其值越大，Corona 座標系則相反。三角函數座標系中，角度的計算是逆時針遞增，0 度指向 x 軸右側，越往逆時針走，角度越大。但 Corona 顯示物件的旋轉座標系剛好相反，0 度指向 x 軸右側，角度則隨著順時針增加。

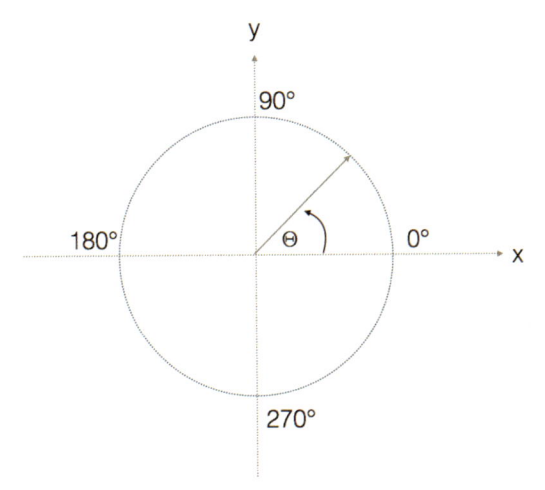

（圖8-54，順時針旋轉，朱彥銘提供）

換言之，當你寫了以下的程式碼，object 會以它的原點為中心順時針旋轉 90 度。

```
object.rotation = 90
```

當角色需要往某個角度 d 移動時，也因為三角函數式座標系與 Corona 座標系 y 軸顛倒，需要在 y 方向加上負號：

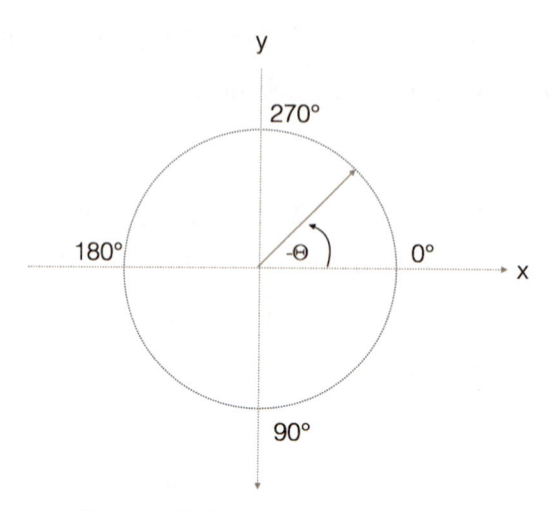

（圖8-55，順時針旋轉，朱彥銘提供）

object:setLinearVelocity(300 * math.cos(math.rad(d)) , -300 * math.sin(math.rad(d)))

注意，math 中的三角函數方法是以弧度作為單位，而不是角度，所以我們要先透過 math.rad 將角度轉為弧度。

6. 每禎移動（Enter frame move）

我們示範如何在每禎自己定義物件的移動位置。本模板的遊戲物件支援一種比 Corona 原生的每禎處理機制還要便利的工具。你只需要使用 GameObject.enterFrame:each ，就可以在每禎處理該物件的任務。與原生機制不同的地方在於，當該物件被移除，添加的禎處理事件也會自動被移除。不須再透過 Runtime:removeEventListener ，手動移除註冊的禎監聽事件。

我們利用 sin 函數的值會在 0~1 震盪的特性，來讓物件左右不斷移動。在第 17~20 行中，我們在每禎將 deg 變數增加，再透過 math.sin 對它進行運算指派給 ratio 變數，這樣一來，我們每禎都可以得到一個 0~1 的數值，如圖8-56。

當 ration 大於 0 時，物件會向右移動，而 ratio 小於 0，則會向左移動。而震盪的幅度取決於 offset 的大小，我們指定它為 0.35 倍的螢幕寬，使物體不會超出螢幕。

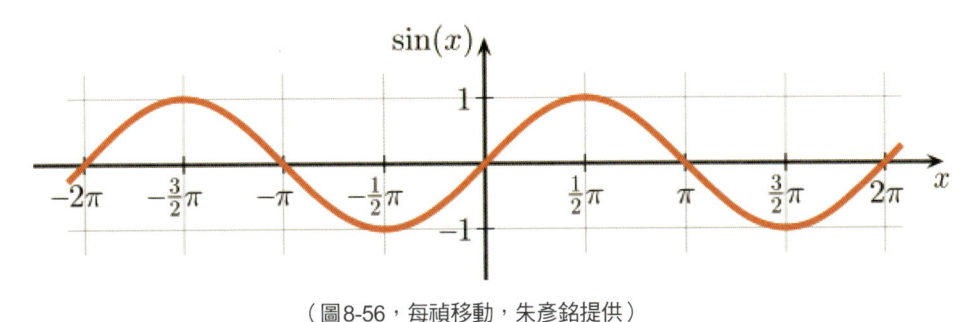

（圖8-56，每禎移動，朱彥銘提供）

範例詳見專案：levels/myLevel/level_sinwav.lua

八、敵人 (Enemy)

遊戲中除了主角，最重要的角色就是敵人了。太弱的敵人會讓關卡變得無聊，太強又會玩不下去，所以當你在設計敵人的時候，請務必根據遊戲的平衡性來調整敵人強度。

以上的例子中，我們都使用 EnemyPlane.lua 來建立敵人物件。如果想要自訂敵人，讓它有更帥氣的外表、更有威脅性的攻擊手段，應該要怎麼做？

(一) 新增檔案

首先你必須新增描述敵人的物件檔案：MyEnemy.lua（名字自訂），並在其中添加程式碼，繼承 Enemy.lua（第 6 行）。檔案的位置根據需求可以放在不同的地方，這邊我們將它放在：levels/myLevel 底下。檔案的位置與名稱會影響之後引用的它路徑。

```
local Enemy = require("Enemy")
local Sprite = require("Sprite")
local MyEnemy = {}

MyEnemy.new = function(options)
    local myEnemy = Enemy.new(options)
    return myEnemy
end

return MyEnemy
```

(二) 建立零件

只是繼承 Enemy.lua 並不會產生圖像，它只是 Corona SDK 中的一個顯示群組 (Display Group)，讓你可以加入自訂的圖像。這裡我們使用本模板提供的圖像產生工具 Sprite.lua，產生飛船的零件，拼裝我們的敵人。Sprite.lua 是非常方便的工具，它可以大幅縮減 Corona SDK 預設的圖像產生流程。

要使用 Sprite.lua，我們得先知道資源的路徑，你可以從 https://gitlab.com/keviner2004/shooting-art/tree/master/default 將資源下載回來，再用「對照」的方式尋找資源。舉例來說：位於 /default/Ships/Parts/Cockpits/Bases/18 位置的圖檔對應的 Sprite 資源位置為 Ships/Parts/Cockpits/Bases/18。

Sprite.lua 會根據指定的資源位置在 Spritesheet 內尋找正確的圖像。所謂的 Spritesheet 是由一連串的圖像組合而成的，如圖8-57：

（圖8-57，Spritesheet，朱彥銘提供）

　　Spritesheet 的好處是可以減少圖像讀取的時間，並且縮小圖像佔用的記憶體空間。當你告知了 Sprite.lua 資源位置後，它便會根據該位置找到目標圖像在 Spritesheet 內對應的座標與長寬，最後從預載好的 Spritesheet 內將資源切割出來呈現給顯示端。上述這些複雜的步驟都已經透過 Corona SDK 與 Sprite.lua 處理了，也因此你才能像以下的例子一樣那麼簡單的顯示圖像。

　　接下來我們示範如何拼揍出以下的敵人：

（圖8-58，拼揍敵人，朱彥銘提供）

先在程式碼內建立相關零件：

```
local part1 = Sprite.new("Ships/Parts/Cockpits/Bases/18")
local part2 = Sprite.new("Ships/Parts/Cockpits/Glass/25")
--left wing
local part3 = Sprite.new("Ships/Parts/Wings/68")
--right wing
local part4 = Sprite.new("Ships/Parts/Wings/68")
local part5 = Sprite.new("Ships/Parts/Engines/6")
local part6 = Sprite.new("Ships/Parts/Engines/6")
--left gun
local part7 = Sprite.new("Ships/Parts/Guns/8")
--right gun
local part8 = Sprite.new("Ships/Parts/Guns/8")
```

此範例使用到的資源路徑與圖像的對應如下表：

路徑	預覽
Ships/Parts/Cockpits/Bases/18	
Ships/Parts/Cockpits/Glass/25	
Ships/Parts/Wings/68	
Ships/Parts/Engines/6	
Ships/Parts/Guns/8	

(三) 加入零件

接著將新增好的零件加入新建立的敵人物件內，物件顯示的順序決定於加入的順序，先加入物件顯示順序較低，越後面加入的物件會顯示在越前面。

```
--insert to enemy
myEnemy:insert(part7)
myEnemy:insert(part8)
myEnemy:insert(part5)
myEnemy:insert(part6)
myEnemy:insert(part3)
myEnemy:insert(part4)
myEnemy:insert(part1)
myEnemy:insert(part2)
```

(四) 設定屬性

遊戲物件移動的時候，通常需要根據物件指向的位置旋轉，也因此我們會需要定義物件指向的方向：myEnemy.dir。從上圖得知，這個物件指向的位置是 270 度，所以我們將 myEnemy.dir 設置為 270，指向下方 (這個值預設為 90，指向上方)。

```
--set properties
myEnemy.dir = 270
```

(五) 反轉圖像

為了節省系統資源，遊戲的實作上往往會利用相同的圖像去達成不同的效果，在這個例子裡，我們翻轉右方的機翼雨左方的槍管，來實作成左方的機翼與右方的槍管。

```
part3.xScale = -1
part8.xScale = -1
```

變數	翻轉前	翻轉前
part3		
part8		

(六) 定位零件

當在實作遊戲的時候，會有多重解析度的議題：我們會希望具有高解析度螢幕的裝置，採用更清晰的圖源來顯示遊戲物件，例如 720×1080 的解析度會採用 spaceshooter@1x.png，1080×1920 則會採用 spaceshooter@2x.png。

不同圖源的長寬像素是不同的，所以建議你不要直接指定像素來定位零件：part2.y = -10，而是用比例的方式：part2.y = part1.height/8。

以下的例子裡都會根據 part1 的長寬比例來定位零件，以解決多解析度的問題。

```
--position
part2.y = part1.height/8
part3.x = -part1.width/4*3
part3.y = -part1.height/4
part4.x = part1.width/4*3
part4.y = -part1.height/4
part5.x = -part1.width/2
```

```
part5.y = -part1.height/4
part6.x = part1.width/2
part6.y = -part1.height/4
part7.x = -part1.width/2
part7.y = part1.height/4
part8.x = part1.width/2
part8.y = part1.height/4
```

(七) 設定子彈

本模板提供一個非常簡單的方式讓你的敵人發射子彈，首先你先指定子彈來源與建構此子彈所需要的參數。

接著只需要使用 myEnemy:shoot 發射子彈即可。下面的例子使用 addTimer 達到每 1 秒發射 1 個子彈的效果。

注意該 myEnemy:addTimer() 會在 myEnemy 被回收時跟著被回收。這意味著當 myEnemy 透過 myEnemy:clear() 被回收時，便不會繼續執行 shoot()。

```
--setup shoot
myEnemy:setDefaultBullet("bullets.Laser", {laserFrame = "Lasers/2"})

myEnemy:addTimer(1000,
    function()
        myEnemy:shoot({x = myEnemy.x + part1.width/2 , degree = myEnemy.dir, speed = 1000})
        myEnemy:shoot({x = myEnemy.x - part1.width/2 , degree = myEnemy.dir, speed = 1000})
    end
, -1)
```

(八) 開啟物理引擎

如果你不希望你的敵人是無敵狀態，你必須開啟物理引擎的功能，讓它能和其他物件碰撞。

```
--enable physic
myEnemy:enablePhysics()
```

全部的程式碼範例詳見專案：levels/myLevel/MyEnemy.lua

(九) 使用自訂的敵人物件

那麼你該如何使用自訂的敵人物件呢？很簡單，只需要先引用它（第2行），接著透過它建立新物件（第7行）就可以了。

```lua
local gameConfig = require("gameConfig")
local Sublevel = require("Sublevel")
local MyEnemy = require("levels.myLevel.MyEnemy")
local util = require("util")
local myLevel = Sublevel.new("9999999-011", "level name", "author name")

function myLevel:show(options)
    local enemy = MyEnemy.new()
    self:insert(enemy)
    --place the enemy out of the screen
    enemy.x = gameConfig.contentWidth/4
    enemy.y = -100
    --move the enemy from the top to bottom with speed 100 pixels/second
    enemy:setScaleLinearVelocity( 0, 50 )
    enemy:addItem("items.PowerUp", {level = 1})
```

```
    --destroy the enemy properly
    enemy:autoDestroyWhenInTheScreen()
    self.enemy = enemy
end

function myLevel:isFinish()
    --print("isFinish!??")
    if util.isExists(self.enemy) then
        return false
    else
        return true
    end
end

return myLevel
```

(十) 掉落道具

以下為本模板預設的道具：

資源路徑	功能
items.PowerUp	改變攻擊模式
items.ScoreUp	增加分數
items.ShieldUp	開啟護盾
items.SpeedUp	增加射擊速度

如果你要設定敵人會掉落道具，你可以透過 addItem 新增它，第一個參數是道具的資源路徑，第二個參數則是初始化這個道具時會需要用到參數。

```
enemy:addItem("items.PowerUp", {level = 1})
```

(十一) 魔王

1. 建立一個魔王

魔王是敵人的一種,所以要新增魔王的第一步便是新增一個敵人的類別檔案,這裡我們沿用之前建立自訂敵人時的例子,並修改成一個魔王。

2. 更多的血量

魔王通常擁有更多的血量,為了讓之後的 HP 條顯示正確的血量,我們除了透過 hp 來設定更多的血量外,也指定 maxHp 表示血量的最大值:

```
myEnemy.maxHp = 1000
myEnemy.hp = 1000
```

3. 多個階段

一般來說,魔王會有多個階段,例如當血量低於某個數值,該魔王就會使用全新的攻擊手段,這個模板提供一個方便的階段管理器 PhaseManager 來實現這樣的功能,首先我們先引用 PhaseManager,並使用 new 來新增一個實體:

```
local PhaseManager = require("PhaseManager")
--... some codes
local phaseManager = PhaseManager.new()
```

這個例子中,我們希望魔王有三個階段,第一個階段:魔王會發射一發子彈;第二個階段:魔王會發射兩發子彈;第三個階段,魔王會發射三發子彈以及追蹤導彈。其中第一個階段為初始階段,當魔王血量少於或等於 2/3 時,會進入到第二階段;當魔王血量少於 1/3 時,則進入第三階段;血量歸 0 時魔王則被消滅。

有了 phaseManager 的幫助,我們可以利用 phaseManager:registerPhase() 註冊每個階段,registerPhase() 有 4 個參數,分別為階段的名稱、該階段的執行動作、階段完成的條件以及階段完成時要被呼叫的函式。

phaseManager:registerPhase() 的語法

phaseManager:registerPhase(key, action, isFinish, onComplete)

其中，action 可以是表格，與事件呼叫的原理相同，當 action 為表格時，會尋找並執行表格內與 key 同名的函式；若 action 為函示時，則會直接呼叫該函式。

isFinish() 在最後會期待開發者回傳 true 或 false，若回傳 true，則代表該階段結束，並會進行下一個階段。

下一個階段是由 onComplete 的回傳值決定的，onComplete 期待開發者回傳下一個階段的名稱，舉例來說：如果 onComplete 最後回傳的是 stage2，則下一個階段即是註冊為 stage2 的階段。

以下的程式碼註冊了三個階段：stage1, stage2 以及 stage3：

```lua
phaseManager:registerPhase(
    "stage1",
    myEnemy,
    function()
        return myEnemy.hp <= 666
    end,
    function()
        return "stage2"
    end
)

phaseManager:registerPhase(
    "stage2",
    myEnemy,
```

創意實作 ▶ 遊戲 APP 開發入門

```
        function()
            return myEnemy.hp <= 333
        end,
        function()
            return "stage3"
        end
    )

    phaseManager:registerPhase(
        "stage3",
        myEnemy,
        function()
          return myEnemy.hp <= 0
        end
    )
```

當註冊完了階段,我們必須要決定何時去更新階段的資訊。當然我們可以每一幀去檢查,但這樣會消耗太多的系統資源,這裡我們採用比較聰明的方法:由於我們的階段結束條件都是血量有變化時發生的,所以我們可以在魔王的血量發生變化時去更新階段資訊就好。

這裡我們在魔王這個物件上註冊 health 事件,這樣一來,我們會在魔王血量發生異動時接收到通知,收到通知的同時,我們使用 check() 檢查階段是否產生變化:

```
    --enemy is hurt
    myEnemy:addEventListener("health", function(event)
        --logger:info(TAG, "HP Event: name:%s, phase:%s, crime:%s, damage:%s, hp:%s", event.name, event.phase, event.crime.name or "", event.damage, event.hp)
```

```
        phaseManager:check()

    end)
```

當然我們還必須要指定初始的階段，初始階段是魔王一開始所在的階段，會從這個階段前往到不同階段：

```
phaseManager:setCurrentPhase("stage1")
```

上述的例子中，我們定義了魔王的三個階段與每個階段間的連結方式，現在該是去實作每個階段的 action 的時候了，當 PhaseManager 進入到另一個階段時，便會執行該階段的 action，由於這裡註冊階段時，action 是使用 myEnemy 物件，我們必須在 myEnemy 定義三個階段的 action，並且函式名稱必須與當時註冊的階段名稱相同。

第一個階段 stage1，我們一次只能發射一個子彈，所以我們先設定了魔王預設使用的子彈，並且使用一個 timer 去定期的發射一個子彈。

```
    myEnemy:setDefaultBullet("bullets.Laser", {laserFrame = "Lasers/2"})
    function myEnemy:stage1()
        logger:info(TAG, "The boss is in stage1, shoot 1 bullet")
        --setup shoot
        self.preTimer = self:addTimer(1000,
            function()
                self:shoot({x = self.x , degree = self.dir, speed = 100 * gameConfig.scaleFactor})
            end
            , -1)
    end
```

第二個階段 stage2，與第一個階段類似，不同的是，我們必須將前一階段的 timer 停止，否則會發射多餘的子彈，這也是為什麼我們在第一階段要用 preTimer 將 timer id 記錄起來的原因，這樣我們才能在第二個階段使用 cancelTimer 取消該計時器。

```lua
function myEnemy:stage2()
    logger:info(TAG, "The boss is in stage2, shoot 2 bullet")
    self:cancelTimer(self.preTimer)
    self.preTimer = self:addTimer(1000,
        function()
            self:shoot({x = self.x + self.width/4 , degree = self.dir, speed = 100 * gameConfig.scaleFactor})
            self:shoot({x = self.x - self.width/4 , degree = self.dir, speed = 100 * gameConfig.scaleFactor})
        end
    , -1)
end
```

第三個階段就複雜了一點，因為我們要發射預設子彈外的子彈，所以我們使用參數 bulletClass 帶入這次要發射的子彈類別，和參數 bulletOptions 帶入該類別初始化需要的參數，並透過 onShoot 參數獲得子彈發射的事件，讓我們可以自己定義子彈發射的行為。除此之外，這裡還使用一個 counter 記錄目前發射的子彈次數，達到每發射兩發一般子彈才發射一發追蹤導彈的效果。

```lua
function myEnemy:stage3()
    local counter = 0
    logger:info(TAG, "The boss is in stage3, shoot 3 bullet, and a homing missile")
```

```lua
        self:cancelTimer(self.preTimer)
        self.preTimer = self:addTimer(1000,
            function()
                counter = counter + 1
                self:shoot({x = self.x + self.width/4 , degree = self.dir, speed = 100 * gameConfig.scaleFactor})
                self:shoot({x = self.x , degree = self.dir, speed = 100 * gameConfig.scaleFactor})
                if counter%2 == 1 then
                    self:shoot({
                        x = self.x , degree = self.dir, speed = 100 * gameConfig.scaleFactor,
                        bulletClass = "bullets.Missile",
                        bulletOptions = {},
                        onShoot = function(bullet)
                            bullet:setScaleLinearVelocity(0, 200)
                            bullet:rotateTo(270)
                            move.seek(bullet, self.players[1])
                        end
                    })
                end
                self:shoot({x = self.x - self.width/4 , degree = self.dir, speed = 100 * gameConfig.scaleFactor})
            end
        , -1)
    end
```

全部程式碼範例詳見專案：levels/myLevel/MyBoss.lua

● 使用自訂的魔王 (Boss)

(十二) 關卡設定

預設的無限模式中，遊戲會進行 10 次普通關卡，才會進入一次魔王關卡，如果你希望你的關卡能在無限模式中被當作為魔王關卡，就必須要在關卡建立時在選項中設定 isBossFight = true。以下的例子中，除了指定 isBossFight，也指定了 bg，為該關卡的預設背景因為，此為 0.986 版加入的功能。

```
local myLevel = Sublevel.new("9999999-086", "custom enemy", "author name", {isBossFight = true, bg = "bg"})
```

(十三) 引用

由於魔王只是比較強壯的敵人，本質上和敵人並無不同，所以引用方式和之前引用敵人的範例是一樣的。要注意的是，新增實體的方式，由於這個魔王會追蹤角色的行動，所以新增實體的函式中，我們讓它必須帶入玩家的實體：players。players 是所有的玩家，當開始雙人模式後，這個表格會包含兩個玩家的實體，分別為：players[1]、players[2]。反之，單人模式中只會有一個玩家實體：players[1]。

```
local MyEnemy = require("levels.myLevel.MyBoss")
--some codes...
local enemy = MyEnemy.new({players = self.players})
```

(十四) HP Bar

由於魔王血量眾多，我們會需要將魔王血量顯示在 Hp Bar 上，提示玩家目前遊玩的進度。建立一個 HP Bar 的方式非常簡單，本模板提供了基本的 HpBar UI：ui.HpBar。你只需要引用它並且創建一個新的 HP Bar 實體。其中參數 w、 h、numLifes、title 分別為 Hp Bar 的長、寬、血條數量、標題文字。

```lua
local HpBar = require("ui.HPBar")
-- some codes
    local hpBar = HpBar.new({
        w = gameConfig.contentWidth*0.88,
        h = gameConfig.contentWidth*0.1,
        numOfLifes = 3,
        title = "Boss2"
    })
```

新增完成之後，我們將它放到螢幕上方：

```lua
hpBar.x = gameConfig.contentWidth / 2
hpBar.y = hpBar.height * 0.6
```

並且設置初始的血量：

```lua
hpBar:update(enemy.hp , enemy.maxHp)
```

也記得要在魔王血量發生變動時更新血量表：

```lua
local function checkHPBar(event)
    if util.isExists(hpBar) then
        hpBar:update(enemy.hp, enemy.maxHp)
    end
end
--update hp bar when enemy is hurt
enemy:addEventListener("health", checkHPBar)
```

(十五) Hide/Show Score

由於螢幕上方需要顯示血量表,我們可以透過 Sublevel.game 控制器,暫時隱藏分數,除美觀之外,也避免玩家分心:

```
self.game:showScore(false)
```

也記得要在關卡結束時把分數顯示打開還原,不然下一關就看不到分數了:

```
self.game:showScore(true)
```

(十六) Warninig

注意魔王出現的時機,和一般敵人不同,魔王出現前會需要醞釀氣氛,而不是直接出現。所以我們會在魔王出現前顯示警告的訊息,當警告訊息過後,才出現魔王。我們可以直接呼叫 Sublevel 中的 showWarning 來顯示警告訊息:

```
function myLevel:show(options)
    self:showWarning({
      bg = "bg3",
      onComplete = function()
        self:initBoss()
      end
    })
end
```

其中 bg 為警告訊息過後才會播放的背景音樂資源名稱,目前提供的音效資源如下表:

資源	路徑
bg	sounds/Juhani Junkala [Retro Game Music Pack] Level 1.mp3
bg2	sounds/Juhani Junkala [Retro Game Music Pack] Level 2.mp3
bg3	sounds/Juhani Junkala [Retro Game Music Pack] Level 3.mp3
bg4	sounds/Juhani Junkala [Retro Game Music Pack] Ending.mp3

而 onComplete 則為警告訊息完成後會呼叫的函式，這裡我們呼叫 initBoss 來初始化我們的魔王，initBoss 是初始化魔王的地方，這裡我們先將魔王放置於螢幕外面，並透過 enemy.invincible = true 將我們的魔王設置成無敵，不然當魔王在螢幕外待命時被打成蜂窩就好笑了。接著透過給魔王一個速度並經過一段時間將魔王的速度設定為 0，這樣魔王便會過一段時間從螢幕外移動至螢幕內。當魔王移動到螢幕內後，將 enemy.invincible 設為 false，讓魔王可以受到傷害：

```
enemy.x = gameConfig.contentWidth/2
enemy.y = -enemy.height/2
enemy.invincible = true
--some codes..
enemy:setScaleLinearVelocity(0, 200)
enemy:addTimer(1000, function()
    enemy:setScaleLinearVelocity(0, 0)
    --When the enemy is ready, the player can hurt it
    enemy.invincible = false
    enemy:startAction()
end)
```

(十七) 結束條件

這裡的結束條件為：當 Boss 被打敗消失時即結束。和之前的結束條件不同的地方是，用到了另一個自己定義的變數 bossInited，這是因為在遊戲的一開始 Boss 並未出現，而是在警告訊息過後才出現的。所以我們透過一個額外的變數來確認 Boss 是否真的消失了，否則這個關卡會在一開始的時候便結束，陷入無限的迴圈。

```lua
function myLevel:isFinish()
    --print("isFinish!??")
    if not self.bossInited or util.isExists(self.enemy) then
        return false
    else
        return true
    end
end
```

由於該關卡可能會被重複執行，這裡選擇在 prepare() 內來進行每次 bossInited 變數的初始化：

```lua
function myLevel:prepare()
    self.bossInited = false
end
```

全部程式碼範例詳見專案：levels/myLevel/level_myboss.lua

(十八) 多部位敵人 (Multiple parts enemy)

你可能看過某些遊戲的敵人是由多個部位所組成的，像一個巨大的機器人魔王，你要分別摧毀它的不同部位：像是手、腳、頭等等，才算是擊敗它。

1. 建立一個多部位敵人

這邊提供一個簡單的方法讓你達成類似的功能，下面的例子中，我們將三個敵人當作部位零件組合起來，讓它變成一個比較大的敵人，當玩家將三個部位全部消滅，才算打敗這個組合起來的敵人。

由於 Corona SDK 物理引擎的限制，碰撞的物體必須在同一個群體 (Display Group) 中，所以我們在這個模組的建構式多一個參數 parent，傳入這個敵人存在的群體，將稍後新增的敵人加入同一個群體：

```
Enemy.new = function(parent, options)
    --...
end
```

首先我們先用敵人的模組來建立這個三個部位，並且賦予它們 100 點的血量：

```
local myEnemy1 = MyEnemy.new()
local myEnemy2 = MyEnemy.new()
local myEnemy3 = MyEnemy.new()

myEnemy1.hp = 100
myEnemy2.hp = 100
myEnemy3.hp = 100
```

記得將部位加入指定的群體：

```
parent:insert(object)
parent:insert(myEnemy1)
parent:insert(myEnemy2)
parent:insert(myEnemy3)
```

為了讓它們能一起移動,我們要建立一個這個組合敵人的核心,讓這三個部位以這個核心為基準點進行移動,這個核心不能被摧毀,所以我們使用不會跟任何其他物件碰撞的 GameObject 來實作它:

```
local object = GameObject.new(options)
local rect = display.newRect(0, 0, 100, 100)
rect.alpha = 0
object:insert(rect)
object:enablePhysics()
```

注意:這裡我們在核心物件中加入了一個完全透明的矩形,這樣啟動物理引擎的時候才能自動描繪出物理身體,有了物理身體,我們才能讓這個核心使用物理的方式移動。為了能讓其他部位能跟隨著核心移動,我們使用該核心中的 enterFrame ,在每幀的時候移動我們的將其他部位移動到正確的位置,注意:enterFrame 方法會在它的擁有者被回收時跟著一起被回收,你不會擔心它會一直留在遊戲中。

```
object.enterFrame:each(function()
    if util.isExists(myEnemy1) then
        myEnemy1.x = object.x + myEnemy1.width
        myEnemy1.y = object.y
    end
    if util.isExists(myEnemy2) then
        myEnemy2.x = object.x - myEnemy2.width
        myEnemy2.y = object.y
    end
    if util.isExists(myEnemy3) then
        myEnemy3.x = object.x
        myEnemy3.y = object.y
```

```
            end
    end)
```

　　除了讓各個部位可以一起移動，我們還要偵測三個部位的存活狀態，視情況判定這個組合起來的敵人是否死亡，所以我們在每個敵人註冊 health 事件，它會在敵人血量發生變化以及死亡時發出通知，且在每次有部位被摧毀時，使用 object:checkDead() 來確認這個組合型敵人是否死亡：

```
myEnemy1:addEventListener("health", function(evnet)
    if evnet.phase == "dead" then
        object:checkDead()
    end
end)

myEnemy2:addEventListener("health", function(evnet)
    if evnet.phase == "dead" then
        object:checkDead()
    end
end)

myEnemy3:addEventListener("health", function(evnet)
    if evnet.phase == "dead" then
        object:checkDead()
    end
end)
```

　　object:checkDead() 會去記錄每次死亡的次數，當死亡次數達到 3，代表所有部位被摧毀。當所有部位被摧毀的時候，摧毀核心並發出爆炸的特效。

```
object.deadCount = 0
function object:checkDead()
    self.deadCount = self.deadCount + 1
    if self.deadCount == 3 then
        local effect = Effect.new({
            time = 800
        })
        effect.x = self.x
        effect.y = self.y
        effect:start()
        self:clear()
    end
end
```

全部程式碼範例詳見專案：/levels/myLevel/MyMultipartEnemy

2. 使用這個敵人

使用這個敵人的方式和使用其他敵人模組大同小異，只是必須將該關卡存放物件的群體 (Display Group) 帶入，即是 self.view：

```
local MyEnemy = require("levels.myLevel.MyMultipartEnemy")
local enemy = MyEnemy.new(self.view)
```

另一點值得注意的是，我們並沒有將這個敵人的自動回收機制打開，因為該敵人的核心很小，使用自動回收機制的話，會在敵人還沒完全離開螢幕時就將敵人回收了。所以這邊讓敵人不斷的左右移動，除非敵人被摧毀，否則不會離開關卡。

這邊移動的方式比較透別，透過一個 timer 去累加數值，並根據該數值的不同設定不同的移動速度與方向：

```
enemy:addTimer(1000, function()
    count = count + 1
    self:moveMyEnemy(enemy, count)
end, -1)
```

在 count 每第二次發生變化的時候，改變移動方向，讓它可以左右移動：

```
function myLevel:moveMyEnemy(enemy, count)
    if count%4 == 0 then

    elseif count%4 == 1 then
        enemy:setScaleLinearVelocity(200, 0)
    elseif count%4 == 2 then

    elseif count%4 == 3 then
        enemy:setScaleLinearVelocity(-200, 0)
    end
    count = count + 1
end
```

全部程式碼範例詳見專案：levels/myLevel/level_multipart_enemy

九、子彈 (Bullet)
(一) 自訂子彈

1. 不可銷毀子彈

不可銷毀子彈不會因為其他的子彈而被摧毀，像是雷射。

(1) 建立子彈檔案

```lua
local Bullet = require("Bullet")

Laser.new = function(options)
    local laser = Bullet.new(options)
    return laser
end
return Laser
```

(2) 加入圖像

```lua
local sprite = Sprite["expansion-6"].new("Lasers/Rings/5")
laser:insert(sprite)
```

(3) 開啟物理引擎

```lua
laser:enablePhysics()
```

注意只要是 Bullet 類別創造出來的物件，都會開啟自動銷毀機制，所以你不用特別去處理用這個方式創造出來的子彈回收。

全部程式碼範例詳見專案：levels.myLevel.MyBullet.lua

2. 可銷毀子彈

可銷毀子彈會因為其他的子彈而被銷毀，如果這個子彈是敵人專用的，例如說：敵人發射的飛彈可以摧毀玩家，玩家的子彈也可以摧毀敵人的飛彈，我們可以透過一個技巧達成這樣的效果，即是把敵人當成是子彈發射出去：

(1) 建立子彈檔案

```lua
local Enemy = require("Enemy")
local MyBullet = {}
MyBullet.new = function(options)
    local bullet = Enemy.new(options)
    return bullet
end

return MyBullet
```

(2) 加入圖像

```lua
local sprite = Sprite.new("Missiles/2")
bullet:insert(sprite)
```

(3) 增加屬性

由於這個子彈其實是敵人，所以我們可以設定它的血量與分數資訊：

```lua
bullet.hp = 1
bullet.score = 1
```

(4) 開啟物理引擎並啟動自動銷毀機制

注意：用此種方式建立的子彈，本質是敵人，所以你要記得處理回收的機制：

```lua
bullet:enablePhysics()
bullet:autoDestroyWhenInTheScreen()
```

全部程式碼範例詳見專案：level.myLevel.MyDestructibleBullet.lua

3. 使用自訂的子彈

使用自訂的子彈只需要透過既有的發射子彈機制即可：

```
--myEnemy:setDefaultBullet("levels.myLevel.MyBullet")
myEnemy:setDefaultBullet("levels.myLevel.MyDestructibleBullet")
myEnemy:addTimer(1000,
    function()
        myEnemy:shoot({
            x = myEnemy.x + part1.width/2 ,
            degree = myEnemy.dir,
            speed = 500 * gameConfig.scaleFactor
        })
    end
, -1)
```

你也可以自行建立子彈的實體：

(1) 對敵人的子彈

```
local MyBullet = require("MyBullet")

local bullet = MyBullet.new({
    fireTo = "enemy"
    --fireTo = "enemy"
})
bullet.damage = 5

bullet:setScaleLinearVelocity(-500, 0)
```

(2) 對玩家的子彈

```
local MyBullet = require("MyBullet")

local bullet = MyBullet.new({
    fireTo = "character"
})

bullet.damage = 1

bullet:setScaleLinearVelocity(500, 0)
```

十、道具（Item）

(一) 須知事項

當道具被玩家取得時會依序執行以下的三個方法，其中 receiver 為道具獲得的對象，即是玩家，開發者可以透過重載這三個方法變更道具的效果：

1. visualEffect(receiver)

這個方法負責處理道具獲得時的視覺效果，預設為彈射出 5 個星星。

2. playGotSound(receiver)

這個方法負責處理道具獲得時的音效，預設音效為 sfx.scoreUp。

3. mentalEffect(receiver)

這個方法負責處理實際影響玩家的效果，預設並未實作此方法。

(二) 靜態屬性

透過直接指定道具的某些屬性，在道具被獲得的時候會直接影響玩家，屬性值的影響會跟著玩家，直到玩家死亡或遊戲結束，這些屬性這裡稱為道具的靜態屬性，分別為：

1. lifes

影響玩家的生命值，玩家的 lifes 並無設定預設上限，最低為 0。

2. power

影響玩家武器的威力，玩家的 power 最低為 0，最高為 5。

3. shootSpeed

影響玩家的射擊速度，玩家的 shootSpeed 最低為 0，最高為 5。

4. score

影響得分，玩家的 score 並無預設上限，最低為 0。

(三) 自訂道具

1. 建立道具檔案

先建立一個道具檔案，引用 Item.lua，並繼承它，以下是最精簡的道具範例：

```lua
local Item = require("Item")
local MyItem = {}

MyItem.new = function(options)
    local item = Item.new()
    return item
end

return MyItem
```

2. 新增道具圖像

上述的例子中我們並沒有指定任何的圖像，所以獲得的只是一個看不見得道具，這在遊戲中是沒有用處的，所以我們用 Sprite 來建立道具的圖像與玩家互動：

```
local sprite = Sprite["expansion-1"].new("Items/28")
item:insert(sprite)
```

3. 指定靜態屬性

　　靜態屬性可以快速的影響角色數值，注意數值為差值，下述例子中指定 score 為 50，life 為 1，代表玩家取得道具的時候，分數會加 50，生命值會增加 1，你也可以指定負值代表負面效果的道具。

```
item.score = 50
item.lifes = 1
```

4. 開啟物理引擎

　　別忘記開啟物理引擎，讓道具與玩家之間可以互相碰撞：

```
item:enablePhysics()
```

5. 角色死亡時是否掉落

　　你可以透過重寫 item:needKeep() 來決定道具是否要在角色死亡後掉落，回傳 false 代表不掉落，反之，道具會在角色死亡後掉落：

```
function item:needKeep(receiver)
    return false
end
```

如果不指定，只會在角色數值發生變化時才掉落該道具，目的是為了讓玩家撿回來，如下程式碼所示：

```
function item:needKeep(receiver)
    local result = receiver:testUpdateAttr(self)
    if result.change then
        return true
    end
    return false
end
```

receiver:testUpdateAttr() 會檢查獲得道具後屬性是否發生變化。這個檢查在許多時候是必要的，例如玩家不斷的取得增加 power 的道具，但由於玩家的 power 有上限，多餘的道具是不需要保留的。

6. 變化視覺效果

你可以透過覆寫 item:visualEffect 來改變獲得道具時的視覺效果，注意：由於 effect 也是顯示物件，你必須將它加入遊戲場景中，即是玩家所處的群體之中，所以下面的例子中才會使用 receiver.parent 獲得玩家所在的群體，並將特效加入其中：

```
function item:visualEffect(receiver)
    local effect = Effect.new({time = 700})
    effect.x = receiver.x
    effect.y = receiver.y
    if receiver.parent then
        receiver.parent:insert(effect)
    end
    effect:start()
end
```

如果你想保留舊的特效，可以透過以下的技巧將舊特效暫存起來：

```lua
item.oldVisualEffect = item.visualEffect
function item:visualEffect(receiver)
    item:oldVisualEffect(receiver)
    local effect = Effect.new({time = 700})
    effect.x = receiver.x
    effect.y = receiver.y
    if receiver.parent then
        receiver.parent:insert(effect)
    end
    effect:start()
end
```

7. 播放自訂音效

你可以透過覆寫 item:playGotSound 播放自訂的音效：

```lua
function item:playGotSound(receiver)
    sfx:play("scoreUp")
end
```

8. 直接影響玩家

透過覆寫 item:mentalEffect 可以直接改變玩家的行為，這裡是示範如何張開玩家的護盾，openShield 中的第一個參數為護盾的張開時間（毫秒）。

```lua
function item:mentalEffect(receiver)
    receiver:openShield(3000)
end
```

全部程式碼範例詳見專案：levels.myLevel.MyItem.lua

(四) 使用道具檔案

使用自訂道具檔案的方式就與使用一般道具檔案相同，以下為關卡檔案，在其中新增一個敵人與一個道具，並在註解中介紹其他道具的使用方式。

全部程式碼範例詳見專案：levels.myLevel.level_custom_item.lua

十一、特效（Effect）

(一) 自訂特效

1. 建立特效檔案

首先我們要先建立一個特效的模組檔案，這個檔案引用 **Effect** 模組，並且必須要實作 effect:show() 的方法：

```lua
local Effect = require("Effect")
local MyEffect = {}
MyEffect.new = function(options)
    local effect = Effect.new(options)

    function effect:show()
    end

    return effect
end
return MyEffect
```

2. 新增特效動畫

這裡用像素風格的動畫風格，它位於 **pixel-effect** 的 spriteshhet 中，建立動畫的方式很簡單，我們只要使用 Sprite.newAnimation() 方法即可，其中 name 為該動畫的名稱，frames 則為影格，time 則為整體播放時間，loopCount 為重複播放的次數，當它為 0 時表示重複播放。新增完後將它加入特效中：

```lua
local sprite = Sprite["pixelEffect"].newAnimation({
    {
        name = "start",
        frames = {
            "2/1",
            "2/2",
            "2/3",
            "2/4",
            "2/5",
            "2/6",
        },
        time = 600,
        loopCount = 0
    }
})
self:insert(sprite)
```

3. 播放動畫

播放動畫要先設定要播放的動畫名稱，接著使用 sprite:play() 播放：

```lua
sprite:setSequence("start")
sprite:play()
```

4. 播放音效

如果特效有聲音，可以加入音效：

```
sfx:play("explosion2")
```

全部程式碼範例詳見專案：level.myLevel.MyEffect

5. 使用自訂的特效

要使用自訂的特效只需要將它引用，使用 Effect.new() 方法，帶入特效的持續時間以新增特效實體並加入場景之中。接著使用 effect:show() 方法播放特效，特效會在時間結束後自行回收，你不需要特別去處理特效的回收。

全部程式碼範例詳見專案：levels.myLevel.level_custom_effect

十二、物理（Physics）

（一）物理身體（Physics body）

Corona SDK 中預設的物理身體是方形，它的長寬取決於當下的顯示物件大小，有些時候，方形的物理身體無法滿足我們，像是形狀接近三角形的飛機會需要一個三角形的物理身體，更不用說其他更複雜的圖形了，在 Corona SDK 之中支援了不少物理身體形態，當然你也可以在本模板使用它們，它們分為：

1. 圓形身體 (Circular body)

透過 radius 半徑畫出圓形的物理身體。

```
enemy:setBody({radius = enemy.width/2*0.6})
```

2. 方形身體 (Rectangular body)

預設物理身體的進階版，你可以改變身體大小與位移。

```
enemy:setBody({
    box = {
        halfWidth = enemy.width/5,
        halfHeight = enemy.height/5,
        x = 0,
```

```
        y = enemy.height * 0.3,
        angle = 45,
    }
})
```

3. 凸多邊形身體（Polygon body）

直接帶入凸多邊形的點，注意：點的順序要是順時針而且不能用這個方法帶入凹多邊形。這邊用了一個迴圈去根據螢幕大小調整凸多邊形大小。

```
local pentagonShape = { 0,-37, 37,-10, 23,34, -23,34, -37,-10 }

for i = 1, #pentagonShape do
    pentagonShape[i] = pentagonShape[i] * gameConfig.scaleFactor * 0.6
end

enemy:setBody({
    shape = pentagonShape
})
```

4. 邊線身體〔Edge shape (chain) body〕

邊線身體是一個沒有被填滿的邊線，你可以透過 connectFirstAndLastChainVertex 決定第一個點是不是要和最後一個點相連。

```
local chainPoints = { -120,-140, -100,-90, -80,-60, -40,-20, 0,0, 40,0, 70,-10, 110,-20, 140,-20, 180,-10 }
for i = 1, #chainPoints do
    chainPoints[i] = chainPoints[i] * gameConfig.scaleFactor * 0.6
end
```

```
enemy:setBody({
    chain = chainPoints,
    connectFirstAndLastChainVertex = true
})
```

5. Outline body

直接透過 graphics.newOutline 方法產生可以當作邊界參數的點。由於預設的邊線中心點不同，我們需要一個 for 迴圈去調整它。graphics.newOutline 的第一個參數決定邊線的完整程度，數字越小越完整，越影響效能；反之，邊線較不完整，效能較佳。

```
local outline = graphics.newOutline(50, Sprite["expansion-4"].getSheet(),
Sprite["expansion-4"].getFrameIndex("Ships/22"))

for i = 1, #outline do
    if i % 2 == 1 then
        outline[i] = outline[i] - enemy.width/2
    else
        outline[i] = outline[i] - enemy.height/2
    end
end
enemy:setBody({
    chain = outline,
    connectFirstAndLastChainVertex = true
})
```

注意：當你要重新調整物理身體大小時，必須要重啟該物件的物理引擎，以下例子將敵人的大小增加至兩倍，並重新調整其物理身體大小。

全部程式碼範例詳見專案：levels/myLevel/MyEnemyWithCustomPhysicsBody.lua

十三、裝備（Gear）

本模板允許玩家角色攜帶一個裝備，並且提供開發介面讓開發者可以自訂角色裝備，這裡的角色裝備即是環繞在角色周圍的物體，圖8-59 中的角色攜帶了一個會輔助射擊的裝備，俗稱副砲。這裡我們會示範如何建立角色的副砲。

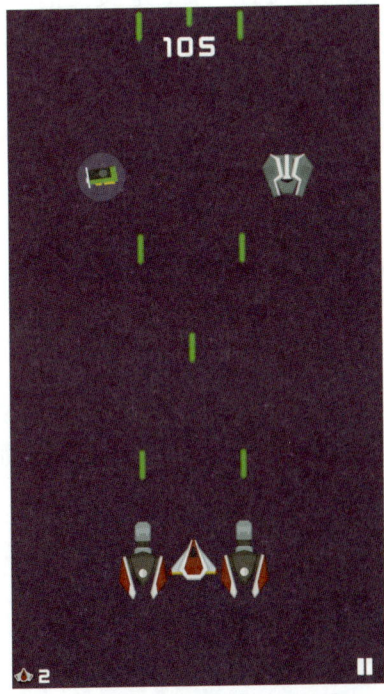

（圖8-59，有輔助射擊裝備的角色，朱彥銘提供）

(一) 建立裝備

1. 建立裝備實體

建立裝備實體必須引用裝備模組：Gear.lua：

```lua
local Gear = require("Gear")
```

並使用 Gear.new 方法建立裝備實體：

```lua
local myGear = Gear.new(options)
```

2. 設定裝備屬性

接著我們必須設定裝備的屬性：dir 是裝備指向的方向，如果你未來需要旋轉你的裝備，指定這個屬性會讓你方便許多。最重要的屬性是 gearId，gearId 是裝備的識別碼，相同的 gearId 會被模板當作是相同的裝備，由於這個模板目前限制角色只能有一個裝備，當角色取得和目前裝備識別碼不同的裝備時，會將目前的裝備卸下，換上新的裝備。

```lua
myGear.dir = 90
myGear.gearId = "myGear_123456"
```

3. 加入裝備圖像

不要忘記現在的裝備並沒有包含圖像，這裡我們加入兩個飛船當作是裝備中的砲管：

```lua
local gun1 = Sprite["expansion-4"].new("Ships/38")
local gun2 = Sprite["expansion-4"].new("Ships/38")
myGear:insert(gun1)
myGear:insert(gun2)
```

4. 定位裝備圖像

透過 options.receiver 我們可以取得獲得裝備的角色實體，透過角色實體我們可以定位裝備的圖像，讓槍管位於角色的兩方：

```
local receiver = options.receiver
gun1.x = -receiver.width
gun2.x = receiver.width
```

5. 設定裝備功能

由於裝備模組是繼承自敵人模組，它擁有敵人模組全部的方法，首先我們先設定裝備要發射的子彈：

```
myGear:setDefaultBullet("bullets.Laser")
```

並設定指彈發射的頻率、起始位置與速度，就如同我們在設置敵人子彈的時候一樣，讓然你也可以套用發射敵人子彈的經驗，換成是追蹤導彈等等：

```
myGear:addTimer(1000, function()
    myGear:shoot({
        x = myGear.x + receiver.width,
        degree = 90,
        speed = 100 * gameConfig.scaleFactor
    })
    myGear:shoot({
        x = myGear.x - receiver.width,
        degree = 90,
        speed = 100 * gameConfig.scaleFactor
    })
end, -1)
```

全部程式碼範例詳見專案：/levels/myLevel/MyGear.lua

(二) 穿上自訂裝備

建立好裝備後，我們要讓角色穿上它，這裡我們透過建立自訂道具的方式，在角色獲得道具的同時，穿上裝備：

```
function item:mentalEffect(receiver)
    receiver:addGear({
        gearClass = "levels.myLevel.MyGear",
        gearOptions = {

        },
        x = 0,
        y = 0
    })
end
```

要讓角色穿上裝備，必須使用角色中的 addGear() 方法，穿上的裝備會在角色死亡時自動脫落。gearClass 是裝備的模組，gearOptions 是裝備建立時的參數，x , y 則是裝備中心與角色中心的相對位置。

全部程式碼範例詳見專案：/levels/myLevel/MyGearItem.lua

第 9 單元

在地文化資源的調查方法與應用

王怡茹　老師 ⊙ 陳建志　老師

王怡茹，國立臺灣師範大學地理學系博士。曾任職於國立東華大學臺灣文化學系、國立高雄第一科技大學通識教育中心，現為國立臺北大學民俗藝術與文化資產研究所助理教授。102年度曾獲「國史館國史研究獎勵」，並出版《淡水地方社會之信仰重構與發展——以清水祖師信仰為論述中心（1945年以前）》一書。學術專長為歷史地理學、社會文化史、信仰與地方社會、文化地景與觀光、無形文化資產等。

陳建志，現任教於國立高雄第一科技大學，2016年8月出版《方法對了，人人都可以是設計師》一書，榮獲全校必修「創意與創新」課程之教材。任教前曾在相關工業產品設計公司擔任產品設計師及設計總監等職務，其間多次獲得國內外相關設計競賽獎項之肯定；於任教期間，多次輔導跨領域學生團隊獲得國內外設計競賽獲獎、國際發明展金牌及發明專利肯定。個人專長為工業產品設計、平面設計、電腦輔助設計、設計思考、在地文創設計、模型製作、商品品牌開發等相關設計實務。

單元架構

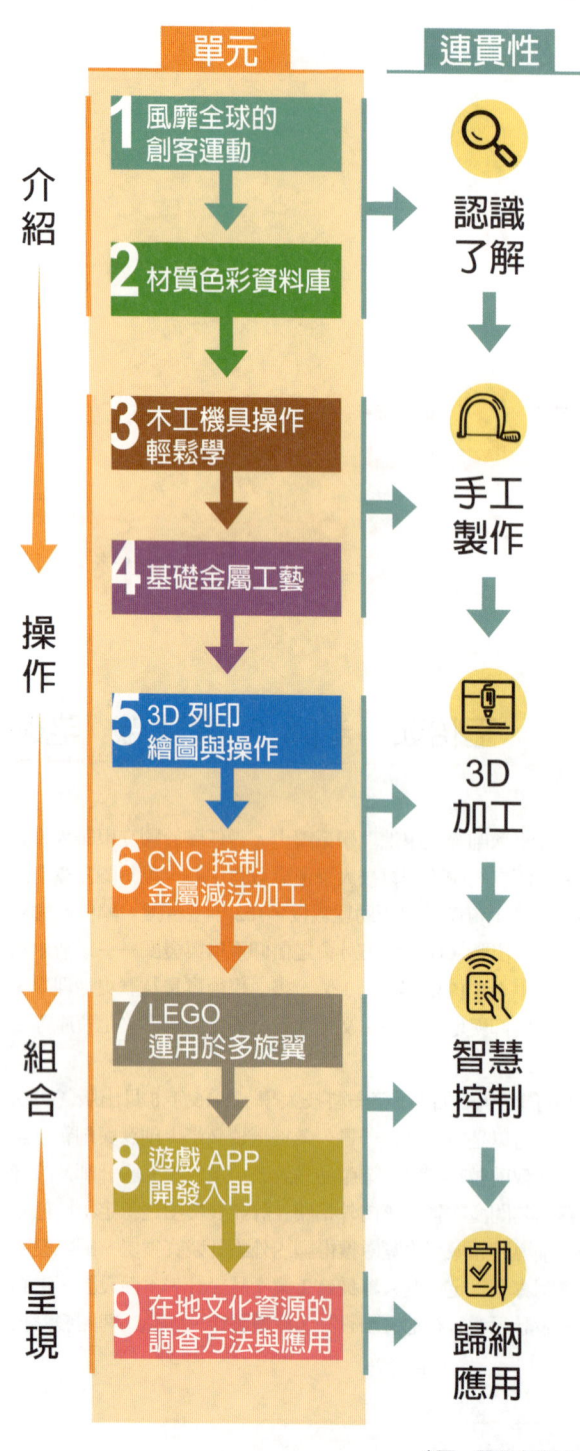

單元	連貫性	內容描述
1 風靡全球的創客運動	認識了解	**先探索發掘** 透過在地資源調查，來了解發掘問題及資料蒐集之重要性；並透過色彩材質的認識，來學習如何應用於提升創意品質及造型美學。
2 材質色彩資料庫		
3 木工機具操作輕鬆學	手工製作	**再動手實作** 了解問題發掘及美學之後，可透過木工常用手工具之操作練習，應用於居家傢俱設計；再認識細微金屬手工具之加工工法及各式金屬，來學習動手實作之重要性。亦會學習 3D 模型繪圖教學之 3D 列印機加法加工，及大型機具雕刻機之減法加工的實際操作設備練習。
4 基礎金屬工藝		
5 3D 列印繪圖與操作	3D 加工	
6 CNC 控制金屬減法加工		
7 LEGO 運用於多旋翼	智慧控制	**於技術應用** 透過動手實作練習之後，即可組裝直昇機樂高組件，來學習馬達動力傳動及主機程式控制。同時透過簡單語法的步驟操作練習，來自己完成簡單的 APP 遊戲開發。
8 遊戲 APP 開發入門		
9 在地文化資源的調查方法與應用	歸納應用	**於在地應用** 透過課程技術的養成，實際應用於在地資源調查，並落實在地文化精神。

介紹 → 操作 → 組合 → 呈現

（圖，單元架構）

緒論

　　一個好的創意的產出，都是在不經意的發掘活動中探索出來的，所以透過生活周遭的調查與觀察，都可成為發展文化資源的重要過程。經由在地文化資源的調查方法與應用，得以學習探索問題及發掘屬於自己在地的文化創意，並間接培養出敏銳的觀察力。本單元藉由國立高雄第一科技大學地處北高雄橋頭、楠梓、燕巢三區域之交界地當案例，來練習在地文化資源的調查。首先針對三個區域的發掘與調查，再依據整合環境、資訊、資源等三大創新創業元素，以便進行地方文化產業的發掘與再造，希望能找出地方發展文創之文化資源並製作出可代表地方特色之文創商品雛形（prototype）。根據前面單元所學會的教學與實作練習，將有助於日後進階之創客工具（金屬工藝、木工機具操作、3D 列印製作）等文創實作課程的串連，從中更加了解動手實作的創意緣由與契機，進而提高實作對於創意發掘的重要性。

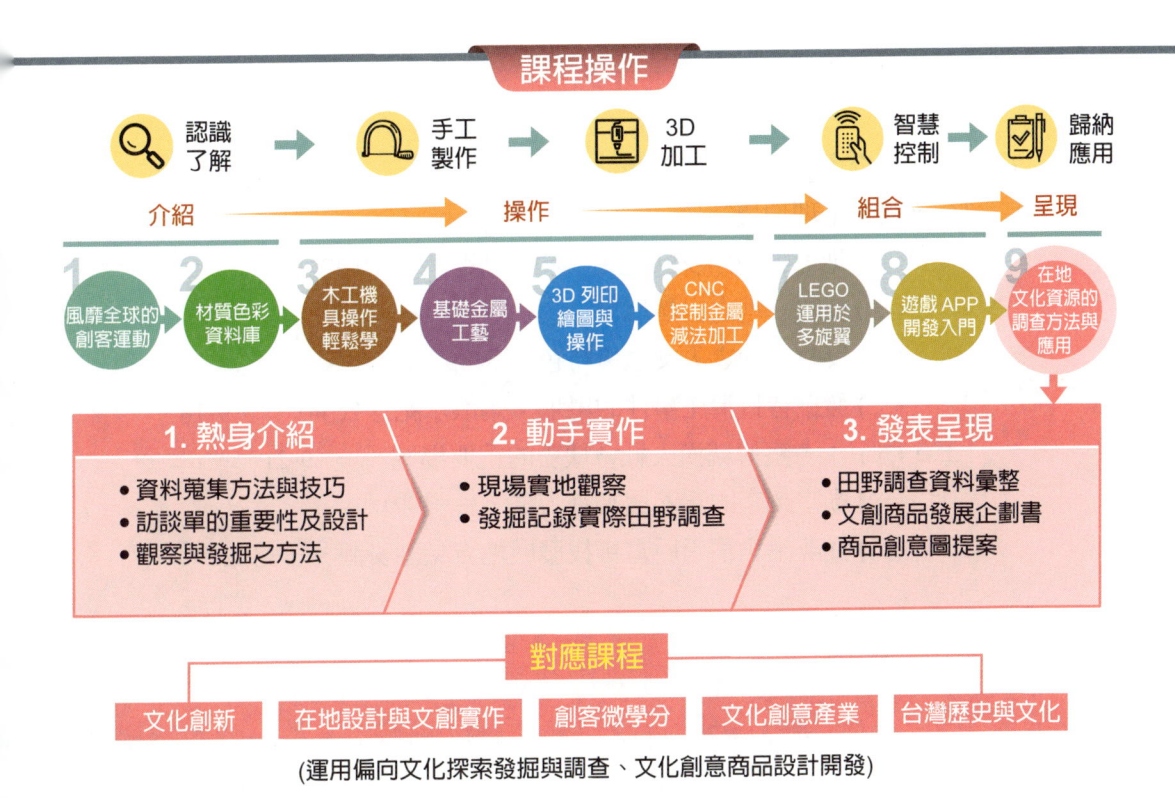

課程操作

認識了解 → 手工製作 → 3D加工 → 智慧控制 → 歸納應用

介紹 — 操作 — 組合 — 呈現

1. 風靡全球的創客運動
2. 材質色彩資料庫
3. 木工機具操作輕鬆學
4. 基礎金屬工藝
5. 3D列印繪圖與操作
6. CNC控制金屬減法加工
7. LEGO運用於多旋翼
8. 遊戲APP開發入門
9. 在地文化資源的調查方法與應用

1. 熱身介紹
- 資料蒐集方法與技巧
- 訪談單的重要性及設計
- 觀察與發掘之方法

2. 動手實作
- 現場實地觀察
- 發掘記錄實際田野調查

3. 發表呈現
- 田野調查資料彙整
- 文創商品發展企劃書
- 商品創意圖提案

對應課程

| 文化創新 | 在地設計與文創實作 | 創客微學分 | 文化創意產業 | 台灣歷史與文化 |

(運用偏向文化探索發掘與調查、文化創意商品設計開發)

目錄

司長序
校長序
課程引言
單元架構
緒論
前言 —— 9-2

9.1 田野調查的方法與技巧 —— 9-3
　　一、認識田野調查場域 —— 9-3
　　二、設計一份田野調查表／訪問單 —— 9-4
　　三、事前作好萬全準備 —— 9-5
　　四、訪談的技巧 —— 9-7

9.2 田野調查實作 —— 9-9
　　一、觀察地理環境特色 —— 9-9
　　二、分析地名特色所反映之人文發展軌跡 —— 9-13
　　　　(一) 反映一地之自然環境特色 —— 9-14
　　　　(二) 反映一地之人文環境特色 —— 9-15
　　　　(三) 發掘昔日清庄事件的場址：殤滾水紀念公園 —— 9-18
　　三、廟宇：考察傳統漢人社會樣貌的重要場域 —— 9-21
　　　　(一) 廟宇調查的意義與調查方法 —— 9-21
　　　　(二) 從燕巢角宿天后宮尋找發展地方文創資源 —— 9-21

　　　　(三) 從燕巢安招神元宮尋找發展地方文創資源 —— 9-26
　　　　(四) 從有交流、互動關係之廟宇尋找發展地方
　　　　　　文創資源 —— 9-28
9.3 田野調查資料之運用 —— 9-29
　　一、田野調查資料彙整 —— 9-29
　　二、地方文創發展研擬與規劃 —— 9-31
9.4 在地資源探討於實作 —— 9-32
　　一、燕巢芭樂木木工筆實作設計 —— 9-32
　　二、芭樂木筆操作 —— 9-33
　　三、木工筆實際操作部分 —— 9-34
　　　　(一) 木工筆材料 —— 9-34
　　　　(二) 裁切木材要領 —— 9-34
　　　　(三) 鑽床操作要領 —— 9-35
　　　　(四) 車床操作要領之一 —— 9-36
　　　　(五) 車床操作要領之二 —— 9-36
　　　　(六) 固定車刀架要領 —— 9-37
　　　　(七) 車刀之握持要領之一 —— 9-37
　　　　(八) 車刀之握持要領之二 —— 9-38
　　　　(九) 裝入筆套件內徑管之一 —— 9-38
　　　　(十) 裝入筆套件內徑管之二 —— 9-39

(十一) 裝入筆套件內徑管之三 —— 9-39
　　(十二) 細磨工作 —— 9-40
　　(十三) 拋光工作 —— 9-40
　　(十四) 內管及筆尖敲入木頭筆內 —— 9-41
　　(十五) 套入筆芯與圓墊套 —— 9-41
　　(十六) 裝入第二節筆桿及筆尾蓋 —— 9-42
　　(十七) 芭樂木工筆作品呈現 —— 9-42
四、典寶溪魚網魚墜實作設計 —— 9-43
五、魚網魚墜模型操作 —— 9-44
六、魚網魚墜灌模操作部分 —— 9-45
　　(一) 主要灌模材料 —— 9-45
　　(二) 魚墜紙盒製作 —— 9-46
　　(三) 3D 魚墜模型 + 補土製作 —— 9-48
　　(四) 魚網墜灌矽膠模步驟 —— 9-50
　　(五) 魚網墜灌矽 Poly 步驟 —— 9-53
　　(六) 魚網墜灌成品 —— 9-55
　　(七) 成品展示 —— 9-57
七、動手實作回饋於在地資源調查應用之省思 —— 9-58

前言

　　2000 年聯合國教科文組織（UNESCO）提出文化產業（Cultural Industries）的概念為：「結合創作、生產與商業，內容品質本質上是無形資產與具文化概念的，且通常藉由智慧財產權的保護，可以以產品或服務的形式來呈現。」[1] 20 世紀末期起，文化產業已然是都市的「象徵經濟」（symbolic economy），為許多先進國家都市再生的主要策略，也是許多第三世界國家對抗資本主義剝削的生存性策略。發展文化產業不僅可提升整體區域品質，也將成為活化地方經濟發展的重點策略之一。

　　國立高雄第一科技大學地處北高雄橋頭、楠梓、燕巢三區域之交界地（圖9-1），就區位角度而言雖屬都市邊陲區，然就當前高教政策定位而言，大學之於區域的定位儼然已形成：「教學面以學生為本位、學術面以學校為本體、服務面以大學為核心」之趨勢。自 2010 年 8 月起，第一科大朝「邁向創業型大

（圖9-1，第一科大鄰近行政區域圖，楊玟婕提供）

1　UNESCO, 2000, What do we understand by Culture industries.

學」之目標發展，在「創新、創業教育」及「創新、創業育成」二大發展主軸下，如何在既有的教學與研究成果基礎上，整合環境、資訊、資源等三大創新創業元素，進行地方文化產業發掘與再造，為未來之重點發展項目之一。

本單元將以「在地資源調查」為主軸，藉由實際考察認識地理環境、地名與在地廟宇特色，找出地方可發展文創之文化資源。進而透過創意思維、創新模式之實作，轉而成為文創商品雛形（prototype），以與進階之創客工具（金屬工藝、木工、3D列印等）作結合。

9.1 田野調查的方法與技巧

田野調查是指親身投入該研究場域進行實地觀察工作，透過觀察和記錄，取得最原始的照片、筆記或錄音等第一手在地原始資料，並統整出所需知識。透過實地觀察和體驗，可增加對環境的解讀與詮釋，讓調查者能重新發現熟悉許久但往往卻忽略的生活環境，提高對環境知覺的敏銳度，同時可補強書本以外的知識，並有助於我們更進一步了解人、空間、地方與環境的關係。根據陳益源在進行民間文學田野調查的經驗，他認為鍥而不捨的精神、追根究柢的習慣、有效率的田野作業、建立和諧的人際關係等四個面向如可兼顧，即能獲得豐碩的成果。[2] 以下將從田野調查過程各階段應準備、注意事項逐一介紹。

一、認識田野調查場域

為使調查工作順利進行，必須先對當地有基礎認識，以預先做好調查準備與安全防護措施。因此，進入田野前蒐集與閱讀基礎資料，乃認識一地特色之必備過程。從地理學的觀點來看，如先從該地之「地氣水土生、人經交聚政」

---

2 陳益源（2005），民間文學田野調查實施策略，民間文學研究通訊 1：111-116。

（即：地形、氣候、水文、土壤、生物、人口、經濟、交通、聚落、政治）作不同面向之基礎資料蒐集，即可先有基礎的了解，並於田野調查時與實地觀察到的景觀、現象作驗證與呼應。

二、設計一份田野調查表 / 訪問單

在進行調查前，先架構明確的調查流程圖，規劃田野調查區域範圍、動線、對象，有助於確認主題（包括對象、區域），扣緊主題，以得到預期效果。為避免遺漏，可於調查前，先依研究主題於行前擬訂田野調查表 / 訪問單，並於田野調查過程中，視狀況進行內容調整，將可有效取得相關資訊。田野調查表 / 訪問單內容可涵蓋如下（表9-1）：

一、歷史：地方歷史發展背景、傳說故事、古蹟。

二、自然環境特色：地形、氣候、水文、土壤、生物。

三、產業：地方農漁特產、相關特色產業。

四、習俗與信仰：地方信仰中心、文化活動、神明會組織等。

五、其他：田野調查過程中所發現的任何資訊、特色，或前述未竟之處，均可增列於此。

> 如有二人以上共同進行主題調查、訪談時，可採任務分工方式於行前做好工作分配表，並讓所有參與者了解分工狀況，必要時彼此可互相支援與協助，提高調查效率。

表9-1　田野調查表 / 訪問單

國立高雄第一科技大學 通識教育中心 地方文創發展計畫 訪問調查單	
年　月　日	
社區 / 廟宇	地址：
受訪對象 （年紀、姓名、職業）	
歷史 （特殊性、傳說、遺跡、古蹟）	
自然環境特色 （天災、水患、自然環境特色）	
產業 （農特產、其他特色產業）	
習俗與信仰 （廟宇、神明會組織）	
相關重要人士	
社區發展困境	
未來兩者互動	

資料來源：王怡茹、陳猷青製表。

三、事前作好萬全準備

「工欲善其事，必先利其器」，在田野調查過程中，文字、影像、聲音的記錄是相當重要的。因此，可依照調查對象、場所屬性，準備筆記本、筆、相機、手機、平板電腦、筆記型電腦、DV（或錄影機）、錄音筆等記錄工具。進入田野調查場域後，先將所觀察到的人、事、時、地、物以各種載具記錄下來，後續再作進一步的分析與解釋工作。準備輔助記錄之捲尺、手電筒、電池、記憶卡、充電器、轉接設備……等，以及因應調查環境應準備之遮陽、防曬、防蚊、防雨等用品，均可使調查過程更加順利。

創意實作 ▶ 在地文化資源的調查方法與應用

　　走進田野前，地圖準備、讀圖能力亦為必備之技能。地圖是地表現象具體而微的一種表現，可將地表上大面積的空間現象縮小到一種可觀察的形式，是人類對環境資訊摘取（abstract）及加以顯示的結果，也是人類賴以建立特有環境觀與空間觀的主要工具。地圖不僅提供一個地方／區域的地理資訊，也可重現地理變遷或區域發展歷程。隨著科技發達，傳統紙張地圖在製作、更新、表現、攜帶、儲存、分析等功能均有其限制性，電子地圖突破了傳統紙張地圖的侷限性，並可結合空間資訊，發揮增刪、合併、擷取、分析、查詢等功能。調查時可善用手機、平板電腦等資訊設備，及時定位、查詢免費圖資，將有助於掌握方向與當地環境資訊（圖9-2）。

> 💡 **小提醒**
> 田野調查場域不一定都是易達性高或都市化程度高的地方，為確保調查過程順利、安全，事先規劃並做好準備工作是很重要的。行前應先對當地環境、氣候、交通作基礎了解，並準備攜帶便利的工具／物品，如手機、零錢、藥品……等，以備不時之需。

（圖9-2，善用手機、平板電腦等資訊設備及時查詢資料、拍攝照片。攝影：殷豪飛）

　　另外，如調查工作有訪談需求，進入調查場域前最好事先以電話、e-mail聯繫相關人士，預約訪問時間。訪談對象可包括村里長、地方頭人、耆老、文史工作室、地方人文協會等對地方歷史文化、環境背景熟稔人士，透過他們的生活經驗分享，可取得許多書本上所沒有記錄到的寶貴資料，訪問者也可透過受訪者的回答內容，與相關書籍或文章相互比較事件的真實性。

四、訪談的技巧

訪談是田野調查工作中必備的過程，一般常見的訪談類型（表9-2）有結構式訪談（structured interview）、非結構式訪談（unstructured interview）、半結構式訪談（semi-structured interview）三種訪談法，每種訪問法都有其優缺點，可依照訪談對象、訪談議題選擇合適的方法。如不諳當地的語言，建議尋找對當地語言、文化了解的人陪同，即可減少溝通、語言／文化轉譯的時間。

表9-2　一般常見的訪談

	結構式訪談	非結構式訪談	半結構式訪談
特性	又稱標準化訪問，訪問者事先規劃好結構性問題，按問題順序訪問受訪者，一般多用於問卷訪問。	沒有提出問題的標準程序，訪問者以開放性問題讓受訪者回答。	結構式與非結構式訪談的折衷，受訪者先以一系列結構式問題發問，再採用開放性問題深入探究相關議題。
優點	1. 訪問者較易控制訪問內容、訪問時間。 2. 問題答案較一致，方便後續資料整理工作。 3. 易比較各訪談資料。	1. 受訪者不限於既定答案，可自由發揮、暢所欲言。 2. 訪問者可能取得許多意想不到的答案與資料。	1. 可取得較完整之資料並易有系統地作比較。 2. 可充分得知受訪者對採訪議題的想法。
缺點	1. 受訪者可能受設計題目限制，無法暢所欲言。 2. 問題設計如不夠周延，須再費時採訪。 3. 訪問者無法進一步探討問題答案之背後原因。	1. 訪問過程較費時。 2. 受訪者回答問題時可能過度主觀。 3. 訪問資料可能較為零散，不易整理。	1. 開放性問題訪談過程較費時。 2. 開放性問題所取得之資料可能較為零散，不易整理。

資料來源：作者製表。

創意實作 ▶ 在地文化資源的調查方法與應用

(圖9-3，燕巢安招神元宮廟前榕樹下，經常有地方耆老在此乘涼、談天。攝影：殷豪飛)

　　訪談前應先自我介紹，讓受訪者充分了解訪問的目的，最好製作名片，方便受訪者了解自己的身分；假設未攜帶名片，也可提供服務 / 就學單位證件。如調查過程中，有錄音、錄影需求，務必徵得受訪者的同意。若無鎖定特別之對象進行訪談，可隨機與廟內相關工作人員、樹下聚會的地方人士閒聊，有可能因此而獲得許多意想不到的資訊與知識（圖9-3）。訪談開始時，先消除緊張、建立關係後，再切入問題，且應讓多位受訪者表達自己的想法與意見，切勿隨意打斷、左右受訪者的想法，尤其不要以既有的印象或將個人偏見導入訪談內容去糾正受訪者的說法。

　　訪談問題設計宜由淺入深、由近至遠，最好從受訪者感興趣的議題切入，可使其更主動回覆受訪者的問題；如遇敏感性話題，可採迂迴、漸進方式引導其回答。訪問過程中，當受訪者開始講述時，應仔細聆聽，從其發言中發掘、延伸更多相關問題，且必須秉持客觀、中立態度，不要加入太多個人情緒意見，以免影響受訪者的回答內容。如受訪者主動提供相關老照片、古文書、祖譜、舊文物等資料，在徵求對方同意後，將其翻拍作記錄，並以光碟片燒錄一份予受訪者留存；如有向受訪者借閱相關資料，務必依約定歸還。

9.2　田野調查實作

　　進入田野調查場域時，必須有東西南北四向方位觀，除透過手機定位、指北針指示外，也可觀察太陽所在位置推估大致的方位。並且，留意去程走過的路、沿途重要地標，以免迷失方向。以下筆者以國立高雄第一科技大學鄰近區域為例，說明實際走入田野場域時應注意的重點與特色，以作為未來地方文創發展之著眼點。

一、觀察地理環境特色

　　國立高雄第一科技大學地處高雄平原，介於嘉南平原與屏東平原過渡地帶，平原上有若干隆起珊瑚礁與泥火山地形。隆起珊瑚礁由東北到西南有大岡山、小岡山、半屏山[3]、龜山、壽山、鳳山，略成一線排列，昔日為重要之石灰礦區，民國 86 年（1997）終止水泥業者採礦權後，各山開始進行植生綠化。目前這些地方仍可見停用之水泥工廠建築，反映昔日地方產業特色。2011 年 12 月 6 日在地方民間保育團體的推動下，內政部營建署成立「壽山國家自然公園」，將壽山（並非全部納入）、半屏山、旗後山、龜山、左營舊城等自然地形與人文史蹟納為保護範圍，為我國第一座國家自然公園。

> 根據國家公園法第 8 條有關「國家自然公園」之名詞定義：符合國家公園選定基準而其資源豐度或面積規模較小，經主管機關依本法規定劃設之區域。亦即一地具有保護價值，然其資源豐度或面積規模較小，未達國家公園劃設基準，以「國家自然公園」方式納入國家公園體系予以保護。

3　1956 至 1997 年間，水泥業者在半屏山山腳下設廠開挖石灰岩，經過數十年的開採，半屏山石灰岩幾乎被開採殆盡，原本特殊的單面山外型亦受到改變，山的高度也降至 170 公尺左右。採礦權終止後，礦區開始植生綠化，並由高雄市政府在半屏山的西北側設置自然公園。

創意實作 ▶ 在地文化資源的調查方法與應用

　　鄰近之泥火山地形有燕巢烏山頂泥火山（圖9-4）、橋頭滾水坪（圖9-5）、彌陀漯底山[4]等處（陳正祥，1961），如以燕巢地區的地形特色為例，本區擁有豐富的泥岩惡地與泥火山地形。惡地地形因地表遭受強烈侵蝕，出現無數深峻相鄰的溝谷，導致崎嶇難行，且不易作為農業土地利用的地區，有非常細緻的水系網路，短而陡急的坡，狹窄的河間地和童山濯濯、草木難生的景觀，依發生的岩層分為兩種類型：礫岩惡地（如三義火炎山）、泥岩惡地（如田寮月世界）。「泥火山」係指地表下的天然氣或火山氣體沿著地下裂隙上湧，沿途混合泥沙與地下水形成泥漿後，湧出地表堆積的過程。其形成條件有：一、地底下儲有巨大的壓力。二、地底岩層要有裂隙，以供氣體與地下水湧出地面。三、地底岩層中要有膠結鬆散且亦被地下水攜帶的泥質物質（楊建夫，1996）。由於其所噴出泥漿常伴隨著天然氣，遇火容易產生熊熊火光。泥火山的型態與泥

（圖9-4，燕巢泥岩地形土質較脆弱，在河川、降雨、地表逕流沖蝕下，形成 V 形蝕溝。攝影：王奇強）

（圖9-5，滾水坪泥火山。攝影：陳猷青）

---

4 漯底山是由泥火山湧出泥漿堆積而成的長 800 公尺、寬 600 公尺、標高 53 公尺山丘，泥漿分布規模居全台灣最大，但全部都是軍事管制區，一般人無法進入。楊建夫（1996），可愛的小地形——泥火山，地景保育通訊 4。

9-10

漿的黏稠度（含水量）與噴出氣體壓力有關。一般常見的泥火山地形有噴泥錐、噴泥盾、噴泥盆、噴泥洞、噴泥池五大類型（圖9-6至圖9-8）。「烏山頂泥火山」因錐狀泥火山體地形完整且活動性高（圖9-9），民國81年（1992）依據文化資產保存法劃定為自然保留區，全區占地4.89公頃，本地同時也屬燕巢惡地地質公園的一部分。

（圖9-6，噴泥盆。攝影：王奇強）

（圖9-7，噴泥洞。攝影：王奇強）

（圖9-8，噴泥池。攝影：王奇強）

（圖9-9，烏山頂泥火山為典型的錐狀泥火山，目前仍可見明顯的噴泥錐地形。攝影：王奇強）

由於燕巢境內地質多為泥火山泥岩層之青灰岩土質，內含鈉（硫酸鹽）與氧化鎂元素，適合種植芭樂、蜜棗、西施柚（合稱「燕巢三寶」）。燕巢芭樂種植面積約有1,600公頃，一年四季皆可收成，國人喜愛之「珍珠芭樂」即源於本區；蜜棗盛產於冬季（每年12月中旬至隔年3月），因果粒大、皮脆汁甜，享有「台灣蘋果」之美譽。西施柚因汁多、甜度高，又稱「蜜柚」，其盛產期約在農曆九月至十一月初。[5] 當地金山社區近年結合產業、文化、地質公園等地方元素，透過「金山棗樂趣」、「金山十八樂（食芭樂）」、燕巢一日農村小旅行、泥火山下的農村學校、阿嬤炊粿（圖9-10）等活動規劃，帶動地方社區發展。

（圖9-10，金山社區炊粿文化體驗活動。攝影：陳正智）

　　流經高雄第一科技大學校園附近的典寶溪源自燕巢山區，沿途流經面前埔、鳳山厝、下厝仔、中路林、芎蕉腳、橋仔頭、五里林、埔鹽、中崙、頂鹽田、梓官、同安厝、大舍甲、典寶、茄苳坑、蚵仔寮等聚落，最後由梓官區蚵仔寮港入海。今德松里、東林里、西林里、芋寮里昔日稱「五里林」，一帶因地勢及水流關係，早年居民利用溪床叢生的刺竹、竿蓁作為住屋建材，以刺竹當樑柱，再榫接為屋身骨架，牆身以竿蓁、竹片編成後，內糊稻草、泥土，表面再塗上一層細石灰，屋頂鋪蓋茅草。如遇大水將至，居民即拆除屋頂茅草、敲掉

---

[5] 行政院農業委員會林務局、國立台灣大學地理環境資源學系、林俊全、蘇淑娟（2014），台灣的地質公園，台北：農委會林務局，頁 48-55。

牆身稻草土片後，眾人合力將屋架扛走；洪水退去後，再將屋架扛回原址重修。[6] 當地也因洪水的考驗而歷練出村民和惡劣環境搏鬥，以及團結合作的精神，衍出「水流庄」一名並有「扛柱仔腳厝」之特殊文化活動。目前雖已不見柱仔腳厝的原貌，但於連接東林里與筆秀里的五里林橋頭，仍可看到昔日居民「扛柱仔腳厝」時的樣貌示意圖（圖9-11）。

（圖9-11，五里林橋上記錄了「扛柱仔腳厝」的歷史。攝影：陳猷青）

二、分析地名特色所反映之人文發展軌跡

　　地名是人類對某一特定地點與地區所賦予的專有名稱，其可代表命名對象的空間位置、反映了一地的自然與人文環境特徵人對某一空間或地方的認知，可作為了解不同地方社會之變遷與發展之表徵，以及地名命名過程中所隱含的社會建構意義。因此，過去曾有學者將地名視為「地理的化石」[7]、「歷史的代言者」[8]。一般而言，「地名」二字可指稱的對象相當廣泛，舉凡聚落名、地方名、街道名、建物名、山川名、公園名，甚至郵遞區域、地籍編號，都可以地名稱之。[9]

　　地名基本要素有：音（語音）、形（字形）、義（字面意義）、位（地理實體

---

6 陸寶原（1998），橋頭鄉地名，台灣地名辭書（卷五）高雄縣第二冊，南投：國史館台灣文獻館。
7 翁佳音（2001），〈舊地名考證與歷史研究──兼論台北舊興直、海山堡的地名起源〉，《異論台灣史》，台北：稻鄉出版社，頁283。
8 洪敏麟（1980），《台灣舊地名之沿革》，南投：台灣省文獻委員會，頁4。
9 葉韻翠（2013），〈批判地名學──國家與地方、族群的對話〉，《地理學報》68期（2013/04），頁71。

創意實作 ▶ **在地文化資源的調查方法與應用**

所在位置)、類(地理實體的類型)等五項。就從地名的命名結構來看，地名通常由專名、通名組成，其起源因人、事、時、地有所差異。專名(specific part)一般為形容詞或名詞，如大、小、新、舊；通名(generic part)：一般為名詞，指當地的環境共通性，如地形(崙、崁、坑)、聚落(厝、寮)。通常專名在前，通名在後，如大坑(台中)、舊寮(高樹)。

(一) 反映一地之自然環境特色

透過地名命名方式，可觀察出一地之自然環境特色，如一地之絕對方位，有東、西、南、北、中之地名；因二地之相對方位，有頂/下、前/後、內/外、頭/尾之別；另如地名中如有山、嶺、崙、屯、墩、坪，係指凸起地形；有坑、湖、堀(窟)、漯、凹、底，則為下凹地形，如凹子底(高雄三民區)、水底寮(屏東枋寮)。

有些地區的地名與當地之微地形特色有關，如湳、濫、坔：意指爛泥巴地，相關地名有水湳(台中北屯區)、草坔(台南學甲)；漯(義同「塌」)：腳踩下去會陷落，如草漯(桃園觀音)；滾水：泥火山作用產生的景觀，如第一科大東校區大門出口不遠處之「滾水」、「滾水坪」。另也有以當地顯著植物景觀命名的慣例，如香蕉(芎蕉)、芭樂、芒果(樣)等水果，普遍存在於全台各地，第一科大西校區大門外之聚落「芎蕉腳」即為一例(圖9-12)。[10]

(圖9-12，芎蕉腳聚落位於高雄市楠梓區清豐里西北邊，臨國立高雄第一科技大學西校區。攝影：王奇強)

---

10 與香蕉(芎蕉)相關地名有：芎蕉腳(高雄楠梓)、金蕉灣(屏東恆春)、芎蕉坑(苗栗苑裡)；與芭樂相關地名有：拔仔林(桃園大園)、那拔林(台南新化)、拔仔腳(雲林口湖)、拔仔湖(台中后里)、拔雅林(宜蘭頭城)；與芒果(樣)相關地名有：樣仔林(台南白河)、樣仔寮(彰化二水)、樣仔腳(高雄橋頭)、樣仔坑(雲林斗六)。

(二) 反映一地之人文環境特色

　　除了自然因素外，人文活動也影響了一地地名的命名方式，相關命名原則有：家屋住宅相關（庄、厝、屋、寮）、拓墾組織通名（鬮、結、股、份、堵、石牌、土牛）、血緣或地緣組織（泉州、漳州、永定）、歷史沿革與傳說（紅毛、黑鬼埔）、產業相關地名（枋寮、隘丁寮）、以人名命名（林鳳營、吳全）⋯⋯等。

> 中國古代天文學家將天上的恆星分為三恆、二十八宿，鄭成功部隊編制有部分即以二十八星宿為編列原則，象徵天兵、天將，有祈求部隊常勝之意。

　　明鄭時期，台灣的田園依據所有權主要可分官田、私田（文武田）、營盤田三大類。營盤田係指駐防各地營兵，就其所駐地開墾而成的田園，大多分布於今台南市、高雄市，其地名特色有二：一、有營、鎮等通名。二、有前、後、左、右、大、小、上、下等專名。相關地名有：參軍、前鎮、前鋒、後勁、後協、右衝、中衝、援勦中、援勦右、中權、角宿、仁武、北領旗、三鎮、左鎮、營前、營後、五軍營、查畝營、果毅後、新營、舊營、中營、後營、下營、大營、二鎮、左鎮、中協、林鳳營⋯⋯等。國立高雄第一科技大學東校區鄰近之燕巢區、楠梓區、橋頭區、仁武區境內即有許多地名與鄭成功所轄部隊之屯墾區。

　　燕巢區之「燕巢」地名舊稱「援勦中」，為援勦中鎮屯墾區，約為今日東燕里、南燕里範圍，日治大正9年（1920）才改名「燕巢」；「安招」里舊名「援勦右」，為援勦右鎮屯墾區，目前當地老人家仍稱當地為「援勦右」（圖9-13）；「角宿」為東方蒼龍七宿（角、亢、氐、房、心、尾、箕）之首，明鄭時期「角宿」鎮於此，係指駐守東方之軍營。橋頭區之「筆秀」原名「畢宿」（圖9-14），為西白虎之一星座名稱，目前地方組織團體命名時，仍保有「畢宿」之舊稱（圖9-15）。

9-15

創意實作 ▶ 在地文化資源的調查方法與應用

（圖9-13，「安招」舊名「援剿右」，源於明鄭時期援剿右鎮之屯墾地。攝影：王奇強）

（圖9-14，位於橋頭區之「筆秀」舊名「畢宿」，源自鄭成功部隊二十八星宿之「畢宿鎮」屯墾地。攝影：殷豪飛）

（圖9-15，透過田野調查可發現，筆秀當地仍保留「畢宿」之舊地名。攝影：王怡茹）

　　位於高雄第一科大東校區校門出口不遠處之「中崎」舊名「中衝崎」，為明鄭時期中衝鎮屯墾地；乾隆年間至道光初年間，中崎溪為重要通商港埠，並設有碼頭、棧寮，船隻可順著中崎溪、倒松溪、五里林溪與萬丹港（今左營軍港）、蟯港（今興達港），以及台南府城往來。[11] 故當地俗諺謂：「有中崎厝，無中崎富；有中崎富，無中崎厝」，反映昔日地方經濟繁榮之貌。俗諺所言之中崎厝為當地黃家宅邸，據傳於清代時黃家擁有七艘大船，富甲一方，蓋了規模「九包五，三落百二門」的中崎厝。然而，日治初期因日軍清庄事件房屋遭焚燬，重建後的黃家大厝（圖9-16），已不復當年盛況。2006年，因執行文建會公共空間藝術再造計畫——橋仔頭案例「麻雀愛鳳凰」子計畫「書寫中衝崎」，橋仔頭文史協會與湛墨書藝會合作，以書法形式，將地方民眾口述之中衝崎（圖9-17）開庄歷史、地名由來、中衝崎舖、龍脈傳說、日治時期清庄事件……等，記錄於社區主要街道牆面。

11　簡炯仁（2002），《高雄縣岡山地區的開發與族群關係》，高雄：高雄縣政府文化局，頁302-307。

（圖9-16，今日所見之中崎黃家古厝（橋頭區中崎里15號）為日治時期重建，已不見當年之盛況。 攝影：陳猷青）

（圖9-17，中崎舊名「中衝崎」，為明鄭時期中衝鎮屯墾地。攝影：殷豪飛）

除前述地區外，鄰近之楠梓區境內的後勁、右昌（衝），乃後勁鎮、右衝鎮軍隊屯墾地，以及仁武區之「仁武」地名源於鄭成功十武營（仁、義、禮、智、信、金、木、水、火、土）等等，透過這些地名均可窺見昔日這些地方曾為明鄭時期軍隊屯墾地之歷史軌跡。

（三）發掘昔日清庄事件的場址：殤滾水紀念公園

日治初期，援剿中設有憲兵分駐所，每日皆有聯絡兵以騎馬往返橋仔頭部隊與分駐所間送公文，途中會行經滾水庄。當時台灣各地群起對抗異族統治的突擊事件，某日聯絡兵行經滾水庄附近便橋時，遭到襲擊，滾水庄因而成為當時日軍清庄的目標。1898 年，日軍以戶口調查名義將滾水庄庄民集結於觀水宮廣場（圖9-18），逼問突擊民兵下落，但因問不出所以然，最後將全庄 16 歲以上男丁以極不人道的方式殺害。庄內部分婦孺被迫離開本地另謀生路，或將子女送給他人撫養，使得滾水庄形同廢墟。[12] 援剿人文協會進行地方文史調查時，將一百多年前觀水宮一帶曾發生慘絕人寰的歷史記憶重新挖掘出來；為感念先人，援剿人文協會於事件發生 100 年後，於今觀水宮對面豎立「殤滾水紀念碑」（圖9-19）。

（圖9-18，滾水觀水宮位於高雄市燕巢區角宿里滾水路 150 號。攝影：陳猷青）

日軍於燕巢、橋頭展開的報復性清庄事件，不僅滾水庄受難，鄰近的援剿右庄、中崎庄、筆秀庄、六班長庄（今橋頭區三德村）等地，也都受到嚴重的波及，為著名的「滾水庄清庄事件」。

---

12 林朝鵬（2004），〈滾水庄清庄事件〉，《高縣文獻》23 期，頁 193-196。

創意實作 ▶ 在地文化資源的調查方法與應用

（圖9-19，「殞滾水紀念碑」位於今高雄市燕巢區角宿里滾水路150號，觀水宮對面。攝影：陳猷青）

（圖9-20，筆秀天后宮位於高雄市橋頭區筆秀里筆秀路廟前巷4號，據《鳳山縣採訪冊》所載，筆秀天后宮興建於同治八年（1868），由董事許天文等人募款籌建。1895年日軍藉口「清庄」殘殺抗日民眾，廟宇亦遭祝融。媽祖神像在居民搶救下，暫供奉於民宅，1935年廟宇於現址重建後，才重新安座於廟內。攝影：殷豪飛）

三、廟宇：考察傳統漢人社會樣貌的重要場域

(一) 廟宇調查的意義與調查方法

在漢人傳統移墾社會中，廟宇經常扮演地方政治、經濟、社會中心的多元角色，透過廟宇興建背景、整修年代、廟內的匾額與碑碣、信徒的形成與流失……等，可視為觀察地方社會發展之媒介。[12] 不同聚落具有不同發展背景與信仰特色，透過地方志書、相關文獻資料蒐集，輔以實地考察廟內建築、廟宇文物、口訪地方耆老……等資訊累積，將有助於對一地之歷史發展脈絡有更多的了解，並從中發掘地方／區域特色，以作為發展地方文創之文化素材來源。

從資源調查角度來看，走進漢人廟宇進行田野調查時，有哪些重點需要留意呢？就林衡道（1985）長年進行古蹟調查的經驗來看，參觀寺廟的要領有八：一、先站在廟埕前，欣賞整座廟的全景。二、環顧四周的側景和後景，並注意相關的建築物。三、入正門看內景，了解建築裝飾藝術。四、讀碑記，可了解寺廟歷史、重修沿革。從捐獻芳名錄可了解昔日社會、經濟發展情形。五、欣賞匾、聯，可了解神明的由來、使命，或寺廟所在地的原始風貌。六、藉由香爐了解寺廟創建最正確的年代。七、藉由寺廟了解正神祖籍來歷，左右配祀神明的源由。八、其他塑像或牌位亦是一個有意義的歷史故事。

(二) 從燕巢角宿天后宮尋找發展地方文創資源

位於國立高雄第一科技大學東北方之燕巢角宿天后宮為燕巢歷史最悠久、規模較大的廟宇（圖9-21）。據《鳳山縣採訪冊》所載，天后宮「一在角宿莊七里山麓（觀音），縣北三十里，屋六間（額「龍角寺」），乾隆三十八年貢生柯步生建。」由此可知，角宿天后宮舊稱「龍角寺」，透過田野調查可於今

---

13 王怡茹（2014），《淡水地方社會之信仰重構與發展──以清水祖師信仰為論述中心（1945年以前）》，台北：國史館，頁74。

（圖9-21，角宿天后宮位於高雄市燕巢區角宿里角宿路6之1號。攝影：陳猷青）

廟前天公爐找到昔日「龍角寺」舊名（圖9-22）。雖然廟宇曾多次修建，但透過廟內匾額、石鼓、石碑，以及廟方保留於虎邊廂房外之石柱、石雕等舊文物，仍可推知廟宇的修築年代（圖9-23）。

（圖9-22，角宿天后宮舊名「龍角寺」，據《鳳山縣採訪冊》所載，本廟為乾隆三十八年（1773）貢生柯步生所建，目前天公爐仍可見「龍角寺」之舊稱。攝影：陳猷青）

（圖9-23，廟方將廟宇石柱、裙堵等舊文物，保留於虎邊廂房外。攝影：殷豪飛）

廟宇虎邊廂房外的一對石柱「星山聚秀鍾龍角，梅島分符惠鳳彈」，顯示廟宇曾於「道光二年梅月」的修建記錄（圖9-24）。廟宇前殿「光被四表」匾額最早是乾隆四十八年時由鄭南金、鄭克捷所敬獻，後來廟宇曾整修過，匾額左邊「道光十年歲次庚寅桐月吉保重修」字樣，即為道光十年廟宇的整修記錄（圖9-25）。另被保存於龍邊廂房入口處內側牆上，一座日治昭和三年（1928）廟宇重建時所立之〈龍角寺重修落成紀念碑〉中，更詳細記錄了廟宇的創建、修建年代、祭祀圈範圍，以及廟名緣由：「康熙年間創立廟宇，稱天后宮，昔人稱為『南路媽』；嗣於乾隆年間因草增修廟宇，多由角宿庄、附近十三庄有志組織募金改築；名以地傳則已，角宿取義，故改稱龍角寺焉！」（圖9-26）

　　此外，如從欣賞傳統廟宇建築藝術角度來觀察，角宿天后宮目前仍保有許多傳統建築藝術，如門神、石鼓（圖9-27）、藻井、憨番扛廟角（圖9-28至圖9-30）、剪黏（圖9-31至圖9-32）……等，皆可作為了解漢人傳統廟宇建築藝術之重要場域。

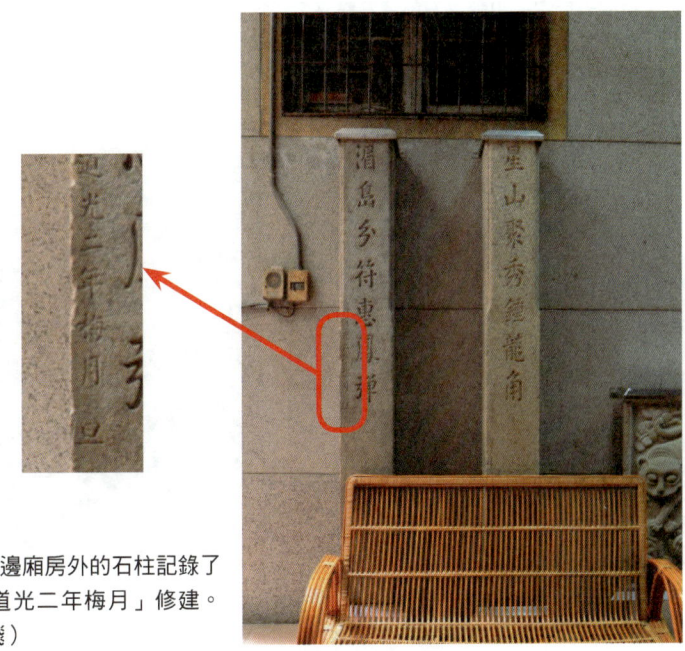

（圖9-24，虎邊廂房外的石柱記錄了廟宇曾於「道光二年梅月」修建。攝影：殷豪飛）

創意實作 ▶ 在地文化資源的調查方法與應用

（圖9-25 前殿「光被四表」匾額。攝影：殷豪飛）

（圖9-27，角宿天后宮三川殿之石鼓。石鼓又名「抱鼓石」、「門鼓」，在傳統建築結構上，具有穩定門柱與門板的功能。攝影：殷豪飛）

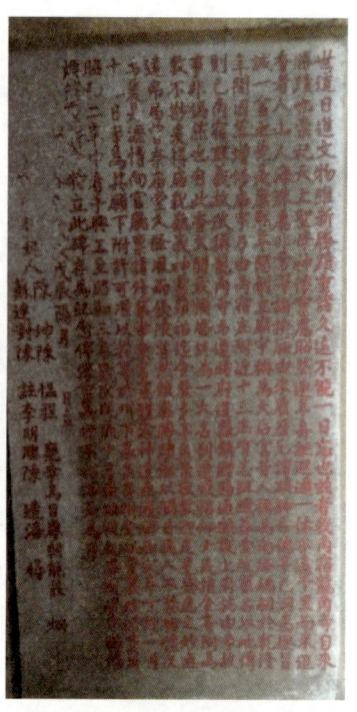

（圖9-26，〈龍角寺重修落成紀念碑〉。攝影：王奇強）

（圖9-28，角宿天后宮保有傳統「憨番扛廟角」的廟宇建築元素，這類的裝置構件在傳統建築結構中，並不具力學功能，但卻反映了早期建築匠師的幽默。攝影：殷豪飛）

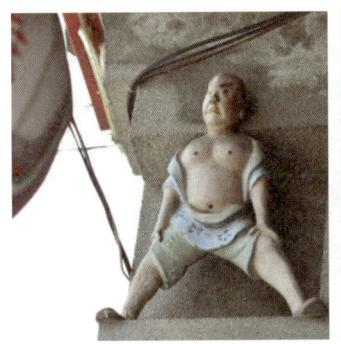

（圖9-29，安招神元宮的「憨番扛廟角」。攝影：殷豪飛）

（圖9-30，筆秀天后宮雖於近代修築，但仔細觀察墀頭處，也可發現「憨番扛廟角」的傳統藝術。攝影：殷豪飛）

（圖9-31，剪黏又稱「剪花」、「崁瓷」，此藝術品一般可見於廟宇屋脊、水車堵、壁堵等處，其題材多為民間傳說、神話、忠孝節義故事。攝影：殷豪飛）

（圖9-32，目前角宿天后宮建築物上，仍保有許多剪黏藝術品。攝影：殷豪飛）

(三) 從燕巢安招神元宮尋找發展地方文創資源

在廟宇進行調查時，也可透過廟內的籤詩類型，了解廟宇於地方社會所扮演的角色。在台灣民間信仰中，「籤詩文化」是相當普遍的現象，信徒透過到廟裡抽籤、解籤，排解各式疑難雜症、祈求心靈慰藉。「抽籤」融合了神學、文學、心理學與機率，與一般的卜卦有異曲同工之妙，不同的是，抽籤將信賴基礎構築於自身與神明間的溝通與應允，非陰陽之說。[14]

位於高雄市燕巢區安招里主祀五穀先帝的「神元宮」（又名「先公廟」）（圖9-33），即保有台灣傳統的籤詩文化。「神元宮」為燕巢安招地方信仰中心，創建背景據傳是福建的商人來台經過此地，將其所攜帶之神農大地與謝府元帥二尊金身留在庄內一間小廟，乾隆二年（1737）才建廟於現址前，定名為「神農宮」；乾隆三十五年（1770）韓象坤等信眾捐獻土地重建廟宇於現址。另據《鳳山縣採訪冊》所載：「先公廟一在援勦右莊（觀音），縣北三十三里，屋八間，道光二十二年陳上老等董建。」推知，廟宇於道光二十二年（1842）由陳上老等人重建。爾後，明治四十四年（1911）時，因受暴風雨襲擊，地方人士李容等人發起重修，廟宇才改稱為「神元宮」。[15] 目前廟內籤詩共有命運籤詩、成人藥籤、小兒藥三類（圖9-34至圖9-35），滿足地方信徒的多元需求。

---

14 林金郎，〈籤詩的架構、內涵及社會文化意義〉，《歷史月刊》260期（2009/09），頁17。
15 余玟慧（2009），高雄縣神農大帝信仰之研究，台南：國立台南大學台灣文化研究所，頁57-58。

（圖9-33，安招神元宮位於高雄市燕巢區安南路1號。攝影：殷豪飛）

（圖9-34，神元宮主祀五穀先帝，廟內籤詩有命運籤詩、成人藥籤、小兒藥籤三類。攝影：殷豪飛）

（圖9-35，神元宮正殿虎邊牆面上，張貼所有命運籤、成人藥籤、小兒藥籤的籤詩。攝影：殷豪飛）

（四）從有交流、互動關係之廟宇尋找發展地方文創資源

　　國立高雄第一科技大學自民國 82 年（1993）創校以來，與鄰近廟宇建立良好互動關係，每逢新年期間，校長均會帶領一級主管至學校附近社區廟宇上香祈福。透過到廟宇謝神行事，除感謝神明庇佑校內師生，並可與當地民眾聯繫情感、聽取鄉親對學校之建言、做好敦親睦鄰工作。這些廟宇主要分布於橋頭、燕巢二行政區，包括：海峰法主宮、中崎關聖宮、中路林中安宮、下烏鬼埔鳳龍元帥府，以及位於旗楠路之福德祠（表9-3）。五間廟宇奉祀不同神明，海峰法主宮、中崎關聖宮主祀關聖帝君，祈求師生每年都可以事事順利，過關斬將；中路林中安宮主祀媽祖，保佑全體師生平安健康；土地公則是保佑鄉里居民招財納福。另鳳龍元帥府與第一科大淵源更可溯至民國 84 年（1995）建校時，當時元帥府正逢改建期間，社區居民分別認養廟柱、壁畫，第一科大也致贈靈雀報喜飾磚予廟方，據贈禮之時迄今已過二十餘載，目前該飾磚仍鑲崁於元帥府右側門的牆壁上，象徵學校與廟方多年情誼。

表9-3　國立高雄第一科技大學一級主管歷年祈福廟宇

舊聚落	廟宇	行政區	地址
海峰	法主宮	橋頭區	中崎里海峰路 1 號
中崎	關聖宮	橋頭區	中崎里中崎路關聖巷 11 號
中路林	中安宮	燕巢區	鳳雄里中路巷 5 號
下烏鬼埔	鳳龍元帥府	燕巢區	鳳雄里鳳龍巷 26 之 6 號
-	福德祠	燕巢區	鳳雄里旗楠路……

資料來源：王怡茹整理、製表。

9.3 田野調查資料之運用

一、田野調查資料彙整

　　田野調查結束後，盡快將調查時所取得之影像、錄音檔備份儲存，以免記憶卡故障導致資料遺失；最好趁記憶猶新時，同步將資料進行編碼、分類，減少後續整理、判讀時間。就調查到的資料彙整為有系統的表格資料，並可針對調查成果繪製地圖、模式圖，找出可發展地方文創之潛力點。如以國立高雄第一科技大學鄰近區域特色為例，透過田野調查工作後，可從地理環境、產業、歷史聚落、廟宇與宗教活動四大特色歸納出其文創發展潛力。（表9-4）

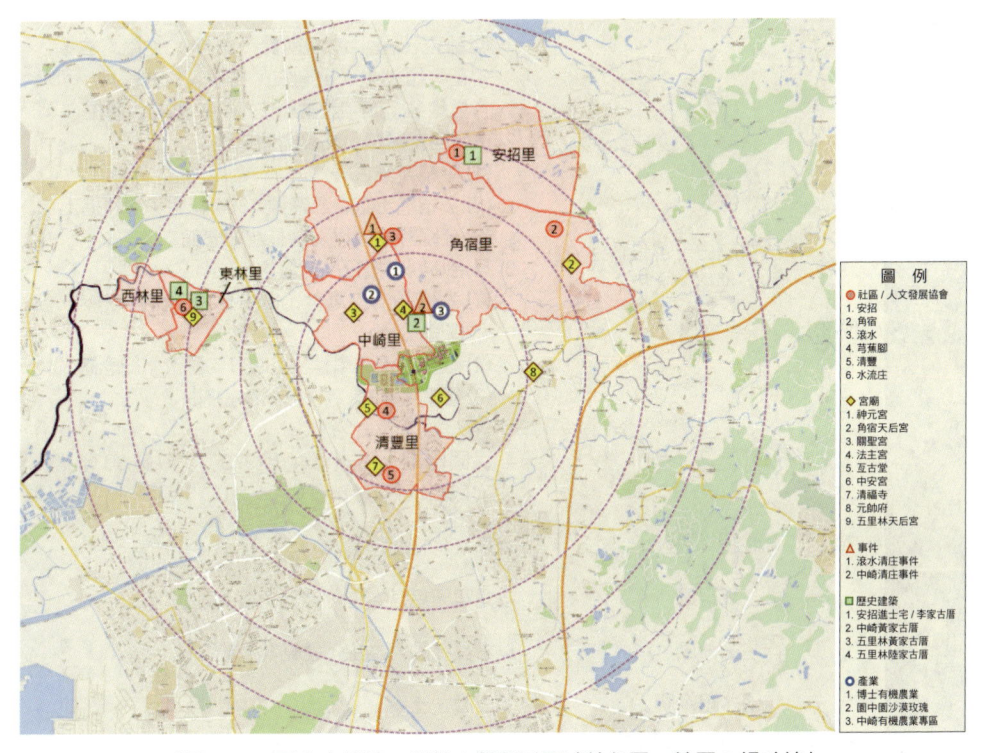

（圖9-36，國立高雄第一科技大學鄰近區域特色圖。繪圖：楊玟婕）

表9-4　國立高雄第一科技大學鄰近區域特色與文創發展潛力

	主題	特色	文創潛力
地理環境	河川	典寶溪的商貿發展與氾濫問題	1. 中崎黃家古厝 2. 五里林扛柱仔腳厝（東林村五林路七號楊宅） 3. 典寶溪滯洪池→自行車步道
	地質	泥岩惡地、泥火山地形	天然氣資源、飲食文化特色
產業	舊	傳統農業：芭樂、蜜棗、西施柚	燕巢三寶的創新、創意、創業
	新	1. 經濟作物：沙漠玫瑰、玫瑰、龍眼花蜜等 2. 果菜市場（蔬果集貨區） 3. 中崎有機農業專區	既有特色產業的創新＋新資源的創意→區域環境特色的創業資源
歷史聚落	舊	人文歷史、邊陲特性、抗外性格、人權	1. 明鄭屯田區：包括前鋒、後勁、後協、右衝、中衝、援剿中、援剿右、角宿、仁武等地，可結合舊地名、廟宇設置歷史進行文創特色發掘。 2. 清代商業頻繁、文風鼎盛之地： 　(1) 中崎黃家古厝 　(2) 安招進士宅：蕭逢源1894年甲午恩科進士 　(3) 仕隆許厝大埕：許長記紀念館 3. 日治時期：抗日事件發生地 　(1) 六班長清庄事件（1898）：三德村一一・一四紀念公園 　(2) 滾水庄清庄事件（1898）：殤滾水紀念碑 　(3) 書寫中衝崎：中崎「清庄殤曲」 　(4) 安招李家古宅 4. 民國時期：橋頭事件（1979），戒嚴30年第一次政治示威遊行。
	新	新住民（外配）	外來文化特色
廟宇與宗教活動		媽祖廟	以角宿天后宮為主，連結角宿13庄
		王爺廟	以右昌元帥府為主，連結北高雄各區
		清水祖師廟	鳳山厝、土庫
		一級主管參拜廟宇	與學校區位關係密切

資料來源：王怡茹、陳猷青製表。

二、地方文創發展研擬與規劃

透過前述調查工作之進行、區域特色歸納，以及文創潛力點之評估，最後可總結三個發展文創之主題面向與可能之作法（表9-5），以與金工、木工、3D列印……等創客工具結合，製作代表地方特色之文創商品雛形。

表9-5 國立高雄第一科技大學鄰近區域之文創發展面向研擬表

	主題	文創素材	可能之作法
自然環境面向	100平方里區域連結——典寶溪舊官道流域	歷史建築、聚落、文化景觀、民俗及有關文物、古物、自然地景、候鳥	1. 沿典寶溪上游、旗楠自然生態公園至第一科大生態池，規劃水鳥渡冬區觀賞動線；土庫清福寺的王爺信仰與夜巡活動的參訪。 2. 沿典寶溪中游（舊中崎溪中衝崎聚落，今中崎里一帶），結合橋糖糖蜜步道，規劃糖廠至中崎黃家古厝等，規劃明鄭、清領時期官方水道至日據製糖工業等文化導覽。 3. 由五里林典寶溪下游滯洪池一帶，結合當地腳踏車步道與因應水患在地成俗的「扛柱仔腳厝」（楊家古宅）的文化景觀導覽。
人文歷史面向	400年歷史步道——安招、角宿探源	歷史建築、聚落、文化景觀、傳統藝術、民俗及有關文物、古物	明鄭、清領至日據重要文化資源探索： 1. 以鄭成功屯田舊地，與在地信仰中心角宿天后宮（舊名龍角寺）探索為始。 2. 以明鄭清領至日據歷史為緯，接續進行蕭家進士宅[16]與李家古宅[17]等地方重要文化資產的探索。
在地產業面向	在地特色產業潛力發掘與價值提升	1. 自然地景（泥火山） 2. 生態環境（無農藥環境復育螢火蟲等生態）	1. 持續既有特色產業（燕巢三寶：芭樂、蜜棗、西施柚）的創新附加價值思考。 2. 發掘在地新特色產業與特有自然景觀，如：中崎有機農業專區、沙漠玫瑰等特色產業。 3. 滾水一帶的泥火山自然景觀，協助發展結合創意與在地環境特色的創業資源。

資料來源：陳猷青提供，王怡茹製表。

---

16 清末甲午進士蕭進源舊宅。

17 日據時期援剿區區長李明聰先生古宅，其二子李添盛則是地方自治後第一屆民選鄉長。

9.4 在地資源探討於實作

一、燕巢芭樂木木工筆實作設計

　　由於國立高雄第一科技大學座落於楠梓與燕巢之間，所以有必要對其區域特色如附近的楠梓或燕巢進行在地資源的探討。眾所周知，「燕巢有三寶」，主要是指芭樂、蜜棗、西施柚，它們的品質都獲有全國第一的口碑。燕巢除有三寶外，還有泥火山、雞冠山、養女湖、太陽谷、阿公店水庫等觀光景點。

　　燕巢鄉擁有相當多的觀光景點，所以也出產了許多可口、好吃的水果，其中所生產的珍珠芭樂香脆多肉，甜度都在二十度以上，俗話說得好：「台灣水果甲天下，燕巢芭樂甲台灣」，它之所以遠近馳名，關鍵就在於完美的品種、相適的土地，以及精確的栽培技術，可見種芭樂也是需要去不斷學習的。

　　通常農夫在種植燕巢芭樂準備拓墾階段時，就不會再繼續採收了芭樂，由於芭樂樹幹本身樹齡比較老，所以要開始剷除枝幹，並把地再深翻、平整一次，以利於重新培養土地，然後才可種下幼苗。通常在這個階段會比較辛苦，因為要移除大量舊枝幹，有時芭樂木受到風災無情的破壞，也常造成部分樹木斷枝。

　　針對芭樂木斷枝的部分，大部分都是拿去燒掉處理，令人感到非常可惜，覺得芭樂樹枝或枝幹，應該可以拿來做些什麼，靈機一動之下，發現現今環保一直是近年常提到的話題之一，其實把環保的元素帶入商品中並不困難，但要將廢棄物再利用給予其第二生命卻是有難度的。

　　本校創夢工場為了達到 Maker 實作之精神及落實環保效應，我們把這些芭樂木斷枝搬回創夢工場，經討論過後，決定運用創夢工場的木工教室，來製作成芭樂木的木工筆設計，希望藉由創意的設計給予芭樂木新的生命。

(圖9-37，燕巢芭樂木＆廢棄木，葉俊男老師提供)

二、芭樂木筆操作

　　透過本校創夢工場木工教室，運用鑽床及車床設備的操作使用，搭配現有的筆套件材料，運用燕巢芭樂木枝幹，來實際製作出一個屬於燕巢在地特色芭樂木的芭樂文創筆設計，既環保又時尚，同時也擁有燕巢在地特色之活用及延伸。

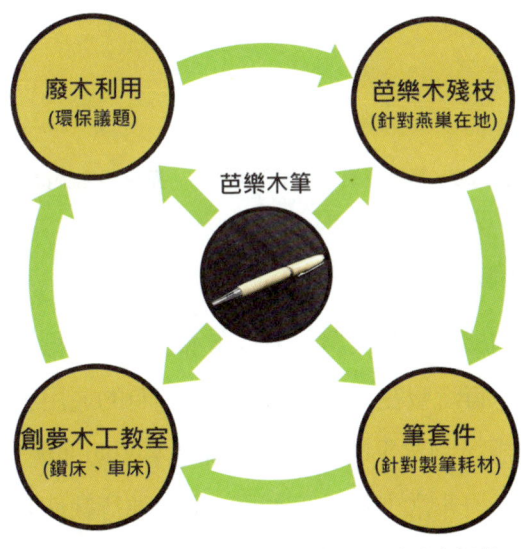

(圖9-38，燕巢芭樂木工筆設計操作，陳建志提供)

三、木工筆實際操作部分

(一)木工筆材料

　　木工筆所會運用到的材料，除了主角芭樂木之外，還有一枝筆所需的材料，最重要的就是筆內的筆尖、筆芯、內徑管、內管、圈套環及筆尾蓋，零件分布圖及木工筆完成品，如圖 9-39 所呈現。以下將介紹如何使用傳統機具的鑽床及車床加工。在製作楠梓芭樂木的木工筆之操作步驟時，請務必要專注於機具操作的安全性。

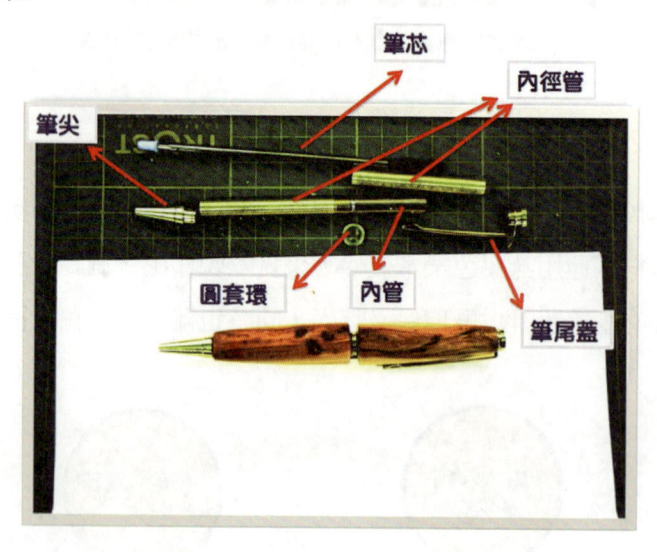

（圖9-39，燕巢芭樂木工筆零件分布，葉俊男老師提供）

(二) 裁切木材要領

　　主要是透過裁切機具上的尺規，來當作水平裁切的標準，請各位注意，為了達到水平的裁切，有時會在裁切的木材下，適時的運用不要的廢棄木材當作填充物，呈現與尺規達到水平的效果，也就是木頭切面與尺規達 90 度角，即可進行裁切，此時必須非常小心握住木頭，這樣進行裁切時才不會晃動位移，如圖 9-40 所示。

（圖9-40，燕巢芭樂木工筆裁切部分說明，葉俊男老師提供）

(三) 鑽床操作要領

　　透過裁切機具上的尺規裁切出平整的芭樂木面後，即可開始將所購買的筆套件，鑽入頭部內，此時，必須使用與套件外徑尺規相同的鑽尾，並務必對準平面之中間圓心，且左手須緊握住木材。另外，還須留意萬力夾具，以避免滑動位移，如圖 9-41 所示。

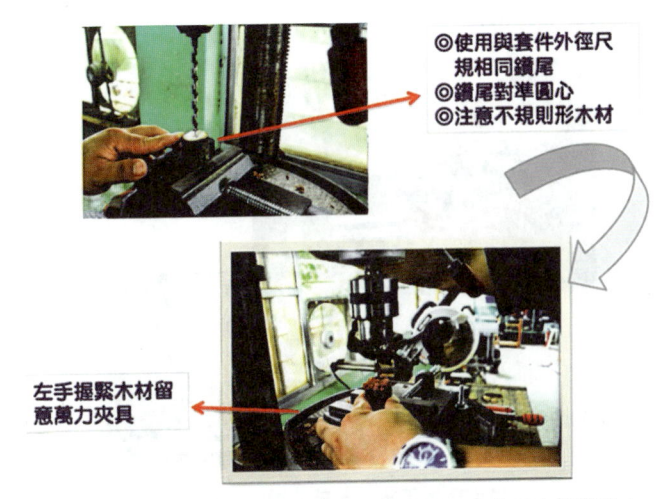

（圖9-41，燕巢芭樂木工筆鑽床部分說明，葉俊男老師提供）

(四) 車床操作要領之一

　　軸心孔鑽完之後，就要將芭樂木材套入製筆用軸心，主要是來穩固木材轉動，之後再利用廢木塊，頂至前端，在轉緊上襯套，這樣就不會損毀木材本體，如圖 9-42 所示。

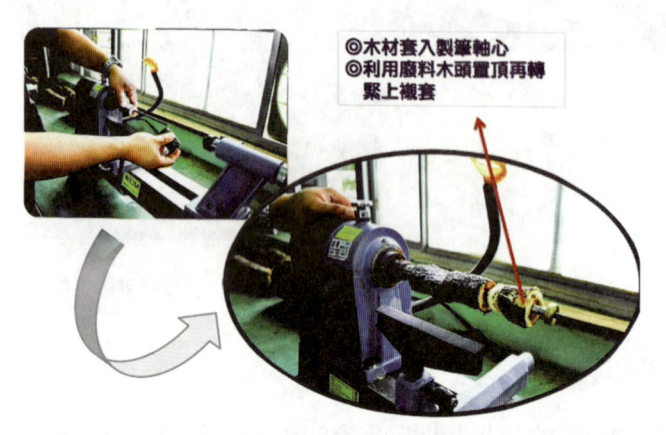

(圖9-42，燕巢芭樂木工筆車床部分說明，葉俊男老師提供)

(五) 車床操作要領之二

　　筆軸心轉緊之後，即可將車尾頂座及車尾頂針進行旋緊固定，之後再進行手工車刀塑形，如圖 9-43 所示。

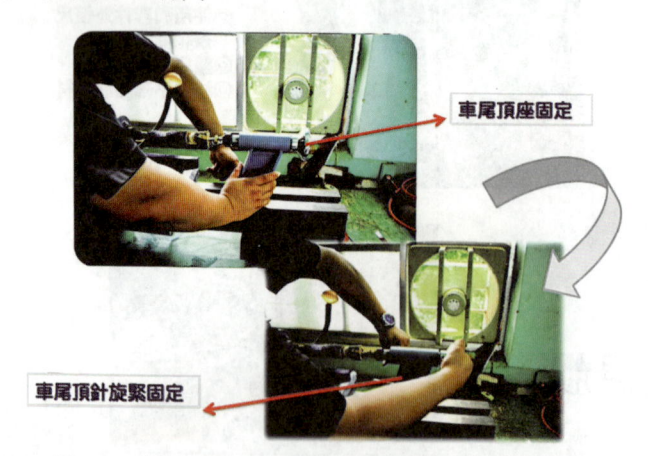

(圖9-43，燕巢芭樂木工筆車床部分說明，葉俊男老師提供)

(六) 固定車刀架要領

旋緊固定之後，即可固定手工車刀的塑形，並依自己的喜好調整位置，如圖 9-44 所示。

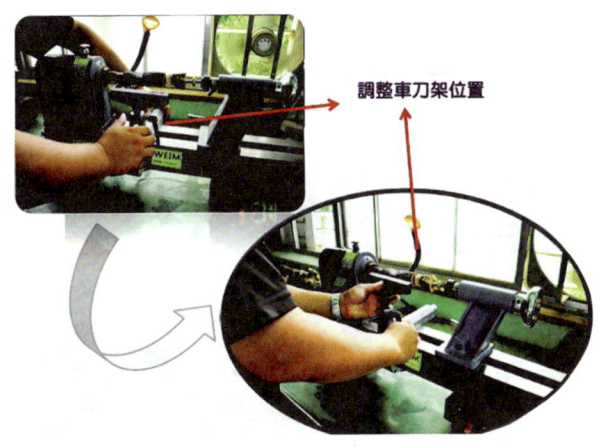

(圖9-44，燕巢芭樂木工筆車床部分說明，葉俊男老師提供)

(七) 車刀之握持要領之一

接下來塑形的步驟，也請務必小心握好刀體，盡量將兩手皆以手掌握滿的方式來握持刀體，可依照個人的握持舒適度作調整。操作進行時，刀體以慢入淺出的方式來進行塑形，原則上不搶快，慢慢地左右移動刀體進行形塑即可，並務必小心操作，如圖 9-45 所示。

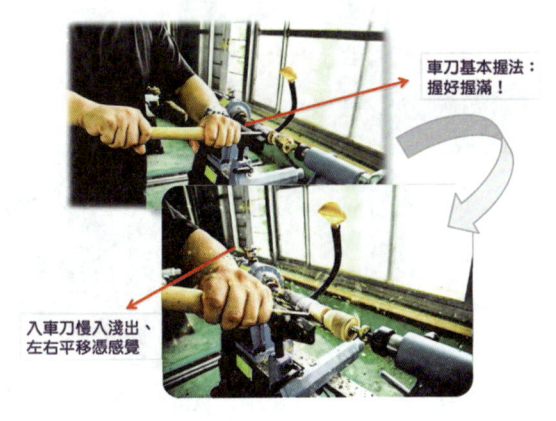

(圖9-45，車刀握持效果，葉俊男老師提供)

9-37

創意實作 ▶ 在地文化資源的調查方法與應用

(八) 車刀之握持要領之二

車刀的握持姿勢,可依照自己喜好,來帶入不同角度,慢慢地將筆身均勻形塑,形塑到呈現圓柱狀態後,即可取下木材,如圖 9-46 所示。

(圖9-46,車刀握持及取下木材,葉俊男老師提供)

(九) 裝入筆套件內徑管之一

取下木材之後,可使用圓搓刀工具,慢慢地細修木材內孔處,修整後即可裝入筆套件之內徑管,如圖 9-47 所示。

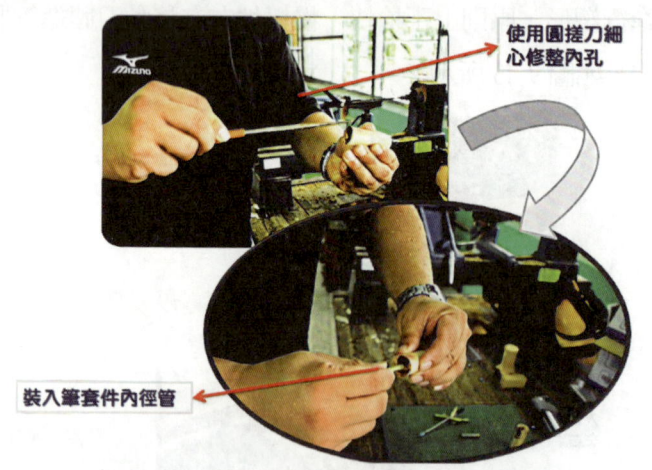

(圖9-47,裝入筆套件內徑管,葉俊男老師提供)

(十) 裝入筆套件內徑管之二

細修木材內孔之後，可使用木槌輕敲內徑管，慢慢地將內徑管敲擊進入木材內，針對雙節式的筆套件，兩節木材都要裝入內徑管，如圖 9-48 所示。

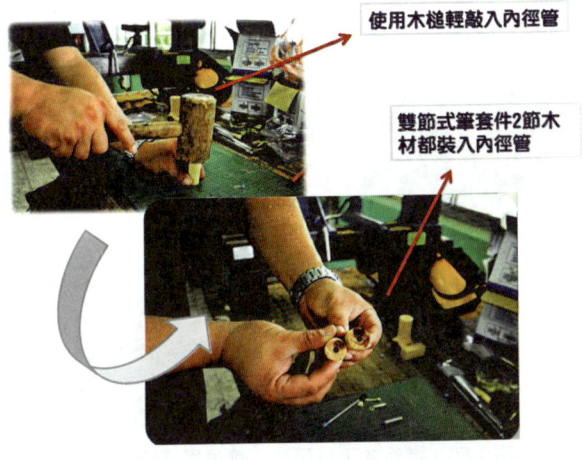

(圖9-48，裝入筆套件內徑管，葉俊男老師提供)

(十一) 裝入筆套件內徑管之三

對於裝入內徑管的木材，前後端可使用襯套拴緊將其固定於車床，並且持續進行外型的車工塑形，造型可依個人喜好而設計，本課程操作主要是以飛彈造型作設計，如圖 9-49 所示。

(圖9-49，裝入筆套件內徑管前後固定，葉俊男老師提供)

（十二）細磨工作

　　首先使用粗的砂布開始磨起，慢慢地再進行到細的砂布，就是從砂布的號碼，由小至大，由粗至細的步驟持續磨起，如圖 9-50 所示。

（圖9-50，進行木工筆研磨，葉俊男老師提供）

（十三）拋光工作

　　透過砂布磨細之後，接著使用砂布來進行拋光動作，如圖 9-51 所示。

（圖9-51，進行拋光動作，葉俊男老師提供）

（十四）內管及筆尖敲入木頭筆內

可慢慢地將內管及筆尖，透過槌子輕敲至木頭筆身內，就大致完成，如圖 9-52 所示。

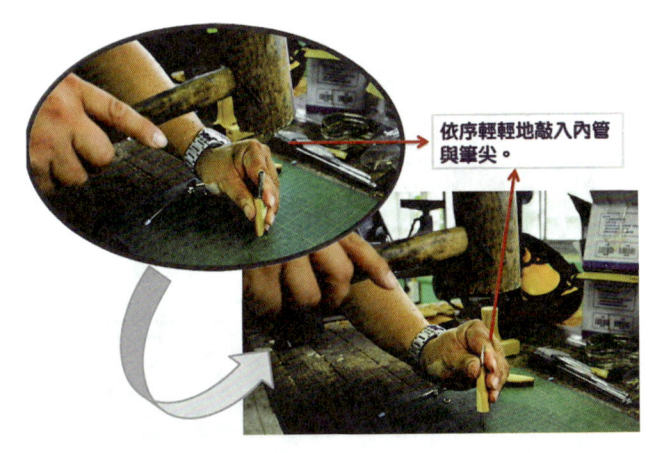

（圖 9-52，內管及筆尖敲入木筆內，葉俊男老師提供）

（十五）套入筆芯與圓墊套

可慢慢地套入筆芯與圓墊套至木頭筆身上，木工筆筆身加工完成！如圖 9-53 所示。

（圖 9-53，套入筆芯與圓墊套，葉俊男老師提供）

(十六) 裝入第二節筆桿及筆尾蓋

最後，裝入第二節筆桿及用木槌敲入筆尾蓋，木工筆作品就大功告成了！如圖 9-54 所示。

(圖9-54，內管及筆尖敲入木筆內，葉俊男老師提供)

(十七) 芭樂木工筆作品呈現

完成上述操作步驟，即可完成一枝時尚與在地特色兼具的芭樂木工筆作品，如圖 9-55 所示。

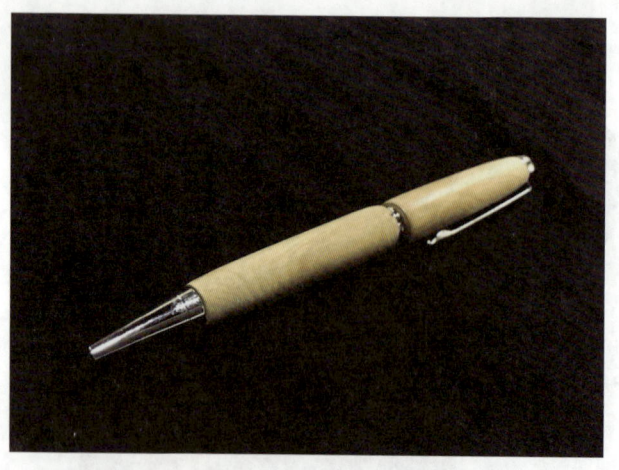

(圖9-55，芭樂木工筆作品，陳建志提供)

可搭配剩餘的木材，製作成木材筆架的底座設計，充分表現木頭所呈現之溫暖的效果，再加個包裝盒，即可販售與推廣。透過將當地不要的芭樂木斷枝，透過自己動手設計、動手實作，所完成的木工筆如圖 9-56 所示。

（圖9-56，芭樂木工筆＋底座呈現，陳建志提供）

四、典寶溪魚網魚墜實作設計

典寶溪發源於高雄市燕巢區烏山頂，向西流經大社區、楠梓區、橋頭區、岡山區、梓官區蚵仔寮，最終於援中港附近注入台灣海峽。每逢遇到颱風豪雨的時候，都要藉由典寶溪來排放洪水，以避免造成災害。

高雄市河川也因產業及人口的迅速發展，開始受到嚴重的污染，典寶溪也是名列其中。根據相關單位對於典寶溪的檢測結果，發現典寶溪的水質屬於中度至嚴重污染的狀況範圍，而其中污染來源包括工業排放廢水、民生污水及畜牧廢水，其中以民生污水之污染量最高，主要原因在於下水道系統尚未建設，每家的污水都會經由屋前的排水溝，流入雨水箱後排放進入典寶溪，而造成河水汙染。

典寶溪的支流有流經第一科大燕巢與楠梓校區，但鮮少有人為它駐足。近年環保意識逐漸抬頭，讓我們不得不正視典寶溪所遭受的污染。為了讓同學能用更貼近的視角來感受，我們決定在典寶溪上中下游找出 20 個水源，採集樣

創意實作 ▶ 在地文化資源的調查方法與應用

本,並將其以矽膠模型呈現。在學校附近的清豐社區有個傳統產業——魚網墜。清豐社區曾經是台灣生產最多魚網墜的地方。透過創新創業教育中心的跨領域實務專題課程,將模型結合在地意象,運用典寶溪傳統產業「魚網墜」的形式以矽膠、PLA、Poly 做成模型設計,並將水源狀況轉化成透明的魚網墜模型,呈現典寶溪上中下游水環境的模擬樣態。下方是試灌 poly 模型,內放國立高雄第一科技大學的 logo 當作示範,如圖 9-57 所示。

(圖9-57,第一科大 logo poly 模型,陳建志提供)

五、魚網魚墜模型操作

透過跨領域實務專題課程,學生都來自各不同科系,大家都是從零開始學習灌 Poly,從一開始分配學生從典寶溪上中下游找尋汙染物,到實際建構大型魚墜 3D 模型,一直到為模型進行補土,來磨出光滑面之後,即可開始灌矽膠模具,等乾了之後就可調配 Poly 及每層要放置的汙染物,此一實際操作步驟流程如圖 9-58 所示。

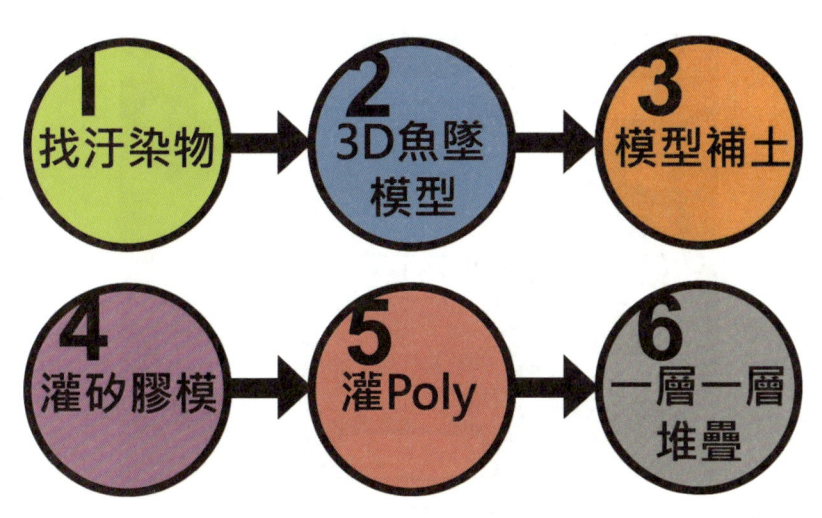

(圖9-58，魚網魚墜灌模操作步驟，陳建志提供)

六、魚網魚墜灌模操作部分
(一) 主要灌模材料

　　針對典寶溪上中下游的 20 個水源，採集樣本，並將其以矽膠模型呈現，在一開始就必須先作製作矽膠模具用的紙盒，接著灌膠模具，所以要準備矽膠與硬化劑，之後將補土打磨光滑的魚網魚墜 3D 模型放入盒內，即可開示灌矽膠，等矽膠乾了，方可取出 3D 模型，然後灌入 Poly 與加硬化劑，這時就可以依照自己的喜好，將每層要灌進去的材料，慢慢地放入 Poly 內，一旦乾了之後，就可以再接著灌入下一層了。製作所需要的材料包括：紙盒、3D 魚墜模型、補土、矽膠 + 硬化劑、Poly + 硬化劑等材料，如圖 9-59 所示，灌矽膠模其實很簡單，但有幾點注意事項：1. 確認放入透明 Poly 內的材料是什麼、2. 留意硬化所需的時間，以及 3. 硬化劑的固定調配比例。請務必仔細看好以下的操步驟囉。

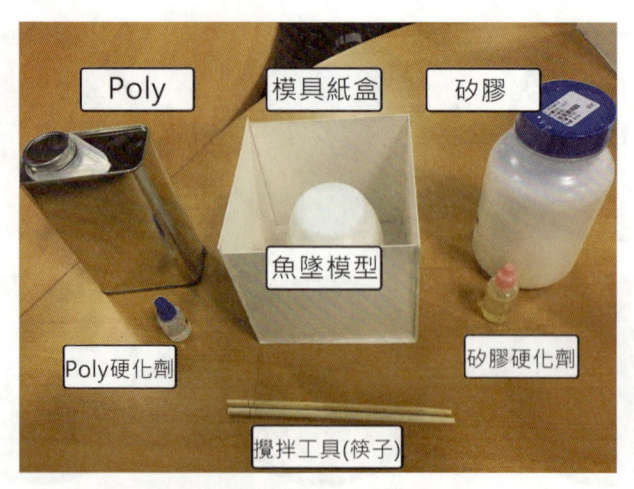

創意實作 ▶ 在地文化資源的調查方法與應用

(圖9-59，灌模主要材料，陳建志提供)

(二) 魚墜紙盒製作

　　主要材料有四開牛奶紙、剪刀、膠帶、保利龍膠，一開始在紙上畫出一個尺寸為 11×11 公分的正方形，當作盒子的底部；另外在紙上畫出四個尺寸皆為 11×13 公分的長方形，當作盒子的牆壁（四邊要比模型還要高出 2 公分）。割下所有的紙片，將其排列整齊後，用膠帶貼滿紙盒內部，以方便脫膜，並且確認是否有縫隙；若有縫隙，則必須以保利龍膠封死，如此就可以完成紙盒模型，如圖 9-60 至 9-63 所示。

　　1. 在紙上畫出四個尺寸為 11×13 公分的長方形，當作盒子的牆壁（四邊要比模型還要高 2 公分）。

(圖9-60，紙盒製作步驟，劉昱琦提供)

9-46

2. 割下所有的紙片,將其排列整齊後,用膠帶貼滿紙盒內部,以方便脫膜。

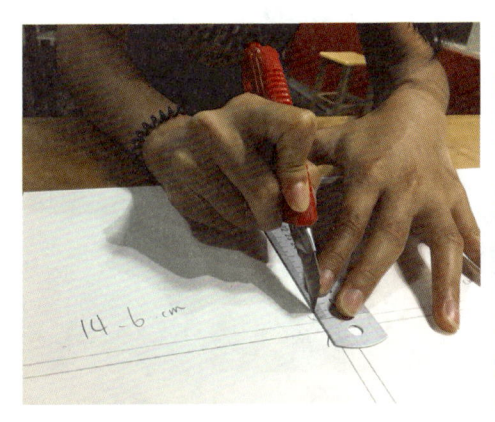

(圖9-61,紙盒製作步驟,劉昱琦提供)

3. 內層一經固定,即可用膠帶在外層固貼,並確認是否有縫隙;若有縫隙,則必須以保利龍膠徹底封死。

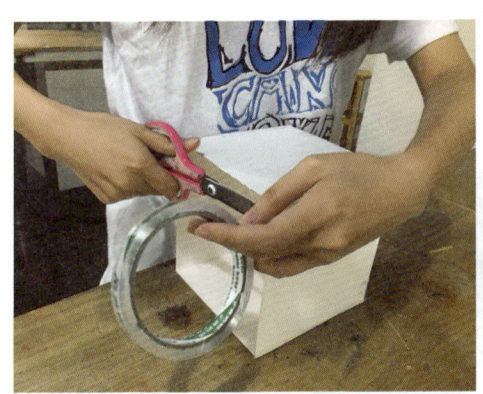

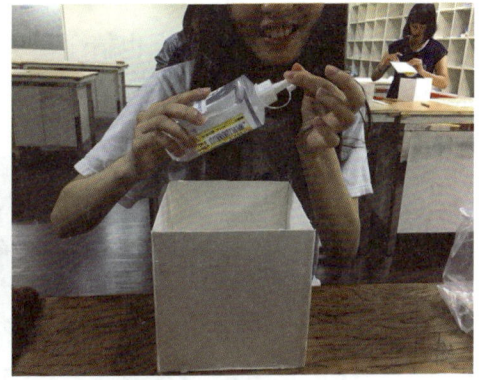

(圖9-62,紙盒製作步驟,劉昱琦提供)

4. 製作模具的紙盒，即可完成，如圖 9-63 所示。

(圖9-63，紙盒製作步驟，劉昱琦提供)

(三) 3D 魚墜模型 + 補土製作

主要是透過 3D 列印，製作出一個 3D 魚網魚墜約 10 倍大的模型，由於要放入紙盒內灌矽膠模具，所以表面必須是光滑的，我們可運用工業用補土，均勻塗抹在模型上，待乾了之後，再透過砂紙 (由粗到細) 來進行光滑面的打磨，這段工作會稍微辛苦一點。也請注意要記得戴口罩，以便進行打磨作業，如圖 9-64 至 9-68 所示。

(圖9-64，魚墜 3D 模型，陳建志提供)

1. 使用工業補土加硬化劑調配，補土比例約半個手掌大，加上約半坨指甲大般的黃色硬化劑，之後再用筷子均勻調配變淺黃色及塗抹在 3D 魚墜模型上，如圖 9-65 所示。

(圖9-65，魚墜 3D 模型補土，劉昱琦提供)

2. 均勻塗抹補土到模型上之後，要靜放 30 分鐘左右，等補土乾了之後，即可進行手磨作業，此時，也希望在打磨時能配戴口罩及手套，比較不會受到補土的味道所影響。打磨時，先以粗砂紙 (#150) 粗磨，再以中砂紙 (#240) 中磨，最後以細砂紙 (#400.#600) 處理細節，表面必須光滑無瑕。如果磨到見物時，就必須重新補一次。

3. 進行打磨時，建議戴口罩，表面必須磨到光滑無瑕，才可以進行灌矽膠模具的作業。

(圖9-66，魚墜 3D 模型補土，陳建志提供)

要不斷的用砂紙進行打磨,如果磨到見物,甚至還要再進行第二次補土加工,直到光滑表面。

(圖9-67,魚墜 3D 模型補土,陳建志提供)

(圖9-68,魚墜 3D 模型打磨流程,陳建志提供)

(四)魚網墜灌矽膠模步驟

主要材料為魚網墜模型、紙盒、電子秤、紙杯、竹筷、翻模用矽膠、硬化劑。一開始先檢查盒子是否密合,有無縫隙,之後在模型底部用泡棉膠黏好,如此一來,在灌入矽膠的過程中,模型就不會因晃動而跌倒。之後置放小紙杯於磅秤上，待歸零後，即可倒入矽膠和硬化劑，比例為矽膠 100：硬化 2，用筷子進行攪拌，如圖 9-69 至 9-72 所示。

　　1. 檢查盒子是否密合，有無縫隙，之後在模型底部用泡棉黏好，這樣模型就不會因晃動而跌倒。

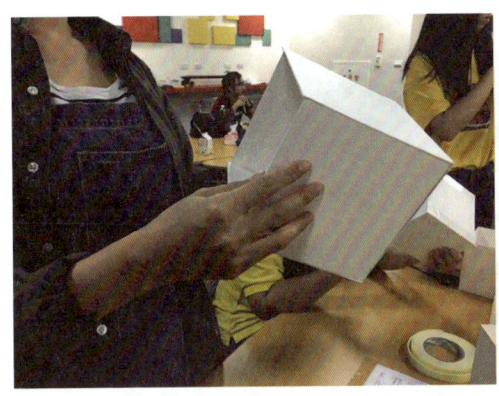

（圖9-69，灌矽膠模具步驟說明，劉昱琦提供）

　　2. 模型底部黏完泡棉膠之後，會產生一個 2 mm 的厚度，如此一來，在灌入矽膠的過程中，模型就不會因晃動而跌倒，如下左圖所示。之後就可開始依比例調配矽膠及矽膠用硬化劑了。

（圖9-70，灌矽膠模具步驟說明，陳建志提供）

創意實作 ▶ 在地文化資源的調查方法與應用

3.將小紙杯置於磅秤上，待歸零後，即可倒入矽膠和硬化劑放磅秤秤重，比例為矽膠 100：硬化 2。

（圖9-71，灌矽膠模具比例調配說明，劉昱琦提供）

4.將混合物由下往上順時針攪拌，直到杯內的黃色硬化劑漸消失為止，即可從模型頂部倒入矽膠，之後就可以依照方法，繼續層層堆疊即可，如圖9-72 所示。

（圖9-72，灌矽膠模具比例調配說明，劉昱琦提供）

層層堆疊，要超過內部的模型高度，至少 1~2 cm 左右，下圖左邊是失敗的，因為沒有高出模型 1~2 cm，右邊的圖就是成功的，因為有灌高出模型 1~2cm 的矽膠。

(圖9-73，灌矽膠模具比例調配說明，劉昱琦提供)

(五) 魚網墜灌矽 Poly 步驟

主要材料：POLY、硬化劑、紙杯、筷子、磅秤、橡皮筋。在用小刀取出矽膠模具內的模型之後，第一個動作就是先用橡皮筋綑緊，而 Poly 及硬化劑的比例是 142.8：1，就是倒出 Poly 秤 142.8 克，然後硬化劑 1 克。調配完成即可倒入用小刀割開取出模型的矽膠模具中。

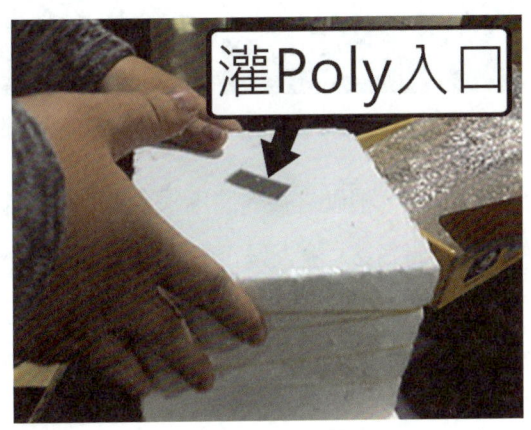

(圖9-74，灌 Poly 比例調配說明，劉昱琦提供)

創意實作 ▶ 在地文化資源的調查方法與應用

　　1. Poly 及硬化劑的比例是 142.8：1，左邊 Poly 秤 142.8 克，然後右邊倒入硬化劑 1 克。

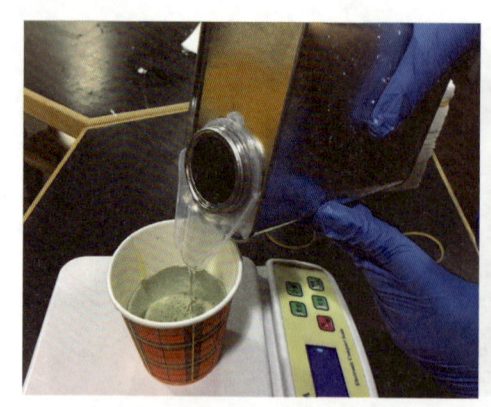

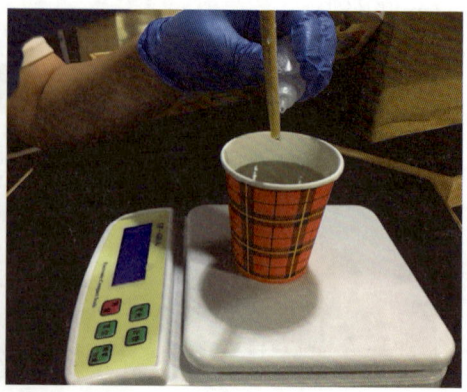

（圖9-75，灌 Poly 比例及硬化劑比例 142.8：1，劉昱琦提供）

（圖9-76，攪拌後順著筷子倒入模具內，劉昱琦提供）

　　2. 先倒入 1/3，等三分鐘，稍硬之後，將所找到的典寶溪雜質放入模具中，繼續倒入 Poly，約等十二分鐘後，檢查是否變硬。變硬後繼續重複順著筷子來倒入調配後的 Poly。繼續層層堆疊，直到 Poly 與模具洞口達到水平才算完成，之後留放隔夜冷卻等待硬化即可。

(圖9-77，等待模具內的 Poly 乾掉即可，劉昱琦提供)

(六) 魚網墜灌成品

隨著比例，每層等待 3 分鐘後，陸續加入備好的物品到模具中，每層在 3 分鐘後即可加入物品，以此類推。層層堆疊，到達頂端後，再等待一天的時間，及可將內部乾掉了的 Poly 取出，如圖 9-78 所示。

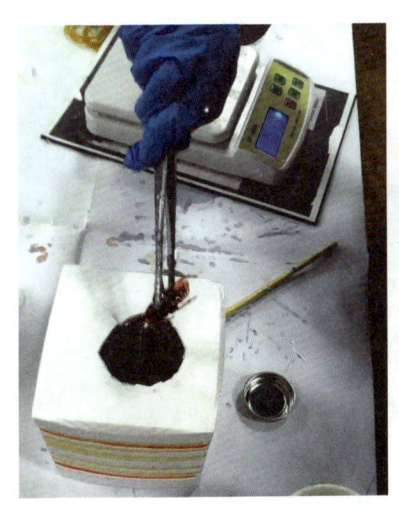

(圖9-78，加入的物品到模具中，劉昱琦提供)

創意實作 ▶ 在地文化資源的調查方法與應用

（圖9-79，魚網魚墜成品，劉昱琦提供）

　　透過跨領域實務專題課程的實際操作，結合了模型與在地意象的創意，利用典寶溪傳統產業「魚網墜」的形式以矽膠、Poly 做成模型呈現，將水源狀況轉化成透明的魚網墜模型，呈現出典寶溪上中下游水環境的模擬樣態，極具省思及教育意義的正面能量，如圖 9-80 所示。

（圖9-80，魚網魚墜成品，劉昱琦提供）

(七) 成品展示

(圖9-81，魚網魚墜成品展示成果，陳建志提供)

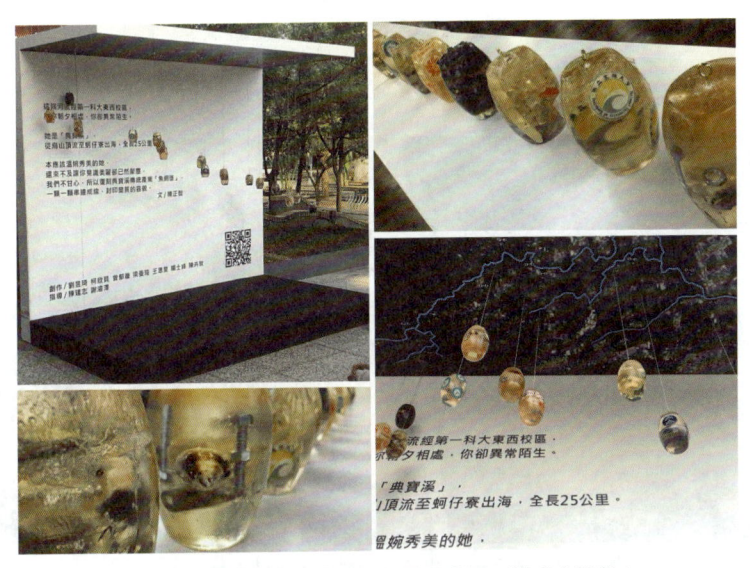

(圖9-82，魚網魚墜成品展示成果，陳建志提供)

　　透過展示效果，將典寶溪流域污染的問題，以 Poly 灌模的方式，呈現給大眾知道。經由實作灌模的呈現，更加了解我們目前生態所面臨之問題。希望透過動手實作，除了能讓學生們更加體會大自然的破壞，並懂得珍惜他們在典寶溪上中下游，親身撿拾污染物來灌 Poly 的努力付出。

9-57

七、動手實作回饋於在地資源調查應用之省思

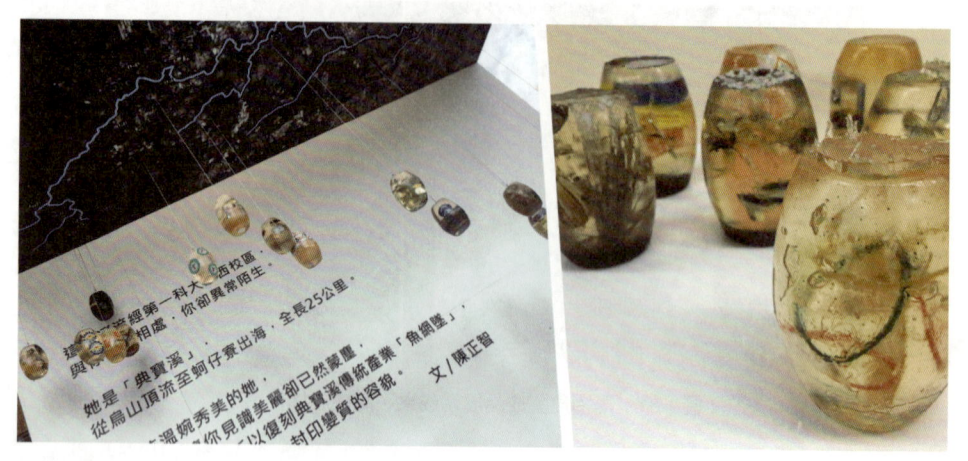

（圖9-83，芭樂木筆展示成果，陳建志提供）

（圖9-84，魚網魚墜成品展示成果，陳建志提供）

　　透過在地資源的親身調查而了解在地問題，因此運用實作設備及技法，來將其問題得以呈現。希望藉由透過實體作品的呈現，讓人們更加了解在地生活、文化、資源等問題的重要性，透過上述兩組實作木工筆及灌 Poly 作品，來呈現

燕巢芭樂斷枝及典寶溪流域汙染的問題，讓人們能更體會在地污染的重要性及在地資源的有效運用，從中去省思在地資源的真實問題，透過實作與在地調查的有效操作，讓人們對於動手實作能更有感受。

養成做筆記的習慣，把生活上觀察的小事情記錄下來！創意也跟著來囉～

養成做筆記的習慣，把生活上觀察的小事情記錄下來！
創意也跟著來囉～

養成做筆記的習慣，把生活上觀察的小事情記錄下來！
創意也跟著來囉～

養成做筆記的習慣，把生活上觀察的小事情記錄下來！
創意也跟著來囉～

養成做筆記的習慣，把生活上觀察的小事情記錄下來！創意也跟著來囉～

養成做筆記的習慣，把生活上觀察的小事情記錄下來！
創意也跟著來囉～

國家圖書館出版品預行編目資料

創意實作—Maker 具備的 9 種技能 / 李國維等編 . -- 1 版 . -- 臺北市：
臺灣東華，2018.01

640 面；17x23 公分

ISBN 978-957-483-921-6　（第 1 冊：平裝）
ISBN 978-957-483-922-3　（第 2 冊：平裝）
ISBN 978-957-483-923-0　（第 3 冊：平裝）
ISBN 978-957-483-924-7　（第 4 冊：平裝）
ISBN 978-957-483-925-4　（第 5 冊：平裝）
ISBN 978-957-483-926-1　（第 6 冊：平裝）
ISBN 978-957-483-927-8　（第 7 冊：平裝）
ISBN 978-957-483-928-5　（第 8 冊：平裝）
ISBN 978-957-483-929-2　（第 9 冊：平裝）
ISBN 978-957-483-930-8　（全一冊：平裝）

創意實作—Maker 具備的 9 種技能

編　　者	李國維、宋毅仁、王龍盛、楊彩玲、陳建志、吳宗亮、姚武松、朱彥銘、王怡茹
發 行 人	陳錦煌
出 版 者	臺灣東華書局股份有限公司
地　　址	臺北市重慶南路一段一四七號三樓
電　　話	(02) 2311-4027
傳　　眞	(02) 2311-6615
劃撥帳號	00064813
網　　址	www.tunghua.com.tw
讀者服務	service@tunghua.com.tw
門　　市	臺北市重慶南路一段一四七號一樓
電　　話	(02) 2371-9320
出版日期	2018 年 1 月 1 版 1 刷

ISBN　978-957-483-930-8

版權所有　‧　翻印必究